导弹制导系统原理

卢晓东　周　军　刘光辉　　编
赵　斌　周凤岐

国防工业出版社
·北京·

内 容 简 介

本书共分五篇,详细介绍了导弹制导系统与导引头的基本结构、红外/可见光/激光等光学制导系统的工作原理及组成、雷达制导系统的工作原理及组成、捷联导引头及多模复合导引头的工作原理及信息处理技术、常见导引头的半实物仿真技术等内容。全书涵盖内容系统全面、深度适中,也吸收了部分近期制导系统技术发展的新成果,具有新颖性,能使读者全面系统地了解当今精确制导武器制导系统的原理和相关技术以及实验方法等。每章后均有思考题,帮助读者掌握内容重点。

本书可作为高等学校飞行器制导与控制、飞行器设计、兵器科学与技术、电子信息与电子对抗、自动控制以及相关专业的高年级本科生和研究生课程教材,也可供航空、航天和兵器以及相关领域的科研人员阅读参考。

图书在版编目(CIP)数据

导弹制导系统原理/卢晓东等编. —北京:国防工业出版社,2018.1 重印
ISBN 978 – 7 – 118 – 10392 – 2

Ⅰ.①导… Ⅱ.①卢… Ⅲ.①导弹制导 Ⅳ.①TJ765

中国版本图书馆 CIP 数据核字(2015)第 199135 号

※

国防工业出版社出版发行
(北京市海淀区紫竹院南路23号 邮政编码100048)
天利华印刷装订有限公司印刷
新华书店经售

*

开本 787×1092 1/16 印张 21¾ 字数 538 千字
2018 年 1 月第 1 版第 2 次印刷 印数 3001—6000 册 定价 48.00 元

(本书如有印装错误,我社负责调换)

国防书店:(010)88540777 发行邮购:(010)88540776
发行传真:(010)88540755 发行业务:(010)88540717

前　言

随着现代战争科技的发展,以导弹为代表的精确制导武器已经成为高技术战场武器的最主要力量。精确制导武器之所以区别于常规弹药,主要在于它的飞行轨迹可以受到制导控制系统的控制,从而精确命中目标。其中,制导系统作为对所攻击目标运动信息的测量环节是整个制导控制系统的重要前提和基础,其工作原理及误差特性直接影响精确制导武器的打击精度。本书针对当今精确制导武器的主要发展方向,详细介绍了以导弹为主的精确制导武器所采用的制导系统的形式、原理、功能、组成、分类和关键技术等。

根据所攻击目标和使用环境的不同,制导系统所采用的探测手段和制导方式也不相同。本书以光学制导和雷达制导为主线,分为五篇:第一篇为导弹制导系统概论,主要介绍了精确制导武器的概念与发展、导弹制导系统的概念、分类、导引方法以及导引头的功能和结构;第二篇为光学制导,主要介绍了光学制导基础、红外点源制导系统、红外成像制导系统、电视成像制导系统和激光制导系统;第三篇为雷达制导,主要介绍了雷达制导基础、雷达导引头工作原理、雷达制导系统;第四篇为捷联导引头和多模导引头,主要介绍了捷联导引头、多模复合的方法和滤波原理;第五篇为导引头半实物仿真,主要介绍了导弹半实物仿真原理,以及红外导引头、电视成像导引头、激光半主动导引头和雷达导引头的半实物仿真技术。各章均设置了思考题,以帮助读者掌握内容的重点。

本书是西北工业大学航天学院探测、制导与控制专业开设的陕西省精品课程"导引系统原理"规划教材,其前身是2000年西北工业大学出版社发行的由周凤岐教授编写的讲义《导引系统原理》,该讲义先后经过十多年的本科生教学使用。以周军、周凤岐教授为首的西北工业大学精确制导与控制研究所30多年来一直主持承担"导引系统原理"的课堂教学和配套实验教学,积累了丰富的教学实践成果,并于2008年被评为陕西省"精确制导与控制"优秀教学团队,2015年被评为陕西省劳模示范岗。本书正是在原讲义的基础上,将丰富的教学实践成果和长期从事导弹制导控制的科研经验有机结合,总结、凝练和提高而编写成的。编写过程中,编者在保证内容结构的系统性和完整性基础上,也吸收了部分近期制导系统技术发展的新成果,具有新颖性。此外,为了方便读者阅读和参考,本节还将部分常用的与制导系统相关的特性参数和基础知识列在附录中。

许多老师为本书编写提供了帮助,提出了许多宝贵意见和建议,研究生赵辉和吴天泽同学参与了本书插图绘制和全文校稿工作,在此谨向他们表示衷心的感谢;还要向本书所引用参考文献的所有作者表示诚挚的谢意,他们的学术成果丰富了本书的内容;同时也感谢国防工业出版社的同志们对本书出版付出的辛勤劳动。

由于水平有限,书中不当之处敬请广大读者不吝赐正。

编者
2015年3月于西安

目 录

第一篇 导弹制导系统概论

第1章 导弹与制导系统 ·· 1
  1.1 导弹概述 ··· 1
    1.1.1 导弹 ·· 1
    1.1.2 导弹的分类 ·· 3
    1.1.3 导弹飞行力学基础 ·· 8
  1.2 导弹制导系统的概念与发展 ······································· 12
    1.2.1 导弹制导系统的概念 ·· 12
    1.2.2 导弹制导系统的发展 ·· 15
  1.3 导弹制导系统的分类 ·· 17
    1.3.1 自主制导系统 ·· 18
    1.3.2 遥控制导系统 ·· 20
    1.3.3 自动寻的制导系统 ·· 21
    1.3.4 复合制导系统 ·· 23
  1.4 导弹制导系统的导引方法 ··· 24
    1.4.1 追踪法 ·· 27
    1.4.2 平行接近法 ··· 28
    1.4.3 比例导引法 ··· 29
    1.4.4 三点法 ·· 31
    1.4.5 前置角法 ··· 32
  思考题 ·· 33

第2章 导引头的功能和结构 ·· 34
  2.1 导引头的功能 ··· 34
    2.1.1 导引头的角稳定功能 ·· 35
    2.1.2 导引头的角跟踪功能 ·· 38
    2.1.3 导引头的角度预定和角度搜索功能 ······················· 40
  2.2 导引头的稳定方式 ··· 41
    2.2.1 动力陀螺稳定方式 ·· 42
    2.2.2 速率陀螺稳定方式 ·· 43
    2.2.3 捷联稳定方式 ·· 44

2.3 导引头的稳定平台结构 ··· 45
　　2.3.1 三轴平台结构 ··· 45
　　2.3.2 两轴平台结构 ··· 47
2.4 导引头平台的主要性能指标 ··· 51
思考题 ··· 53

第二篇　光学制导

第3章　光学制导基础 ··· 55
3.1 光波的分类与特性 ··· 55
　　3.1.1 可见光的特性 ··· 57
　　3.1.2 红外线的特性 ··· 58
　　3.1.3 紫外线的特性 ··· 60
3.2 光学辐射基本概念 ··· 62
　　3.2.1 基本辐射量和光谱辐射量 ······································· 62
　　3.2.2 辐射度学基本定律 ··· 67
3.3 光学系统基础 ··· 68
　　3.3.1 光学成像系统 ··· 68
　　3.3.2 常见的光学组件 ··· 72
3.4 光电探测器原理 ··· 77
　　3.4.1 光电探测器分类 ··· 78
　　3.4.2 光子探测器 ··· 78
　　3.4.3 红外辐射探测器 ··· 81
　　3.4.4 紫外辐射探测器 ··· 82
　　3.4.5 光电探测器的主要技术指标 ····································· 83
3.5 目标与背景的光学特性 ··· 85
　　3.5.1 大气对光波的传输特性影响 ····································· 86
　　3.5.2 目标与背景的可见光特性 ······································· 88
　　3.5.3 目标与背景的红外特性 ··· 89
　　3.5.4 目标与背景的紫外特性 ··· 96
思考题 ··· 98

第4章　红外点源制导系统 ··· 99
4.1 红外点源制导系统原理 ··· 100
4.2 调制盘式点源制导系统 ··· 103
　　4.2.1 调制盘的工作原理 ··· 104
　　4.2.2 调幅式调制盘系统 ··· 109
　　4.2.3 调频式调制盘系统 ··· 110
　　4.2.4 调相式调制盘系统 ··· 112

v

    4.2.5 调制盘的特性 ·············· 113
  4.3 非调制盘式红外点源制导系统 ·············· 116
    4.3.1 "十"字形和"L"形探测系统 ·············· 116
    4.3.2 玫瑰线扫描系统 ·············· 118
  思考题 ·············· 119

第5章 红外成像制导系统 ·············· 120
  5.1 红外成像制导系统原理 ·············· 121
    5.1.1 红外成像制导的特点 ·············· 121
    5.1.2 红外成像制导系统的组成 ·············· 122
  5.2 红外成像方式 ·············· 123
    5.2.1 红外扫描式成像系统 ·············· 123
    5.2.2 红外凝视成像系统 ·············· 126
  5.3 红外成像的图像处理 ·············· 128
    5.3.1 图像的数字化 ·············· 129
    5.3.2 红外图像预处理 ·············· 131
    5.3.3 红外图像目标的识别 ·············· 134
  5.4 影响红外成像的因素 ·············· 136
    5.4.1 大气传输和天候影响 ·············· 136
    5.4.2 高速运动影响 ·············· 138
    5.4.3 气动光学效应影响 ·············· 139
  5.5 红外对抗 ·············· 141
    5.5.1 红外干扰 ·············· 141
    5.5.2 红外隐身与红外伪装 ·············· 145
    5.5.3 红外抗干扰 ·············· 146
  思考题 ·············· 147

第6章 电视成像制导系统 ·············· 149
  6.1 电视成像制导系统原理 ·············· 150
    6.1.1 电视成像原理 ·············· 150
    6.1.2 电视成像制导系统的特点与分类 ·············· 152
  6.2 电视自动寻的制导系统 ·············· 153
  6.3 电视遥控制导系统 ·············· 156
  6.4 电视成像制导的目标跟踪 ·············· 158
    6.4.1 对比度跟踪 ·············· 158
    6.4.2 相关跟踪 ·············· 163
    6.4.3 其他跟踪算法 ·············· 167
  思考题 ·············· 168

第7章 激光制导系统 ·············· 169
  7.1 激光特性与激光测量 ·············· 169
    7.1.1 激光特性 ·············· 170
    7.1.2 激光测量原理 ·············· 172

  7.2 激光制导原理 …………………………………………………………… 174
  7.3 激光半主动制导系统 …………………………………………………… 176
    7.3.1 激光半主动制导系统组成 ………………………………………… 177
    7.3.2 激光半主动探测原理 ……………………………………………… 178
  7.4 激光主动制导系统 ……………………………………………………… 180
    7.4.1 激光主动成像探测原理 …………………………………………… 180
    7.4.2 激光主动制导技术的发展 ………………………………………… 185
  7.5 激光驾束制导系统 ……………………………………………………… 187
    7.5.1 激光驾束制导原理 ………………………………………………… 187
    7.5.2 激光驾束制导的编码原理 ………………………………………… 187
  思考题 …………………………………………………………………………… 189

第三篇 雷达制导

第 8 章 雷达制导基础 …………………………………………………………… 190
  8.1 无线电波的分类与特性 ………………………………………………… 191
  8.2 无线电雷达的分类 ……………………………………………………… 193
    8.2.1 雷达频段分类 ……………………………………………………… 194
    8.2.2 军用雷达的分类 …………………………………………………… 196
  8.3 雷达基本方程与雷达截面积 …………………………………………… 197
    8.3.1 雷达基本方程 ……………………………………………………… 197
    8.3.2 雷达截面积的定义 ………………………………………………… 199
  8.4 雷达基本测量方法 ……………………………………………………… 200
    8.4.1 雷达测角方法 ……………………………………………………… 200
    8.4.2 雷达测距方法 ……………………………………………………… 202
    8.4.3 雷达测速方法 ……………………………………………………… 203
  8.5 雷达信号检测原理 ……………………………………………………… 204
    8.5.1 雷达最小可检测信号 ……………………………………………… 204
    8.5.2 雷达脉冲累积检测方法 …………………………………………… 208
  8.6 目标与背景的雷达辐射与反射特性 …………………………………… 208
    8.6.1 雷达目标辐射及反射特性 ………………………………………… 208
    8.6.2 雷达背景辐射及反射特性 ………………………………………… 214
  8.7 雷达的干扰与抗干扰 …………………………………………………… 218
    8.7.1 雷达的干扰 ………………………………………………………… 218
    8.7.2 雷达的抗干扰 ……………………………………………………… 219
  思考题 …………………………………………………………………………… 221

第 9 章 雷达导引头工作原理 …………………………………………………… 223
  9.1 雷达导引头测角 ………………………………………………………… 223

	9.1.1 雷达导引头相位测角法	223
	9.1.2 雷达导引头圆锥扫描测角法	225
	9.1.3 雷达导引头单脉冲测角法	227
9.2	雷达导引头测距	228
	9.2.1 雷达导引头脉冲测距法	228
	9.2.2 雷达导引头调频测距法	229
9.3	雷达导引头测速	232
	9.3.1 连续波多普勒测速法	232
	9.3.2 脉冲多普勒测速法	233
9.4	雷达导引头天线波束扫描方法	234
9.5	雷达导引头测量精度的影响因素	236
	9.5.1 雷达导引头误差表示形式	236
	9.5.2 雷达导引头测角精度的影响因素	237
	9.5.3 雷达导引头测距精度的影响因素	238
	9.5.4 其他影响雷达导引头测量精度的因素	239
思考题		241

第10章 雷达制导系统 242

- 10.1 无线电遥控制导系统 242
  - 10.1.1 无线电指令遥控制导系统 242
  - 10.1.2 无线电波束遥控制导系统 245
- 10.2 雷达自动寻的制导系统 248
  - 10.2.1 雷达主动寻的制导系统 248
  - 10.2.2 雷达半主动寻的制导系统 250
  - 10.2.3 雷达被动寻的制导系统 252
- 10.3 雷达成像制导系统 253
  - 10.3.1 一维距离像雷达制导原理 253
  - 10.3.2 合成孔径雷达制导原理 255
- 思考题 257

第四篇 捷联导引头与多模导引头

第11章 捷联导引头 258

- 11.1 全捷联导引头 259
  - 11.1.1 解耦解算中的坐标系 259
  - 11.1.2 捷联惯性器件误差 260
  - 11.1.3 捷联导引头姿态解耦 262
- 11.2 半捷联导引头 263
  - 11.2.1 基于角度补偿的解耦方法 264

		11.2.2 基于角速度补偿的解耦方法 ················· 267
		11.2.3 半捷联导引头的解耦算法 ··················· 268
		11.2.4 影响半捷联导引头解耦精度的因素 ············· 269
	思考题	·· 271

第12章 多模导引头 ·· 272

12.1 多模导引头的复合原则和常见形式 ························· 273
    12.1.1 多模导引头的复合原则 ································ 273
    12.1.2 多模导引头的常见形式 ································ 274

12.2 多模导引头的信息融合 ··································· 275
    12.2.1 多模导引头的数据融合结构 ····························· 275
    12.2.2 多模导引头的信息融合算法 ····························· 277

12.3 红外/毫米波成像双模导引头设计方法 ······················ 280
    12.3.1 红外/毫米波成像复合制导系统总体结构 ················· 280
    12.3.2 红外/毫米波成像复合制导子系统 ······················ 282

12.4 导引头多源信息滤波原理 ································· 287
    12.4.1 卡尔曼滤波 ·· 288
    12.4.2 非线性滤波 ·· 289
    12.4.3 导引头信息滤波仿真 ·································· 292

思考题 ·· 300

第五篇　导引头半实物仿真

第13章 导引头半实物仿真原理 ·· 301

13.1 导弹的半实物仿真原理 ··································· 302

13.2 红外导引头的半实物仿真 ································· 304
    13.2.1 典型红外成像仿真系统 ································ 305
    13.2.2 红外成像仿真系统的主要技术指标 ····················· 307

13.3 电视成像导引头的半实物仿真 ····························· 308

13.4 激光半主动导引头的半实物仿真 ··························· 310
    13.4.1 光学系统轴线和转台内环轴线的对准 ··················· 312
    13.4.2 光学系统中心和转台三轴线交心的对准 ················· 312

13.5 雷达导引头的半实物仿真 ································· 313
    13.5.1 雷达导引头半实物仿真设备 ···························· 313
    13.5.2 雷达导引头半实物仿真试验 ···························· 317

思考题 ·· 319

附录 ··· 320
    附录1 陀螺的定轴性和进动性 ································· 320
    附录2 常见材料的光谱发射率 ································· 322

附录3 海平面水平路程上的水蒸气光谱透过率 …………………………… 324
附录4 常用红外光学材料的主要性能 …………………………………… 328
附录5 增透膜材料的主要性能 …………………………………………… 328
附录6 蒸发金属膜的反射率 ……………………………………………… 328
附录7 常见典型物体的反射面积与视角对应关系 ……………………… 329
附录8 四元数计算规则 …………………………………………………… 331

参考文献 ……………………………………………………………………… 334

第一篇　导弹制导系统概论

　　导弹是现代高科技战争中起重要作用的精确制导武器,也是当今世界各主要军事强国武器发展的重点方向。而精确制导武器与传统武器的关键区别是其具有制导系统。制导系统的基本功能是获取所攻击目标的位置和运动信息,并按照一定的制导规律形成制导指令。然后控制系统根据制导指令控制武器飞向目标。因此可以说,制导系统是精确制导武器的核心系统。

　　本书将以导弹为主要对象全面介绍制导系统的概念、分类、功能、原理、设计和实验方法。通过本书的学习可使读者对导弹的制导系统有一个全面系统的掌握,对导弹制导系统的设计方法和实验有一定了解。在学习制导系统知识之前,为了使读者明晰制导系统在导弹总体中的作用以及制导系统的功能和结构,本篇首先介绍导弹总体概念、分类和飞行力学基本原理,随后介绍导弹制导系统的分类、作用和导引方法,以及导引头的结构和功能等。

第1章　导弹与制导系统

1.1　导弹概述

1.1.1　导弹

　　在国际军事理论界对精确制导武器并没有统一的定义,在西方国家一般是指安装有制导系统且一次发射命中目标概率大于50%的武器,在俄罗斯的有关文献中是指命中目标概率接近于100%的武器。但无论如何定义,精确制导武器的本质是利用制导系统来提高命中精度。精确制导武器种类很多,常见的有导弹、制导炸弹、制导炮弹、制导鱼雷等,它们之间的区别大致如下:

　　(1)导弹是指具有动力装置和制导控制系统的飞行武器。例如美国"响尾蛇"系列空空导弹和俄罗斯9M112"眼镜蛇"炮射导弹等。

　　(2)制导炸弹是指由飞机投放、无动力装置但有制导系统的飞行武器。例如美国GBU系列(图1-1(a))和MK系列的航空炸弹。

　　(3)制导炮弹是指由火炮发射后无动力飞行,且有制导系统的弹丸。例如美国"铜斑蛇"

和俄罗斯"红土地"激光制导炮弹(图1-1(b))。

(4) 制导鱼雷是指在水下航行且带有制导系统的潜行武器。例如美国MK-48和中国"鱼"-6制导鱼雷(图1-1(c))。

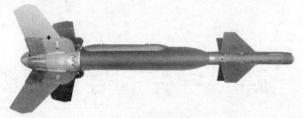

(a) 美国GBU制导炸弹

(b) 俄罗斯"红土地"制导炮弹　　(c) 中国"鱼"-6制导鱼雷

图1-1 几种常见的制导武器

当然,精确制导武器的分类并不是绝对的,随着现代武器的制导化、远程化和多功能化发展,一些制导武器之间的界限已经不太明显。例如制导炸弹为了增加攻击范围通常也会加装助推火箭发动机,这样制导炸弹实际上就变成了导弹。对于易混淆的制导炮弹和炮射导弹来说,两者的区别就在于武器发射出筒后是否还具有动力推进。如果出筒后还有发动机推动武器加速,则属于炮射导弹,否则就属于制导炮弹。

无论制导武器如何进行分类,其本质都是采用了制导系统。目前在导弹上所使用的制导系统种类最为丰富,因此,本书将以导弹为主要对象介绍各类制导系统。

以导弹为典型代表的精确制导武器在20世纪末期和21世纪初期的几场现代战争和局部冲突中都发挥了重要作用:1991年的海湾战争中美军所使用的精确制导武器仅占总投弹量的8%左右;在1998年美军对伊拉克的"沙漠之狐"军事行动中这一比例已提高到70%;到了1999年的科索沃战争,美军所使用的精确制导武器则占据总投弹量的90%以上;而在随后的2003年伊拉克战争和2011年的利比亚战争中,美军除了步枪、手雷和常规火炮外使用的几乎全部都是精确制导武器。正是由于精确制导武器在现代战争中的大量使用和所取得的辉煌战果,使其在现代高科技战争中具有举足轻重的地位,并已成为赢得战争胜利的重要因素。

导弹是精确制导武器家族中的典型代表,它是一种携带战斗部,依靠自身动力装置推进,由制导控制系统导引控制飞行航迹的飞行器。导弹通常由战斗部、推进系统、制导控制系统、弹体和弹上电源等五大部分组成,图1-2为美国"战斧"巡航导弹的总体组成示意图。

一般说来,导弹各部分的组成及功能如下:

(1) 战斗部。战斗部是导弹直接毁伤目标的专用装置,也称为导弹的有效载荷。它主要由壳体、战斗装药、引爆装置(或称引信)、保险和解保装置等组成。通常战斗部按照装药形式

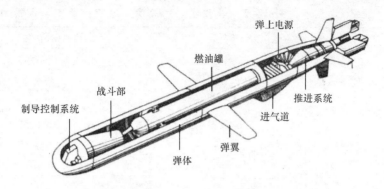

图1-2 "战斧"巡航导弹总体组成示意图

可以分为核装药战斗部、常规装药战斗部和特种装药战斗部三类。其中常规战斗部根据毁伤机理可以分为杀伤战斗部、爆破战斗部、侵彻战斗部、聚能战斗部、子母战斗部、云爆战斗部等。

（2）推进系统。推进系统是为导弹飞行提供动力的系统。它包括发动机、推进剂或燃料储箱和辅助设施（如管道、仪表、安装结构等）。有些导弹除了有主发动机外，还有助推发动机（如火箭），其主要作用是使导弹在起飞时实现快速加速。通常，按照喷气推进原理，发动机可以分为化学火箭发动机、空气喷气发动机和组合发动机三大类。化学火箭发动机包括液体（燃料）火箭发动机和固体（燃料）火箭发动机。组合发动机包括火箭—冲压发动机、涡轮—冲压发动机和涡轮—火箭发动机三种。各种射程较近的导弹通常采用固体火箭发动机，远射程的弹道导弹常常会采用液体火箭发动机，而对于飞行高度较低、飞行距离远的导弹则有时会采用类似飞机采用的空气喷气发动机（图1-2为具有下进气道的"战斧"巡航导弹）。

（3）制导控制系统。制导控制系统同时具有制导功能和控制功能，它是导弹的核心和关键分系统，在很大程度上决定着导弹的作战性能，特别是打击精度。所谓制导功能是指：在导弹飞向目标的整个过程中，不断地测量导弹与目标的相对位置和运动信息，并按照一定规律计算出导弹跟踪目标所需要的指令，即制导指令，所谓控制功能是指：导弹根据制导指令按照特定的控制规律形成姿态或轨迹控制指令，据此驱动执行机构产生需要的操纵力或力矩控制导弹正向目标。

（4）弹体。弹体是连接导弹各部分并承受各种载荷的结构部件。它必须具有足够的强度和刚度以及良好的气动外形，同时能提供弹上仪器正常工作所需的环境。弹体通常也是提供导弹升力的主要部件，因此它的表面通常安装有弹翼、尾翼或者安定面等。

（5）弹上电源。弹上电源是给导弹各部分提供工作用电的能源部件，它一般包括原始电源（又称一次电源）、配电设备和交流装置。对于飞行时间较短的导弹，原始电源常采用一次性使用的化学电池，对于飞行时间较长的导弹则采用小型发电机。如图1-2所示的"战斧"巡航导弹利用其发动机的动力驱动小型发电机为全弹提供电力，这通常需要专门的调压变电装置（如变压器、交流器等）和配电器等配套装置。

1.1.2 导弹的分类

导弹的分类方法和准则很多，例如可按发射地点和目标位置分类，也可按飞行方式分类，还可按作战使命分类。表1-1列举了常见导弹的分类方式。

表 1-1 导弹武器的分类一览表

划分方式	导弹分类	导弹类型
按照发射地点和目标位置	面面导弹	岸舰导弹
		舰舰导弹
		舰地导弹
		舰潜导弹
		潜地导弹
		潜潜导弹
		地地导弹
	面空导弹	地空导弹
		舰空导弹
		潜空导弹
	空面导弹	空地导弹
		空舰导弹
		空潜导弹
	空空导弹	近距格斗导弹
		中距导弹
		远距导弹
按照作战使命		战略(型)导弹
		战术(型)导弹
按照结构和弹道特征		弹道式导弹
	有翼式导弹	飞航式导弹(含巡航导弹)
		其他有翼导弹
按照射程远近		近程弹道导弹(射程小于1000km)
		中程弹道导弹(射程1000~3000km)
		远程弹道导弹(射程3000~8000km)
		洲际弹道导弹(射程大于8000km)
按照所攻击目标		攻击固定目标的导弹
	攻击活动目标的导弹	反卫星导弹
		反弹道导弹导弹
		反飞机导弹
		反坦克导弹
		反舰(潜)导弹

表 1-1 给出的导弹分类是从大原则上进行的分类,其中有以下几个概念需要说明。

(1) 面和空的概念。导弹的发射地点和目标位置可以在地面、地下、水面(舰船)、水下(潜艇)和空中(飞机、导弹、卫星或空间站),通常约定地面(包括地下)和水面(包括水下)统称为"面"。"空"是指大气层内的对流层和平流层,以及高度100km以下的临近空间。在实际应用中,有时为了明确"面"所指代的具体对象,会将内陆地面(地下)称为"地",如地地导弹和地空导弹;将临海的地面称为"岸",将海面的舰船称为"舰",如岸舰导弹和舰空导弹;将水下称为"潜",如潜空导弹和潜地导弹。

(2) 战略和战术的概念。战略和战术是从对整个战争或者战局的影响程度来区分的。由于战争的地域范围和规模大小不同,因此战略和战术也是一个相对的概念。战略型导弹是指用于完成攻击具有战略价值目标任务的导弹,如核武器基地、军用机场、港口、防空和反导基地、重要军需仓库、工业和能源基地、交通和通信枢纽等。远程面面导弹和空面导弹通常都属于战略导弹,用来保卫重要城市和具有战略意义的地区和设施的远程面空导弹一般也属于战略型导弹。战术导弹是指用于完成攻击某个具体战役战术目标任务的导弹。战术导弹的类型很多,常见的如反坦克导弹、空空导弹、反舰导弹等。

(3) 有翼式导弹和弹道导弹。一般来说,配置有弹翼,主要依靠其所产生的空气动力进行机动飞行的导弹称为有翼式导弹。有翼式导弹除了飞航式导弹(含巡航导弹)外,分类表1-1中列出的面空导弹、空面导弹、空空导弹以及其他攻击活动目标的导弹均属于有翼式导弹。传统的弹道式导弹在非主动段按照抛物线运动,此类导弹没有弹翼,通常被称为弹头。近些年来,随着弹道导弹突防技术的发展,弹道导弹弹头还可通过增加舵面或者其他执行机构实现末段机动,所以这种按照结构和弹道特征进行分类的方式不是绝对的。

(4) 射程。在表1-1中,仅将弹道式导弹按照射程远近划分为近程、中程、远程及洲际导弹。对于其他战术导弹,射程远近的概念则各不相同。例如反坦克导弹射程在5km以上就可称为远程反坦克导弹,而空空导弹射程在10km以内都是近程空空导弹。因此,所谓近程、中程和远程需要在特定的导弹类别中描述才有意义。

尽管导弹的种类很多,但是纵观近20年来世界各地发生的局部战争和冲突,所使用的导弹主要为面面、面空、空面、空空、反舰(潜)导弹。下面简单介绍这几类常见导弹。

1. 面面导弹

弹道式导弹和飞航式导弹(包括巡航导弹)是这类导弹中的两种主要类型,其多用于攻击具有战略价值的固定或低速运动目标。面面导弹射程都比较远,可达几百万至上万千米,特别是洲际弹道导弹,其装载有大威力的核战斗部(或称核弹头),是对敌方进行核威慑和核打击的主要武器。

传统弹道式导弹通常无翼或者只有尾翼,采用火箭发动机作为动力,发动机只在导弹发射初期的一小段弹道上工作,对导弹的控制也在这一小段弹道上进行,当导弹的飞行速度和姿态达到一定条件时发动机便停止工作,此点被称为关机点。通常把弹道式导弹从发射到主发动机关机这一段称为主动段弹道。此后弹头与弹体分离,弹头在很长的一段弹道上既无动力,也不进行控制,就像抛物体一样自由飞行,这段弹道被称为被动段弹道。现代弹道导弹为了进一步提高命中精度和突防能力,通常会在弹头再入大气层后对弹头进行制导控制,使弹头不再自由飞行,因此弹道式导弹的内涵也有了一定的拓展。图1-3所示为装有雷达地形匹配末制导系统的美国"潘兴"-2地地导弹。

飞航式导弹有一对较大的平面弹翼,外形与飞机很相像。由于飞行时间长,通常采用空气喷气发动机提供动力,而且在飞行全程工作。这种导弹由于飞行速度慢,机动能力有限,一般用于攻击地面固定目标或低速运动目标,如大型舰船等。巡航导弹是飞航式导弹的典型代表,一般都采用小尺寸低油耗的涡轮风扇空气喷气发动机。巡航阶段多采用惯性导航加地形匹配制导方式,其飞行高度很低,能够超低空进入目标区,不易被敌方雷达发现。此外,巡航导弹还采用动态路径规划技术进行航迹变更,从而增强突防能力,使其成为一种能执行快速、隐蔽、战略轰炸任务的导弹。从1991年的海湾战争开始,美国在多次的局部战争和冲突中,几乎都是以巡航导弹的进攻拉开战争的序幕。图1-4所示为美国"战斧"巡航导弹。

图1-3 美国"潘兴"-2地地导弹　　图1-4 采用涡轮风扇发动机的"战斧"巡航导弹

2. 面空导弹

面空导弹是由陆地或者海面发射用于攻击空中目标的武器,也常被称为防空导弹,如图1-5所示。这类导弹所攻击的空中目标包括飞机、导弹以及临近空间飞行器等,其射高从几十米到几百千米不等。常见的面空导弹有高空(射高30km以上)、中高空(射高10~30km)、低空(射高3~10km)和超低空(射高在3km以下)几种规格。其中超低空面空导弹是一种可单兵携带的小型野战防空武器,导弹装在管式发射筒内,由射手肩扛对空发射,攻击超低空入侵的敌机。这种导弹采取自动寻的制导系统,命中率较高,但由于导弹尺寸和重量较小,战斗部的威力有限。如图1-5(b)所示的美国"毒刺"便携式防空导弹。

(a)俄罗斯S-300防空导弹　　(b)美国"毒刺"便携式防空导弹

图1-5 典型的面空导弹

3. 空面导弹

空面导弹是指从轰炸机、战斗机和攻击机等固定翼飞机或者武装直升机上发射,攻击地面、海面或水下目标的导弹。常见的类型有机载发射的弹道式导弹、飞航式导弹和战术空对面导弹等。

机载发射的弹道式导弹和飞航式导弹射程较远,一般装有核战斗部,属于战略空面导弹。战术空面导弹的主要任务是近距离火力支援,用以攻击地面雷达、桥梁、机场、坦克车辆以及舰船等目标。空面导弹如果采用被动雷达寻的制导系统,即利用对方雷达发射的雷达波束进行制导,则这类导弹称为反辐射导弹,如图1-6所示。另外,还有采用电视自动跟踪制导系统、激光半主动制导系统和红外成像制导系统的战术空面导弹,详见本书光学制导篇。

(a) AGM-65"幼畜"空地导弹　　　　　(b) AGM-88"哈姆"反辐射导弹

图 1-6　典型的空面导弹

4. 空空导弹

空空导弹是由飞机上发射攻击空中目标的制导武器。由于载机具有很高的飞行速度和高度,故空空导弹一般不需要助推器,通常只用一台固体火箭发动机推进。这有利于减小导弹的尺寸和重量,从而适合机载使用,但导弹战斗部也不可能太大,这就对制导系统的精度提出了较高要求。目前近程空空导弹大多采用红外自动寻的制导系统,而中远程空空导弹大多采用雷达自动寻的制导系统。图 1-7 所示为采用红外制导的 AIM-9L"响尾蛇"空空导弹。

图 1-7　美国 AIM-9L"响尾蛇"空空导弹

5. 反舰(潜)导弹

反舰(潜)导弹是用于海上作战,攻击敌方各种舰船或者潜艇的导弹,其射程从几十千米到几百千米,包括地舰、岸舰、舰舰、舰潜、潜舰和空舰(潜)六类。由于舰艇行驶速度相对较低、机动性较差且体积庞大,因而于反舰导弹的飞行速度、机动性能和制导精度等要求都略低于其他战术导弹。

反舰导弹的射程较远,发动机多采用空气喷气发动机,也有用火箭发动机的(如超声速反舰导弹),但都会采用助推火箭提高其初始加速性能。射程较远的反舰导弹几乎都使用耗油率低的小型涡轮风扇喷气发动机,因此许多反舰导弹也属于飞航式导弹。反舰导弹的制导系统多采用惯性制导或者无线电指令作为中制导,在末段采用红外成像或者雷达自动寻的制导方式。图 1-8 所示为美国 AGM-84"鱼叉"和法国 MM-38"飞鱼"反舰导弹。

由于导弹的分类规则多样,因此同一种导弹可以被划分到不同类别中,具有不同的称谓。但是分类不同并不改变导弹的本质,即具备动力推进和制导系统。此外,现有导弹绝大多数都是在大气层内飞行,依靠气动力与气动力矩的作用实现机动飞行。下面就简要介绍导弹飞行力学的基础知识。

(a)美国AGM-84"鱼叉"　　　　　　　(b)法国MM-38"飞鱼"反舰导弹

图1-8　典型的反舰(潜)导弹

1.1.3　导弹飞行力学基础

飞行力学的基础主要涉及坐标系、导弹所受到的力和力矩、下面将对这三方面作简要介绍。

1. 常用坐标系

导弹飞行中受到的力和力矩以及各种测量信息都是基于不同的坐标系定义的,这里首先介绍几种在导弹飞行力学中常用的坐标系。

1) 地面坐标系 $Axyz$

地面坐标系 $Axyz$ 与地球固联,原点 A 常取为导弹质心在地面(水平面)上的投影点,Ax 轴在水平面内,指向目标为正;Ay 轴与地面垂直,向上为正;Az 轴按右手定则确定。对于近程战术导弹而言,地面坐标系常认为是不考虑地球自转和运动的惯性坐标系。

2) 弹体坐标系 $Ox_1y_1z_1$

原点 O 取在导弹质心上;Ox_1 轴与弹体纵轴重合,指向头部为正;Oy_1 轴在弹体纵向对称平面内,垂直于 Ox_1 轴,向上为正;Oz_1 轴垂直于 x_1Oy_1 平面,方向按右手定则确定。此坐标系与弹体固联,是一个动坐标系。弹体坐标系与地面坐标系的关系由三个姿态角确定,即俯仰角 ϑ,偏航角 ψ 和滚转角 γ。

3) 弹道坐标系 $Ox_2y_2z_2$

弹道坐标系 $Ox_2y_2z_2$ 的原点 O 取在导弹质心上;Ox_2 轴与导弹质心的速度矢量 V 重合;Oy_2 轴位于包含速度矢量 V 的铅垂面内,垂直于 Ox_2 轴,向上为正;Oz_2 轴垂直于 x_2Oy_2 平面,方向按照右手定则确定,此坐标系也是一个动坐标系。

图1-9为弹道坐标系 $Ox_2y_2z_2$ 和平移到导弹瞬时质心的地面坐标系 $Oxyz(Axyz)$ 的简化示意图。两者之间的相对关系可由两个角度确定(图1-9):

弹道倾角 θ:导弹的速度矢量 V(即 Ox_2 轴)与水平面间的夹角。速度矢量指向水平面上方,θ 角为正;反之为负。

弹道偏角 ψ_V:导弹的速度矢量 V 在水平面内投影(即图1-9中的 Ox'_2)与地面坐标系的 Ox 轴间的夹角。迎 ψ_V 角平面(即迎 Oy 轴俯视)观察,若由 Ox 轴至 Ox'_2 轴是逆时针旋转,则 ψ_V 角为正;反之为负。

4) 速度坐标系 $Ox_3y_3z_3$

原点 O 取在导弹质心上;Ox_3 轴与导弹速度矢量 V 重合;Oy_3 轴位于弹体纵向对称平面内,垂直于 Ox_3 轴,向上为正;Oz_3 轴垂直于 x_3Oy_3 平面,方向按右手定则确定。此坐标系是一个动坐标系。

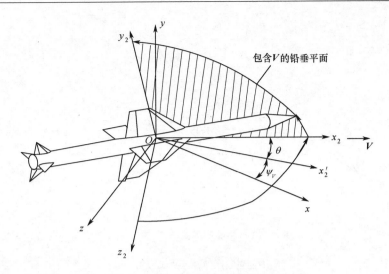

图 1-9 地面坐标系和弹道坐标系

由上述定义可知,速度坐标系和弹体坐标系之间的相对关系可由两个角度确定(图 1-10),分别定义如下:

攻角 α:导弹质心的速度矢量 V 在弹体纵轴对称平面 Ox_1y_1 上的投影与 Ox_1 轴之间的夹角。若 Ox_1 轴位于 V 的投影线上方时,攻角 α 为正;反之为负。

侧滑角 β:速度矢量 V 与纵向对称平面之间的夹角。沿飞行方向观察,若来流从右侧流向弹体(即产生负侧向力),侧滑角 β 为正;反之为负。

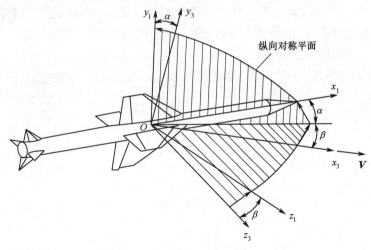

图 1-10 弹体坐标系和速度坐标系

2. 导弹受到的力

有翼导弹在大气层内飞行时受到的力主要包括发动机推力 P、空气动力 R 和导弹重力 G,它们的合力可分解为沿导弹飞行方向的切向力和垂直于导弹飞行方向的法向力(包括升力和侧向力),如图 1-11 所示。

1)发动机推力 P

发动机推力 P 是发动机工作时内部喷出的高温高速气流,所形成的与喷流方向相反的力。发动机推力作用线应尽量穿过质心,其大小受到大气环境以及导弹飞行状态的影响。火箭发动机的推力可在地面试验台上测定,推力大小的一般表达式为

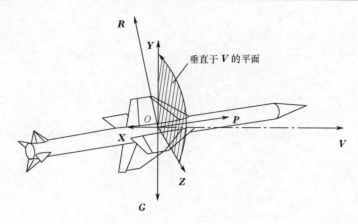

图1-11 导弹所受到的力(总受力)

$$P = m_s \mu_E + S_a(p_a - p_H) \quad (1-1)$$

式中：m_s 为单位时间内的燃料消耗量；μ_E 为燃气介质相对弹体的喷出速度；S_a 为发动机喷管出口处的横截面积；p_a 为发动机喷管出口处燃气流的压强；p_H 为导弹所处高度的大气压强。

2) 重力 G

导弹重力 G 是地心引力和地球自转产生的离心惯性力的合力，重力的作用线始终穿过导弹的质心。

3) 空气动力 R

空气动力 R(简称气动力)是空气对导弹的作用力，气动力的作用线一般不会通过导弹的质心，因此气动力会产生气动力矩。气动力是改变导弹飞行特性的重要因素，如图1-11所示，空气动力 R 沿速度坐标系 $Ox_3y_3z_3$ 可分解为3个分量，分别称为阻力 X、升力 Y 和侧向力 Z。其中阻力 X 的正向定义为 Ox_3 轴的负向，升力 Y 和侧向力 Z 的正向分别与 Oy_3 轴和 Oz_3 轴的正向一致。试验分析表明，空气动力的大小与来流动压头 q 和导弹的特征面积(又称参考面积)S 成正比，即

$$\begin{cases} X = C_x qS = C_x \dfrac{1}{2}\rho V^2 S \\ Y = C_y qS = C_y \dfrac{1}{2}\rho V^2 S \\ Z = C_z qS = C_z \dfrac{1}{2}\rho V^2 S \\ q = \dfrac{1}{2}\rho V^2 \end{cases} \quad (1-2)$$

式中：C_x、C_y、C_z 为无量纲比例系数，分别称为阻力系数、升力系数和侧向力系数(统称为气动力系数)；ρ 为空气密度；V 为导弹飞行速度；S 为参考面积，通常取弹翼面积或弹身最大横截面积。

下面以导弹纵向对称平面为例，说明切向力与法向力在控制导弹飞行时各自所起的作用。

图1-12中作用于导弹速度矢量垂直方向的合力为

$$F_y = Y + P\sin\alpha - G\cos\theta \quad (1-3)$$

式中：Y 为升力；α 为攻角；θ 为弹道倾角。

显然，其中可控制的力为 $Y + P\sin\alpha$，当攻角在姿态稳定控制系统作用下达到期望值时，导

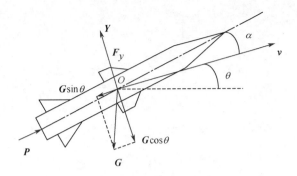

图 1-12　导弹纵向对称面内受到的力

弹的法向力也达到期望值。此时，根据牛顿第二运动定律和圆周运动关系，得

$$F_y = m\alpha = mv^2/r \tag{1-4}$$

式中：r 为弹道转弯的曲率半径，表示为

$$r = \frac{ds}{d\theta} = \frac{ds/dt}{d\theta/dt} = \frac{v}{\dot{\theta}} \tag{1-5}$$

式中：s 为导弹运动轨迹或弧长，于是有

$$\dot{\theta} = \frac{F_y}{mv} = \frac{Y + P\sin\alpha - G\cos\theta}{mv} \tag{1-6}$$

也就是说，通过对攻角的控制实现了对导弹转弯速率的控制。

显然，切向力可改变导弹的飞行速度大小，而法向力能够改变导弹的飞行速度方向。通常，切向力的大小是通过改变发动机推力来控制，法向力大小则主要借助改变空气动力或侧向直接推力来控制。对于大气层外飞行的无翼导弹，一般通过改变发动机推力或侧向直接推力的大小和方向来控制导弹的切向力和法向力。

3. 导弹受到的力矩

导弹制导系统主要研究导弹的质心运动，而不考虑弹体的转动，因此这里只是简单介绍弹体受到的气动力矩。为了便于分析导弹的姿态转动，通常把导弹上受到的总气动力矩 M 沿弹体坐标系 $Ox_1y_1z_1$ 分解为三个分量，如图 1-13 所示，分别为滚转力矩 M_{x1}（与 Ox_1 轴的正向一致时定义为正）、偏航力矩 M_{y1}（与 Oy_1 轴的正向一致时定义为正）和俯仰力矩 M_{z1}（与 Oz_1 轴的正向一致时定义为正），气动力矩的表达式为

$$\begin{cases} M_{x1} = m_{x1}qSL \\ M_{y1} = m_{y1}qSL \\ M_{z1} = m_{z1}qSL \end{cases} \tag{1-7}$$

式中：m_{x1}, m_{y1}, m_{z1} 为无量纲的比例系数，分别称为滚转力矩系数、偏航力矩系数和俯仰力矩系数；L 为特征长度。

下标"1"有时为书写方便可被省略。

1）俯仰力矩 M_z

俯仰力矩 M_z 的作用是使导弹绕横轴 Oz_1 作抬头或低头的转动，在气动布局和外形参数给定的情况下，俯仰力矩的大小不仅与飞行马赫数 Ma、飞行高度 H 有关，还与飞行攻角 α、升降舵偏转角 δ_z、导弹绕 Oz_1 的旋转角速度 ω_z 等有关，其一般表达式可以写为

$$M_z = M_{z0} + M_z^{\alpha}\alpha + M_z^{\delta_z}\delta_z + M_z^{\omega_z}\omega_z + M_z^{\dot{\alpha}}\dot{\alpha} + M_z^{\dot{\delta}_z}\dot{\delta}_z \tag{1-8}$$

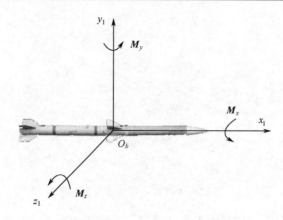

图 1-13 导弹受到的力矩

2）偏航力矩 M_y

偏航力矩 M_y 的作用是使导弹绕横轴 Oy_1 转动，偏航力矩产生的物理成因与俯仰力矩相同。对于轴对称导弹而言，偏航力矩的大小与飞行侧滑角 β、方向舵偏转角 δ_y、导弹绕 Oy_1 的旋转角速度 ω_y 等有关，其一般表达式可以写为

$$M_y = M_y^\beta \beta + M_y^{\delta_y} \delta_y + M_y^{\omega_y} \omega_y + M_y^{\dot\beta} \dot\beta + M_y^{\dot\delta_y} \dot\delta_y \qquad (1-9)$$

M_y^β 表征导弹航向静稳定性，如果 $M_y^\beta < 0$，则是航向静稳定，对于正常式导弹 $M_y^\beta < 0$；对于鸭式导弹 $M_y^\beta > 0$。

3）滚转力矩 M_x

滚转力矩 M_x 是由于迎面不对称气流流过导弹所产生的，其大小取决于导弹的形状和尺寸、飞行速度和高度、攻角、侧滑角、舵面和副翼偏转角等。

$$M_x = M_{x0} + M_x^\beta \beta + M_x^{\delta_x} \delta_x + M_x^{\delta_y} \delta_y + M_x^{\omega_x} \omega_x + M_y^{\omega_y} \omega_y \qquad (1-10)$$

式中：M_{x0} 是由制造误差引起的外形不对称产生的力矩。

当然，导弹除了受到这三个主要力矩外，具有操作面的导弹还受到舵面的铰链力矩；而当导弹存在滚转角速度 ω_x 时，还会受到马格努斯力矩。关于这些力矩的详细介绍可以参考导弹飞行力学的相关书籍。

1.2 导弹制导系统的概念与发展

1.2.1 导弹制导系统的概念

导弹要能精确地打击目标就必须具备测量导弹与目标的相对位置和运动信息，并根据这些信息按照一定规律控制导弹改变飞行轨迹（也称为弹道）的能力。而这些能力的实现就需要导弹具备制导控制系统。导弹制导控制系统可分为制导系统和控制系统两大部分。

制导系统的作用是测量导弹与目标的相对位置和运动信息，并依照一定规律（称为制导规律）形成改变导弹速度方向的指令，即制导指令。对于测量导弹与目标的相对位置和运动信息的功能，通常可以由导弹自身携带的测量设备完成，也可以由制导站或导弹外其他探测设备完成。如果目标信息是利用导弹上的测量设备获取，则弹上的测量设备通常被称为导引头。如果制导指令是利用导引头或者制导站实时测量的目标位置和运动信息产生的，则所依照的制导律也可以称为导引律或导引方法，形成的制导指令也可称为导引指令。对于一些固定目标,由于其位置始终不变,导弹在发射前可以预先设计好攻击的飞行轨迹(也称理想弹道),那么在飞行过程中,导弹只要实时测量自身位置和理想弹道之间的差异就可产生制导指令了。

控制系统的作用是根据制导指令的要求,驱动导弹的执行机构改变弹体飞行速度方向,从而使导弹飞向目标。在大气层内飞行的导弹通常利用气动力改变飞行速度的方向,而气动力的改变需要通过弹体姿态的变化来实现,此时的控制指令就是给弹体姿态控制执行机构(如舵系统或姿态控制发动机)的姿态控制指令。对于在大气层外或者气动力不足环境中飞行的导弹,导弹飞行速度的改变将通过轨道控制发动机实现,此时的控制指令就是将导弹姿态控制到需求方向上的姿态控制指令和轨道控制发动机的点火指令。

因此从总体上说,制导系统是利用导弹与目标的相对位置和运动信息产生改变其飞行速度的"目的指令";而控制系统则是根据这个"目的指令",将其转换为控制具体执行机构(如舵系统、姿态控制发动机或轨道控制发动机)的"执行指令",最终通过弹体气动力的变化或发动机推力的作用改变导弹的飞行轨迹。所以人们常常将制导系统比作人的"眼睛和大脑","眼睛"获取目标的位置和运动信息后,交给"大脑"按照制导规律形成制导指令;而控制系统则是人的"小脑和肌肉","小脑"将"大脑"的制导指令分解为控制具体"肌肉"的控制指令,并传送到相应的"肌肉"使其协调工作,从而使导弹飞向目标。

如图1-14所示,由于制导系统和控制系统的紧密关系,人们通常把两者合称为导弹制导控制系统,有时也广义地称为导弹控制系统。

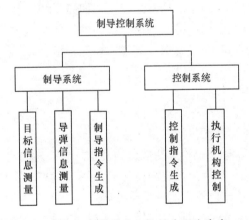

图1-14 制导系统和控制系统的关系

1. 制导系统与控制系统的关系

尽管导弹的种类有很多,但是绝大多数的导弹都具有如图1-15所示,结构的制导控制系统。

在图1-15中,制导系统由导弹和目标的信息测量传感器及制导指令形成装置等组成。其中,导弹信息传感器主要是确定导弹自身的位置和相关运动信息等,目标信息测量传感器主要测量目标的位置和运动信息。当两者的信息获取后交给制导指令形成装置,就可以按照一定制导规律形成制导指令。导弹和目标信息的测量传感器以及制导指令的形成装置可以在导弹上,也可以在外部的制导站上。

控制系统由控制系统计算机、执行机构(如舵系统、姿态控制发动机或轨道控制发动机)和弹体姿态测量组件等组成。控制系统计算机接收到制导系统送达的制导指令后,按照一定控制规律形成控制指令,控制指令操纵执行机构改变弹体的姿态,进而改变气动力或侧向推

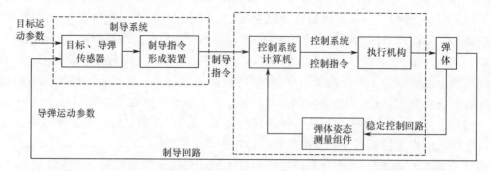

图1-15 导弹制导控制系统的组成与相互关系

力,使导弹按照预期规律改变飞行方向;导弹飞行方向的变化最终将引起导弹与目标相对位置和运动关系的变化,这将使得制导系统继续测量并形成新的制导指令。因此,这条改变导弹飞行轨迹的闭环控制回路被称为制导回路。

控制系统计算机在操纵执行机构改变弹体姿态的同时,弹体姿态测量组件(如陀螺仪)测量出弹体实际姿态变化并反馈给控制系统计算机。控制系统计算机比较姿态指令值与姿态实际控制值之间的误差,从而进一步控制弹体姿态的稳定变化,因此这条闭环控制回路被称为稳定控制回路,简称稳定回路。

由此可以看出,导弹制导控制系统通常是一个双回路系统。制导回路为外层大回路,其控制导弹的飞行轨迹改变;稳定控制回路作为制导回路的重要组成部分构成内回路,其既要控制弹体姿态以实现导弹的机动,同时又要保证导弹的姿态稳定,即对导弹飞行具有控制和稳定的双重作用。

2. 制导系统概念的内涵

按照本书的定义,制导系统的概念就是测量导弹与目标的相对位置和运动信息,按照一定制导规律形成制导指令,这个概念包括三个内涵。

第一个内涵是导弹对自身位置和运动信息的确定。导弹对自身位置和运动信息的确定可以通过弹上安装的惯性测量设备、天文观测设备、卫星定位设备或者地形辅助测量设备确定,也可以通过外部制导站或者导弹外其他测量设备获得。

第二个内涵是对导弹与目标之间的相对位置和运动信息的确定。这些信息可以由导弹自身测量设备(导引头)测量,也可由外部制导站或者导弹外其他设备测量,或者对于固定目标可以预先设定目标位置信息。

第三个内涵是按照制导规律形成制导指令。制导指令的形成装置可以在导弹上,也可以在外部制导站上。如果在外部制导站上形成制导指令,则制导指令需要发送给导弹上的控制系统执行。

制导系统除了在概念内涵上由多个功能组成外,在工作流程上还可以划分为不同的阶段。对于射程较远的导弹,如飞航式导弹、远程空地、地空和空空导弹等,发射时导弹导引头无法发现目标,那么制导系统就需要在不同阶段以不同的制导模式飞行,其通常分为三个工作阶段,即初制导、中制导和末制导。

1)初制导

初制导是指导弹发射后的初始飞行阶段的制导。初制导的目的是使导弹具备预定的飞行高度、速度和姿态,以便于转入中制导阶段。初制导阶段的时间较短,速度变化较大,通常利用弹上惯性测量系统的信息控制导弹按照预定程序弹道飞行,其制导规律不需要目标的实时位置和运动状态,所以这一段也被称为程序制导。

2) 中制导

中制导是指初制导结束后到导引头捕获目标转入末制导之间阶段的制导。中制导的目的是控制导弹在长距离飞行中的运动状态,如飞行高度和速度等,同时保证导引头容易捕获目标并以合适的飞行状态转入末制导。中制导阶段的时间较长,速度变化不大,通常依靠惯性制导、卫星定位制导、天文制导或者地形匹配制导等方式来进行制导。

3) 末制导

末制导是指导引头捕获目标后产生制导指令,导引导弹飞向目标的过程。末制导的目的是将导弹导向目标并提高命中精度。末制导阶段的时间不长,多采用自主跟踪或者遥控飞向目标,因此也被称为末导引阶段。

当然,制导系统的三个工作阶段根据导弹的类型、飞行距离和制导方式不同,其组合方式也会有一定的区别,例如,对于有些射程较短的导弹来说可能只存在末制导和初制导。

本书所讲述的制导系统是指从导弹和目标信息的获取到制导指令的形成部分。考虑初制导和中制导阶段涉及其他专业知识较多,因此本书将主要介绍末制导阶段。另外导弹末制导阶段多使用导引头获取目标信息,所以本书在随后的讲述中多以导引头为主来介绍,也适当涵盖其他非导引头的末制导方式。

1.2.2 导弹制导系统的发展

制导系统是导弹的核心子系统,因此可以说导弹制导系统的发展历史实际上就是导弹的发展历史。导弹从第二次世界大战诞生至今,已有70多年的历史,先后经历了四个发展阶段。

第一个发展阶段是从第二次世界大战后期到20世纪50年代初期,此时导弹刚刚诞生就被投入实战,其典型代表是德国的V-1飞航导弹和V-2弹道导弹,如图1-16所示。这一阶段导弹没有导引头,只能攻击地面固定目标,制导系统采用的是简单的惯性制导和程序制导,尽管如此V-2导弹的实战化标志着人类战争史进入了导弹时代。

(a) V-1飞航导弹　　　　(b) V-2弹道导弹

图1-16　第一发展阶段的导弹

第二个发展阶段是从20世纪50年代中期到60年代初期,这一时期世界各主要军事强国都开始研制和装备导弹。这一阶段以美国AIM-9B"响尾蛇"空空导弹和苏联"萨姆"-2地空导弹为代表,如图1-17所示。这类导弹多采用被动红外制导、雷达指令制导或雷达半主动制导,具备一定的自主跟踪能力,但抗干扰能力差且命中精度较低。

第三个发展阶段是从20世纪60年代中期到70年代末期,随着探测器技术的发展,导

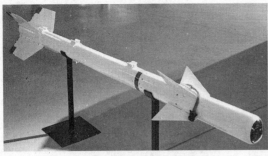

(a) AIM-9B"响尾蛇"空空导弹　　　　　(b) "萨姆"-2地空导弹

图1-17　第二发展阶段的导弹

制导系统从红外和雷达两种制导方式逐渐向多种方式发展。此阶段导弹的种类得到了极大丰富，几乎涵盖了目前所有的导弹种类，并且精度和可靠性大大提高。这一阶段的典型代表是美国 AGM-65A/B"幼畜"电视制导导弹和 AGM-114A"海尔法"激光半主动制导反坦克导弹，如图1-18所示。

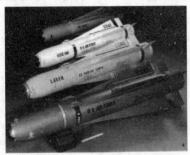

(a) AGM-65"幼畜"空地导弹　　　　　(b) AGM-114A"海尔法"反坦克导弹

图1-18　第三发展阶段的导弹

第四个发展阶段是从20世纪80年代至今，随着计算机技术和大规模集成电路技术的发展，导弹制导系统开始向着成像化、智能化、小型化、多任务化和低成本化发展。大量具备"发射后不管"能力的智能型导弹开始研制和装备，此外为了对抗日益复杂的战场对抗环境，多模复合导引头也开始快速发展和实用化。

21世纪以来的信息化战场具有宽正面、大纵深、多梯次及全空域、全时域、全频域的整体作战特点，军事对抗已发展为武器装备体系之间的激烈对抗。作为典型信息化武器代表的导弹，已成为现代高技术战场的主战武器，并将成为未来信息化战争的重要支柱。未来导弹逐步向着高精度、高智能化和强抗干扰方向发展，导弹的制导系统也正在向着多模复合、光纤制导和智能化自动寻的制导等方向发展。

1) 多模复合制导技术

随着光电干扰技术、隐身技术和反辐射导弹技术的发展，单一频段或模式的制导体制受各自性能的局限，已无法满足现代战争的需要。如雷达制导系统易受箔条和角反射器等假目标的干扰；红外制导系统易受红外诱饵、背景热辐射和气候的影响，并且不能直接测距，全向攻击性能较差；激光制导系统易受云、雾、烟的影响，不能全天候使用。因此多模复合制导技术可以利用目标的多种频谱信息，取长补短、相互补充，使得制导系统具有更强的适应能力和抗干扰能力，如图1-19所示。

第1章　导弹与制导系统

(a) "毒刺"-POST双色复合地空导弹　　　(b) ADATS 复合制导防空导弹

图 1-19

多模复合制导实际上是多种传感器在导弹上的复合应用。其利用多种探测手段获取目标信息，经过数据融合处理后可以获取目标的综合信息，从而进行精确的目标探测、识别和跟踪。多模复合制导可以弥补单一探测制导方式的固有不足，使导弹在目标识别能力、环境适应能力、抗干扰能力和制导精度方面都得到增强。目前主要发展的多模复合制导方式有紫外/红外、可见光/红外、激光/红外、微波/红外、毫米波/红外和毫米波/红外成像等。

2) 光纤制导技术

光纤制导是指导弹飞至目标上空时，导引头将目标及其周围背景图像拍摄下来，经光纤双向传输系统的下行线传到地面的图像监视器上，射手通过图像对目标进行搜索、识别和捕获，同时形成的控制指令经上行线传到导弹，控制导弹飞向目标。由于光纤具有信息传输容量大、抗干扰能力强、制导精度高、隐藏性好等一系列优点，因此非常适合于图像和指令传输。

3) 智能化自动寻的制导技术

随着人工智能、成像制导、高性能处理器和自适应控制技术的发展和突破，导弹正向着完全自动化和智能化的制导方向发展。智能化自动寻的制导采用图像处理、人工智能和高速处理技术，使得导弹无需人工参与即可实现对目标的自动探测、自动识别、自动捕获和自动跟踪，并进行瞄准点选择和杀伤效果评估。

总之，随着高新技术的不断涌现以及其在导弹上的广泛应用，各种新型制导方式的导弹也不断出现，这也使得未来高科技战争攻防双方的对抗将更加激烈和复杂。

1.3　导弹制导系统的分类

根据作战用途、攻击目标的特性和射程远近等因素的不同，导弹的制导设备和体制差别很大。一般情况下，导弹的控制系统和执行机构都在弹上，工作原理也大体相同。而制导系统的设备则可能位于弹上，也可能位于制导站，其信息获取手段也各不同，因此本节将对导弹制导系统进行分类介绍。

导弹的制导系统可分为非自主制导系统与自主制导系统两大类。非自主制导系统是指导弹在飞行过程中，导弹或制导站需要不断测量目标位置和运动信息才能形成制导指令的制导方式；自主制导系统则是不需要在飞行过程中实时测量目标位置和运动信息就能形成制导指令的制导方式。自主制导系统包括惯性制导系统、天文制导系统、卫星制导系统、地形辅助制导系统和多普勒制导系统等制导方式；非自主制导系统包括自动寻的制导系统和遥控制导系统两大类。为提高制导性能和抗干扰能力，将几种制导方式组合起来使用的制导系统称为复合制导系统。制导系统具体分类如图1-20所示。

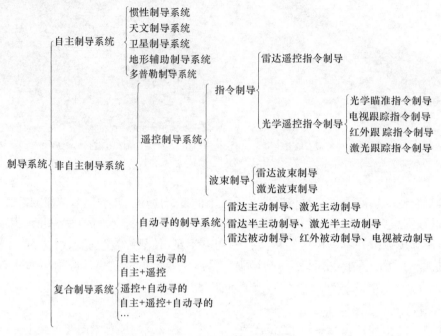

图1-20 导弹制导系统的分类

1.3.1 自主制导系统

自主制导是指导弹发射后,不需要接收已方发送的信息就能实现导弹的自主飞行。自主制导系统通常需要在导弹发射前,把目标位置和导弹飞行轨迹等信息预先存储至弹上计算机,飞行过程中弹上计算机利用自身测量信息控制导弹按照预设的轨迹飞行。这种方式由于不需要已方发送的信息,因此自主性和隐蔽性较高,但灵活性较差,因此多用于地地导弹和巡航导弹攻击固定目标。自主制导系统的关键是在导弹飞行中确定自身的位置和运动状态,因此这部分的功能与导航系统一致,只是增加了产生制导指令的功能。常见的自主制导系统有惯性制导、天文制导、卫星制导和地形辅助制导等。

1. 惯性制导系统

惯性制导系统(Inertial Guidance System)是一种利用惯性测量器件定位和定姿的完全自主式制导系统,有时候也被称为惯性导航系统(Inertial Navigation System,INS)。其通过弹上惯性元件测量载体相对惯性空间的角度和位置变化,并解算为导航坐标系下载体的姿态、速度和位置信息。在飞行过程中制导系统将弹上惯性传感器解算的位姿数据与预先存储的弹道数据不断地进行比较,从而形成修正控制量。惯性制导系统一般有两种形式:平台惯性制导系统和捷联惯性制导系统。

平台惯性制导系统的惯性元件安装在稳定平台上,通过平台框架隔离弹体姿态运动,因而加速度计测量轴在惯性空间指向不变,可以直接获取导航坐标系各轴向的加速度。惯性平台框架角传感器直接测量的角度就是飞行器相对导航坐标系的姿态角信息。

捷联惯性制导系统是惯性器件固连安装在弹体上,由于惯性器件随弹体运动,加速度计测量轴指向随弹体姿态变化。这种方式不能直接获得相对导航坐标系的加速度,需要通过陀螺姿态解算将测量加速度转换到导航坐标系中,所以捷联惯性制导系统必须由角度陀螺或速率陀螺提供飞行器的姿态角运动信息。

总体说来,惯性制导系统的优点主要有以下几方面:
(1) 具有自主性,可以不依靠外部装置而独立工作,隐蔽性好。
(2) 可连续提供包括姿态在内的全部制导参数。
(3) 具有良好的动态性能和较宽的测量范围。
(4) 短时间内工作精度较高。
(5) 抗干扰能力强,对磁场、电场、光、热及核辐射等不敏感。
(6) 不受气象条件的限制,能实现全天候制导。

当然,惯性制导系统也有缺点:
(1) 惯性元件的系统误差随时间增长而变大,制导精度也随之降低。
(2) 目前单纯惯性制导系统的工作精度已趋于极限。
(3) 惯性制导需要初始对准,准备时间长,影响快速反应能力。
(4) 高精度惯性元件的价格昂贵,不适合低成本的武器应用。

第二次世界大战中惯性制导技术在德国的 V-2 导弹上第一次使用。20 世纪 60 年代后,各国大力开展对惯性制导的研究,陀螺也不再拘泥于机械式陀螺,激光陀螺、光纤陀螺和微机电(MEMS)陀螺等新兴传感器技术也开始应用于惯性制导。如美国"战斧"巡航导弹的惯性制导系统选用环形激光陀螺代替传统的机械陀螺,使得导弹精度和可靠性大大提高。

2. 天文制导系统

天文制导系统(Celestial Guidance System)是一种利用天体敏感器测量天体(通常是星体)方位信息进行导弹位置或姿态解算的自主制导系统。其根据星体的精确坐标和已知运动规律测量星体相对于导弹参考基准面的高度角,从而计算出飞行器的位置和姿态,因此也被称为星光制导。天文制导的优点在于其没有惯性制导的累积误差,常作为惯性制导系统的补充,用于弹道导弹的中制导。

天文制导系统的敏感元件可采用星光跟踪器或空间六分仪。星光跟踪器通常安装在导弹的惯性平台上,根据计算机的指令自动跟踪星体,用以修正弹道导弹的发射位置、发射方位以及飞行中陀螺稳定平台的漂移。在使用中,陀螺稳定平台各轴应指向预定方向,当星光跟踪器测量出平台各轴方向与预定方向不一致时,表明平台有误差需进行修正。

空间六分仪则不一定安装在惯性平台上,这是因为导弹飞出大气层后不再受到空气动力的作用和干扰,导弹本体就是一个良好的稳定平台。空间六分仪可根据计算机的指令自动跟踪星体,也可根据人工指令来跟踪星体。星光跟踪器与空间六分仪的测角原理基本相同。

总体来说,天文制导系统具有以下一些优点:① 隐蔽性好;② 自主性强;③ 定向精度高;④ 精度不随工作时间的增长而降低。天文制导系统的主要缺点是:在低空和地面会受能见度和天气状况的限制,同时在白天会受到太阳的影响而无法观测到天体。

正因如此,天文制导经常和惯性制导组合用于飞行高度较高的远程弹道式导弹的制导系统中。美国在 20 世纪 50 年代开始研制惯性/天文组合制导系统,70 年代在"三叉戟"Ⅰ型水下远程弹道导弹中使用了这种组合制导系统,其射程达 7400km,命中精度 370m;90 年代研制的"三叉戟"Ⅱ型弹道导弹的射程达 11100km,命中精度 240m。

3. 卫星制导系统

卫星制导系统(Satellite Guidance System)是基于全球卫星定位系统的制导系统。全球卫星导航系统(Global Navigation Satellite System,GNSS)是一种天基无线电导航系统,它主要由三部分组成:空间段、地面控制段和用户段。GNSS能够在全球范围内,全天候、实时、连续地为多个用户提供高精度的三维位置、速度及时间信息,具有很强的军事用途和广阔的民用前景。目前已投入运营或正在建设的卫星导航系统有美国的全球卫星定位系统(GPS)、俄罗斯的格洛纳斯全球卫星导航系统(GLONASS)、欧洲的伽利略全球卫星导航系统(GALILEO)、中国的北斗卫星导航系统(BD)等。

这些系统中美国的 GPS 定位系统应用最广,它的军用码定位精度可以达到米级,如果采用差分 GPS 系统则可达到厘米级。GPS 制导具有定位精度高、可全天候使用、设备成本低、长期稳定性好等优点,因此常用于攻击固定目标的导弹或航弹上。美国的"联合制导攻击武器"(Joint Direct Attack Munition, JDAM)就是在美国 MK-80 常规航空炸弹的基础上加装惯性制导和卫星制导系统而成为精确制导武器。JDAM 制导弹药的编号有 GBU-54/39/38/35/32/31,可由飞机从距离目标 20km 处投放,在 GPS/INS 的制导下圆概率误差仅为 13m。卫星制导系统的最大缺点是卫星定位功能容易受到敌方电磁干扰,并且只能攻击地面固定目标。

4. 地形辅助制导系统

地形辅助制导系统(Terrain Assistance Guidance System)是一种利用地面地物的景象信息或者地形高程信息进行自主制导的系统,也称为地形辅助导航(Terrain Assistance Navigation, TAN)系统。其预先把可测量的地面地物景象或者地形高程编成"数字化地图",存储在弹载计算机中;在导弹飞行的中段或末段,对导弹飞越地区的地形地理信息进行实时的弹上测量,将弹上测量的与原先测绘存储的"数字化地图"进行比对确定导弹位置误差,从而修正导弹飞行轨迹。根据所使用的地面特征是地物景象或者地形高程,地形辅助制导可以分为景象匹配制导和高程匹配制导两类。

一般来说,地形辅助制导系统的优点包括:

(1) 制导精度高,可以修正飞行过程中的初始误差和积累误差;

(2) 具有准全天候、完全隐蔽、抗干扰能力强等优点;

(3) 主要用于辅助惯性制导系统,性价比高。

其缺点是不能应用于海面、平原或者沙漠等地形特征不明显的区域,因此多用作辅助制导系统。目前利用 TAN/INS 复合制导的导弹有苏联的大力士 SS-N-21 远程巡航导弹、英国的核战术空对面导弹(TASM-N)、法国的远程空地导弹(ASLP)和美国 BGM-109"战斧"巡航导弹等。

1.3.2 遥控制导系统

遥控制导系统(Remote Guidance System)通常由制导站对目标和导弹进行测量,从而形成相应制导指令。其测量系统和指令形成装置一般不在弹上,而是在地面或其他载体上,指令通过无线或有线方式传到弹上实现闭环控制。

遥控制导系统的特点是导弹飞行轨迹完全由制导站控制,导弹与制导站始终保持密切联系。所以,它的优点是导弹上的设备非常简单,成本较低;缺点是制导站对目标和导弹的测量精度随距离增加而下降,制导精度也随之降低。此外制导站需要全程主动照射电磁波,容易被敌方干扰和攻击。

遥控制导系统可分为指令制导和波束制导两种方式,下面以无线电遥控指令制导系统为例介绍这两种方式。

1. 无线电指令制导系统

无线电指令制导系统(Radio Command Guidance System)的工作过程是:制导站的两部测

量雷达分别跟踪目标和导弹(图1-21),并同时测得两者的位置数据,制导系统根据两者位置信息形成制导指令;制导指令通过无线数据发射装置发送给导弹;导弹接收到制导指令后,送给弹上控制系统形成控制指令,从而驱动执行机构使导弹飞向目标。

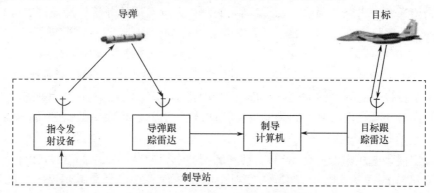

图1-21 无线电指令制导系统示意图

无线电指令制导系统中,目标与导弹都用雷达跟踪,雷达不断地测量目标与导弹的位置信息,包括方位角、仰角(高低角)、距离以及径向速度等,这些测量雷达有时也被称为目标与导弹的位标器。

2. 无线电波束制导系统

无线电波束制导系统(Radio Beam Guidance System)的工作原理是:由测量雷达发出的无线电波束中心照射和跟踪移动目标,导弹上的测量设备通过实时测量弹体与波束中心轴的偏离量形成制导信号,使得导弹始终沿波束中心飞行。由于波束中心轴一直是跟踪目标或指向前置命中点的,因此能引导导弹飞向目标(图1-22)。

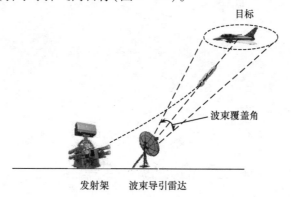

图1-22 无线电波束制导系统

无线电波束制导系统可用一部(单波束式)或两部(双波束式)雷达。单波束系统通常采用三点法导引(本章第4节将会介绍导引方法),雷达的功能是跟踪目标并将导弹引向目标。双波束系统是利用两套波束分别照射目标和导弹,这样可以采用前置角法导引,避免三点法在弹道在交汇点过于弯曲的缺点,从而使导弹可以攻击快速飞行的目标。

1.3.3 自动寻的制导系统

自动寻的制导系统是利用安装在导弹上的导引头探测目标辐射或反射的信息(如无线电波、红外线、激光、可见光等),导引导弹攻击目标的制导系统,其也简称为自寻的制导系统。

为了使自动寻的制导系统工作正常,首先导引头必须能够准确地从目标和背景中发现目标,为此要求目标本身的物理特性与其背景的特性必须有所不同,即要求它相对背景具有足够的能量对比性。

任何物体都会发出红外辐射,因此自动寻的制导系统常用目标的红外辐射进行制导,即红外自动寻的制导系统。在自然光照或者人工光照良好的情况下,目标与周围背景的可见光反射或辐射不同,因此可以利用目标的可见光信息进行自动寻的制导,即电视成像制导系统。利用目标辐射或反射的无线电波进行制导的系统称为雷达自动寻的系统,其应用也十分广泛。很多重要军事目标本身就是强大的电磁辐射源,如雷达站、无线电干扰站、导航站、飞机等;大部分金属目标对于无线电波具有很强的反射特性,通过对其进行无线电照射,也可以获得足够的反射波。

无论采用何种电磁波段进行制导,自动寻的制导系统的共同特点都是:目标探测和指令形成装置位于导弹上,绝大多数可以实现"发射后不管",而且探测和制导精度不会随着射程的增加而降低。自动寻的制导系统的主要缺点是:弹上设备组成复杂、成本较高,且受到导弹空间和重量的限制,作用距离有限。

根据导弹所利用辐射能量来源的不同,自动寻的制导系统可以分为主动式、半主动式和被动式3种。

1. 主动式自动寻的制导系统

主动式自动寻的制导系统(Active Homing Guidance System)的工作原理是:导弹对目标照射某种形式的电磁辐射,同时接收从目标反射回来的电磁辐射能量,以实现对目标自动探测和制导(图1-23)。

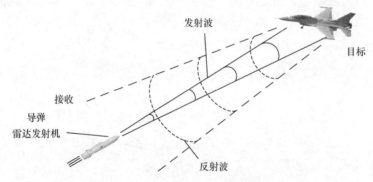

图1-23 主动式自动寻的制导系统示意图

防空导弹一般采用导引头上的小型雷达发射机作为照射源。导弹发射机用雷达波照射目标,目标反射的雷达回波被导弹上的雷达接收机接收,从而实现对目标的自动寻的制导。

主动式自动寻的制导系统的优点是:导弹自主性高,可以实现"发射后锁定"和"发射后不管",且制导精度随弹目距离减小而提高。其缺点是:导弹上照射源的尺寸、重量和功率受限于导弹总体约束,因此探测距离较近。

2. 半主动式自动寻的制导系统

半主动式自动寻的制导系统(Semi-active Homing Guidance System)的工作原理是:制导站(如地面雷达、舰船或者飞机)向目标照射某种形式的电磁波,导引头接收从目标反射回的电磁波,从而实现对目标探测和制导(图1-24)。

以半主动式雷达自动寻的制导系统为例,导弹前部的雷达接收机接收目标反射的雷达波

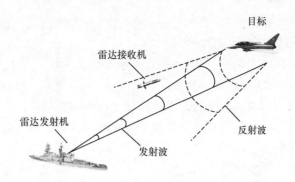

图1-24 半主动式自动寻的制导系统示意图

能量,并与己方的雷达照射信号相比较,从而获取目标的角度和距离信息。

半主动式自动寻的制导系统的优点是:

(1) 由于导弹距离目标越来越近,制导精度越来越高。
(2) 照射源不在导弹上,其功率和体积限制较少,因此制导作用距离较远。
(3) 与主动式相比,半主动式弹上只有接收设备,导弹成本较低。
(4) 导弹自身不主动发射电磁波,隐蔽性较好。

半主动式自动寻的制导系统的缺点是:由于制导全程依赖外部照射源对目标进行照射,使照射源容易受干扰和攻击。

3. 被动式自动寻的制导系统

被动式自动寻的制导系统(Passive Homing Guidance System)仅依靠导弹上的探测装置(也称被动导引头)接收目标辐射,以实现对目标的探测和制导(图1-25)。

以被动式雷达自动寻的制导系统为例,弹上接收机接收敌方雷达、通信设备和干扰机等辐射的电磁波能量,确定敌方辐射源的位置,从而实现对辐射源的攻击,这种导弹常被称为反辐射导弹或反雷达导弹。

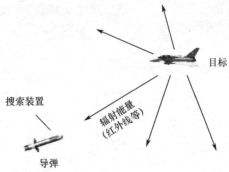

图1-25 被动式自动寻的制导系统示意图

被动式自动寻的制导的特点是导弹不需要乙方照射源,因此隐蔽性好,且能够实现"发射后不管"。其缺点是要利用目标向外辐射的能量,因此作用距离受目标辐射特性影响。例如反辐射导弹遇到对方雷达关机时将失去对目标的探测能力,为解决这一问题后期的反辐射导弹能够记忆雷达位置以实现关机后的继续自主制导。

1.3.4 复合制导系统

在现代战场中,任何单一制导方式都无法满足复杂战场环境的要求;此外,导弹武器的需求也向着远程、全天候、多用途、高精度和"发射后不管"等方向发展,这些都迫使导弹的制导系统必须向着多种制导系统复合的方向发展。

复合制导在技术层面包含两种意义:一种是导引头的多种模式组合,即多模制导;另一种是在弹道不同阶段制导方式的组合,即复合制导。

多模制导是指采用不同频段的电磁波进行探测,这种方式利用了目标对不同电磁波辐射和反射特性差异来提高导引头的测量精度和抗干扰能力。常见的多模制导方式有:

(1) 电视+红外多模制导。
(2) 微波+毫米波多模制导。
(3) 微波+红外多模制导。
(4) 毫米波+红外多模制导。
(5) 红外+激光多模制导。
(6) 红外+紫外多模制导。
(7) 微波+电视多模制导。

根据导弹在各飞行段上制导方式的不同组合,复合制导可分为串联复合制导、并联复合制导和串—并联复合制导。串联复合制导是指在导弹飞行弹道的不同段上,采用不同的制导方式;并联复合制导是指在导弹的整个飞行过程中,或者在弹道的某一段上,同时采用几种制导方式;串—并联复合制导是指在导弹的飞行过程中,既有串联又有并联的复合制导方式。常见的复合制导方式有:

(1) 自主+自动寻的复合制导系统。
(2) 自主+遥控+自动寻的复合制导系统。
(3) 自主+遥控复合制导系统。
(4) 遥控+自动寻的复合制导系统。
(5) 波束+寻的复合制导系统。

一般来说中远程的导弹都会采用复合制导方式。例如防空、反舰导弹,初、中段多采用惯性制导或指令制导,末段则采用自动寻的制导方式,如图 1-26 所示为某型中远程空空导弹的复合制导过程示意图。

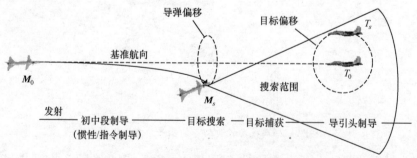

图 1-26 按时间顺序的复合制导导弹飞行剖面图

1.4 导弹制导系统的导引方法

导弹制导系统的功能是根据弹目相对关系产生制导指令,控制导弹的飞行轨迹。当导弹已经获取到目标的相对位置和运动信息后,如何使导弹按照某种方式导向目标就是制导规律所要解决的问题(图1-27)。通常在末制导阶段，导弹都能够通过导引头或者制导站实时获取目标的相对位置和运动信息，因此这一阶段的制导规律通常都被称为导引规律或者导引方法。

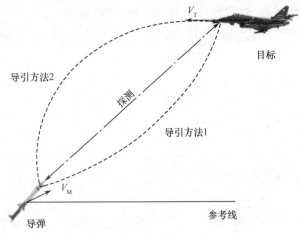

图1-27 制导规律与飞行轨迹的关系

由于导弹的制导规律研究的主要是导弹质心的运动规律，为了简化问题，通常将导弹当作一个可操纵质点，这种假设并不影响对于制导规律的研究。制导规律的研究中使用了相对运动方程来描述导弹、目标及制导站之间的相对运动关系。这是制导弹道运动学分析的基础，其通常建立在极坐标系中。在制导规律的初步设计阶段，为了简化研究通常采用运动学分析法，其主要基于如下假设：

(1) 将导弹、目标和制导站的运动视为质点运动，即导弹绕弹体轴的转动是无惯性的。
(2) 制导控制系统的工作是理想的。
(3) 导弹速度是时间的已知函数。
(4) 目标和制导站的运动规律是已知的。
(5) 略去导弹飞行中随机干扰对法向力的影响。

其中，(1)和(2)假设称为"瞬时平衡"假设，其实质是认为导弹在整个有控飞行期间的任一瞬时都处于平衡状态。即当操纵机构偏转时，攻角 α 和侧滑角 β 都瞬时到达平衡值。最后一条假设是忽略导弹真实飞行中的随机干扰造成的导弹绕质心的随机振荡，这种振荡会引起气动法向力沿 Y 方向和 Z 方向的随机变化。

为了简化研究，假设导弹、目标和制导站始终在同一平面内运动。该平面通常被称为攻击平面，攻击平面可能是铅垂面，也可能是水平面或倾斜平面。

导弹制导系统的制导方法(或导引方法)根据有无制导站参与可分为遥控制导和自动寻的制导。

1. 自动寻的制导

自动寻的制导的导弹具有可以自行完成探测目标和形成制导指令的功能，因此自动寻的制导的相对运动方程实际上就是描述导弹与目标之间相对运动关系的方程。如图1-28所示假设某一时刻，目标位于 T 点，导弹位于 M 点，连线 MT 称为目标瞄准线(简称弹目视线)。选取参考基准线 MX 作为角度参考零位，通常可以选取水平线、惯性基准线或发射坐标系的一个轴等。

图 1-28 中 R 为导弹与目标的相对距离,q 为目标方位角,σ_M、σ_T 分别为导弹弹道角和目标航向角,η_M、η_T 分别为导弹、目标速度矢量前置角,V_M、V_T 分别为导弹、目标的速度。通常为了研究方便,将导弹和目标的运动分解到弹目视线和其法线两个方向,因此其相对运动方程可以写为

$$\begin{cases} \dfrac{\mathrm{d}R}{\mathrm{d}t} = V_T\cos\eta_T - V_M\cos\eta_M \\ R\dfrac{\mathrm{d}q}{\mathrm{d}t} = V_M\sin\eta_M - V_T\sin\eta_T \\ q = \sigma_M + \eta_M \\ q = \sigma_T + \eta_T \\ \varepsilon_1 = 0 \end{cases} \quad (1-11)$$

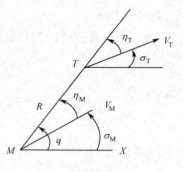

图 1-28 自动寻的制导的相对运动关系

式中:$\varepsilon_1 = 0$ 为描述导引方法的制导关系方程。根据制导关系方程形式的不同,自动寻的制导中常见的方法有:

(1) 追踪法:$\eta_M = 0$,即 $\varepsilon_1 = \eta_M = 0$。

(2) 平行接近法:$q = q_0 = $ 常数,即 $\varepsilon_1 = \mathrm{d}q/\mathrm{d}t = 0$。

(3) 比例导引法:$\dot\sigma = K\dot q$,即 $\varepsilon_1 = \dot\sigma - K\dot q = 0$。

2. 遥控制导

遥控制导导弹受到制导站的照射与控制,因此遥控制导导弹的运动特性不仅与目标的运动状态有关,同时也与制导站的运动状态有关。其中制导站可能是固定的(如地空导弹的制导站为地面雷达),也有可能是活动的(如某些雷达制导空空导弹的制导站为载机或者预警机),因此在建立遥控制导的相对运动方程时还要考虑制导站的运动状态。通常为简化问题,可将制导站看作质点运动且运动的轨迹完全已知;同时认为导弹、制导站和目标的运动始终在同一平面内或者可以分解到同一攻击平面内。

假设某一时刻,目标位于 T 点,导弹位于 M 点,制导站处于 C 点,则有如图 1-29 所示的相对运动关系。

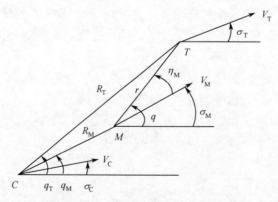

图 1-29 遥控制导的相对运动关系

图 1-29 中 R_T、R_M 分别为目标、导弹距制导站的相对距离,q_T、q_M 分别为制导站—目标和制导站—导弹连线与基准线之间的夹角,σ_C 为制导站速度与基准线之间的夹角。其相对运动

方程为

$$\begin{cases} \dfrac{dR_M}{dt} = V_M\cos(q_M-\sigma_M) - V_C\cos(q_M-\sigma_C) \\ R_M\dfrac{dq_M}{dt} = -V_M\sin(q_T-\sigma_T) + V_C\sin(q_T-\sigma_C) \\ \dfrac{dR_T}{dt} = V_T\cos(q_M-\sigma_M) - V_C\cos(q_M-\sigma_C) \\ R_T\dfrac{dq_M}{dt} = -V_T\sin(q_T-\sigma_T) + V_C\sin(q_T-\sigma_C) \\ \varepsilon_1 = 0 \end{cases} \quad (1-12)$$

在遥控制导中常见的导引方法有：
(1) 三点法：$q_M = q_T$，即 $\varepsilon_1 = q_M - q_T = 0$。
(2) 前置角法：$q_M - q_T = C_q(R_T - R_M)$，即 $\varepsilon_1 = q_M - Q_T - C_q(R_T - R_M) = 0$

下面对常见的追踪法、平行接近法、比例导引法、三点法以及前置角法进行简要介绍。

1.4.1 追踪法

追踪法是最早提出的一种导引方法，它的原理是在制导过程中使导弹的速度矢量始终指向目标。其制导关系方程为 $\varepsilon_1 = \eta_M = 0$(图 1-30)，相对运动方程组可以写为

$$\begin{cases} \dfrac{dR}{dt} = V_T\cos\eta_T - V_M\cos\eta_M \\ R\dfrac{dq}{dt} = V_M\sin\eta_M - V_T\sin\eta_T \\ q = \sigma_M + \eta_M \\ q = \sigma_T + \eta_T \\ \eta_M = 0 \end{cases} \quad (1-13)$$

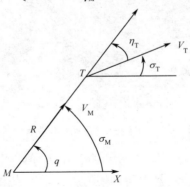

图 1-30 追踪制导的相对运动关系

为了简化研究，通常假设目标做匀速直线运动，导弹也可近似看做等速运动，取基准线平行于目标的运动轨迹，即 $\sigma_T = 0, q = \eta_T$，则运动关系方程可简化为

$$\begin{cases} \dfrac{dR}{dt} = V_T\cos q - V_M \\ R\dfrac{dq}{dt} = -V_T\sin q \end{cases} \quad (1-14)$$

令 $p = \dfrac{V_M}{V_T}$，称为速度比；(R_0, q_0) 为开始制导时导弹与目标的相对位置。那么导弹的法向过载可以表述为

$$n = \frac{4 V_M V_T}{g R_0} \left| \frac{\tan^p \dfrac{q_0}{2}}{\sin q_0} \cos^{(p+2)} \dfrac{q}{2} \sin^{(2-p)} \dfrac{q}{2} \right| \qquad (1-15)$$

由式(1-14)的第2式可以看出：q 和 $\dot{q}$ 的符号总是相反的，这表明在整个导引过程中 $|q|$ 是不断减小的，即导弹总是绕到目标正后方去命中目标。因此导弹命中目标时，$q \to 0$，由上式可以看出：

当 $p > 2$ 时，$\lim\limits_{q \to 0} n = \infty$；

当 $p = 2$ 时，$\lim\limits_{q \to 0} n = \dfrac{4 V_M V_T}{g R_0} \left| \dfrac{\tan^p \dfrac{q_0}{2}}{\sin q_0} \right|$；

当 $p < 2$ 时，$\lim\limits_{q \to 0} n = 0$。

由此可见：对于追踪法导引，考虑到命中点的法向过载，只有当速度比满足 $1 < p \leq 2$ 时，导弹才有可能直接命中目标。

追踪法在技术上容易实现，因此在早期的导弹和一些低成本炸弹上获得了广泛应用，例如美国"宝石路"（Paveway）激光半主动制导炸弹（图1-31）。它的弹体头部安装了一个风标，导引头光轴与风标轴线始终重合。在飞行中由于风标轴线始终指向气流来流方向（即空速方向），因此可以近似认为导引头的光轴始终指向弹体速度方向。只要目标偏离了导引头光轴，也就认为弹体速度方向没有对准目标，此时制导系统将形成控制指令控制弹体速度方向重新指向目标。

图1-31 "宝石路"制导炸弹头部的风标

追踪法在弹道特性上存在着严重的缺点，由于导弹的绝对速度总是指向目标，因此相对速度总是落后于弹目视线，导弹总是要绕到目标的后方尾追攻击，这就造成了攻击弹道比较弯曲，需用过载较大。特别是在某些弹目相对关系下，导弹在命中点附近的法向过载极大，从而使导弹不具备全向攻击能力。

1.4.2 平行接近法

平行接近法是指在整个制导过程中，目标瞄准线在空间保持平行移动的一种导引方法，其导引方程为 $\varepsilon_1 = dq/dt = 0$ 或 $\varepsilon_1 = q - q_0 = 0$，其中 q_0 为制导开始瞬间的目标视线角。

平行接近法的相对运动方程为：

$$\begin{cases} \dfrac{dR}{dt} = V_T\cos\eta_T - V_M\cos\eta_M \\ R\dfrac{dq}{dt} = V_M\sin\eta_M - V_T\sin\eta_T \\ q = \sigma_M + \eta_M \\ q = \sigma_T + \eta_T \\ \varepsilon_1 = \dfrac{dq}{dt} = 0 \end{cases} \quad (1-16)$$

从式(1-16)可以推导出运动关系 $V_M\sin\eta_M = V_T\sin\eta_T$。不管目标作何种机动飞行,导弹速度 V_M 和目标速度 V_T 在垂直于目标视线方向上的分量相等,因此弹目相对速度与弹目视线重合且始终指向目标(图1-32)。

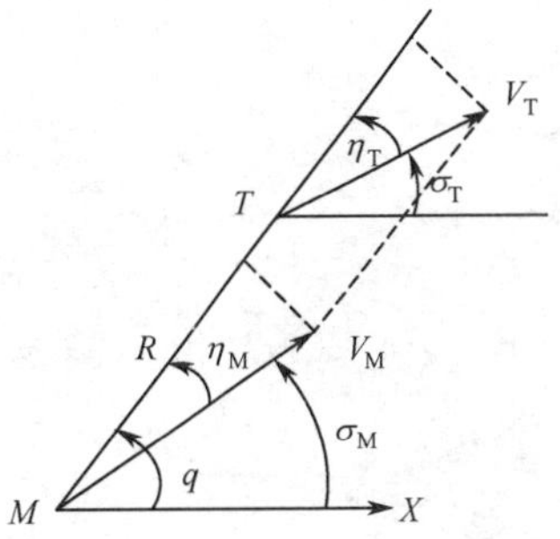

将 $V_M\sin\eta_M = V_T\sin\eta_T$ 等式两边分别求导,且当 $p = V_M/V_T$ 为常数时,有

$$\dot\eta_M\cos\eta_M = \frac{1}{p}\dot\eta_T\cos\eta_T \quad (1-17)$$

图1-32 平行接近制导的相对运动关系

假设攻击平面为铅垂平面,则有

$$q = \eta_M + \sigma_M = \eta_T + \sigma_T = \text{const} \quad (1-18)$$

因此 $\dot\eta_M = -\dot\sigma_M$,$\dot\eta_T = -\dot\sigma_T$,进而有

$$\frac{V_M\dot\sigma_M}{V_T\dot\sigma_T} = \frac{\cos\eta_T}{\cos\eta_M} \quad (1-19)$$

显然,由 $p > 1$ 可以推得

$$\cos\eta_T < \cos\eta_M$$

导弹和目标的需用法向过载可表示为

$$\begin{cases} n_{yM} = \dfrac{V_M\dot\sigma_M}{g} + \cos\sigma_M \\ n_{yT} = \dfrac{V_T\dot\sigma_T}{g} + \cos\sigma_T \end{cases} \quad (1-20)$$

比较上式,得

$$n_{yM} < n_{yT} \quad (1-21)$$

由此可知,不论目标作何种机动,采用平行接近法的导弹的需用法向过载总是小于目标的法向过载,或者说导弹弹道的弯曲程度比目标航迹弯曲程度小,因此对导弹机动性的要求就可以小于目标的机动性。然而,平行接近法要求制导系统在每一瞬时都要准确的测量目标及导弹的速度和前置角,并严格保持平行接近法的制导关系。而实际制导过程中,由于导引头测量误差和目标机动难以预测,这种导引方法在工程上很难实现。

1.4.3 比例导引法

比例导引法是指在攻击目标的制导过程中,导弹速度矢量的旋转角速度与弹目视线的旋转角速度成比例的一种导引方法,其导引关系为

$$\varepsilon_1 = \frac{d\sigma_M}{dt} - K\frac{dq}{dt} = 0 \qquad (1-22)$$

式中:K 为比例系数,通常取 $K=2\sim6$。实际上,追踪法和平行接近法是比例导引的两种特殊情况:当 $K=0$ 且 $\eta_M=0$ 时,就是追踪导引;当 $K\to\infty$ 时,则 $\frac{dq}{dt}\to 0$,成为平行接近导引。因此也可以说比例导引是介于追踪导引和平行接近导引两种方法之间的一种导引方法,其弹道特性也介于两者之间。比例导引法的相对运动方程可以写成

$$\begin{cases} \dfrac{dR}{dt} = V_T\cos\eta_T - V_M\cos\eta_M \\[4pt] R\dfrac{dq}{dt} = V_M\sin\eta_M - V_T\sin\eta_T \\[4pt] q = \sigma_M + \eta_M \\[4pt] q = \sigma_T + \eta_T \\[4pt] \dfrac{d\sigma_M}{dt} = K\dfrac{dq}{dt} \end{cases} \qquad (1-23)$$

为了简化研究,通常假设目标作匀速直线飞行,导弹作匀速飞行。可以推导出比例导引的法向过载为

$$n \propto \frac{\dot{V}_M\sin\eta_M - \dot{V}_T\sin\eta_T + V_T\dot{\sigma}_T\cos\eta_T}{KV_M\cos\eta_M + 2\dot{R}} \qquad (1-24)$$

为了使导弹在接近目标的过程中视线角速度收敛,K 的选择有下限约束,即

$$K > \frac{2|\dot{R}|}{V\cos\eta} \qquad (1-25)$$

另外,由于比例系数 K 的上限与导弹的法向过载成正比,因此 K 的上限值受到导弹可用法向过载的限制。

比例导引法的优点是:

(1) 可以得到较为平直的弹道。

(2) 在满足 $K>2|\dot{R}|/(V\cos\eta)$ 的条件下 $|\dot{q}|$ 逐渐减小,弹道前段较弯曲,充分利用了导弹的机动能力。

(3) 弹道后段较为平直,导弹具有较充裕的机动能力。

(4) 只要 K,q_0,η_0,p_0 等参数组合适当,就可以使全弹道上的需用法向过载均小于可用过载,从而实现全向攻击。

比例导引方法优点多且实现容易,因而在工程上得到了广泛的应用。但是比例导引法还有一个明显的缺点,即导弹命中点处的需用法向过载受导弹速度和攻击方向的影响。为了克服这一缺点,又衍生出了诸如广义比例导引法等改进方法。

(1) 广义比例导引的相对运动方程。根据比例导引法,导弹速度的转动角速度与视线转动角速度成正比,即

$$\frac{d\sigma_M}{dt} = K\frac{dq}{dt} \qquad (1-26)$$

式中:K 为比例系数,通常取 $2\sim 6$。

广义比例导引法的制导关系为需用法向过载与目标视线旋转角速度成比例,即

$$n = K_1 \frac{\mathrm{d}q}{\mathrm{d}t} \tag{1-27}$$

式中:K_1 为比例系数。如果考虑相对速度的影响,则

$$n = K_2 \left|\frac{\mathrm{d}r}{\mathrm{d}t}\right| \frac{\mathrm{d}q}{\mathrm{d}t} = K_2 |\dot{R}|\dot{q} \tag{1-28}$$

式中:K_2 为比例系数。

(2) 修正比例导引的相对运动方程。修正比例导引律的设计思想是:对引起目标视线转动的几个因素(如导弹切向加速度、目标切向加速度、目标机动以及重力等)进行补偿,使得由它们产生的弹道需用法向过载在命中点附近尽量小。例如在铅垂平面内,考虑对导弹切向加速度和重力作用进行补偿,由此建立的制导关系方程如下:

$$n = K_2 |\dot{R}|\dot{q} + \frac{\dot{N} V_\mathrm{m}}{2g}\tan(\sigma_\mathrm{M}-q) + \frac{N}{2}\cos\sigma_\mathrm{M} \tag{1-29}$$

式中:N 为有效导航比,通常取 $N = 3\sim 5$;σ_M 和 q 分别为导弹的弹道倾角和弹目视线角;等号右端第二项为导弹切向加速度补偿项;等号右端第三项为重力补偿项。

1.4.4 三点法

三点法是指在攻击目标的制导过程中,导弹始终处于制导站与目标的连线上,如果观察者从制导站上观察目标,则导弹的影像恰好与目标的影像相互重合,因此三点法也称为目标覆盖法或者重合法。

假设导弹、目标和制导站在同一平面内,目标位于 T 点,导弹位于 M 点,制导站位于 O 点且是静止的,则有如图 1-33 所示的相对运动关系。

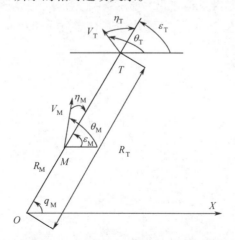

图 1-33 三点法制导的相对运动关系

从图 1-33 可知,由于导弹始终处于目标和制导站的连线上,故导弹与制导站连线的高低角 ε_M 和目标与制导站连线 ε_T 的高低角必须相等,因此,三点法的导引关系为

$$\varepsilon_\mathrm{M} = \varepsilon_\mathrm{T} \tag{1-30}$$

那么运动学方程为

$$\begin{cases} \dfrac{dR_M}{dt} = V_M \cos\eta_M \\ R_M \dfrac{d\varepsilon_M}{dt} = -V_M \sin\eta_M \\ \dfrac{dR_T}{dt} = V_T \cos\eta_T \\ R_T \dfrac{d\varepsilon_T}{dt} = -V_T \sin\eta_T \\ \varepsilon_M = \theta_M + \eta_M \\ \varepsilon_T = \theta_T + \eta_T \\ \varepsilon_M = \varepsilon_T \end{cases} \quad (1-31)$$

三点法最显著的优点在于技术实施简单、抗干扰能力强,因此常常被用于攻击低速运动目标、高空俯冲目标和目标具有强烈干扰无法获得相对距离信息时的情况。常见的使用三点法导引的导弹有反坦克导弹和地空导弹。

三点法也存在着明显的缺点:首先是弹道弯曲,特别是越接近目标时,弹道弯曲程度越大,因此受到可用过载的限制;其次是制导系统的动态误差难以补偿,特别是当目标机动性很高时,跟踪系统的延迟会引起很大的制导偏差;最后是弹道下沉现象,由于三点导引法迎击低空目标时导弹的发射角很小,而导弹离轨时的飞行速度很小,会导致操纵舵面产生的法向力也很小,因此离轨后可能会出现弹体下沉现象。尤其在攻击近距离目标和在超低空掠地飞行时,容易因为可用过载不足而出现撞地的危险。

1.4.5 前置角法

前置角法是指在整个制导过程中,导弹和制导站的连线始终超前于目标和制导站的连线,而这两条连线的夹角按照某种规律变化。如图 1 – 34 所示,假设导弹、目标和制导站在同一平面内,目标位于 T 点,导弹位于 M 点,制导站位于 O 点且是静止的,则有如图 1 – 34 所示的相对运动关系。

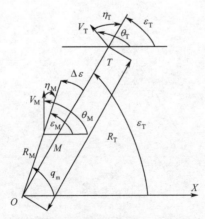

图 1 – 34 前置角法制导的相对运动关系

导引方程为 $\varepsilon_M = \varepsilon_T + \Delta\varepsilon$,$\Delta\varepsilon$ 为前置角。为了保证弹道的平直,一般要求导弹在接近目标时 $\dot\varepsilon_M$ 趋于零,因此导引方程可以写为

$$q_M - q_T = \frac{\dot{\varepsilon}_T}{\Delta \dot{R}} \cdot (R_1 - R_M) \quad \text{或} \quad \varepsilon_M = \varepsilon_T - \frac{\dot{\varepsilon}_T}{\Delta \dot{R}} \Delta R \tag{1-32}$$

那么采用前置角法的相对运动方程为

$$\begin{cases} \dfrac{dR_M}{dt} = V_M \cos\eta_M \\ R_M \dfrac{d\varepsilon_M}{dt} = -V_M \sin\eta_M \\ \dfrac{dR_T}{dt} = V_T \cos\eta_T \\ R_T \dfrac{d\varepsilon_T}{dt} = -V_T \sin\eta_T \\ \varepsilon_M = \theta_M + \eta_M \\ \varepsilon_T = \theta_T + \eta_T \\ \varepsilon_M = \varepsilon_T - \dfrac{\dot{\varepsilon}_T}{\Delta \dot{R}} \Delta R \\ \Delta R = R_T - R_M \\ \Delta \dot{R} = \dot{R}_T - \dot{R}_M \end{cases} \tag{1-33}$$

有时为了使导弹在命中点过载不受目标机动的影响,也可采用半前置角法,则导引方程为

$$\varepsilon_M = \varepsilon_T - \frac{1}{2} \frac{\dot{\varepsilon}_T}{\Delta \dot{R}} \Delta R \tag{1-34}$$

半前置角法在命中点的过载不受目标机动的影响,但是在实现导引的过程中要不断测量导弹和目标的相对距离和高低角等参数,这就使得制导系统的结构比较复杂,技术实施比较困难,特别是当目标进行主动干扰时会出现很大的起伏误差。

本章主要对导弹及制导系统的概念、功能、分类和导引方法进行了简单的介绍,详细的推导可以参考其他相关书籍。

思 考 题

(1) 简述导弹各部分的组成及功能。
(2) 简述导弹的分类和几种常见类型导弹的特点。
(3) 导弹制导系统和控制系统各自有什么样的作用,两者有什么区别?
(4) 弹道式导弹为什么采用惯性—天文组合制导方式,有何优点?
(5) 简述无线电指令制导和无线电波束制导的不同和优缺点。
(6) 自动寻的制导方式中,主动式、半主动式与被动式各有什么样的特点?
(7) 水平面 $Axyz$ 上有一目标,以 $V_T = 15\text{m/s}$ 的速度相对 Ax 轴 $15°$(即 $\sigma_T = 15°$,逆时针为正)背离导弹运动。现已知导弹速度 $V_M = 300\text{m/s}$,弹目初始距离 $R_0 = 5000\text{m}$,连线与 Ax 轴夹角 $45°(q_0 = 45°)$,试仿真给出比例导引法导引过程中的导弹法向过载 n_y 曲线。
(8) 比例制导中的比例系数 K 是如何确定的,它有怎样的作用?
(9) 简述三点法和追踪法的原理和优缺点。

第 2 章　导引头的功能和结构

导引头作为导弹制导系统的核心部件,其主要功能是搜索、发现、识别和跟踪目标,测量目标相对于导弹的视线角、视线角速率以及弹目距离和速度等信息。通常导弹在实际飞行过程中,弹体在外部气流扰动和内部控制系统的作用下姿态会不断发生变化。这种变化会引起导引头测量基准的变化,如光轴(光学系统的中心轴)或电轴(雷达天线的测量中心轴)的指向变化。测量基准的变化轻则会影响导引头的测量精度或成像清晰度,重则可能使导引头丢失目标而无法工作。为了保证导引头的测量基准稳定,多数导引头都需要具有空间稳定功能。

另外,对于机动性较强的目标,导引头在发现目标前不能确保目标一定在导引头视场内,因此导引头需要能够在一定角度范围内搜索目标。与此类似的是,为了能够连续跟踪和测量机动目标,导引头也要求能够连续和快速改变探测视场的指向角度。综上所述,导引头应具有一套特定系统,以实现对光轴的稳定和对目标的搜索和跟踪功能。通常人们把这套特定系统称为导引头稳定平台(有时也把稳定平台和上面的探测器合称为位标器),本章将对导引头及稳定平台的功能和结构进行简要介绍。

2.1　导引头的功能

导引头通常由探测系统、信息处理系统、稳定与跟踪系统组成。探测系统用于对目标进行探测和测量;信息处理系统用于对探测系统所获取的目标和背景信号进行处理,以实现对目标的识别和弹目相对运动信息的解算;稳定与跟踪系统主要完成对弹体姿态运动的隔离(稳定),并利用平台框架或转向机构实现对目标的搜索和跟踪等功能。

在实际使用过程中导引头将经历以下四种工作状态:

(1) 角度预定(装订)状态:将导引头光轴或电轴设定在目标最有可能出现的方向上,通常这种状态应用于导弹发射前或者发射后导引头尚未开机的阶段。

(2) 角度搜索状态:使导引头光轴或电轴在空间指向上按照某种规则进行扫描,以期在扫描过程中发现和捕获目标。这种状态通常在导引头开机后未捕获目标或者跟踪阶段丢失目标后采用。

(3) 角度稳定状态:使导引头测量基准(光轴或电轴)相对于惯性空间角度稳定,隔离弹体姿态运动对测量的影响。

(4) 角度跟踪状态:导引头跟踪目标,输出弹目相对运动信息。通常该状态在导引头捕获目标后进行,是制导过程中最主要的工作状态。

根据导引头的工作状态,导引头的功能主要包含:

(1) 隔离弹体的姿态角运动,稳定光轴或天线电轴,为弹目视线信息的提取提供稳定测量参考。

(2) 在视线稳定的基础上完成对目标的搜索、识别和跟踪功能。

（3）输出制导律所需要的弹目相对运动信息，如弹目视线角或视线角速率以及弹目距离和弹目相对速度。

（4）实现导引头角度预定（装订）、搜索、稳定和跟踪四种工作状态，并能够在各种状态之间相互切换。

下面以采用比例导引法的光学导引头为例，介绍导引头中光学探测系统、稳定平台与弹体姿态运动及飞行轨迹控制之间的相互关系。这些关系在诸如雷达、激光等其他类型的导引头中也同样适用。如图2-1所示导弹由制导系统（框1）、控制系统（框2）、执行机构（框3）和舵面（4）构成。

为简化问题，不妨在铅垂面内研究导引头获取目标视线角速率过程中的各种角度关系。导弹纵轴ox_b与水平基准参考线ox_i的夹角称为弹体姿态角ϑ；导引头的光学系统光轴$o\xi$与弹体纵轴ox_b的夹角为φ。由于光学系统光轴通常与弹体通过一个伺服稳定平台联接，因此夹角φ可以由伺服稳定平台的测角机构测量，故夹角φ也称为平台转角。导引头在跟踪状态时，光轴$o\xi$应尽量对准目标，但不会始终对准目标，因此将光轴$o\xi$与弹目视线oT之间的夹角Δq称为失调角。弹目视线oT与水平惯性基准参考线ox_i的夹角称为弹目视线角q，其可以由弹体姿态角ϑ、平台转角φ和失调角Δq计算得到；而比例导引法要获取的弹目视线角速率$\dot q$理论上可以由q微分获得。

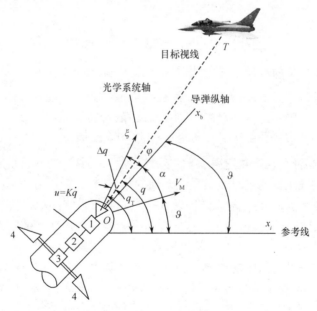

图2-1 导引头测量相关矢量关系

由此可以看出，当导引头处于预定（装订）和搜索状态时，是通过控制平台转角φ实现光轴$o\xi$在空间上的任意指向；当导引头处于稳定状态时，是根据姿态角ϑ的变化控制平台转角φ实现对光轴$o\xi$在空间惯性系的稳定；当导引头处于跟踪状态时，将根据弹目失调角Δq控制平台转角φ实现对光轴$o\xi$在空间上对准目标。

2.1.1 导引头的角稳定功能

为了克服弹体姿态变化对导引头测量的影响，通常需要在惯性空间上对导引头测量基准（本节中指光轴）进行稳定，这被称为导引头的角稳定功能。将图2-1简化为图2-2，假设导弹与目标均静止，且光学系统光轴 $o\xi$ 和弹体纵轴 ox_b 重合，此时光轴 $o\xi$ 已经对准目标，即弹目失调角 $\Delta q=0$。那么弹目视线角 $q=\vartheta$ 保持恒定不变，即视线角速率 $\dot{q}=0$，如图 2-2(a) 所示。

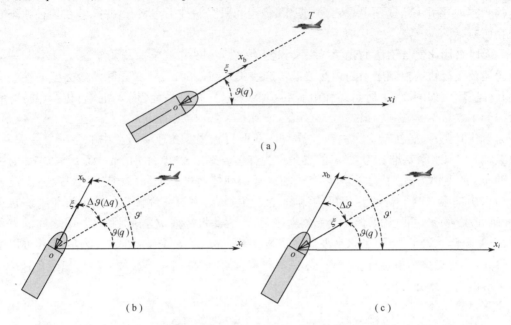

图 2-2 导引头的稳定原理示意图

若弹体姿态发生变化而目标位置仍然保持不变，则弹体姿态角从 ϑ 变化到 $\vartheta'=\vartheta+\Delta\vartheta$，变化过程中的姿态角速率为 $\dot{\vartheta}$，而真实的弹目视线角 q 在惯性空间中依然为 ϑ，如图 2-2(b) 所示。如果光学系统光轴不进行稳定控制，则光轴将随着弹体一起转动，即弹目视线角 Δq 从 0 变为 $-\Delta\vartheta$。若导引头以弹体纵轴 ox_b 为参考基准，则会认为视线失调角 Δq 的变化是由目标的机动造成，即提取出弹目视线角速率 $\dot{q}=-\dot{\vartheta}$，这显然不是真实的弹目视线角速率。

导引头的稳定功能主要通过对光学系统光轴的指向进行稳定，使其不受弹体姿态运动的影响。如图 2-2(c) 所示，若将光学系统安装在一个相对惯性空间稳定的平台上，那么就可以保证光轴 $o\xi$ 指向不随弹体姿态角变化。这样弹目视线的失调角在弹体姿态变化后仍保持 $\Delta q=0$，同时弹目视线角速率也保持 $\dot{q}=0$，就可以实现导引头的稳定功能。在工程上主要利用陀螺的定轴性来实现在惯性空间中的指向不变，此外还可以利用角度/角速率测量器件测量出弹体姿态角变化，然后驱动稳定平台转角机构反向消除这个姿态角运动，从而实现光轴在空间的稳定。当然也可以不真实改变光轴的指向，而在弹目视线测量解算时扣除姿态角的变化，即随后要介绍的间接稳定方法。一般意义上，导引头视线的空间稳定方法根据惯性传感器的安装位置和稳定方式不同，可分为直接视线稳定和间接视线稳定。

1. 直接视线稳定方式

直接视线稳定方式也称为机械稳定方式，这种方式是在导引头结构上增加一套能隔离弹体偏航、俯仰和滚转三个方向姿态变化的稳定平台。常用的方法是在稳定平台上安装角度/角速率测量装置，测量出稳定平台上光轴相对于惯性空间的角度或角速率变化，然后通过控制稳定平台转角机构修正弹体姿态引起的角度或角速率变化，从而实现光轴在惯性空间中的指向稳定。这种稳定方式直接稳定光轴指向，且角度/角速率传感器安装在稳定平台上，因此姿态变化的测量精度和稳定指向的精度都较高。其不足之处是增加了导引头的复杂度和成本，另外由于平台负载较大,其跟踪能力和动态特性较差(图2-3)。

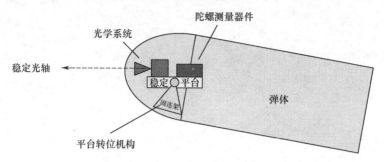

图2-3 直接视线稳定方式示意图

2. 间接视线稳定方式

间接视线稳定方式也称为数学稳定或捷联稳定方式。间接视线稳定方式中的惯性测量器件不是直接安装在稳定平台上,而是捷联安装在弹体上,或者可以直接利用控制系统的惯性测量信息。间接视线稳定方式通过数字解耦补偿弹体姿态角变化,或者驱动平台机构修正姿态变化,从而达到稳定光轴的目的。根据是否具有真实的平台机构,间接视线稳定方式可分为半捷联和全捷联两种。

全捷联稳定方式(图2-4)将光学系统完全固连在弹体上,惯组器件测量的弹体姿态变化,并通过数学解耦和补偿来消除光学测量中的姿态变化项。这种全捷联方式在结构上取消了平台伺服机构,降低了导引头的复杂性、成本、体积和重量。但其光学系统的光轴实际上随着弹体姿态一同变化,这样就会影响成像质量并降低测量精度。同时为了保证弹体姿态变化时,目标不会偏出导引头视场,全捷联稳定方式的导引头视场范围要求很大,或者要限定弹体姿态的变化范围,一般用于小型近程导弹的制导系统中。

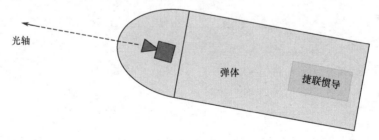

图2-4 全捷联稳定方式示意图

半捷联稳定方式(图2-5)具有真实的平台伺服机构,但平台上不安装角度/角速率测量器件,因此其稳定平台负载较小,动态特性较好。此外半捷联稳定方式对光轴实现真实的惯性空间稳定,能够保留直接视线稳定方式成像清晰、跟踪范围大的优点,因此是目前导引头稳定平台的发展趋势。

直接视线稳定方式和间接视线稳定方式的本质区别在于光学稳定平台上是否安装惯性测量器件。直接视线稳定方式的惯性测量器件是安装在稳定平台上的,由于稳定平台可以隔离弹体角度扰动,并且惯性测量器件紧挨光学系统,因此其测量光轴角度变化的精度较高,稳定效果较好。间接视线稳定方式的稳定平台上没有惯性测量器件,其利用弹体捷联的惯性测量组件(简称惯组)测量弹体姿态变化。由于弹上惯组的工作环境恶劣,且导引头与惯组安装位置相距较远,因此其测量光学系统光轴角度变化的精度不高,稳定效果较差。

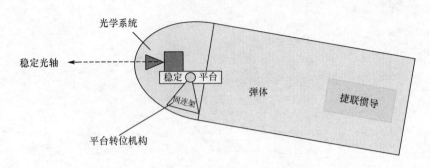

图 2-5 半捷联稳定方式示意图

2.1.2 导引头的角跟踪功能

导引头的角稳定功能是实现导引头制导信息提取的基础,但是随着目标和导弹的相对运动,目标偏离导引头稳定光轴的角度会越来越大。如果此时导引头的光轴不具备跟随目标转动的能力,那么目标就会偏离导引头的瞬时视场(探测器的探测角度范围),如图 2-6 所示。因此,这就需要导引头光轴具备对目标运动的角跟踪功能。

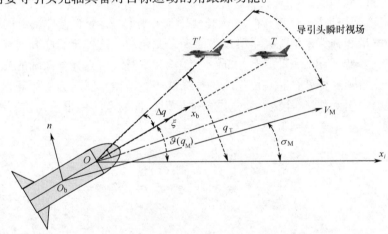

图 2-6 导引头跟踪功能示意图

从图 2-6 中可以看出,当目标 T 位于光轴上时($\Delta q = 0$),导引头探测系统没有误差信号输出。而当目标运动使目标 T' 偏离光轴时,即存在弹目失调角 $\Delta q \neq 0$,那么导引头探测系统将输出相应的控制信号。该控制信号送入导引头平台跟踪系统后,跟踪系统的转角机构(也称平台伺服机动)驱动平台使得光轴向着减小失调角 Δq 的方向运动。这样跟踪系统就可以实现光轴对目标的自动跟踪。

图 2-7 是导引头跟踪系统的控制原理框图。其中 W_1 是导引头探测系统的传递函数,W_2 为平台伺服机构的传递函数。通常导引头探测系统可以等效为失调角 Δq 与控制信号 u 成正比的放大环节,即

$$W_1 = \frac{u}{\Delta q} = K_1 \qquad (2-1)$$

式中:K_1 为比例系数。

平台伺服机构根据控制信号 u 输出角度 q_M,其可以等效为一个积分环节:

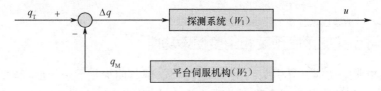

图 2-7　导引头跟踪控制系统原理图

$$W_2 = \frac{q_M}{u} = K_2 \frac{1}{s} \tag{2-2}$$

式中：s 为微分算子 d/dt；K_2 为比例系数。

以 Δq 为输入，u 为输出量，可求解图 2-7 所示系统的闭环传递函数如下：

$$W(P) = \frac{u}{\Delta q} = \frac{W_1}{1 + W_1 W_2} = \frac{K_1}{1 + K_1 K_2 \frac{1}{s}} = \frac{\frac{1}{K_2} s}{\frac{1}{K_1 K_2} s + 1} \tag{2-3}$$

由式(2-3)可见，平台跟踪系统实际为一个微分环节和一个惯性环节的组合环节。

将式(2-3)变换为

$$u = \frac{\frac{1}{K_2}}{\frac{1}{K_1 K_2} s + 1} s \cdot \Delta q = \frac{\frac{1}{K_2}}{\frac{1}{K_1 K_2} s + 1} \cdot \Delta \dot{q} \tag{2-4}$$

在跟踪过程实施之前由于光轴已经稳定，即 $\Delta \dot{q} = \dot{q}_T$。同时考虑到系数 K_1 通常较大，因此可近似认为控制信号 u 与目标视线角速率 $\dot{q}$ 成正比，即

$$u = \frac{1}{K_2} \dot{q} = K \dot{q}_T \tag{2-5}$$

如果用信号 u 去控制导弹舵机等执行机构，使舵面偏转的角度与 u 成正比。而舵面偏转后会形成垂直于速度 V_M 方向的法向过载 n，一般可以近似认为法向过载 n 与信号 u 成正比，即与 $\dot{q}$ 成正比。

$$n = K' u = K' K \dot{q}_T \tag{2-6}$$

而法向过载 n 与弹道角 σ_M 的关系满足 $n = V_M \dot{\sigma}_M$，那么可得

$$\dot{\sigma}_M = \frac{K' K}{V_M} \dot{q} = K_M \dot{q}_T \tag{2-7}$$

可见导弹速度的转动角速率 $\dot{\sigma}_M$ 与弹目视线角速率 $\dot{q}_T$ 成正比，这正是比例导引规律的导引公式。

此外由式(2-1)还可以得到

$$u = W_1 \Delta q = K_1 \Delta q \tag{2-8}$$

比较式(2-5)和式(2-8)可知，对于具有持续视线角速率运动的目标，导引头光轴要稳定跟踪目标，就必然存在一定的失调角 Δq 与之对应。也就是说，采用导引头平台稳定跟踪目标时，尽管想使得光轴 $o\xi$ 精确指向和跟踪目标，但是导引头跟踪控制系统只能保证光轴 $o\xi$ 的转动角速率与弹目视线角速率一致，这样光轴 $o\xi$ 与弹目视线 oT 之间总会存在一定的角位置误差 Δq。这个误差角度只有当目标相对于导弹没有视线角速率时才可能被消除。从控制理论的角度来看，对于式(2-4)所代表的一阶系统，在跟踪诸如恒定视线角速率的斜坡信号时总

存在一定静差。

2.1.3 导引头的角度预定和角度搜索功能

角稳定和角跟踪功能是导引头的主要工作模式,但其前提是导引头已经发现和锁定目标。在实际中,一些射程较远的导弹在发射前并未发现或锁定目标,而是在发射后的飞行过程中才去搜索目标,这种导引头就需要具备角度预定和角度搜索功能。

1. 角度预定

导引头的角度预定功能是指导弹在发射前按照某种预测规律设定最有可能发现目标的平台偏角,从而保证导引头开机时能以最大概率发现目标。以某空地导弹为例,该导弹由飞行高度为3km的载机发射,发射时弹目距离10km,红外成像导引头作用距离为5km,导弹平均飞行速度为250m/s,导弹在捕获目标前水平飞行;目标为直线运动的坦克,不妨假设坦克水平匀速运动速度为50m/s。

从图2-8中可知,导弹发射后20s,导弹向前飞行5km,坦克前进1km,两者直线距离为5km。此时弹目连线与水平线的夹角(下视角)约为$\angle x_i MT \approx 36.9°$,由于光学导引头的瞬时视场很小(通常只有几度),因此就必须让导引头光轴向下偏转一个角度。如果导弹水平飞行时攻角很小,即俯仰角为0°,那么导引头框架需要预设向下偏转角度$\varphi_{\text{pitch}} \approx 36.9°$,这时从理论上可以提高导引头发现目标的概率。

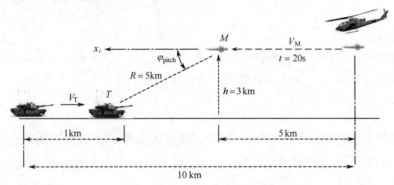

图2-8 导引头角度预定原理图

上例中假设坦克始终匀速直线运动,这种情况是一种简单假设。在实战中,坦克会对来袭导弹做出各种机动和规避,其位置往往难以预测,因此导引头平台角度预定往往是对目标运动轨迹的预测,并基于最大发现概率原则计算获得。对于一些距离更远的目标,由于导弹飞临目标的时间较长,目标可能机动的范围更大,此时仅靠角度预定往往难以发现目标,因此就需要导引头能够在一定角度范围内搜索目标,即具有角度搜索功能。

2. 角度搜索

角度搜索功能是导引头发现目标和识别目标的前提,由于导引头在开机时无法保证目标恰好在瞬时视场内,因此需要导引头平台进行搜索,在搜索的区域中发现和识别目标。发现和识别目标通常需要满足两个条件:一是弹目距离小于导引头的有效作用距离;二是目标位于导引头的瞬时视场之中。导弹在飞向目标的过程中弹目距离总是缩小的,因此距离条件通常都能满足。但是导引头为了提高测角精度使瞬时视场通常较小,因此为了发现目标一般都采用扫描搜索的方式扩大探测范围。

导引头常见的扫描搜索方式有矩形扫描、六边形扫描、圆形扫描、行扫描("一"字形)、圆锥扫描、平行线扫描（"口"字形或"日"字形）等。如图2-9所示，导引头采用行扫描方式，由于导弹飞行速度的影响，实际的搜索区域呈"Z"字形向前延伸，且导弹飞行速度越快，导引头搜索幅度越宽，就越有可能出现扫描盲区。

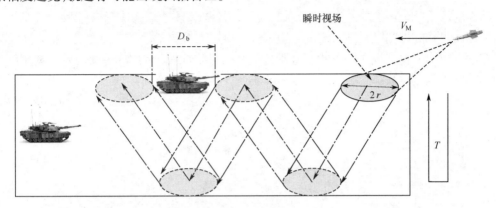

图2-9　导引头角度搜索原理图

由图2-9可知，如果导弹的水平飞行速度为 V_M，瞬时视场照射到地面区域的直径为 $2r$，导引头完成一次行扫描的周期为 T，那么扫描范围内出现盲区的最大宽度为

$$D_b = V_M T - 2r \tag{2-9}$$

如果想避免扫描盲区，则需要保证 $V_M T \leq 2r$，写成扫描频率的形式为

$$f \geq V_M/(2r) \tag{2-10}$$

实现该条件的途径有三种：一是降低导弹水平飞行速度，这种方法受到导弹技战术指标的约束，调整范围非常有限；二是增大瞬时视场照射区域半径，这需要增大瞬时视场角或者飞行高度，而这受到导引头光学系统和探测距离的限制；三是提高扫描速度（频率）或减小扫描周期，这种方法要求导引头平台的扫描速度较高，而高速扫描会使得探测系统信噪比下降，这就好比相机高速转动时拍摄的相片容易模糊是一样的道理。正因为如此，导引头的角度搜索扫描策略需要综合权衡导弹弹道总体、导引头平台指标以及信号提取等多方面因素的影响，才能在各种约束之间取得折中方案。

2.2　导引头的稳定方式

导引头的角稳定功能是导引头角跟踪及其他功能的基础，因此一般导引头都需要稳定平台。目前能够保证在惯性空间指向保持不变的器件主要是以陀螺仪为主的惯性角度敏感器件。通过陀螺仪作为平台角度敏感器件，并结合精密的伺服系统控制平台的转动，即可实现平台测量基准相对惯性空间的稳定，因此这种稳定平台多被称为陀螺稳定系统。

陀螺稳定系统有两种基本作用：一是稳定作用，即能隔离载体的角运动，陀螺稳定系统产生陀螺力矩能够消除载体运动引入的干扰力矩，从而实现平台的空间稳定；二是修正作用，即能控制稳定平台按照所需的角运动规律在惯性空间转动。稳定和修正是陀螺稳定系统的两个基本作用，若系统只工作在稳定模式，则称为几何稳定状态；若系统在保持稳定的同时还进行修正转动，则称为空间积分状态。

不同的导弹由于其总体设计约束不同，其采取的平台稳定方式也不同。目前导引头平台稳定方式可以分为：动力陀螺稳定方式、积分陀螺稳定方式、速率陀螺稳定方式和捷联稳定方式。下面简要介绍最常用的动力陀螺稳定方式、速率陀螺稳定方式和捷联稳定方式。

2.2.1 动力陀螺稳定方式

动力陀螺是一个可控的三自由度陀螺,当不加控制信号时,陀螺转子轴会稳定在惯性空间的某个方向;当加以控制信号后,通过力矩电机可以使陀螺转子轴进动而改变方向。动力陀螺稳定方案在结构上就是将导引头的探测器光学系统与陀螺转子固连在一起旋转,利用陀螺转子的定轴性实现光学系统光轴与弹体姿态的隔离。其结构示意简图如图 2 – 10 所示。

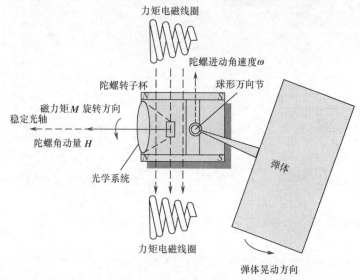

图 2 – 10　动力陀螺稳定方式原理简图

将一个高速旋转的陀螺转子安装在一个光滑的球形万向节上,球形万向节底座与弹体固定连接,转子与球形万向节在一定的角度范围内可以自由转动。在理想情况下,不考虑陀螺转子的制造误差和球形万向节的摩擦,并且假定陀螺转子的重心恰好在万向节上(即消除重力矩影响)。当陀螺转子高速旋转起来之后,在没有其他外力矩的作用下,陀螺转子将一直保持惯性空间的指向稳定。若将探测器光学系统与陀螺转子固连,且保证探测器光轴与陀螺转子的角动量矢量重合,这样就可以利用陀螺角动量的空间稳定性实现光学系统光轴的空间指向稳定。而实际上球形万向节总是存在摩擦,陀螺转子也不是完全理想的,因此陀螺的定轴性是相对的,总会有一些角度漂移。例如现在常用的低精度动力陀螺的定轴稳定性大约为每小时漂移 $0.5°\sim1°$,对于飞行时间较短的导弹来说这点角度漂移是可以容忍的。

动力陀螺稳定方式是利用陀螺定轴性来实现光轴稳定,同时也利用陀螺的进动性来实现光轴转动。如图 2 – 10 中,陀螺转子杯用磁性材料制作,在转子四周利用磁力线圈产生强磁场,磁性陀螺转子受到电磁力将产生逆时针旋转的磁力矩 M。根据陀螺的进动性(即右手定则 $M = \omega \times H$),陀螺转子的角动量轴 H 会产生转动角速度为 ω 的进动,从而实现光轴的定向偏转。其进动角速率可由电磁力矩控制,这样就实现了对目标的跟踪和搜索。这种万向支架位于转子里面,通过转子四周弹体上安装的电磁线圈控制陀螺转子进动的结构形式被称为内框式陀螺稳定系统(图 2 – 11)。内框式陀螺稳定系统由于结构紧凑、体积和重量小,特别适用于小型战术导弹,典型的例子是美国的 AIM – 9B"响尾蛇"空空导弹和"毒刺"便携式防空导弹等。

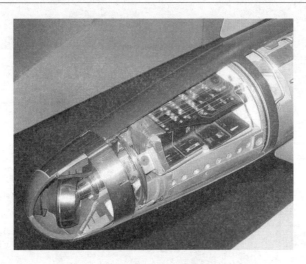

图 2-11 内框架式动力陀螺稳定实物图

与内框式陀螺系统对应的是外框式陀螺系统,它是将陀螺转子安装在框架的里面,通过控制内外框架的力矩电机实现陀螺轴的进动。这种方式下的框架体积和质量都比较大,多应用于尺寸较大的导弹中,典型的例子是英国的"火光"导弹和美国的 AGM-65"幼畜"空地导弹。

总之,无论是内框式或外框式陀螺系统,两者都是依靠陀螺的定轴性实现测量基准对惯性空间的稳定,并利用陀螺的进动性实现对目标的跟踪。然而在陀螺最高转速限定的情况下,提高陀螺定轴性需要增加陀螺的转动惯量,而这与进动的快速性要求之间存在矛盾。此外,动力陀螺平台的探测器光学系统与陀螺固连旋转,光学系统的质量和尺寸受到限制,因此这些都造成了动力陀螺稳定方式在目标快速跟踪和成像清晰度方面的不足。

2.2.2 速率陀螺稳定方式

速率陀螺稳定方式是利用速率陀螺测量平台相对惯性空间的角速率,然后控制平台伺服系统产生相反方向的角速率进行补偿,从而保证平台相对于惯性空间的角速率为零。由于大多数导弹采用滚转通道稳定的姿态控制方式,因此速率陀螺稳定方式主要利用两个速率陀螺分别敏感俯仰和偏航两个方向的角速率,然后控制平台两个方向的框架力矩电机,确保俯仰和偏航方向的平台角速率为零。

如图 2-12 所示的速率陀螺稳定系统,其采用两个旋转框架构成俯仰和偏航伺服平台,并由两个控制电机控制转动。平台上分别装有俯仰和偏航两个通道的速率陀螺,当弹体在俯仰通道上产生角速率 ω_b 时,俯仰速率陀螺将测量到这个角速率,并送到平台控制器驱动平台的俯仰运动。俯仰控制电机转动平台使其产生反向角速率 $\omega_p = -\omega_b$,从而抵消姿态角速率的变化,使得测量基准(光轴 $o\xi$)的转动角速率近似为零。

如果将平台上的两个速率陀螺换成积分陀螺,则其可测量两个通道的角度变化量。例如,弹体俯仰通道引起的平台角度变化为 $\Delta\theta_b$,俯仰积分陀螺敏感到这个变化角,从而控制俯仰通道电动机反向旋转 $\Delta\varphi = -\Delta\theta_b$,使得测量基准(光轴 $o\xi$)的转动角近似为零,这种方式称为积分陀螺稳定方式。

积分陀螺稳定方式从控制理论上说是一个Ⅰ型系统,其对常值控制信号的稳态误差为零,因此稳态精度较高,动态特性稍差。而速率陀螺稳定方式(图 2-13)的稳定精度从理论上说

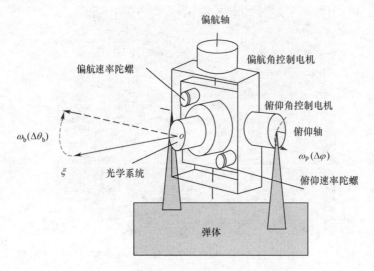

图 2-12　速率陀螺稳定方式原理图

略低于积分陀螺稳定方式,但是对于一般的战术导弹来说平台的高动态特性更为重要,因此速率陀螺稳定方式被广泛地应用于跟踪机动目标的导弹中,典型代表有美国 AIM-7"麻雀"空空导弹、"霍克"地空导弹和俄罗斯"萨姆"-6 防空导弹等。

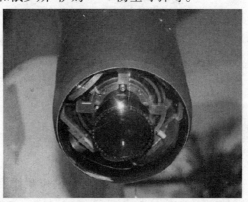

图 2-13　双框架速率陀螺稳定导引头

2.2.3　捷联稳定方式

捷联稳定方式分为全捷联和半捷联两种形式,半捷联方式保留了平台伺服系统,但平台上没有惯性测量器件;全捷联方式取消了平台硬件,而将探测系统与弹体直接固连。这两种方式都是利用弹体上的惯性导航设备(简称惯导)测量弹体姿态的角速率或者角度变化,从而控制平台转动修正或者通过数学解耦矩阵消除弹体姿态变化的影响。全捷联和半捷联稳定方式的稳定方法和优缺点详见第 11 章。下面以俯仰通道为例介绍全捷联稳定方式的基本原理。

如图 2-14 所示,弹体纵轴 ox_b 与导引头光轴 $o\xi$ 重合且固连。假设目标不动,当弹体姿态角由 ϑ 变化到 ϑ' 时,导引头测量目标的失调角由零变为 $\Delta q = \vartheta' - \vartheta = \Delta\vartheta$。此时惯导测量的是弹体角速率 $\dot{\vartheta}$ 或者角度变化量 $\Delta\vartheta$,导引头测量的是弹目视线角速率 $\dot{q}$ 或者失调角 Δq。全捷联导引头的解耦算法会从导引头的测量信息中剔除弹体姿态变化引入的干扰量,从而保证解耦后的弹目视线角速率 $\dot{q}=0$ 或者失调角 $\Delta q=0$。这样就相当于在数学上实现了测量基准的惯性稳定,即隔离了弹体姿态运动的影响。

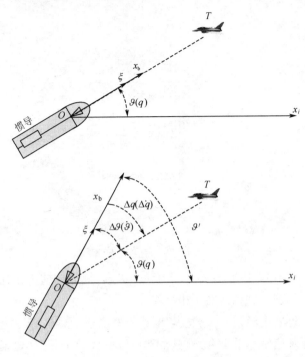

图 2-14 捷联稳定方式原理图

捷联稳定方式的优点是取消了导引头上所使用的惯性测量设备,并复用了弹上惯性导航系统的信息。这样不仅可以降低导引头结构的复杂性,同时还能实现导引头与制导控制系统的一体化设计。捷联稳定方式的主要缺点是视线稳定的精度不高,所引起的测量噪声也较大,因此这种方式主要适用于小型短程战术导弹,例如美国的"长钉"电视制导导弹。

2.3 导引头的稳定平台结构

对于采用外框式动力陀螺稳定方式和速率陀螺稳定方式的平台系统,通常都至少需要具有两个转动自由度的框架系统来实现导引头的稳定和跟踪功能。目前常见的导引头稳定平台结构分为三轴(三自由度)和两轴(两自由度)框架结构两种,其中两轴框架结构又分为直角坐标式和极坐标式两种方式。下面将以光学平台为例简要介绍三轴和两轴稳定平台的结构。

2.3.1 三轴平台结构

三轴平台结构(图 2-15)包含外框、中框和内框三个转动框架,一般内环和中环对应导弹的俯仰和偏航运动,外环对应滚转运动。由于具有三个自由度,三轴结构可以完全实现对弹体俯仰、偏航和滚转姿态角的隔离。

三轴稳定平台的结构如图 2-15 所示,三轴稳定平台由三个相互正交的框架构成,其中框架平面是指每个框体所确定的平面;框架轴是每个框体的转轴,三个框架轴通常要求相交于一点 O。对于三轴框架系统可以定义如下坐标系:

(1) 固连基座坐标系。固连基座坐标系实际上就是弹体(本体)坐标系,可以用弹体坐标

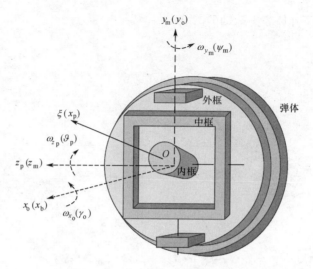

图 2-15 三轴平台结构示意图

系 $O_b x_b y_b z_b$ 表示,原点位于弹体质心 O_b,$O_b x_b$ 为弹体纵轴,规定向前为正,$O_b y_b$ 在弹体纵切面内,规定向上为正,$O_b z_b$ 与前两轴构成右手坐标系。

(2) 外框坐标系。外框坐标系 $O_o x_o y_o z_o$ 与框架外框固连,原点位于三框转轴交点 O,外框坐标系初始位置与固连基座坐标系重合,外框框架可以围绕 $O_o x_o$ 或 $O_b x_b$ 轴旋转,即所谓的滚转框。

(3) 中框坐标系。中框坐标系 $O_m x_m y_m z_m$ 与框架中框固连,原点位于三框转轴交点 O,中框坐标系初始位置与固连基座坐标系重合,中框框架可以围绕 $O_m y_m$ 轴或 $O_o y_o$ 旋转,即所谓的偏航框。

(4) 内框坐标系。内框坐标系 $O_p x_p y_p z_p$ 与框架内框固连,实际上就是最终要求稳定的平台,故又称为平台坐标系。其原点位于三框转轴交点 O,内框坐标系初始位置与固连基座坐标系重合,内框框架可以围绕 $O_p z_p$ 或 $O_m z_m$ 轴旋转,即所谓的俯仰框。

以上各坐标系之间存在角度转换关系,因此弹体三轴的姿态角变化将通过三层姿态转换传递到平台,其中各层姿态的转换关系为:

(1) 从基座坐标系到外框坐标系的转换关系。假设外框相对于固连基座坐标系转动的滚转角度为 γ_o,则基座本体坐标系到外框坐标系的姿态转换矩阵为

$$C_{bo} = \begin{bmatrix} 1 & 0 & 0 \\ 0 & \cos\gamma_o & -\sin\gamma_o \\ 0 & \sin\gamma_o & \cos\gamma_o \end{bmatrix} \quad (2-11)$$

(2) 从外框坐标系到中框坐标系的转换关系。假设中框相对于外框转动的偏航角度为 ψ_m,则外框坐标系到中框坐标系的姿态转换矩阵为

$$C_{om} = \begin{bmatrix} \cos\psi_m & 0 & \sin\psi_m \\ 0 & 1 & 0 \\ -\sin\psi_m & 0 & \cos\psi_m \end{bmatrix} \quad (2-12)$$

(3) 从中框坐标系到内框坐标系的转换关系。假设内框相对于中框转动的俯仰角度为 ϑ_p,则中框坐标系到内框坐标系的姿态转换矩阵为

$$C_{\mathrm{mp}} = \begin{bmatrix} \cos\vartheta_{\mathrm{p}} & -\sin\vartheta_{\mathrm{p}} & 0 \\ \sin\vartheta_{\mathrm{p}} & \cos\vartheta_{\mathrm{p}} & 0 \\ 0 & 0 & 1 \end{bmatrix} \tag{2-13}$$

这三个坐标系描述了不同层次坐标系之间的转换关系，基于弹体系下的测量矢量可以通过姿态转换矩阵连续变换到平台坐标系。而对于平台稳定轴来说，它会受到弹体姿态角速度和不同框架转动角速度的影响，并且框架转动角速度是不同框架的测角系统在各自框架坐标系下测量获得的，所以要分别推导这些角速度在平台坐标系中的映射。

（1）外框角速度。设弹体在固连基座坐标系（弹体坐标系）下测量的三轴姿态角速度为

$$\boldsymbol{\omega}_{\mathrm{b}} = \begin{bmatrix} \omega_{\mathrm{bx}} & \omega_{\mathrm{by}} & \omega_{\mathrm{bz}} \end{bmatrix} \tag{2-14}$$

如果外框相对固连基座坐标系的转动角速度为 $\omega_{x_{\mathrm{o}}}$，记为矢量式

$$\dot{\boldsymbol{\gamma}}_{\mathrm{o}} = \begin{bmatrix} \omega_{x_{\mathrm{o}}} & 0 & 0 \end{bmatrix} \tag{2-15}$$

那么在外框坐标系中所感受的综合角速度为

$$\boldsymbol{\omega}_{\mathrm{o}} = \boldsymbol{C}_{\mathrm{bo}}\boldsymbol{\omega}_{\mathrm{b}} + \dot{\boldsymbol{\gamma}}_{\mathrm{o}} \tag{2-16}$$

（2）中框角速度。如果中框相对外框坐标系的转动角速度为 $\omega_{y_{\mathrm{m}}}$，记为矢量式

$$\dot{\boldsymbol{\psi}}_{\mathrm{m}} = \begin{bmatrix} 0 & \omega_{y_{\mathrm{m}}} & 0 \end{bmatrix} \tag{2-17}$$

那么在中框坐标系中所感受的综合角速度为

$$\boldsymbol{\omega}_{\mathrm{m}} = \boldsymbol{C}_{\mathrm{om}}(\boldsymbol{C}_{\mathrm{bo}}\boldsymbol{\omega}_{\mathrm{b}} + \dot{\boldsymbol{\gamma}}_{\mathrm{o}}) + \dot{\boldsymbol{\psi}}_{\mathrm{m}} \tag{2-18}$$

（3）内框角速度。如果内框相对中框坐标系的转动角速度为 $\omega_{z_{\mathrm{p}}}$，记为矢量式

$$\dot{\boldsymbol{\vartheta}}_{\mathrm{p}} = \begin{bmatrix} 0 & 0 & \omega_{z_{\mathrm{p}}} \end{bmatrix} \tag{2-19}$$

那么在内框坐标系中所感受的综合角速度为

$$\boldsymbol{\omega}_{\mathrm{p}} = \boldsymbol{C}_{\mathrm{mp}}[\boldsymbol{C}_{\mathrm{om}}(\boldsymbol{C}_{\mathrm{bo}}\boldsymbol{\omega}_{\mathrm{b}} + \dot{\boldsymbol{\gamma}}_{\mathrm{o}}) + \dot{\boldsymbol{\psi}}_{\mathrm{m}}] + \dot{\boldsymbol{\vartheta}}_{\mathrm{p}} \tag{2-20}$$

可见在稳定平台中所感受的角速度包括两部分：一部分是弹体姿态角速度经过三次姿态转换传递过来的分量；另一部分是三个框架的转动角速度经过多次坐标变换传递过来的角速度。而稳定平台正是利用这两部分的相互抵消作用实现平台三轴角速度近似为零。

2.3.2 两轴平台结构

两轴平台结构只有两个转动框架，按照保留框架的通道方式可分为直角坐标式和极坐标式两种结构。两轴结构只含有两个转动自由度，对于弹体在姿态上的三轴扰动本质上缺少一个自由度，因此无法完全隔离弹体的姿态运动。但由于目标跟踪实质是实现对目标像点运动的跟踪，因此两个自由度在对成像的质量要求不是特别苛刻的情况下也能实现对目标的跟踪。

1. 直角坐标结构

两轴直角坐标结构取消了三轴框架系统的滚转外框，只保留内环和外环框架，即保留俯仰和偏航通道的偏转，是一种常用的正交稳定控制结构。由于直角坐标结构不能稳定滚转通道，因此常用于滚转角基本为零或者摆动很小的导弹上。

图 2-16 给出了两轴直角坐标结构示意图。以速率陀螺稳定方式为例，假设在弹体产生三轴角速度扰动时，速率陀螺直接测量内框轴（即光轴）在俯仰和偏航上的角速率。这两个角速率直接反映了在弹体扰动和伺服电机转动的共同作用下的角速度信息。由于测量的光轴角

速度信息是弹体相对惯性空间的角速度信号,因此稳定伺服系统可以直接用于反馈补偿。此外导弹的滚转角速率会耦合到光轴的俯仰和偏航角速率,因此稳定过程实际上是将三轴角速率转换为两轴角速率分量进行稳定。

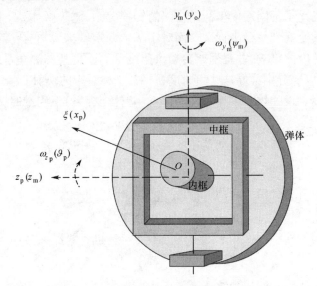

图 2 – 16 两轴直角坐标结构稳定平台

两轴直角坐标结构形式在滚转通道滚转角很小时,双轴框架直接对应俯仰和偏航通道,因此便于制导控制系统的解算,提高了制导效率,两轴直角坐标稳定平台导引头,如图 2 – 17 所示。但是双轴框架结构也存在着自身的缺陷,一是在滚转通道上不可解耦,二是存在跟踪盲区。其中滚转通道不可解耦的缺陷显而易见,因此下面重点分析双框架结构的跟踪盲区问题。

图 2 – 17 两轴直角坐标稳定平台导引头

不妨以俯仰框为内框、偏航框为外框的双轴框架系统为例,来说明跟踪盲区的存在。如图 2 – 18 所示,驱动偏航框架伺服系统会使光轴在偏航方向转动,产生偏航角度 φ_y 或者偏航角速率 ω_y;驱动俯仰框架伺服系统会使光轴在俯仰方向上转动,产生俯仰角度 φ_z 或者俯仰角速率 ω_z。假设目标 T 与导弹的弹目视线距离为 R,目标速度在垂直于弹目视线 oT 的平面上正交分解为沿子午圈速度 v_N 和沿纬度圈速度 v_E。那么可以看到如果光轴要跟踪目标,目标子午

圈速度 v_N 会引起光轴俯仰框的跟踪动作,而目标纬度圈速度 v_E 会引起光轴偏航框的跟踪动作。

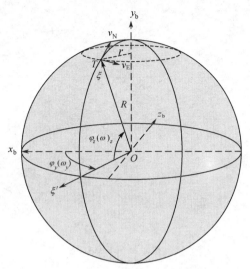

图 2 – 18　两轴直角结构的盲区示意图

如果要使光轴跟踪上目标在球面的运动,应满足

$$\omega_y = \frac{v_E}{R\cos\varphi_z} \quad (2-21)$$

$$\omega_z = \frac{v_N}{R} \quad (2-22)$$

从式(2 – 21)中可以看出,偏航框的跟踪角速率与 $R\cos\varphi_z$ 成反比,当俯仰角 φ_z 接近于 90°时(即大离轴角情况), $R\cos\varphi_z$ 会变得很小,此时 ω_y 会变得很大。但是驱动框架的电机存在最大力矩限制,即存在最大转动角速率 ω_{max}。如果所需的 $\omega_y > \omega_{max}$,则光轴将无法跟踪上目标的运动,这就是两轴直角坐标结构存在的大离轴角跟踪盲区问题。

需要特别强调的是:在这个"盲区"内不是光轴不能指向,而是在这个区域内对目标的较大运动不能跟踪,因此这个"盲区"不是"探测盲区",而是"跟踪盲区"。跟踪盲区的大小除了与框架的结构和电机驱动能力有关外,还与目标的运动速度和距离有关。通常目标的运动速度和距离都是变化的,为了方便描述和研究,在工程上可以将比值 v_E/R 作为焦距归一化后的等效像点移动速度来研究。

两轴直角坐标结构的跟踪盲区问题主要在大离轴角跟踪时出现,而在弹体纵轴附近不存在,因此对多数攻击低速目标的导弹来说没有影响。但对诸如 AIM – 9X"响尾蛇"这类由于近距离格斗的空空导弹来说,由于导弹与目标的视线运动角速率很大,其必须考虑大离轴角情况下的快速跟踪问题。为了解决这一问题,AIM – 9X"响尾蛇"空空导弹的导引头采用了两轴极坐标结构。

2. 极坐标结构

两轴极坐标结构的外环是滚转框,内环为俯仰或者偏航转动框,有些资料将其分为"滚转—俯仰"式或者"滚转—偏航"式两种,但从本质上来说这两种形式是等价的,因此在本书不加区分的情况下统称为"滚转—摆转"式。图 2 – 19 给出了两轴极坐标框架结构的原理示意图。

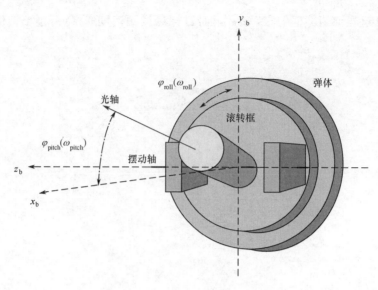

图 2-19 两轴极坐标结构稳定平台

可以看出对于极坐标结构的两轴平台,只需分别控制滚转角 φ_{roll} 或滚转角速率 ω_{roll},摆转角 φ_{pitch} 或摆转角速率 ω_{pitch},即可实现对半球空间的光轴指向或跟踪。在大离轴角的区域内,极坐标平台的两个框架等同于工作在小离轴角区域的两轴直角框架,因此极坐标结构在大离轴角的区域内具有很好的跟踪特性。

图 2-20 和图 2-21 是极坐标结构的平台式速率陀螺稳定方式和半捷联速率陀螺稳定方式,两者的区别在于速率陀螺安装在平台上还是平台外。

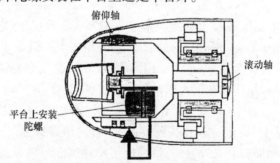

图 2-20 两轴极坐标结构平台式速率陀螺稳定示意图

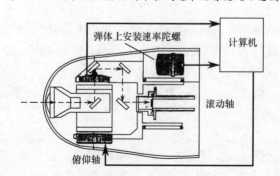

图 2-21 两轴极坐标结构半捷联式速率陀螺稳定示意图

然而对于两轴极坐标结构来说跟踪盲区同样存在,只不过其将盲区转移到缺少一个转动自由度的弹体纵轴附近。这种结构方式适合于目标机动较大的情况,如图 2-22 所示为美国 AIM-9X 导弹的导引头结构。也就是说当目标位于弹体纵轴 $O_b x_b$ 指向附近时,两轴极坐标结构会存在跟踪盲区。为了减小跟踪盲区,一种方法是尽量提高两个框架的转动角速率,但是这受到框架转动惯量、摩擦和电机最大输出力矩的限制;另一种方法是增大探测器的瞬时视场,大的瞬时视场可以保证在框架不能跟踪上的情况下,目标不会偏出视场,但这种方法也受到探测器光学系统和框架负载能力的限制。其他方法是通过在目标跟踪中采用预测滤波或路径规划等,减小所需的框架转动指令角速率,或减小目标偏出视场的概率。

图 2-22　AIM-9X 两轴极坐标结构导引头

从结构的小型化趋势来看,两轴平台在结构上优于三轴平台,极坐标式结构具有大离轴角跟踪能力,因此极坐标式两轴平台已被广泛地应用于各种小型战术导弹和机载光学平台中。而三轴平台结构能够真正实现探测系统的三轴稳定,因此它适用于大型高精度成像制导导弹。

2.4　导引头平台的主要性能指标

针对导引头的预定、搜索、稳定和跟踪四大工作状态,角跟踪是导引头最常用的工作状态,而角度稳定又是角跟踪的基础,因此稳定平台的性能直接影响到导引头的总体性能。导引头稳定平台常见的性能指标或要求包括:

1. 稳定性要求

导引头平台的稳定性要求包括稳定精度和稳定裕度两个指标。稳定精度是指平台光轴对惯性空间的定向保持能力(静态)或者系统稳定跟踪目标时光轴与目标视线之间的角度误差(动态)。稳定裕度要求是指稳定控制系统在受到外界干扰时应该具有足够的稳定性。

稳定精度主要受到陀螺测量精度、框架伺服系统控制精度和控制带宽等因素限制,其中对于姿态角干扰的稳定能力可以用"隔离度"和"去耦系数"两个指标描述。

隔离度的定义是:(隔离后光轴角度扰动幅值)/(扰动角度幅值)。

隔离度是稳定精度的一个相对度量,同一个系统对不同频率的扰动具有不同的隔离度。而且由于非线性因素的影响,同一个系统对同频率不同幅值的扰动也具有不同的隔离度。因此,使用隔离度作为稳定精度指标时,通常会指定相应扰动信号的频率和幅值。从线性系统的角度讲,使用隔离度作为稳定精度指标,相当于指定了系统在某频率处应该具有的最小开环增益,因而比均方根误差更简单、直观。

去耦系数的定义是:(由扰动角速率引起的稳态视线角速率)/(扰动角速率)。

去耦系数是一个动态含义,隔离度是一个稳态含义,两者所表征的意义完全相同。稳定系统是一个速度控制回路,在动态情况下其去耦能力与弹体姿态角扰动频率有关,一般情况下随着扰动的频率增加去耦能力有所下降。

2. 快速性要求

稳定平台应具有一定的快速性,稳定平台的快速性应以消除弹体耦合为目标。针对导弹所打击的目标运动特性不同,平台快速性的要求差异较大,例如近距离格斗空空导弹的弹目视线角速率和角加速度都很大,这时对平台的快速性要求很高,例如 AIM-9X 导弹的极坐标导引头摆动角速度达到 800°/s,而滚转角速度达到 1600°/s。攻击海面舰船的反舰导弹弹目视线变化较为缓慢,因此对平台的快速性要求较低,通常只有 10°/s。最常用表征平台快速性的指标为导引头平台跟踪最大角速率和角加速度。

平台跟踪角速率及角加速度是指跟踪机构能够输出的最大角速率及角加速度。跟踪角速率表征了系统的跟踪能力,角加速度则表征了系统的快速响应能力。这个要求是由系统总体要求确定的,即由所攻击目标相对系统的最大运动角速率及角加速度决定。

3. 转动角度范围要求

导引头平台针对不同攻击目标应该具有一定角度跟踪范围。角度跟踪范围是指在跟踪过程中,位标器测量基准相对跟踪系统纵轴的最大可能偏转角度范围。它由系统的使用要求提出,对于攻击慢速目标的导引头来说,由于目标的机动能力较小,通常转角范围小于 ±60°。而对于 AIM-9X 空空导弹的导引头来说,由于其采用半捷联的滚转—摆转式结构,可以实现接近半球范围内的跟踪,即摆动角 ±90°,滚转角 ±180°。

4. 预定回路要求

通常角预定系统是一个位置随动系统,其要求能够快速和准确实现角位置控制。角预定精度主要受测量误差和控制误差的影响。测量误差由测角传感器的分辨率、非线性和稳定性等因素确定,控制误差取决于控制回路参数。采用高精度角度传感器和增大回路开环增益等手段有助于提高角度预定精度。预定的目的是使测量基准指向目标可能出现的方向,一般不需要太高的精度。

5. 跟踪精度

跟踪精度是指系统稳定跟踪目标时,系统测量基准与目标视线之间的角度误差。系统的跟踪误差包括失调角、随机误差和加工装配误差。由于系统跟踪运动目标时,必然存在一个位置误差,而这个位置误差大小与系统的控制参数有关。随机误差是由仪器外部背景噪声以及内部的干扰噪声造成的,加工装配误差则是由仪器零部件加工及装配误差所造成的。通常对精度的要求根据导引头或光学系统使用的场合不同而异。例如,用于高精度跟踪并进行精确测角的红外测量跟踪系统,要求其跟踪精度要在 10″以下;一般用途的红外搜索跟踪装置跟踪精度可在几角分以内;而导引头的瞬时视场通常可以达到几度且主要利用视线角速率信息进行制导,因此跟踪精度可放宽到几十角分之内。

6. 漂移速度

由于平台稳定是依靠陀螺的定轴性,因此陀螺的漂移会对平台的稳定性产生影响。对于动力陀螺稳定平台,漂移速度是由位标器不平衡或外力矩产生的测量基准自由运动速度决定;对于速率陀螺稳定平台,则是由测速陀螺漂移和其他干扰造成的平台运动速度所决定。

除此之外,导引头平台的性能指标还有基准精度、机械锁定精度、振动噪声、通道耦合、尺寸重量、工作寿命和可靠性等,这些指标可参考具体的设计书籍。

思 考 题

（1）简述导引头的主要功能和工作过程。
（2）为什么导引头需要角稳定功能？
（3）导引头视线在空间的稳定方法可分为几类，各有什么特点？
（4）推导导引头跟踪控制系统的传递函数。
（5）导引头的角度预定和角度搜索功能是什么？
（6）导引头的平台稳定方式都有哪几种，各有什么特点？
（7）简述动力陀螺稳定方式的工作原理。
（8）简述速率陀螺稳定方式的工作原理。
（9）导引头的稳定平台结构可以分为几类，其各自特点是什么？
（10）简述导引头平台的主要性能指标及其意义。

第二篇　光学制导

导弹制导系统的基本任务是在一定距离范围内从背景环境中探测、发现、识别目标并测量目标相关信息。这里所说的目标通常是指导弹所攻击的对象,而背景是指除目标之外的所有物质和空间。由于导弹的种类繁多,其所攻击的目标和所处背景环境也是多种多样。例如面空导弹攻击的目标是飞机、导弹、飞艇甚至航天器,空面导弹攻击的目标是车辆、舰船、建筑或者人员。这些目标可能是金属制造的有动力活动目标,也可能是沙石和混凝土修建的固定目标;这些目标可能会辐射或反射电磁波,也可能与自然界的岩石土壤一样"默默无闻"。目标所在的背景可能是广阔的天空,也可能是高楼林立的城市;可能是万里无云的晴空,也可能是大雨磅礴的夜晚。因此对于导弹制导系统来说,如何从复杂多变的背景环境中发现目标,就需要从目标和背景对外传播信息的差异进行分析。

自然界中的任何物体与外界传播信息的途径主要包括"声、光、电、磁、压、味"等方式。其中声波、磁场、压力和味道等途径,因为作用距离太近或者定位不精确,往往不能应用于导弹的制导系统。电磁波或电磁辐射是空间上交变的电场和磁场的定向传播,无线电波、可见光、红外线和紫外线等都属于电磁波。物理学告诉我们,所有物体都会辐射或者反射电磁波,并且电磁场具有方向性传播的特性,因此它适合应用于导弹的制导系统。

由于物体都会反射无线波,因此无线电雷达最早应用于导弹的制导系统,例如苏联的"萨姆"-2地空导弹和AA-1空空导弹。此外任何温度高于绝对零度(-273.15℃)的物体都会向外辐射红外线,而红外线的大气穿透能力要优于可见光,因此红外线也被较早的应用于导弹的制导系统,例如美国的AIM-9B"响尾蛇"空空导弹。可见光电视成像利用物体对可见光的反射特性获取图像,由于可见光图像的边缘、纹理和颜色等信息丰富,因此被应用于一些工作在光照条件良好环境中的导弹,例如美国的AGM-65A/B"幼畜"空地导弹。紫外线应用于导弹制导系统是在20世纪后期,由于大气对不同波段的紫外线吸收和散射特性不同,这使得低层大气的紫外背景较为纯净,因此在一些防空导弹中会使用紫外波段作为复合制导的辅助方式,例如美国的Stinger-POST"毒刺"便携式防空导弹。

太阳光中主要包含了可见光、紫外线和红外线这三类电磁波,由于它们相比无线电波的波长较短,都能较好地服从直线传播、折射和反射等光学定律,因此常将这三类电磁波统称为光波或者光学辐射。地球上的物体在阳光的照射下都会反射或辐射这三类光学辐射,所以在导弹制导系统中通常使用它们作为探测手段。本篇将以可见光、红外线和紫外线作为主线介绍各种光学制导的原理,而对于无线电波将在下一篇的雷达制导中介绍。

第3章 光学制导基础

光波包括可见光、红外线和紫外线,它们在电磁波谱段上紧密相邻,并且都服从光学定律,因此这三类电磁波的发射与接收系统具有很多相似性,人们将它们的发射与接收系统统称为光学系统。本章将以这三类电磁波为对象,介绍光波的分类和特性、光学辐射概念、光学系统基础和光电探测器的原理,最后介绍导弹制导系统所探测目标和背景的光学特性。

3.1 光波的分类与特性

经典电磁理论告诉我们,物质内部的带电粒子一直在做着无规则的变速运动,这种变速运动会产生交变的电磁场。交变电磁场在空间传播的能量,称为电磁辐射能或电磁波。人们在日常生活中会接触到各种电磁辐射,如X射线、紫外线、太阳光、红外线、无线电波等。由于这些辐射的产生和探测的方法不同,因此这些辐射常被冠以不同的名称,而本质上这些都是电磁辐射或者称为电磁波。电磁波都遵守同样形式的反射、折射、衍射、干射和偏振的规律,在真空中的传播速度都为光速,只不过频率不同。如太阳辐射的可见光,它仅是整个电磁辐射大家族中很小的一部分,并且与其他辐射(如红外辐射和紫外辐射)没有什么本质上的差异,只是由于它是能被人眼探测的唯一一类电磁波,所以称为可见光。为了能对各种电磁波具有全面的了解,人们按照波长或频率的顺序将这些电磁波排列起来,以图谱形式展现出来,即电磁波谱,如图3-1所示。

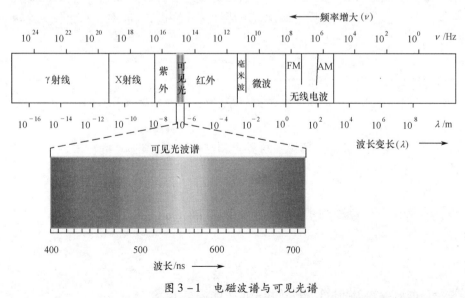

图3-1 电磁波谱与可见光谱

(1) 无线电波。广义上讲,波长在 0.001~3000m 范围内的电磁波都可称为无线电波,一般的电视、无线电广播、手机和雷达等都使用这一波段的电磁波。由于电磁波的辐射强度随频率减小而急剧下降,因此波长为10km以上的低频电磁波辐射强度很弱,通常不被人们所使用。按照波长的大小,无线电波被分为长波、中波、短波、微波等;按照波长的数量级,无线电波又分为米波、分米波、厘米波、毫米波等。其中,中波和短波用于无线电广播和通信,微波用于电视、手机和无线电定位(雷达)等。

(2) 红外线。红外线是波长介乎微波与可见光之间的电磁波,波长为 $7.6 \times 10^{-7} \sim 10^{-3}$ m,是波长比红色光长的非可见光。由于所有温度高于绝对零度(-273.15 ℃)的物质都会发出红外线,因此现代物理学称为热射线。红外线的显著特点就是富含热能,太阳的热量主要通过红外线方式传递到地球。

(3) 可见光。可见光是人类眼睛所能感受到的极狭窄的一个波段,其波长范围为390~760nm。波长不同的可见光引起人眼的颜色感觉不同,波长650~760nm感觉为红色,波长610~650nm为橙色,波长560~610nm为黄色,波长500~560nm为绿色,波长480~500nm为蓝色,波长450~480nm为靛色,波长390~450nm为紫色。当然这种颜色的分类不是绝对的,在不同的领域分类方法不尽相同。

(4) 紫外线。紫外线的波长为10~390nm,比可见光短,与紫色光相邻。紫外线常常在放电现象时发出,有着显著的化学效应和荧光效应。

(5) 伦琴射线(X射线)。伦琴射线(X射线)是原子的内层电子由一个能态跃迁至另一个能态时或电子在原子核电场内减速时所发出电磁波,其波长介于0.1~100Å(在光谱学中常采用"Å"作单位来表示波长,$1Å = 10^{-10}$m)之间。X射线具有较强的穿透能力,广泛地应用于医学成像、安全检查、无损检测等方面。

(6) 伽马射线(γ射线)。伽马射线是波长为 $10^{-14} \sim 10^{-10}$ m 的电磁波。这种不可见的电磁波是从原子核内发出来的,放射性物质或原子核反应中常伴随有这种辐射的发出。γ射线的穿透力很强,对生物和电子设备的破坏力很大,可用于工业金属件的无损检测和探伤。

无论是无线电波、红外线、可见光、紫外线、X射线或者伽马射线,它们都是由原子或电子等微观客体激发的电磁波。从本质上说这些电磁波是相同的,其频率 ν 和波长 λ 之间都遵守同样的关系式:

$$\nu\lambda = c \tag{3-1}$$

式中:$c = 2.99792458 \times 10^8$ m/s 为真空中电磁波传播的速度。

电磁波在不同介质中的传播速度会发生变化,但频率保持不变,因而其波长在不同介质中会发生变化。

此外,波长较短的电磁波(如紫外线、可见光和红外线等)所体现的粒子性较强,因此这些电磁波可以等效为许多光量子(光子)的运动,而一个光量子能量为

$$E = h\nu \tag{3-2}$$

式中:$h = 6.626 \times 10^{-34}$ W/s² 为普朗克常数;ν 为电磁波频率。

由此得

$$E = h\nu = \frac{hc}{\lambda} \tag{3-3}$$

由式(3-3)可知,电磁辐射的波长越长,其光量子能量越小。

由于导弹的光学制导系统常使用可见光、红外线和紫外线作为探测媒介,下面将详细介绍这三种波段的光波特性。

3.1.1 可见光的特性

可见光(Visible light)是电磁波谱中人眼可以感受的部分电磁波,简称为光。人眼可以感受到的可见光波长范围一般为 390~770nm,但部分人能感受到波长为 380~780nm 的电磁波。正常视力的人眼对波长为 555nm 附近的电磁波最为敏感,这段电磁波处于光学频谱中绿光区域。

光具有四大基本性质:① 波动性;② 粒子性;③ 沿直线传播;④ 传播速度在真空中为 2.99792458×10^8 m/s。

人眼所看到的白光是由红、橙、黄、绿、蓝、靛、紫等各种色光组成,称为复色光。红、橙、黄、绿、蓝、靛、紫等色光被称为单色光,复色光分解为单色光的现象叫光的色散。牛顿在 1666 年最先利用三棱镜观察到光的色散,把白光分解为彩色光带(光谱)。人们通过研究发现色光还具有下列特性:

(1) 互补色按一定的比例混合得到白光。如蓝光和黄光混合得到的是白光,绿蓝光和橙光混合也得到白光(表 3-1)。

(2) 复色光中任何一种颜色都可用光谱中其相邻两侧的两种单色光,或者次近邻的两种单色光混合得到。例如黄光和红光混合得到橙光,红光和绿光混合得到黄光。

(3) 如果在复色光中选择三种单色光,就可以按不同的比例混合成日常生活中可能出现的各种色调。而这三种单色光被称为三基色光或三原色光。光学中的三基色为红、绿、蓝,颜料的三基色为红、黄、蓝,实际上三基色的选择完全是任意的。

(4) 当太阳光照射某物体时,某种波长的光被物体吸取了,则物体显示的颜色(反射光)为该色光的补色。如太阳光照射到物体上,若物体吸取了波长为 400~435nm 的紫光,则物体呈现黄绿色。

表 3-1 色光的互补

λ/nm	颜色	互补光
400~450	紫	黄绿
450~480	蓝	黄
480~490	绿蓝	橙
490~500	蓝绿	红
500~560	绿	红紫
560~580	黄绿	紫
580~610	黄	蓝
610~650	橙	绿蓝
650~760	红	蓝绿

可见光源可以分为三种:第一种是热效应产生的光,太阳光、蜡烛、白炽灯等都属于这类光源,此类光随着温度的变化会改变颜色;第二种是原子发光,原子发光具有独特的基本色彩,荧光灯和霓虹灯所产生的光就是原子发光;第三种是同步加速器(Synchrotron)发光,其携带有强大的能量,原子炉发出的光就是这种。

可见光的主要天然光源是太阳,主要人工光源是白炽物体(特别是白炽灯)。太阳光和白炽灯发出的可见光是光谱连续的,但气体放电管发出的可见光是光谱分立的,因此常利用各种气体放电管加滤光片作为单色光源,例如低压钠灯发光呈纯黄色。太阳辐射的可见光约占太阳总辐射的45%~50%,而到达地表上的可见光辐射随大气浑浊度、太阳高度角、云量和天气状况而变化。

不少其他生物能看见的光波范围跟人类不一样,例如包括蜜蜂在内的一些昆虫能看见紫外线。光谱中并不包含所有人眼和大脑可以识别的颜色,如棕色、粉红、紫红等,因为它们需要由多种光波混合。

光波遇到水面、玻璃以及其他许多物体的表面都会发生反射(Reflection)现象。反射在物理学中分为镜面反射和漫反射。镜面反射发生在十分光滑的物体表面(如镜面),平行光线经过镜面反射后仍为平行光线。粗糙的表面(如白纸)会把光线向着四面八方反射,这种反射称作漫反射,大多数反射现象都为漫反射。

光线从一种介质斜射入另一种介质时,传播方向发生偏折,这种现象称作光的折射(Refraction)现象。如果射入的介质密度大于原本光线所在介质密度,则折射角小于入射角。反之,折射角大于入射角。若入射角为零,则折射角为零。

由于可见光是人类研究最为透彻的一类电磁辐射,因此可见光的特性已经在相关物理课程中详细学习过,本书将不再叙述。

3.1.2 红外线的特性

1800年,英国天文学家和物理学家赫谢尔在观察太阳时为能保护自己眼睛,发现了一种"不可见光线",他曾将这种新发现的频谱波段命名为"不可见光线""热谱线""致热线"或者"暗中热"等,但很快人们更习惯于使用"红外线"(Infrared)这个带有明显拉丁语词根(Infra - 意味之下或在下)的名称来命名。

在赫谢尔的观测试验中,他用有色玻璃滤光片作为减弱太阳亮度的工具。他注意到,虽然它们都能使亮度减弱,但有的滤光片透过热量很少,而有的滤光片透过热量很多,以至于观察只能限定在数秒之内,否则眼睛会受到永久性损伤。为了找出一种既能按要求降低亮度,又能最大限度降低热量的滤光物质,他首先研究了太阳的光热效应。赫谢尔使用玻璃棱镜得到了太阳的光谱,并将各色光投射到一个灵敏的水银玻璃温度计上。他让涂黑水银球的温度计在光谱中各处移动并测量温度上升情况,从而测得了不同光的热效应。当温度计从光谱的紫色端开始向红色端移动时,热效应不断增加,这个结果在1777年之前就已有类似实验结论。但是,赫谢尔意识到热效应可能存在一个最大值,而把测量仅限于可见光部分是不完全的。当他将温度计移到了光谱的红光以外的黑暗部分时,热效应果然继续加强,最终赫谢尔发现这个最大点位于光谱红色端之外的远处,即现在我们所知的红外波段区域。

红外线(亦称为红外辐射或者红外光)是电磁波的一部分,其波长为 $0.76 \sim 1000 \mu m$。红外线可以细分为近红外、中红外、远红外和极远红外,如图3-2所示。但这种区分的界限并没有统一的规定,这是因为不同红外线之间的物理特性没有特别明显的差异。

将红外线与可见光相比较,可以得到它们有如下共同点:① 红外线和可见光一样都是沿直线传播,且服从光学折射和反射定律,因此可见光的理论完全适用于红外线;② 红外线和可见光本质上都是电磁辐射,因此都具有波动性和粒子性,即波粒二象性。

红外线和可见光的不同点主要体现在:① 红外线是不可见光,人眼不能感受红外线;② 红外线的波长比可见光长,在大气中传输时衰减比可见光小些,因此红外线的传播距离比可见光远;③ 红外线有明显的热效应,可用于非接触式加热。

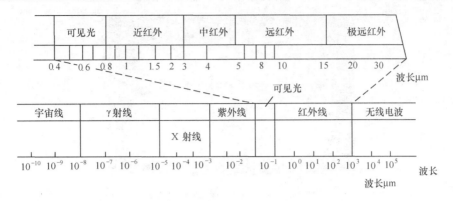

图 3-2 红外线谱

所有的物体都会辐射红外线,温度越高其所辐射的红外线能量就越强。对于人类所制造的各种飞行器、车辆和舰船,由于其动力装置是一个温度较高的热源,因此这为红外线的军事应用奠定了基础。红外线在军事上的应用主要用于军事侦察、火力控制和导弹制导三个方面。

1. 军事侦察

在第二次世界大战期间,主动红外照明技术就开始应用于夜间坦克车辆的驾驶和观察。随着20世纪60年代扫描式红外成像设备的诞生,红外线侦察由于其隐蔽性好和抗伪装能力强的特点而被广泛地应用于军事侦察,例如美国的U-2高空侦察机就安装了红外对地照相机实施侦察。由于弹道导弹在主动段时具有强烈的红外辐射,因此后期美国侦察卫星也装备了红外扫描式相机实现对弹道导弹的早期预警。21世纪后,随着非制冷凝视成像设备的小型化和低成本化,大量手持式和头盔式红外成像侦察设备被广泛地装备于单兵、车辆和飞行器中。图3-3就是运用手持式红外成像设备观测海面船只的图像。此外,红外侦察设备也用于飞机对来袭导弹侦测的红外告警系统中。

(a) 4000m船只

(b) 1000m船只

图 3-3 海上目标红外军事侦察

2. 火力控制

火力控制系统中应用的红外系统,其作用是将目标与背景的红外辐射转换成可见光图像,以方便对目标进行搜索、捕获和跟踪。目前国内外在飞机(图3-4)、军舰、坦克、火炮和导弹的火控系统中都配备了红外搜索跟踪系统。红外搜索跟踪系统相当于一个红外成像的参数测量装置,用于为火控计算机提供目标的空间角位置和运动角速度信息。

3. 导弹制导

在被动式自动寻的制导导弹中,广泛采用了红外被动自寻的导引装置(又称为红外导引

图3-4 飞机上的红外火控系统

头)。红外导引头利用目标发射的红外辐射,对目标进行探测、识别和跟踪,并测量目标的运动信息。红外制导与雷达制导相比,具有结构简单、工作可靠、价格低廉和精度高的优点。自20世纪50年代中期出现了以美国AIM-9B"响尾蛇"空空导弹为代表的红外制导导弹以来,世界各国普遍开展了对红外制导导弹的研究。红外制导已经由早期的空空导弹和地空导弹领域逐步发展到空地、空舰、地地和反坦克导弹等型号。

3.1.3 紫外线的特性

在1800年英国赫谢尔发现了红外线之后,德国物理学家里特(Ritte)对此极感兴趣。他坚信物理学事物具有两极对称性,既然可见光谱的红光之外有不可见的辐射,那么在可见光谱的紫光之外也一定有不可见的辐射。终于在1801年,里特利用氯化银在加热或受到光照时会分解析出黑色银颗粒的化学特性,发现了太阳光紫光以外的不可见辐射——紫外线。他用一张纸片蘸了少许氯化银溶液,并把纸片放在经棱镜色散后的紫光外侧。一段时间后,他发现蘸有氯化银的纸片变黑了,这说明纸片受到了一种不可见辐射的照射而发生了化学反应。里特把紫光外的不可见辐射称为"去氧射线",以强调这是一种化学反应。不久之后,这个名词被简化为"化学光"。1802年,"化学光"最终更名为"紫外线"或"紫外光"。

UV是英文Ultraviolet Rays的缩写,即紫外线、紫外光或紫外辐射,它是指电磁波谱中波长为10~390nm的电磁波。由于在这一波长范围内的紫外线依波长变化而表现出略有差异的化学效应,为了研究和应用的方便,人们一般把紫外线分为以下几个波段:① UV-A 近紫外线,波长320~390nm;② UV-B 中紫外线,波长为280~320nm;③ UV-C 远紫外线,波长为200~280nm;④ UV-V 极远紫外线或真空紫外线,波长为10~200nm。

一方面,紫外线与可见光、红外线一样都是电磁辐射,都属于光波,都满足光的波粒二象性,遵循几何光学的基本定律以及衍射、干涉等;另一方面,由于紫外线的波长短于可见光,因此它有一些不同于可见光的特点,如荧光效应、生物效应、光电效应、光化学效应等。这些特点使紫外线在荧光分析、生物化学、环境监测、公安刑侦、光通信、火灾报警和伪钞鉴别以及医疗保健等民用领域都得到广泛的应用。

由于大气层中的氧气分子强烈吸收波长小于300nm的紫外线,因此该波段的紫外线在近地大气中几乎不存在,形成所谓的"日盲区"。军用紫外线技术正是基于上述特点而倍受军方关注,目前主要应用于紫外告警、紫外制导、紫外通信等领域。

1. 紫外告警

紫外告警是利用火箭、导弹或飞机等在发射或飞行中的紫外辐射特征来实现告警。军用紫外技术应用最为广泛且装备量最大的就是紫外告警系统。紫外告警按照工作原理可分为近地大气紫外告警和天基紫外告警。

1) 近地大气紫外告警

在臭氧层高度以下飞行的导弹或火箭,其火箭燃料燃烧的特征辐射中存在较强的紫外辐射。如果紫外告警的工作波段在 200~300nm 的日盲区,而太阳光中这一波段的紫外辐射在臭氧层以下的大气中几乎没有,因此天空背景非常干净。那么导弹或者火箭的紫外辐射就在较暗的天空背景上形成一个亮点,从而使得近地紫外告警系统能够发现来袭的导弹。

由于紫外线受大气散射影响,近地紫外告警的作用距离约为5km,这比红外告警作用距离要小。但是近地紫外告警工作在日盲区,大气的紫外背景非常干净,因此具有虚警率低的优点。近地紫外告警从20世纪80年代诞生以来,经过近30年的迅速发展已形成两代近地紫外告警系统。

第一代概略型导弹逼近紫外告警系统采用单阳极光电倍增管为探测器件,具有体积小、重量轻、虚警率低和功耗低的优点,但测量角分辨率不高、灵敏度低。第二代成像型导弹逼近紫外告警系统采用多元或面阵器件为核心探测器,它的角分辨率高、探测能力强、具有多目标探测能力,可对导弹和飞机进行分类识别。这种系统不仅能引导己方烟幕弹和干扰弹的投放,还能引导己方定向雷达干扰机对来袭目标实施定向主动干扰。

2) 天基紫外告警系统

天基紫外告警系统通常安装在卫星平台上,对地球大气层上层飞行的弹道导弹和高超声速飞行器等目标进行探测和预警。

由于太阳光中波长为200~300nm的紫外辐射几乎全部被地球的臭氧层吸收,因此这一波段的紫外线几乎没有反射到大气层外。那么在太空中观察地球的辐射光谱中波长为200~300nm的紫外辐射非常微弱,并且背景辐射分布非常均匀。对于飞行在平流层以上的弹道导弹和高超声速飞行器等,它们的发动机尾焰或者飞行器表面的高温烧蚀均会发出大量的紫外辐射,这足以使天基紫外告警系统上的探测器响应。表 3-2 列出了不同成分火箭发动机羽烟的紫外辐射分布,从表中可以看出火箭发动机产生的羽烟光谱中均含有紫外辐射。当然天基紫外告警主要探测目标是位于大气层外或者上层大气中飞行的高速目标,而对于低空飞行的目标则无法探测。

表 3-2 不同成分火箭发动机羽烟紫外辐射分布

名称	OH	CO_2	CO	NO	NO_2
波长/nm	244~308	287~316	200~246	250~370	244~437

2. 紫外制导

紫外制导的工作原理与紫外告警的原理相似,由于波长在 300~390nm 内的紫外线能够穿透大气,并且大气对紫外线的散射作用较强,因此近地表面观察天空的紫外辐射是均匀分布的亮背景。低空飞行的军事目标(如飞机和直升机等)会改变大气均匀散射的紫外辐射,从而在亮度均匀的天空背景上形成暗点,这样就可以引导导弹对目标进行攻击。由于紫外线的干扰要比红外或其他波段干扰小得多,因此紫外制导能够提高导弹的探测能力和抗干扰能力。紫外与红外的双色复合制导是紫外制导的重要应用方向,20世纪80年代美国研制的"毒刺"-POST便携式地空导弹就是采用红外/紫外双色复合制导模式。

3. 紫外通信

紫外通信的基本原理是将紫外线作为信息传输的媒介,将信息调制到紫外线上以实现信息的发送和接收。紫外通信作为一种新型的通信手段，与常规通信方式相比，具有数据传输保密性高和抗干扰能力强的优点。紫外线在传输过程中由于大气分子、悬浮颗粒的吸收和散射，能量衰减很快，因此在通信距离以外敌方难以获得足够的紫外辐射信号。另外，由于紫外线具有较大的散射特性，它不仅可以定向通信，也可以进行类似无线电的大角度非视距工作模式，从而绕过障碍物进行通信。

由于紫外线独特的大气传输特性，紫外技术受到各个军事强国的普遍关注，经过近30年的发展，已经在紫外告警、紫外制导以及紫外通信等多个军事领域得到了广泛应用。随着光电技术的不断发展以及光电对抗多波段多功能一体化技术的逐渐形成，军用紫外技术必将得到进一步的发展和广泛应用，性能指标将会有更大的提高，同时向综合化、多光谱、多平台的趋势发展。

3.2　光学辐射基本概念

由于不同目标在不同波段的光学辐射有强有弱，并且随着传输距离的增加辐射能量会逐渐衰减，因此为了定量的计算导弹所能探测目标的最大距离，就必须对描述目标辐射能力的基本辐射概念进行定义。

3.2.1　基本辐射量和光谱辐射量

通常把电磁波传播的能量称为辐射能，以 Q 表示，单位为焦（J）。辐射能既可以表示在给定的时间间隔内由辐射源发射出去的全部电磁波能量，也可表示接收表面（如照相底片之类的积分型探测器）所接收到的能量。但是在导弹制导系统中使用的大多数探测器都不是积分型的，因此它们响应的不是辐射传递的总能量，而是辐射能传递的时间速率，即辐射功率。所以，辐射功率以及由它派生出来的几个辐射度学的物理量属于基本辐射量，它们都可以使用专门的测量仪器在离开辐射源一定距离上进行测量。通常在进行辐射测量时，来自辐射源的辐射在到达测量探测器时，会受到插入媒质（如大气和测量仪器的光学介质）的衰减。为了明确各辐射量的物理意义，在下面的讨论中，暂不考虑插入媒质造成的辐射衰减。

辐射度学中最基本的物理量就是辐射功率，其余的辐射量均可以由它加上适当的限定词而派生出来。这些概念的严格定义如下：

1. 辐射功率

辐射功率就是单位时间内发射（传输或接收）的辐射能。其单位就是通常的功率单位：W（J/s）。根据这个描述可以把辐射功率 P 的定义表达式写为

$$P = \lim_{\Delta t \to 0}\left(\frac{\Delta Q}{\Delta t}\right) = \frac{\partial Q}{\partial t} \qquad (3-4)$$

因为辐射能 Q 还可能受其他因素的影响，所以为了严格起见，这里用辐射能对时间的偏微商来定义辐射功率。同样的原因，后面讨论的其他辐射量也将用偏微商定义。在不少文献中，辐射功率又称为辐射通量，用符号 φ 表示，其物理意义与辐射功率相同。

2. 辐射度

辐射功率是整个辐射源表面在单位时间内向整个半球空间发射的辐射能量。不难理解，辐射功率与源面积有关。在其他条件都相同的情况下，源的发射表面积越大，辐射功率也越大。因此，要想进一步描述源的辐射特性，就必须考查它在源表面单位面积上发射的辐射功

率。表征辐射源这一特性的辐射量就是辐射度,用 M 表示,其定义为:若源表面上围绕某点 x 的一个小面积元 ΔA,向半球空间发射的辐射功率为 ΔP,则 ΔP 与 ΔA 之比的极限值就是该辐射源在位置 x 的辐射度。辐射度的表达式可以写为

$$M = \lim_{\Delta A \to 0} \frac{\Delta P}{\Delta A} = \frac{\partial P}{\partial A} \qquad (3-5)$$

由此定义不难看出:辐射度就是源的单位表面积向半球空间发射的辐射功率。或者说,它表征源表面所发射的辐射功率沿表面分布情况的度量。对于表面发射不均匀的辐射源,辐射度 M 应该是源表面上位置 x 的函数。如果辐射度对源表面积进行积分,则应该等于发射源的总辐射功率,即

$$P = \int_A M \mathrm{d}A \qquad (3-6)$$

由于辐射功率的单位是瓦(W),所以由式(3-5)不难得到辐射度的单位是瓦/平方厘米(W/cm^2)。辐射度是一个非常重要的概念,关于热辐射的许多定律,都是由辐射度推导出来的。

3. 辐射强度

由前面讨论的两种辐射量定义,可知道一个源发射的总辐射功率及其在发射表面上的分布情况。但是,有时还需要知道源发射的辐射功率在空间不同方向的分布情况。表征辐射源这种特性的辐射量是辐射强度和辐亮度。前者用于点辐射源(简称点源),后者适用于扩展源(或称面源)。

在讨论辐射强度和辐亮度之前,首先说明什么是点源和扩展源。顾名思义,所谓点源理论上是尺寸非常小,甚至成为一个点的辐射源;而扩展源是尺寸很大的辐射源。现实中,真正的理想点源是不可能实现的。在这里,"点源"和"面源"的区分不是辐射源的真实物理尺寸,而是它相对于观测者(或探测器)视觉张角。例如,距离地球遥远的一颗恒星,其真实的物理尺寸可能很大,而在地球上看起来却好像是一个"点"。这样来说同一个辐射源,在不同的场合,可能是点源,也可能是扩展源。例如,喷气飞机的尾喷管,在几千米以上的距离上测量,是一个理想的点源;而在 3m 的距离上观测,则表现为一个扩展源。

一般来讲,只要辐射源相对于探测器的视觉张角小于 3°,就可以把该辐射源作为点源来处理。当然对于成像探测器来说,如果目标在探测器上成像的尺寸不超过 3~4 个像素点(或者探测器最小单元),那么可以认为目标是一个点源,否则就要视为扩展源。

现在讨论辐射强度,如前所述,它是描述点源空间辐射特性的辐射量(图3-5)。

如图 3-5 所示,若一个点源在围绕某指定方向的小立体角元 $\Delta \Omega$ 内发射的辐射功率为 ΔP,则 ΔP 与 $\Delta \Omega$ 的比值的极限值,就定义为辐射源在该方向上的辐射的强度 I:

$$I = \lim_{\Delta \Omega \to 0} \frac{\Delta P}{\Delta \Omega} = \frac{\partial P}{\partial \Omega} \qquad (3-7)$$

立体角 Ω 是指顶点在球心的一个锥体所包围的那部分空间角度的大小,单位为球面度(sr)。球面度为被锥体所截的球面面积 A 和球半径 R 平方之比,即

$$\Omega = \frac{A}{R^2} \qquad (3-8)$$

如图 3-6 所示,当 $A = R^2$ 时,对应的立体角为一个球面度。

由于球面总面积为 $4\pi R^2$,所以一个球面总共有 4π 个球面度,即整个空间对应 4π 个球面度。

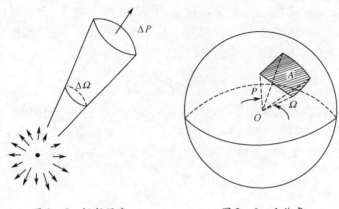

图3-5 辐射强度　　　　图3-6 立体角

由式(3-7)定义不难看出：辐射强度就是点源在某方向上单位立体角内发射的辐射功率，其单位为 W/sr。因为一个给定辐射源向空间不同方向的发射性能可能不同，所以辐射强度的物理意义表征点源发射的辐射功率在某方向上角密度的度量，或者说是源发射功率在空间分布特性的描述。如果对整个发射立体角积分，就应该得到辐射源的总辐射功率：

$$P = \int_\Omega I \mathrm{d}\Omega \tag{3-9}$$

式中：Ω 为辐射立体角。

4. 辐亮度

尽管辐射强度能够描述点源辐射在空间指定方向上的角密度，但是这个量不适用于扩展源。因为对于扩展源(比如天空)，无法确定探测器对辐射源所张的立体角。而且，即使在给定某个立体角时，扩展源的辐射功率不仅与立体角的大小有关，而且还与源的辐射表面积及观测方向有关。所以此时必须定义一个新的辐射量来描述扩展源的辐射功率在空间或源表面上的分布特性，这就是辐亮度(图3-7)。

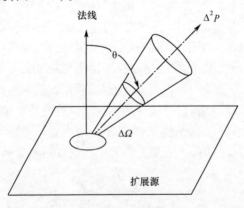

图3-7 辐亮度

如图3-7所示，在扩展源表面上某点 x 附近取一个小面积元 ΔA，该面积元向半球空间发射的辐射功率为 ΔP。进一步考虑：在与面积元 ΔA 的法线夹角为 θ 的方向取一个小立体角元 $\Delta\Omega$，则从面积元 ΔA 向立体角元 $\Delta\Omega$ 内发射的辐射功率是二级小量 $\Delta(\Delta P) = \Delta^2 P$。由于从 ΔA 向 θ 方向发射的辐射就是在 θ 方向观测到的来自 ΔA 的辐射，而在 θ 方向上看到的源面积是 ΔA 的投影面积 $\Delta A_\theta = \Delta A \cdot \cos\theta$，如图3-8所示。所以，在 θ 方向的立体角元 $\Delta\Omega$ 内发射的辐射,就相当于从源的投影面积 ΔA_θ 上发射的辐射。因此,在 θ 方向上观测到的源面上 x 点的辐亮度 L,就定义为 $\Delta^2 P$ 与 ΔA_θ 及 $\Delta \Omega$ 之比的极限值:

$$L = \lim_{\substack{\Delta A_\theta \to 0 \\ \Delta \Omega \to 0}} \left(\frac{\Delta^2 P}{\Delta A_\theta \Delta \Omega} \right) = \frac{\partial^2 P}{\partial A_\theta \partial \Omega} = \frac{\partial^2 P}{\partial A \partial \Omega \cos\theta} \qquad (3-10)$$

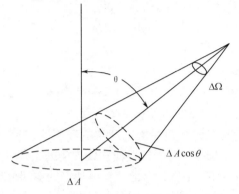

图 3-8　θ 方向 $\Delta\Omega$ 立体 θ 角内辐射区域等效

由此定义看出,辐亮度与光度学中的亮度是两个相互对应的量,这也是它得名的由来。另外,这个定义表明某方向的辐亮度,就是扩展源在该方向上单位投影面积向单位立体角发射的辐射功率。因此其单位为 $W \cdot m^{-2} \cdot sr^{-1}$。

为了测量辐亮度,必须用遮光板或光学装置将测量限制在扩展源的一个小面积上,在这样的条件下测量辐射功率,再除以被测量的辐射源的小面积和探测器对该面积张的立体角。因此,实际上测量的是扩展源上给定的一小面积的辐射强度。这样一来,辐亮度就是辐射源每单位面积上的辐射强度。换言之,它是辐射源在给定方向辐射强度沿表面分布情况。

上面讨论的辐射度、辐射强度和辐亮度都是针对辐射源来考虑的,或者说是源的辐射性能的度量。然而,无论从辐射与物质相互作用和辐射交换的理论研究角度,还是从实验测量与工程设计角度,都需要有一个能够表征被照表面上单位面积接收到的辐射功率的物理量。在辐射度学中,这个物理量就是辐照度。

5. 辐照度

设想某被照表面上位置 x 附近的小面积元 ΔA 接收的辐射功率为 ΔP。则 ΔP 与 ΔA 之比的极限值,就定义为被照表面 x 点处的辐照度 E:

$$E = \lim_{\Delta A \to 0} \frac{\Delta P}{\Delta A} = \frac{\partial P}{\partial A} \qquad (3-11)$$

由上述定义不难看出:辐照度表征被照表面单位面积上接收的辐射功率,或者说是入射辐射功率在被照表面上的密度度量。所以辐照度的单位是 W/m^2。必须强调指出,虽然辐射度的定义式(3-5)和辐照度的定义式(3-11)相同,两者的单位也一样,但它们却有完全不同的物理意义。辐射度是离开辐射源表面的辐射功率的分布情况,它包括了源向整个半球空间发射的辐射。而辐照度则是入射到被照表面上的辐射功率的面分布情况,它可以包括一个或几个源投射来的辐射,也可以是来自指定方向上一个立体角中投射来的辐射(图 3-9)。

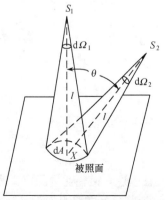

图 3-9　相同辐射强度
不同点源辐照度比较

此外，辐照度 E 的大小与在被照面上的位置有关，而且还与辐射源的特性及被照面与源的相对位置有关。例如，如图 3-9 所示，有两个辐射强度 I 完全相同的点源 S_1 和 S_2，其中 S_1 在被照面的法线方向，S_2 在与法线夹角为 θ 的方向，二者距观测点 X 的距离均为 l，那么，当不考虑辐射在传输过程中的衰减时，二者在被照面 X 位置的辐照度分别为

$$E_1 = \frac{\mathrm{d}p_1}{dA} = \frac{I\mathrm{d}\Omega_1}{l^2 \mathrm{d}\Omega_1} = \frac{I}{l^2} \qquad (3-12)$$

$$E_2 = \frac{\mathrm{d}p_2}{dA} = \frac{I\mathrm{d}\Omega_2}{l^2 \mathrm{d}\Omega_1} = \frac{I\cos\theta}{l^2} \qquad (3-13)$$

式(3-13)中最后等式是考虑到从 S_2 看 dA 时的立体角（或称为张角）

$$\mathrm{d}\Omega_2 = dA\cos\theta/l^2 = \mathrm{d}\Omega_1\cos\theta \qquad (3-14)$$

式(3-12)和式(3-13)表明：点源在被照面上产生的辐照度，与源到被照面的距离平方成反比（即所谓的反平方定律），并与源相对于被照面法线方向的夹角 θ 余弦成正比。

前面讨论的几个基本辐射量，主要只考虑了辐射功率的空间分布特征，如在表面上的面密度和空间的角密度等。并且默认这些辐射量包含了波长 λ 从 $0 \sim \infty$ 的全部辐射，因此也常把它们叫作全辐射量。然而，任何一个辐射源发出的辐射，或被照射表面接收的辐射功率，均有一定的光谱（或波长）分布特征。因此，已经讨论过的各个基本辐射量，均应有相应的光谱辐射量，而且，在辐射物理学的研究中往往要考虑这些光谱特性的度量。

如果我们关心的是在某特定波长 λ 附近的辐射特性，那么就可以在指定波长 λ 处取一个小的波长间隔 $\Delta\lambda$，设在此小波长间隔内的辐射量 X（它可以泛指 P、M、I、L 和 E）的增量为 ΔX，则 ΔX 与 $\Delta\lambda$ 之比的极限值就定义为相应的光谱辐射量，并记为 X_λ。例如：

(1) 光谱辐射功率：

$$P_\lambda = \lim_{\Delta\lambda \to 0}\left(\frac{\Delta P}{\Delta\lambda}\right) = \frac{\partial P}{\partial\lambda}(\mathrm{W}/\mu\mathrm{m}) \qquad (3-15)$$

它表征在波长 λ 处单位波长间隔内的辐射功率，类似还可以定义其他各光谱辐射量及其单位。

(2) 光谱辐射度：

$$M_\lambda = \frac{\partial M}{\partial\lambda}(\mathrm{W} \cdot \mathrm{m}^{-2} \cdot \mu\mathrm{m}^{-1}) \qquad (3-16)$$

(3) 光谱辐射强度：

$$I_\lambda = \frac{\partial I}{\partial\lambda}(\mathrm{W} \cdot \mathrm{sr}^{-1} \cdot \mu\mathrm{m}^{-1}) \qquad (3-17)$$

(4) 光谱辐亮度：

$$L_\lambda = \frac{\partial L}{\partial\lambda}(\mathrm{W} \cdot \mathrm{m}^{-2} \cdot \mathrm{sr}^{-1} \cdot \mu\mathrm{m}^{-1}) \qquad (3-18)$$

(5) 光谱辐照度：

$$E_\lambda = \frac{\partial E}{\partial\lambda}(\mathrm{W} \cdot \mathrm{m}^{-2} \cdot \mu\mathrm{m}^{-1}) \qquad (3-19)$$

在上述光谱辐射量的定义表达式中，均用下脚标 λ 表示该光谱辐射量是属于在指定波长 λ 处的辐射量，并且是对波长 λ 求偏导数来定义的。与此相反，如果某一物理量 X 仅仅是波长 λ 的函数，并无导数定义关系，则一律用符号 $X(\lambda)$ 表示，而不写作 X_λ。

从式(3-15)看出，在波长 λ 处的小波长间隔 $\mathrm{d}\lambda$ 内的辐射功率为

$$dP = P_\lambda d\lambda (W) \tag{3-20}$$

只要 $d\lambda$ 足够小,则该式中的 dP 就可以称作在波长 λ 处的单色辐射功率。把式(3-20)从 λ_1 到 λ_2 积分,就得到在光谱带 $\Delta\lambda$ 内的辐射功率 $P_{(\Delta\lambda)}$ 为

$$P_{(\Delta\lambda)} = P_{(\lambda_1-\lambda_2)} = \int_{\lambda_1}^{\lambda_2} P_\lambda d\lambda (W) \tag{3-21}$$

如果 $\lambda_1 = 0$ 和 $\lambda_2 = \infty$,则上式的积分结果就是全辐射功率:

$$P = \int_0^\infty P_\lambda d\lambda (W) \tag{3-22}$$

必须强调指出:这里叙述的几个术语包含的物理意义是有差别的,不能混淆。按定义,其中光谱辐射功率 P_λ 是单位波长间隔的辐射功率,单位是 $W/\mu m$。因此,它是表征辐射功率随波长 λ 的分布特性的物理量,并非真正的辐射功率的度量,而单色辐射功率 $dP = P_\lambda d\lambda$,λ_1 到 λ_2 波段的辐射功率 $P_{(\lambda_1-\lambda_2)}$ 和全辐射功率 P 才是真正的辐射功率的度量,单位也都是 W。不同之处,只是它们各自所表征的波长范围不同而已。

3.2.2 辐射度学基本定律

1. 基尔霍夫定律(黑体辐射定律)

基尔霍夫定律是辐射传输理论的基础之一,它把物体的辐射和吸收联系在一起。基尔霍夫定律表明:在任一给定的温度下,物体的辐射度 M 与其吸收率 α 的比值,和物体的性质无关,并等于同温度下黑体的辐射度 M',即

$$\frac{M}{\alpha} = M' \tag{3-23}$$

式(3-23)表明吸收率 α 值越大的物体,其辐射度 M 值越大,所以好的吸收体也必然是好的辐射体。同理有

$$\frac{M(\lambda,T)}{\alpha(\lambda,T)} = M'(\lambda,T) \tag{3-24}$$

即在一定温度下,物体对某一波长的吸收率 $\alpha(\lambda,T)$ 越大,则物体在该波长上的辐射度 $M(\lambda,T)$ 也越大。

可见吸收率等同于辐射率,实际中为了方便描述物体的辐射本领,人们常用发射率 ε 来表示。在定义发射率之前,先定义光谱发射率 $\varepsilon(\lambda)$,它是物体的实际光谱辐射度与同一波长 λ 和温度 T 下黑体的光谱辐射度的比值。而发射率 ε 是指物体实际辐射度与同温黑体辐射度的比值,它是光谱发射率在一定温度和波长的加权平均值,即

$$\varepsilon = \frac{\int_0^\infty \varepsilon(\lambda,T) M(\lambda,T) d\lambda}{\int_0^\infty M(\lambda,T) d\lambda} = \frac{1}{\sigma T^4} \int_0^\infty \varepsilon(\lambda,T) M(\lambda,T) d\lambda \tag{3-25}$$

式中: σ 为斯蒂芬—玻耳兹曼定律常数,$\sigma = 5.67 \times 10^{-8} W \cdot m^{-2} \cdot K^{-4}$,其中 K 为卡尔文温度。

显然,辐射率介于非辐射源的零和黑体的 1 之间,其作为比较辐射源接近黑体的程度的度量是非常方便的。根据光谱辐射本领的变化规律,辐射源可分为三类:

(1) 黑体或普朗克辐射体,其 $\varepsilon(\lambda) = \varepsilon = 1$;
(2) 灰体,其 $\varepsilon(\lambda) = \varepsilon = $ 常数(但小于1);
(3) 选择性辐射体,其 $\varepsilon(\lambda)$ 随波长而变。

其中,黑体定义为最佳的热辐射体,在同样温度下,其总的或任意光谱区间的辐射功率,都比任何其他辐射源大。灰体的辐射本领是黑体的一个不变的分数,这是一个特别有用的概念。因为有些辐射源,如喷气机尾喷管、气动加热表面、无动力空间飞行器、人、大地及空间背景等,都可视为灰体,并对大多数工程计算有足够的准确度。选择性辐射体在有限的光谱区间也可近似认为是灰体,从而简化计算。

2. 普朗克定律

黑体的光谱辐射度 $M(\lambda,T)$ 与物体表面的绝对温度 T 和波长 λ 有如下关系:

$$M(\lambda,T) = c_1 \left\{ \lambda^5 \left[\exp\left(\frac{c_2}{\lambda T}\right) - 1 \right] \right\}^{-1} \quad (\text{W} \cdot \text{m}^{-2} \cdot \mu\text{m}^{-1}) \qquad (3-26)$$

式中:c_1, c_2 为辐射常数,$c_1 = 3.7418 \times 10^8 \text{W} \cdot \text{m}^{-2} \cdot \mu\text{m}^4$,$c_2 = 1.4388 \times 10^4 \mu\text{m} \cdot \text{K}$。

3. 维恩位移定律

光谱辐射度的一个重要特性是随着温度的升高,峰值波长向短波方向移动。λ_m 是在一定温度下最大发射能量的波长。将普朗克定律公式对 λ 偏微分求极值,求得

$$\lambda_m = \frac{2898}{T(K)} (\mu\text{m}) \qquad (3-27)$$

维恩位移定律表明:随着表面温度的升高,λ_m 向着波长缩短的方向移动。这也就说明了温度越高的物体其所发出的光波波长越短。

4. 斯蒂芬—玻耳兹曼定律

对普朗克定律中光谱辐射度在全谱段范围内积分,可以得到黑体的总辐射度 M 的表达式为

$$M = \int_0^\infty M(\lambda,T) \mathrm{d}\lambda = \sigma T^4 (\text{W} \cdot \text{m}^{-2}) \qquad (3-28)$$

3.3　光学系统基础

3.3.1　光学成像系统

导弹制导系统中使用的光学设备主要是将目标的辐射能量汇聚于探测器敏感面,通常都采用类似于一个凸透镜的光学成像系统。导弹的光学系统主要是解决测角问题,即确定目标相对于导弹的角位置关系,如图 3-10 所示。无论光学系统如何复杂,通常都可以等效为一个凸透镜系统,从而可以用焦距、物距和像距等基本关系描述。

一般说来,目标与导弹光学系统的距离比焦距大得多,因此可以认为清晰成像的位置都在焦距附近。正是因为如此,探测器通常放置在焦点附近,即称为"焦平面"。在图 3-10 中,光学系统的等效焦距为 f,目标物平面距离光学系统光心距离为 d(即物距),目标点 T 的辐射汇聚点为 T'。汇聚点 T' 在探测器坐标系中的位置可以用极坐标 (ρ', θ') 表示,由于焦距 f 是确定的,因此通过极坐标 (ρ', θ') 可以唯一确定弹目矢量射线 $T'O''$。如果导引头还能够测量出弹目距离 R,那么目标点 T 的位置可以被唯一确定。

通常人们把 θ' 称为方位角,ρ' 被称为失调量(即像点偏离光轴的量),$\Delta q'$ 被称为失调角。失调角和失调量的关系为 $\tan(\Delta q') = \rho'/f$,当焦距 f 确定时,失调角和失调量具有一一对应关系,因此在工程上经常将失调角和失调量混用。在使用电荷耦合器件(CCD)成像的探测器中,由于探测器的像点是按直角坐标系排列和定义的,因此也会用直角坐标系描述像点 T',那

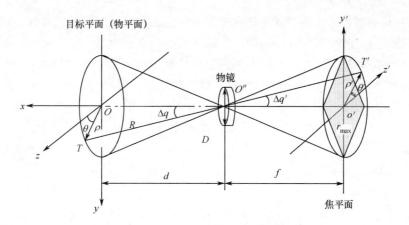

图 3-10 光学成像系统的基本原理

么只需要将直角坐标系和极坐标系进行变换即可。

对于光学成像系统来说，有几个重要的光学系统参数和影响成像质量的因素，下面将简单介绍。

1. 重要的光学系统参数

1) 有效接收孔径 D

有效接收孔径 D 表征了光学系统的有效接收面积大小，也称为通光孔径。有效接收面积越大，光学系统所能聚集的能量就越多，这直接影响光学系统的作用距离。但是光学系统的有效接收孔径不能无限扩大，其受到整个光学装置尺寸和重量的限制以及光学像差的约束。

2) 焦距 f

光学系统的焦距 f 是决定光学系统成像位置和大小，以及系统视场角大小的重要参量。

3) 视场角 α

视场角 α（即瞬时视场）表征了光学系统所能观察到的视场空间大小。视场角的大小主要取决于探测器的有效尺寸和焦距大小。如图 3-10 所示，若探测器的最大有效尺寸边缘距离光轴中心为 r_{max}，那么光学系统的瞬时视场角为 $\alpha = \arctan(r_{max}/f)$，则光学系统一次所能观测的最大视场范围为 2α。

由于受到探测器最大尺寸的限制，光学系统的瞬时视场通常都不会很大，因此为了使得光学系统能够观测更大范围内的场景，就需要利用光学扫描装置或者框架装置动态改变光学系统的光轴指向，从而实现大范围的观察和跟踪，这在后面被称为导引头的探测跟踪视场，或者称为总视场。

4) 相对孔径 D^* 和 $f/$ 数

相对孔径 D^* 是指有效接收孔径 D 与焦距 f 的比值，即 $D^* = D/f$，其倒数 f/D 称为 $f/$ 数（也称为 F 数）。可以证明，在目标辐射亮度一定的情况下，光学系统像面的辐照度与相对孔径的平方成正比，即与 $f/$ 数的平方成反比。因此相对孔径 D^* 是衡量系统聚光能力的一个参数，此外 $f/$ 数还影响着系统像差的大小。

5) 焦深和景深

远处物体在等效凸透镜的光学系统中成像最清晰处是在焦平面上，但是在焦平面光轴附近，成像也同样清晰，而这个清晰的范围被称为焦深。焦深的表达式为

$$d_f = 4\lambda (f/数)^2 \tag{3-29}$$

与之对应的,如果目标移动时成像均在焦深范围内,那么目标在光轴上的移动范围被称为景深。景深对于导弹光学成像系统的意义在于:导弹的光学成像系统是不可变焦的,因此目标从很远处移向导弹的过程中,在定焦的光学系统中成像的清晰度是不同的。景深的存在使得定焦光学系统在一定目标运动范围内仍能够形成比较清晰的目标图像。

2. 影响成像质量的因素

理想的光学系统认为一个点源成像后应该是一个光点,但实际情况并非如此。如果用放大镜或显微镜观察成像的光点,会发现其并不是一个理想的点,而是一个亮暗交错的扩散圆斑,通常称为弥散圆。弥散圆会对点目标的探测精度产生影响,而影响弥散圆大小的主要因素包括衍射和像差。

1) 衍射

衍射是由光的波动性引起的,即平行光通过具有光栅(狭缝)的光学系统后会形成亮暗交错的条纹。而平行光通过圆孔后会在焦平面上形成一个明亮的中心圆斑,在其周围环绕着若干明暗相间的圆环,即所谓的弥散圆,如图 3-11 所示。

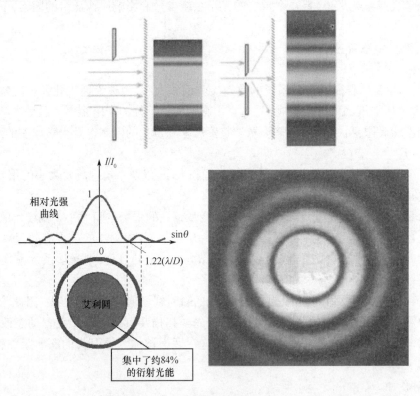

图 3-11 光的衍射现象与艾利圆

弥散圆的中心圆斑一般称为艾利(Airy)圆,艾利圆的角直径用第一暗环的角直径(即暗环相对于光学系统中心的视觉张角)表示即

$$\delta = \frac{0.244\lambda}{D} \tag{3-30}$$

式中:δ 为角直径(mrad);λ 为波长(μm);D 为有效接收孔径(cm)。

艾利圆的线直径可以写为

$$d = \delta \cdot f = 2.44\lambda (f/\text{数}) \tag{3-31}$$

弥散圆对光学系统的重要影响是它确定了光学系统的最小可分辨角。如图3-12所示，空间上的两个点源通过光学系统后应该形成两个像点，但是随着两个点源的接近，两个像点所形成的弥散圆会不断靠近。当两个像点的艾利圆心距离小于艾利圆线直径 d 时，两个点源将无法分辨。

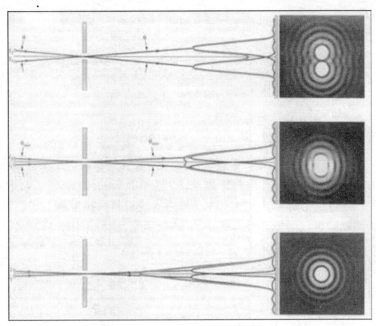

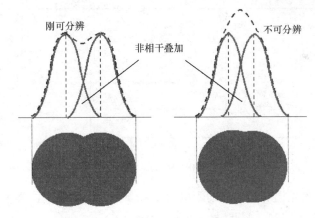

图3-12　最小可分辨距离与艾利圆的关系

2) 像差

像差是在光学系统成像时几何光线实际交点与理想成像位置之差，其会引起像的失真或者缺陷。像差是影响弥散圆大小的主要因素，像差有7种，分别是球差、慧差、像散、场曲、畸变、纵向色差和横向色差。后两种是因透镜材料的折射系数随波长变化而引起的，称为色差；其余5种为单色像差。图3-13说明了球差和慧差的产生原理。

对于光学系统除了平面反射镜外都存在像差，即使在单片平面玻璃中，这些像差都无法完全消除，甚至不能同时降到最小。在多镜片组成的透镜组中，很多透镜都是为了消除像差而设计的，并且一个透镜消除了某些像差又会增加新的像差。因此复杂光学系统的设计就是为了将主要像差或者最不利像差降到最低。

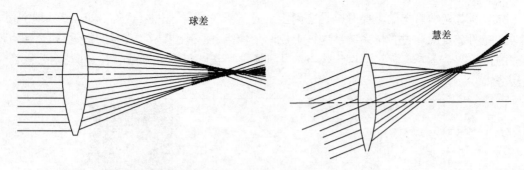

图3-13 球差和慧差产生原理

3.3.2 常见的光学组件

1. 光楔

光楔也称为楔形镜,是顶角 α(也称折射棱角)极小的折射镜(通常只有几角分),它对入射光线产生的偏角 δ 可近似写为 $\delta = (n-1)\alpha$,其中 n 为材料的折射率。光楔具有如下功能:

(1) 沿光轴移动时可以测量或补偿微小的角量、线量,故可用作光学测微器或补偿器使用(图3-14)。

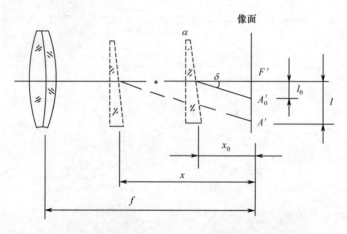

图3-14 移动单光楔

如图3-14所示,当光楔沿光轴移动距离为 $x - x_0$ 时,像点的横向位移为

$$\Delta l = l - l_0 = (n-1)\alpha(x - x_0) \tag{3-32}$$

由于折射棱角 α 很小,因此像点的微小移动需要光楔光轴上的较大距离运动才能实现,这正是光学高精度测量或者精度补偿所使用的原理。

(2) 平行光路中绕光轴旋转的光楔可以对系统的光轴方向做微量调整(图3-15)。

如图3-15(a)所示,沿着光轴入射的光线经过光楔后发生偏转,经过透镜后成像于 A_0' 点。如果此时光楔顺时针旋转角度为 φ,则像点将从 A_0' 点旋转到 A',如图3-15(b)所示。像点 A' 的直角坐标位置可以写为

$$y = \delta f(1 - \cos\varphi) \tag{3-33}$$

$$z = \delta f \sin\varphi \tag{3-34}$$

(3) 把两相同的光楔组合,并以相同角速度反向旋转,可连续调整像点的位置,同时把光轴的微小角位移 δ 转换为两光楔间足够大的相对转角 φ。

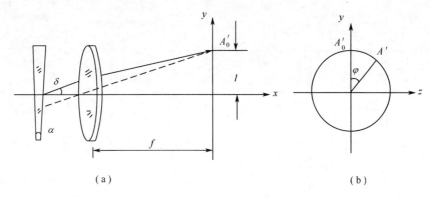

图 3-15 旋转单光楔

2. 光学反射器

在主动光电探测时,若在被探测处放置光学角反射器充当合作目标,则探测距离可大大延长。光学反射器的原理就是尽可能使得任意方向的入射光线按照原方向返回,这样就能够使得返回照射方的能量最大,常见的光学探测器有如下三种造型(图 3-16)。

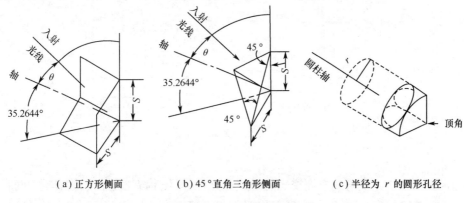

(a) 正方形侧面　　　　(b) 45°直角三角形侧面　　　(c) 半径为 r 的圆形孔径

图 3-16 三种反射器结构

常见的正方形侧面角反射器由两两正交的三个正方形侧面围成,直角三角形侧面角反射器由两两正交的三个等腰直角三角形侧面围成,这些角反射器能够将入射光光能的绝大部分逆着入射方向反射回去,从而有效维持反射回波的方向性和光强。

3. 场镜

位于像平面处或很靠近像面的透镜叫场镜。它能在不降低全系统光学性能的条件下改变成像光束的位置,使后续元件的口径减小,其作用原理如图 3-17 所示。

在望远镜系统中,场镜可有效降低轴外光线在目镜上的投射高度,这不仅可以减少目镜的口径,也有利于目镜像差的校正(图 3-17(a))。在光路很长的连续光学成像系统中,位于中间像面的场镜可以保证前面光学系统的出射光束都可以进入后面的光学系统,同时保证后面的光学系统口径不至于太大。此外光电探测器中的场镜可以减少探测器的尺寸,从而减少其噪声(图 3-17(b))。

4. 浸没透镜

浸没透镜是一种平凸型半球或超半球透镜,其平面与探测器光敏面胶结,使得主光学系统的像面"浸没"于折射率大于 1 的介质中。它能保证系统视场角的前提下,缩小光电探测器尺

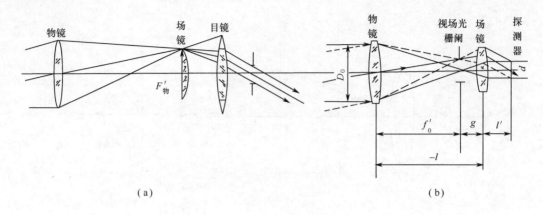

图3-17 场镜的作用

寸(图3-18)。

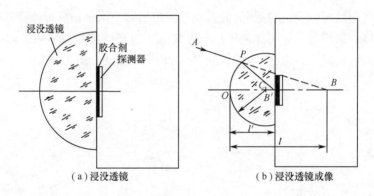

(a)浸没透镜　　(b)浸没透镜成像

图3-18 浸没透镜

5. 光锥

光锥是一种基于光反射现象而聚光的非成像元件,其结构有"空心"和"实体"两种形式。为了保持光能传输效率,起反射作用的工作侧面常要镀制高反射率膜。图3-19是空心光锥工作原理图。

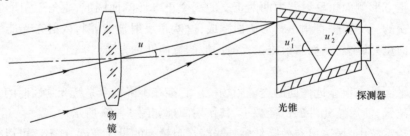

图3-19 光锥工作原理图

6. 折射式成像物镜系统

折射式成像物镜系统也称透射式成像物镜系统,它一般由几个透镜构成,如图3-20所示。折射式成像系统的主要优点是光学通路上没有遮挡,球面透镜的加工也较容易,通过光学设计易消除各种像差。但这种光学系统光能损失与透镜的透光率有关,特别是使用多个透镜的光学系统光能损失较大,且装配调整比较困难。

7. 反射式成像物镜系统

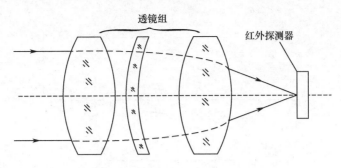

图 3-20　折射式成像物镜系统

折射式成像物镜系统受到光学材料物理特性和成像质量的约束,难以制作尺寸较大的透镜,因而一些成像光学系统会采用反射式物镜系统。反射式物镜系统按照反射镜的反射面不同,分为球面形、抛物面形、双曲面形或椭球面形等几种,以下介绍几种典型的反射式成像物镜系统。

(1) 牛顿式光学成像系统的主镜是抛物面镜,次镜是平面镜,如图 3-21 所示。这种光学系统结构简单,易于加工,可以制作较大口径的光学系统,但其遮挡较大且难以小型化。

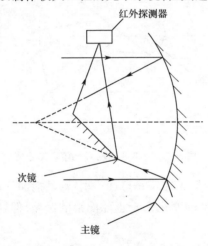

图 3-21　牛顿式光学成像系统

(2) 卡塞格伦式光学成像系统的主镜是抛物面镜,次镜是双曲面镜,如图 3-22 所示。这种光学系统较牛顿式光学系统的挡光量较小,结构尺寸也较小,但加工比较困难。

(3) 格利高利式光学成像系统的主镜是抛物面镜,次镜是椭球面镜,如图 3-23 所示。这种光学的加工难度介于牛顿系统与卡塞格伦系统之间,但其优点是光学遮挡很小,且易于加工为大尺寸光学系统。

在实际工作中,应用最广的是球面镜和抛物面镜。反射镜的性能在很大程度上取决于反射表面的状态以及反射层局部的破损、玷污和潮湿,因此对反射镜表面清洁和完整性要求较高。反射式光学系统的优点是对材料要求不太高、重量轻、成本低、光能损失小、不存在色差等。但其缺点是有中心挡光,有较大的轴外像差,难以满足大视场大孔径成像的要求。

8. 折反射式组合成像物镜系统

由反射镜和透镜组合的折反射式光学系统可以结合反射式和折射式成像系统的优点。采用球面镜取代非球面镜,同时用补偿透镜来校正球面反射镜的像差,从而获得较好的像质。但这种系统往往体积大,加工困难,成本也比较高。下面介绍几种典型的折反射式组合系统。

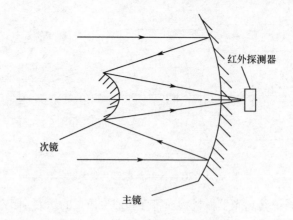

图 3-22 卡塞格伦式光学成像系统

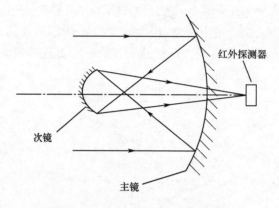

图 3-23 格利高利式光学成像系统

(1) 施密特式光学成像系统的主镜是球面反射镜,其前面安装有一个光学校正板,如图 3-24 所示。可根据校正板厚度的变化来校正球面镜的像差,但这种系统的结构尺寸较大,校正板加工困难。

(2) 马克苏托夫式光学成像系统的主镜为球面镜,前面采用负透镜(也称为马克苏托夫校正板)校正球面镜的像差,如图 3-25 所示。若把马克苏托夫校正板及光阑设在主镜的球心附近,则可以进一步减小物镜的轴外像差。

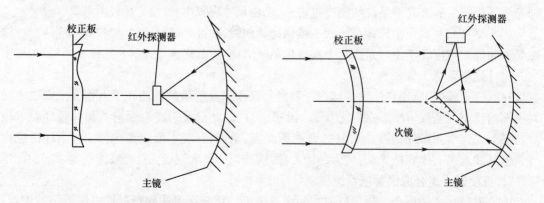

图 3-24 施密特式光学成像系统　　　　图 3-25 马克苏托夫式光学成像系统

以上介绍的几种常见光学组件及系统只是在导弹制导系统中常用到的几种。在实际中还有其他形式的光学系统,而这些后面将结合具体的型号应用进行介绍。

3.4 光电探测器原理

光探测器实际上就是能够敏感光波(可见光、红外、紫外等),并将光波信息(如辐射强度、频率等)转换为其他方便读取信号(如电信号、声信号、化学信号等)的设备。人类最早接触的光探测器是可见光探测器,而最直接的可见光探测器正是人类的眼睛。

人类的眼睛本质上就是一个凸透镜成像系统(图3-26),外界物体反射或辐射的光线经过晶状体在视网膜上形成一个倒立的实像。视信息在视网膜上形成视觉神经冲动,沿视神经将视信息传递到视中枢形成视觉,这样就在人的大脑中建立起图像。视网膜的分辨力是不均匀的,在黄斑区,其分辨能力最强。从物理光学观点出发,视网膜相当于光学系统的成像屏幕,只不过它是一凹形的球面。

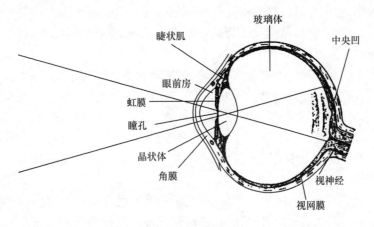

图3-26 眼睛的成像结构图

中央视网膜主要以视锥细胞为主,周边视网膜主要以视杆细胞为主。视网膜里一共约有600万视锥细胞和1.25亿视杆细胞。视锥细胞光敏感度低,强光刺激才能引起兴奋,但具有分辨颜色的能力。视杆细胞对弱光敏感,但不能分辨颜色。视网膜中的感光细胞感受到可见光后,产生一个相应于光照强度的信号传送给大脑。因此,本质上说人眼是将光子能量转换为生物电信号,而生物电信号可以被大脑所识别。

除了人类的眼睛可以响应可见光信号外,照相机也是对可见光信号进行记录的设备,只不过照相机感光的材料是胶片。1826年,法国的涅普斯在涂有感光性沥青的锡基底版上,通过暗箱拍摄了世界上第一张照片。现代相机胶片分为负性感光胶片、正性感光胶片和反转感光胶片三类。但不论哪种类型的感光胶片,都有胶片透明片基、感光乳剂层、防反射层和乳剂保护层构成。卤化银是胶片的主要感光材料,感光乳剂中卤化银颗粒大小和颗粒度是最重要的参数之一。这是因为被摄景物的影像是由卤化银还原成颗粒状银所构成。在感光过程中,卤化银颗粒是单个起作用的,每个颗粒形成潜影的一个显影单位。在正常曝光范围内,可显影的颗粒数目随着曝光量的增加而增加。

人眼和胶片都能对可见光进行成像,但是这些只能作为生物信号或者静止的图像保存。但是对于导弹制导系统来说,首先需要获取实时的目标辐射信息;其次要提供弹上计算机硬件便于处理的电信号(电压或者电流)。所以导弹制导系统中所使用的探测器都是将光波信号

(光量子)直接或者间接的转换为电信号的探测器,即光电探测器。由于可见光、红外线和紫外线本质上都是频率不同的光波,因此它们所使用的探测器的原理基本相同,只是所采用的敏感材料响应的峰值波段不同。下面主要以红外探测器为例介绍光电探测器的基本工作原理。

3.4.1 光电探测器分类

光电探测器能把光信号转换为电信号,根据器件对光辐射响应的方式不同或者说器件工作的机理不同,光电探测器可分为两大类:一类是热探测器;另一类是光子探测器。

热探测器是利用光波的热效应而工作的。当光波照射到热探测器上以后,探测器材料的温度会逐渐上升,温度的变化会引起材料的某些物理特性(如电阻或电动势等)发生改变。通过测量材料物理特性的改变程度来确定光波的强弱,这类探测器被称为热探测器。热探测器主要分为热电探测器、热敏电阻、热电堆和气体探测器等。热探测器要利用材料受到光辐射后温度上升来实现测量,因此响应时间较长,一般在毫秒(10^{-3}s)级以上。这类探测器的另一个特点是对全部波长的光辐射(从可见光到远红外)基本上都有相同的响应,因而有时也称这类探测器为无选择性探测器。

光子探测器是利用光辐射中光子作用于探测器材料中的束缚态电子后,引起电子状态的变化,从而产生能逸出表面的自由电子,或者使材料的电导率及电动势发生变化。光子探测器的反应时间短,最短的时间常数可达纳秒(10^{-9}s)级。但要使物体内部的电子改变运动状态,入射的光子能量必须足够大。由于一个光子的能量($E = h\nu$)与光的波长有关,所以波长越长光子能量越小。当光子能量小于某一值时,就不能使束缚状态电子变成载流子或成为逸出材料表面的自由电子。

热探测器和光子探测器有各自的优缺点:光子探测器的灵敏度高、反应时间短,但是一种探测器只适用于特定的波长范围,使用时往往需要冷却。热探测器的灵敏度不如光子探测器高,反应时间也长,但是它具有不需冷却和全波段有"平坦"响应的两大特点。

对于导弹制导系统来说,由于弹目视线变化相对较快,且攻击时会选择特定光学波段特征进行识别,因此在制导系统中多使用光子探测器。下面将对光子探测器的工作原理进行阐述,并对实际应用的红外辐射探测器和紫外辐射探测器进行简要介绍。

3.4.2 光子探测器

光子探测器是基于入射光子对探测器材料内的束缚电子作用,产生的光电效应而工作的。光电效应分为外光电效应和内光电效应两种。外光电效应是指当光照射到某些材料的表面上时,如果入射光子的能量足够大,就能够使电子逸出材料表面。内光电效应是指入射光子照射到探测器材料后,会在材料内部形成载流子而改变材料的电导率,或者产生电动势。

目前常见的光子探测器包括光电效应探测器、光电导探测器、光生伏特探测器和光磁电探测器四种。除光电效应探测器是利用外光电效应外,其他三种均为内光电效应。下面简要介绍四种光电探测器的原理。

(1) 光电效应探测器

利用外光电效应制成的探测器被称为光电效应探测器。常用的光电效应探测器有光电二极管和光电倍增管,光电倍增管常用于激光制导系统中的红外激光探测器。

光电效应探测器像其他的光子探测器一样,存在一个波长极限。根据光量子理论,辐射能

量的一个光子能量为

$$E = h\nu = \frac{hc}{\lambda} \tag{3-35}$$

式中：$h = 6.6256 \times 10^{-34} \mathrm{J \cdot S}$ 为普朗克常数；c 为光速；λ 为波长。

当入射光子与材料中的电子作用时，光子的全部能量传递给电子。若光子的能量 $h\nu$ 大于探测器材料的电子逸出功 E_φ，材料中的电子就可逸出材料的表面。由此可以得到材料表面电子逸出光波的截止频率为

$$\lambda_c = \frac{hc}{E_\varphi} = \frac{1.24}{E_\varphi} \tag{3-36}$$

具有光电效应现象的元素中，以碱金属的逸出功为最低，例如铯的逸出功为 1.9eV（电子伏），相应的截止波长为 0.65μm。由多种材料构成的化合物灵敏面有更低的逸出功，如银氧铯为 0.98eV，截止波长为 1.25μm，它通常称为 S-1 表面。到目前为止，光电效应探测器只能响应近红外的一个很小的波段范围，因而在应用上受到较大限制。

2. 光电导探测器

当光照射到某些半导体材料上后，光子与半导体内的电子作用后，会形成载流子。载流子使半导体的电导率增加，这种现象称为光电导现象。利用光电导现象制成的探测器被称为光电导探测器（Photo Conductive, PC）。由于光电导探测器的电阻对光线敏感，所以也被称为光敏电阻。常见的光电导器件多用硫化铅（PbS）、硒化铅（PbSe）、锑化铟（InSb）和碲镉汞（HgCdTe）等材料制成。

在玻尔原子模型中，绕原子核旋转的电子被限制在分立的能级上，它们有着各自的轨道直径。除非原子被激发，否则电子都占据着较低能级的轨道。当原子靠得很近时，单个原子的分立能级扩展成近似连续的能带。这些能带被电子的禁带隔开，如图 3-27 所示。最高的能带是完全充满的，称为价带；下一个较高的带，不管是占据还是未占据电子，都称为导带。只有导带中的电子对材料的电导率才有贡献，导电体的标志是导带中没有被电子全部占据。而绝缘体中电子刚好占满了价带中的全部能级，造成导带是空的，禁带很宽。因此价带中的电子不可能获得足够的能量跃升到导带中去。

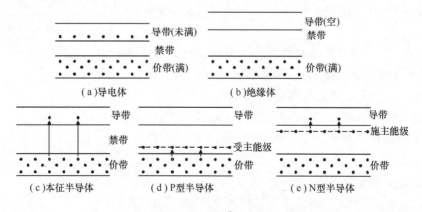

图 3-27 能带示意图

在纯净半导体中，当价带中的电子受到热或光子的激发而跃迁到导带后，在价带中就留下了一个空穴，即带正电的空穴。电子和空穴都对材料导电率的提高起作用。这种在纯净半导体中一个电子被激发，而在导带和价带分别产生电子和空穴对等载流子的过程被称为本征激

发。图3-27(c)表示了本征激发过程,导带中的小黑点表示被激发出来的电子,而价带中的小圆圈则表示激发产生的空穴。要使本征半导体受激发,必须使电子从外界获得的最小能量超过本征半导体的禁带宽度 E_g,即外界入射的光子能量 $h\nu$ 要大于或等于半导体的禁带宽度 E_g。由此可以得到光电导材料的截止频率:

$$E_g = h\nu = h\frac{c}{\lambda_c} \tag{3-37}$$

即

$$\lambda_c = \frac{hc}{E_g} = \frac{1.24}{E_g} \tag{3-38}$$

这种利用纯净半导体的本征激发产生的电导率变化而制成的光电导探测器称为本征型光电导探测器。本征半导体材料有硅、锗、硫化铅、砷化铟和锑化铟等。目前已知的各种单晶体和化合物纯净半导体的禁带宽度,在室温时都超过 0.18eV,所以入射光的截止波长都不超过 $7\mu m$。这就意味着纯净的半导体材料制成的光电导探测器只能工作在波长小于中波红外的范围内。

为了使探测器能在长波红外波段工作,需要增大探测器的截止波长。一般的方法是在纯净半导体中掺入少量的其他杂质,根据掺入的杂质不同可以做成 P 型半导体和 N 型半导体。由于杂质能级很靠近价带顶或导带底,此时电子跃迁所需的电离能很小,因而截止波长可以较长。

3. 光生伏特探测器

在 P 型半导体和 N 型半导体接触面处会形成一个阻挡层(称为 P-N 结),阻挡层内存在内电场 E(图3-28)。如果光照射在 P-N 结附近,由光子激发而形成光生载流子。由于内电场的作用,光生载流子的电子就会跑到 N 区,而空穴就跑到 P 区,这时在 P-N 结两侧就会出现附加电位差,这一现象称为"光生伏特"效应。此时若用导线将 P-N 结两端连接起来,电流就会由 P 型半导体经导线流至 N 型半导体。为了使较多的光生载流子能被 P-N 结上的电压分开,就要使光照面尽可能靠近 P-N 结。光生伏特探测器(Photo Voltaic,PV)正是利用"光生伏特"效应来探测光子,由于其本质是 P-N 结的光生伏特效应,因此也被称为 P-N 结探测器。

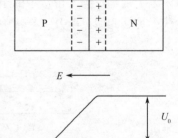

图3-28 P-N结与所形成的电场示意图

由于只有本征半导体掺杂后才能作为光伏探测器材料,因此较常用的光伏探测材料有硅、砷化铟和锑化铟等。光生伏特探测器有一个很大的优点:它是一个自生偏压装置,可以不需要偏压电源,从而能够降低探测器电路的复杂性。并且光生伏特探测器在理论上比光电导探测器探测能力高约40%。

4. 光磁电探测器

光磁电探测器是由一个本征半导体材料薄片和一块磁铁组成的。当入射光子使本征半导体表面产生电子和空穴对向内部扩散时,它们会在磁场的作用下分开而形成电动势,利用这个电动势就可以测出光波辐射。磁电探测器的优点是不需要制冷,反应快,可响应到波长 $7\mu m$ 以下的光学辐射;同时它不需要偏压、内阻低、噪声小。但是其缺点是探测效率比较低,而且需要外加磁场,所以目前应用较少。

3.4.3 红外辐射探测器

光电探测器是利用光电效应和热电效应将光波转换为电能量信号的装置,其探测的基本原理是适用于可见光、红外线、紫外线以及 X 射线的。但是对于红外线来说,由于其是导弹制导系统最常用的探测波段,因此这里对工程应用中的红外辐射探测器进行简要介绍。

关于红外辐射探测器的研究一直是红外技术应用的关键问题,在1830年以前探测红外线都是采用温度计。例如1800年赫谢尔利用温度计进行一次观测需要长达16min的时间,而读数只能判别到0.5℃;改进的装有显微镜的快速响应温度计可读出0.1℃的温度增量。1830年出现了基于热电效应的热电偶测温计。1833年,Mellion用几个热电偶串联做成了热电堆,比当时最好的温度计至少灵敏40倍,能够从30英尺①外探测到人体的热量。1840年,赫谢尔提出了一种基于油层薄膜上各点蒸发不等而构成热图像的辐射探测方法。1883年,Abney用特别灵敏的照相底片探测到1.3μm的波长。

1917年,Gase研制了利用了红外线的光电导效应作为探测机理的亚硫酸铊探测器。这类光电导探测器具有划时代的意义,它比以前使用的任何探测器都灵敏得多,且响应也快得多。第二次世界大战期间,德国人又证实了冷却探测器能够增加灵敏度的猜测。

第二次世界大战以后,光电导或光子探测器发展非常迅速,现在已用于探测任意波段的红外辐射,是当今应用最广泛的探测器类型。目前在红外制导系统中最常用的探测器有以下几种:

1. 硫化铅(PbS)探测器

硫化铅探测器是目前室温下灵敏度最高、应用最广泛的一种光电导型探测器,也是发展最早和最成熟的红外探测器。这种探测器通过制冷和浸没等工艺能大大提高对红外辐射的响应能力,因此在著名的 AIM – 9B/D"响尾蛇"导弹上得到应用。但是提高红外探测器的探测距离和抗背景干扰能力则要求其工作在很低的温度下,通常可将硫化铅薄膜直接沉淀到浸没透镜平面端,这样减少中间介质的吸收和界面的反射,可靠性得到显著提高。但是探测器制冷带来的缺点是使响应时间增长,因此硫化铅探测器的响应时间为几十微秒至几百微秒。

2. 锑化铟(InSb)探测器

锑化铟探测器是工作在 3～5μm 波段上具有很高探测能力的探测器。它分为光伏型(77K),光导型(室温与77K)和光磁电型(室温)三种。光伏型比光导型的探测能力高,响应时间约1μs,光伏型锑化铟可以制成大面积的多元探测阵列。

3. 碲镉汞(HgCdTe)探测器

碲镉汞探测器是工作在 8～14μm 波段上具有很高探测能力的探测器,它有光伏型(77K)和光导型(77K)两种。调节碲镉汞材料中镉的含量,可以改变响应波长,目前已可以响应波长在 0.8～40μm 的范围。碲镉汞探测器的噪声小、探测能力强、响应快,适用于高速、高性能设备及探测阵列使用。

随着现代战争对红外制导武器的探测能力要求的提高,人们越来越希望对常温范围内的目标进行探测。而常温目标辐射的红外线都在红外长波波段(8～14μm),这一波段的光量子能量小,所能激发载流子的能力有限。为了避免目标辐射所激发的载流子淹没在热激发的载

---

① 英尺为非法定单位,1 英尺 = 3.048 × 10⁻¹ m。

流子中,人们会对长波红外探测器进行制冷。制冷可以降低热激发产生的载流子,从而降低探测器的噪声。同时制冷在一定程度上也可减少禁带宽度,从而增大截止波长。因此响应波长在 $3\sim8\mu m$ 范围的探测器要求中等温度的制冷(77K),响应波长超过 $8\mu m$ 的则要求更低的温度。

目前对红外探测器的制冷有多种方法,按照热交换方式可分为:① 利用低温液体或气体进行对流换热而制冷探测器,属于这种方法的有杜瓦瓶冷液制冷装置、液气双相传输制冷器、节流式制冷器、多种类型的闭式循环制冷器等;② 利用固体传导换热而制冷探测器的固体制冷器;③ 利用辐射散热而制冷的辐射制冷器;④ 利用珀尔贴效应而制冷的半导体制冷器。

小型短程战术导弹工作时间短且尺寸重量受限,因此导引头制冷装置要求重量轻、体积小、起动时间短,其通常采用杜瓦瓶制冷方式。杜瓦瓶本质上就是一个玻璃夹层抽真空的保温瓶内胆,只不过保温瓶内装填的是制冷剂(如液氮、液氦等)。如图 3 - 29 所示,在杜瓦瓶的真空夹层内放置探测器并引出信号线,外侧玻璃留出透过红外辐射的保护玻璃窗,而内胆内充满制冷剂对夹层进行制冷。

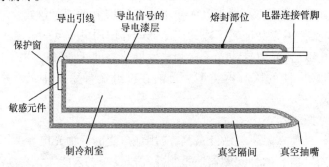

图 3 - 29 杜瓦瓶结构示意图

当然杜瓦瓶不是完全绝热的容器,内胆内的制冷剂不断与外界热交换而升温。这正如保温水瓶的开水温度会逐渐下降一样,杜瓦瓶内的制冷剂也会随着时间流逝降低制冷效果。所以杜瓦瓶内的制冷剂需要定期补充,这也是杜瓦瓶制冷式探测器使用不方便的地方。

3.4.4 紫外辐射探测器

紫外线相比可见光和红外线来说,由于波长短、频率高,其光量子能量也高,因此紫外探测器与可见光和红外探测器略有不同。紫外探测器可分为真空紫外探测器和固体紫外探测器两种。

1. 真空紫外探测器

真空紫外探测器结构类似于真空显像管,其主要分为紫外光电倍增管和紫外像增强管两种。光电倍增管既有探测能力又有电流放大功能,常用日盲型光电倍增管的光电阴极材料主要有 Rb_2Te、Cs_2Te 和 KBrCsI,所常用光学材料有石英和氟化镁(MgF_2)。随着微通道板(MCP)技术的发展,MCP 结构的光电倍增管取代了打拿极(Dynode)型结构的光电倍增管。带有 MCP 结构的光电倍增管与传统的光电倍增管相比,具有响应快、抗强光、分辨率高和体积小等优点。

紫外像增强管是一种光电成像器件,一般为 MCP 近贴聚焦型结构,由紫外线电阴极、微通道板、荧光屏等部件构成。常用紫外线电阴极材料主要有 Rb_2Te、Cs_2Te 和 GaN。微通道板可选择单块 MCP,弯曲通道的 C 型 MCP,V 型或 Z 型级联方式。Z 型级联的 MCP 倍增系统的工艺较为成熟,可进行单光子计数。

2. 固体紫外探测器

固体紫外探测器主要分为紫外增强型硅光电二极管、紫外雪崩二极管、宽禁带半导体单晶紫光电二极管、宽禁带半导体单晶紫外探测器、紫外 CCD 等。固体紫外探测器采用宽带隙材料，具有体积小、质量轻、耐恶劣环境、工作电路简单、光谱响应集中和量子效率高等优点。常见的探测器材料有 GaN、ZnO、SiC 和金刚石。

GaN 紫外探测器具有对可见光无响应、量子效率高、可在室温下工作、耐高温性和耐化学腐蚀性好以及抗辐射能力强等优点。AlGaN 合金随 Al 组分的变化，其禁带宽度在 3.4～6.2eV 之间连续可调，对应的波长范围为 200～365nm，是日盲型紫外探测器的理想材料。ZnO 是一种新型的直接宽带隙半导体材料，主要用于制作高性能的紫外探测器。ZnO 通过掺入 Mg 组成三元合金，可实现波长从 159～370 nm 的紫外探测。SiC 材料的高硬度和高导热性可大大提高探测器的抗损伤能力，但 SiC 材料的带隙没有到达日盲区波段。金刚石具有介电常数低、击穿电压高、电子空穴迁移率高、热导率高和抗强辐射的特性，这些优异特性使金刚石探测器即使处于高温、强辐射等恶劣的环境下，也能稳定可靠地工作。

3.4.5　光电探测器的主要技术指标

由于不同材料制作的光电探测器之间性能差异很大，为了便于导引头的设计，需要对光电探测器的主要技术指标进行分析。光电探测器常见的主要技术指标包括：

1. 响应率（也称为响应度、灵敏度）

响应率或响应度表征单位输入光辐射功率后探测器所产生的电信号能力。根据输出为电压信号或者电流信号，响应率或响应度又被称为电压灵敏度 S_v 或电流灵敏度 S_i。以电压灵敏度为例，若照射到探测器上的光波辐射功率为 P，而得到的相应的电压信号为 V_s，则输出的电压信号（单位 V）与输入的光波照射辐射功率（单位 W）之比即为电压灵敏度，即

$$S_v = \frac{V_s}{P} \qquad (3-39)$$

高灵敏度要求探测器具有量子效率高、寿命长、迁移率大的自由载流子，同时还要求无光子激发时的导电率要低且厚度要小。其中量子效率是每一个光子产生的载流子数目，它直接影响到探测器的响应率和时间常数。自由载流子的寿命在一定程度上可由材料的配方和杂质含量来控制。响应率与器件的工作温度、敏感面大小和调制频率等有关，其测试常以 500K 的黑体为辐射源。

2. 响应时间 τ（也称为时间常数、弛豫时间）

响应时间是表征探测器对光照反应快慢的物理量，是进行导引头系统设计时必须考虑的重要参数。它的含意是当一定功率的辐射突然照射到探测器的敏感面上时，探测器的输出电压要经过一定的时间才能上升到与这一辐射功率相对应的稳定值。当辐射突然除去后，输出电压也要经过一定的时间才能下降到光波照射之前原有值。把输出电压上升或下降所需要的时间称为弛豫时间。一般用上升到稳定值的 63% 或下降到稳定值的 37% 所需时间来表示响应时间（图 3-30）。

从目标辐射的响应速度来看，探测器的响应时间 τ 越小越好。但是对于光电导类型的探测器而言，τ 值主要取决于载流子的寿命，而响应率与载流子的寿命成正比。因此探测器的响应时间 τ 越小，则载流子的寿命越短，探测器的响应率就越低，这就要求对响应时间 τ 要合理选择。

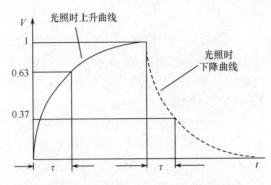

图 3-30 光电探测器响应时间示意图

不同材料制作的探测器,其响应时间也不相同,例如硫化铅光敏电阻的响应时间为 50~500μs,光伏锑化铟探测器的响应时间为 1μs。由于光敏探测器有一定的响应时间,因此探测器存在一定的频率响应特性。一般说来,光子激发产生载流子和载流子复合的动态过程很快,因此光子探测器的响应时间很短,通常只有微秒甚至纳秒级别。而热探测器的响应单元都有一定的热容量,且升温和温度平衡需要一定时间,因此就限制了热探测器的响应速度,其响应时间都在毫秒级。这就决定了成像光学系统瞬时视场在探测器上的驻留时间要大于探测器的响应时间,否则探测器将无法及时响应。

3. 光谱灵敏度、峰值波长和截止波长

探测器对各种不同波长的入射光的响应是不相同的,光谱灵敏度就是表征探测器对不同波长入射光转换能力的大小。通常光电探测器的响应率在某一波长 λ_p 上会出现峰值,其被称为峰值波长。随着波长变化当响应率下降至峰值的 1/2 时,对应的波长 λ_c 称为截止波长。在两个截止波长之间部分的光波辐射都能引起探测器较高的响应率,因此这一段也被称为响应波段。

4. 噪声

光照射到探测器上后,就会有一个有用的信号产生,但探测器工作时除了有用信号之外,还有噪声存在。噪声对有用信号是一种干扰,特别是对微弱的信号的探测能力往往取决于噪声的大小及系统对噪声的抑制能力大小。对于噪声的研究和描述一般基于统计学理论,给出噪声的概率分布情况。对于宽带噪声,一般可以用正态分布或高斯分布来描述;对于窄带噪声,则一般可以用瑞利分布来描述。

5. 噪声等效功率与探测度

探测器存在着噪声,噪声限制了探测器对微弱信号的探测能力。为了描述探测器对微弱信号的探测能力,引出了噪声等效功率这个参量。

当探测器接收外界辐射所引起的电压信号恰好等于探测器噪声电压的均方根值时,此时信噪比(V_s/V_N)为 1,探测器所接收到的入射辐射称为噪声等效功率。探测器所能探测的最小功率是由探测器噪声决定的。当外界入射的辐射能等于噪声等效功率时,经探测器转换以后,所得到的电压信号恰好和元件噪声电压均方根值相等。所以这一入射功率称为"噪声等效功率",用 NEP 表示。如果已知噪声电压均方根 V_N,则

$$\text{NEP} = \frac{V_N}{S_v} \tag{3-40}$$

式中:S_v 为电压灵敏度。

由该式可知要使噪声等效功率降低,则必须使探测器的噪声降低,同时提高元件的灵敏度。当比较几个探测器的探测能力时,即比较能探测的最小辐射通量,那么噪声等效功率(NEP)值最小的最好的。当然也可以用噪声等效功率的倒数(称为探测度或探测率,以 D 表示),则

$$D = \frac{1}{\text{NEP}} \quad (3-41)$$

可见探测器的探测度 D 越高,则 NEP 越小,那么探测器的探测性能就越好。

但理论和实践表明噪声等效功率(NEP)与探测器的有效面积 A 和测量电路带宽 Δf 有关,即满足

$$\text{NEP} \propto \sqrt{A \cdot \Delta f} \quad (3-42)$$

因此直接使用指标探测度 D 会受到探测器面积和测量带宽的影响。为了使探测度指标更加客观,人们常用比探测率 D^* 表示,即

$$D^* = D\sqrt{A \cdot \Delta f} \quad (3-43)$$

在实际中常用的是 D^* 指标,因此有时人们也把它称为探测率,其单位是 $\text{cm} \cdot \text{s}^{-1/2} \cdot \text{W}^{-1}$。由于 D^* 的量纲中出现了功率的倒数,而人们习惯于使用功率来描述入射功率,因此 NEP 仍然是一个广泛使用的指标。

6. 噪声等效温差(NETD)

热成像系统中存在着各种各样的噪声,每种噪声的起因不同,分别对它们测量是非常复杂的。而在热成像系统中噪声等效温差(NETD)是一个公认的噪声度量参数,也是用来表征热成像系统性能的一个非常重要的参数。

噪声等效温差定义为:假定温度不同的两个黑体辐射源所提供的温差,使红外成像系统产生的有用信号峰值与红外成像系统噪声均方根值之比为 1 时,这个温差就称为噪声等效温差。它是红外成像系统大面积热灵敏度的一种粗略度量,是评估不同参数变化对红外成像系统性能影响的有效手段。

7. 最小可分辨温差(MRTD)

最小可分辨温差是综合评价热成像系统温度分辨力和空间分辨力的重要参数。其定义为:对于处于均匀黑体背景中具有某一空间频率的标准条带黑体目标,由红外成像系统对其作无限长时间的成像。当目标与背景之间的温差从零逐渐增大到探测器确认能分辨出目标图案为止,此时目标与背景之间的温差成为该空间频率下的最小可分辨温差。

3.5　目标与背景的光学特性

导弹所攻击的目标主要是军事目标,而背景是指除目标以外的一切可探测或对探测有影响的物质和空间。导弹所攻击的常见目标有飞机、军用车辆(包括坦克和装甲车辆等)、舰船、军事工事、机场、油库、雷达站以及敌方导弹等。常见背景有大地及地面上的植被、湖泊、建筑;天空及天空中的日月星辰、云团、降雨、闪电等;海洋及海洋中的岛屿、暗礁、海浪、海洋生物等。当然目标和背景的概念是相对的,对于不同的导弹在相同的场景中可能所指目标和背景是截然相反。例如在油库附近停放的装甲车辆,对于反坦克导弹来说装甲车辆是目标,而油库是背景;而对于空地制导炸弹来说,可能油库是目标,而装甲车辆成为背景。因此在研究背景和目标的光学特性时不能将目标和背景分离开,而是需要将两者共同研究,特别注意两者之间的相

互影响和相互作用。

由于任何物质对外发出的光波能量主要来自于自身辐射和外界反射,因此对目标与背景的光学特性研究主要是对光波的辐射和反射特性研究。当然在大气层内,目标、背景和导弹之间存在着大气。大气对光波传输存在着衰减作用,所以首先介绍大气对光波传输特性的影响。

3.5.1 大气对光波的传输特性影响

大气的基本成分是氮气和氧气以及少量的稀有气体。此外大气中还含有水蒸气、二氧化碳、臭氧等气体以及灰尘、水滴等固态、液态悬浮物。其中氧气、氮气及稀有气体都按一定的体积比组成。水蒸气的含量不稳定,它与地理位置、温度、大气压力有关。温度不同时,水蒸气可凝结成大小不同的液态、固态悬浮物,如雾、雨、雪等。灰尘和霾多分布在低空及工业区的上空。

大气对可见光、红外线和紫外线等光波具有衰减作用。衰减作用通常用光波辐射通过大气的透过率表示:

$$\tau = e^{-\beta L} \tag{3-44}$$

式中:τ 为大气透过率;β 为衰减系数;L 为传播路程长度。

一般情况下,衰减作用主要由以下两种因素造成:一是大气吸收;二是大气散射(包括大气分子散射及悬浮物的散射),因此,有

$$\beta = \alpha + \sigma \tag{3-45}$$

式中:α 为吸收系数;σ 为散射系数。α 和 σ 均随波长而变化。

大气衰减是一个很复杂的过程,它既有不同物质(大气分子、水蒸气、二氧化碳及悬浮物)的衰减,又有不同的衰减作用(吸收及散射等),显然影响衰减的因素是多方面的。

1. 大气对光波的散射作用

大气的分子及悬浮在大气中的微粒对光波具有散射作用,因而使光波在传播过程中发生衰减。在不存在光波吸收的过程中,出现的衰减称为纯散射。在光谱的可见波段和波长接近可见光的部分紫外线及部分红外线,由于大气对它们没有强烈的吸收,因此在这些波段光波衰减的原因主要是散射造成的。在红外波段中,随着波长的增加,散射衰减所占的比例逐渐减少。

大气中的散射元包括大气的分子(主要是氮气、氧气及少量稀有气体)、大气中悬浮的微小水滴(如雾、雨及云)及悬浮的固体微粒(如尘埃、碳粒或烟、盐粒子和微小的生物体)。散射的强弱与大气中散射元的浓度及散射元的直径大小有密切关系。

大气中悬浮的一些固体微粒(如尘埃、烟、盐粒子等)通常称为霾,霾是由半径为 $0.03 \sim 0.2\mu m$ 的固体微粒组成的。在湿度比较大的地方,湿气凝聚在上述粒子周围,可以使它们变大,形成细小的水滴,于是形成了雾和云。形成雾和云的水滴半径为 $0.5 \sim 80\mu m$,其中半径为 $5 \sim 15\mu m$ 的水滴数目较多。

根据散射理论可知:当辐射的波长比粒子半径大得多时,这时所产生的散射称为瑞利散射。其散射系数为

$$\sigma = \frac{K}{\lambda^4} \tag{3-46}$$

式中:K 为散射元浓度,是与散射元尺寸有关的常数;λ 为辐射的波长。

大气分子及霾对光波的散射都属于瑞利散射。由式(3-46)看出,瑞利散射的散射系数

与波长的四次方成反比,因此大气分子及霾对于波长较长的红外线来说散射作用很小,但是对可见光和紫外线的散射作用逐渐增强。晴朗的天空呈现蔚蓝色正是大气中分子将波长较短的蓝光更多地散射到地面的缘故。

当粒子的大小和辐射波长差不多时,这时所产生的散射称 M_{ie} 散射。其散射强度除与波长有关外,还与粒子的半径有关,M_{ie} 散射的散射系数为

$$\sigma = kr^2 \tag{3-47}$$

式中:k 为与粒子数目及波长有关的系数;r 为散射粒子的半径。由式(3-47)可见 M_{ie} 散射系数与粒子半径的平方成正比,雾和云的散射是 M_{ie} 散射。因此在薄雾中(雾粒直径较小)红外线有较好的透过性,而在浓雾中(雾粒直径较大)红外线和可见光一样透过性都很差。因此红外装置的使用不是全天候的,在浓雾中几乎不能使用。由于水汽的浓度和大气中所含灰尘、烟和霾等微粒数目随高度的增加剧烈减少,所以雾和烟在低空常见。因此在 3000m 以上的高空,大气分子及悬浮物的散射都不是影响大气衰减的主要因素。

2. 大气对光波的吸收作用

由吸收理论及实验可知:大气的吸收作用主要由大气中的三原子分子所决定。水蒸气(H_2O)、二氧化碳(CO_2)及臭氧(O_3)都对光波辐射进行选择性吸收,选择性吸收是影响大气透过的主要因素。大气对于某些波段内光波吸收很强烈(常常称为强吸收带),而对某些波段内光波吸收很弱。因此大气透过率曲线就被强吸收带分割成许多区域,图 3-31 列出了大气中成分吸收光谱的具体分布图。

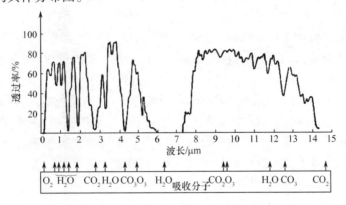

图 3-31 大气透射光谱

根据大气透过率来划分光波大气窗口的上下波长限,通常可划分为以下几个大气窗口:0.70~0.92μm、0.92~1.1μm、1.1~1.4μm、1.9~2.7μm、2.7~3.4μm、4.3~5.9μm、8~14.0μm,在 15μm 以上没有大气窗口。大气窗口的划分对于光学系统的设计和使用具有重要意义,光学制导系统的工作波段必须选择在某一大气窗口内,才可以减小大气衰减的影响,从而提高制导系统的作用距离。

大气对紫外线传输产生影响的主要因素有氧分子的吸收、臭氧分子的吸收、瑞利散射、气溶胶的吸收和散射。在波长 200~300nm 的紫外辐射区,氧有很强的吸收带。在 250nm 以上,氧的吸收效应同其他衰减效应相比已不明显。臭氧是大气中吸收紫外辐射的重要气体,臭氧主要分布在 10~50km 高度层,极大值在 20~25km 高度层。臭氧在 253nm 附近有强吸收带。对波长 200~300nm 波段的紫外辐射,瑞利散射是一种较强的机制。气溶胶是悬浮于大气中的固体或液体粒子,包括水滴、冰晶、灰尘微粒、各种凝结核。气溶胶对紫外的衰减包括吸收和

散射两种过程,但吸收比散射弱得多。

3.5.2 目标与背景的可见光特性

1. 背景的可见光特性

环境背景的可见光特性主要来自于太阳的辐射以及天空、地表、海面的反射或散射。

1) 太阳可见光特性

太阳是距离地球最近的炽热恒星天体。太阳半径为 $6.963 \times 10^5 km$,地球与太阳之间的平均距离 $1AU = 1.49985 \times 10^8 km$。在地球与太阳距离为 1AU 时,太阳在地球大气层外产生的总辐照度(即太阳常数)为 $1353W/m^2$。利用黑体辐射玻耳兹曼定理,可以得到太阳等效的黑体辐射温度为 $T = 5762K$。太阳在地球上的可见光辐照度与太阳在地平面上的高度角、观测者的海平面高度和天空中的云霾及尘埃数量有关。

2) 天空可见光特性

天空的可见光散射主要来自于对太阳光、月光及星光的散射以及云团反射。晴天时,地球上总光照度的 1/5 来自天空散射,这是由于大气中粒子产生的散射光反比于波长的四次方。而可见光中的蓝光比红光散射更厉害,因此晴天时天空呈现蓝色。

3) 海洋可见光特性

海洋的可见光特性主要由海洋对环境可见光的反射构成。海洋在白天时的可见光反射主要来自太阳和天空、夜间则主要来自于月光反射和海洋生物发光。

4) 地表可见光特性

地球表面可见光特性主要是地表对太阳光和月光的反射以及人工光源的辐射和反射。由于地表的物质种类繁多,因此同一地物的可见光特性还与它的地理位置、季节、昼夜时间、气象条件和环境光照等有关。

自然地表上绿色植被的可见光反射率具有明显特点:对于绿色植被,在蓝色区域(中心波长在 $0.45\mu m$ 的谱带)和红色区域(中心波长在 $0.65\mu m$ 的谱带)的反射率都非常低。这两个低反射率区域就是通常所说的叶绿素吸收带,在上述两个叶绿素吸收带之间形成一个反射峰,这个反射峰正好位于可见光的绿色波长区域,所以植被在人眼看是绿色的。

地表的土壤由于成分不同,其对可见光的反射特性也不同。一般来说,土壤的颗粒越小,就会使土壤的表面更趋平滑,反射率增高。随着土壤中水分含量的增加,反射率下降。土壤中腐殖质和氧化铁的增加,都会降低土壤的反射率。由于盐分本身的中性反射特性,所以他们一般并不改变土壤自身的光谱特性,但能相对提高反射率。尤其当盐分积存在土壤表面时,土壤在可见光和近红外区的反射率随着波长的增加而增加。

岩石在可见光至近红外区的光谱反射特性是呈中性或随波长增加稍有增加。水泥地面和柏油路面的光谱反射曲线,大多具有与土壤和岩石相近的特性。冰和雪的光谱反射特性基本相同,在可见光波段,积雪的反射率很高,特别是新雪,反射率接近 100%。

人工光源是夜间地表的重要光源,特别是在人口密集区域,城市的各种灯光和公路照明灯光都成为夜间的地表明显光源。

2. 目标的可见光特性

对军用目标如卫星、导弹、飞机、军舰和坦克等的可见光特性主要包括目标自身辐射的可见光和反射环境的可见光。目标自身的可见光辐射主要来自目标上的灯光和发动机燃料燃烧。对于火箭和飞机在发动机工作时,高温燃料燃烧会形成较明亮的可见光辐射,可以作为较明显的可见光特征。但是对于绝大多数军用目标来说,其可见光特性主要为反射太阳、天空和环境的可见光,而这种反射特性与人类眼睛所观看的图像完全一致,因此目标的可见光特性研究较少,这里仅列出部分特性。

空间目标(如卫星)在太阳光的照射下,向各个方向反射太阳光的辐射。实际目标表面对太阳光反射即非理想的镜面反射,也非理想的漫反射,而是鉴于两者之间。空间目标为了降低太阳直射时的表面温度,通常会在表面提高反射率。这样对光学仪器而言,空间目标就成为反射太阳光的一个亮点,以至于在地球上通过普通望远镜都可以观测到。

对于地面目标的可见光特性主要受到目标表面材料、涂料和光照条件影响。由于地面军用目标多采用伪装技术,因此在可见光波段与周围环境的差异较小。对于舰船目标在白天可以使用可见光图像对其观察,但是因为水面反射太阳光干扰的作用,尤其在水面风浪较大的情况下,舰船的可见光辐射可能被风浪水面反射的阳光所淹没。

3.5.3 目标与背景的红外特性

1. 背景的红外光学特性

对于导弹红外制导系统最常见的背景无非分为三类:天空、地面和海面。天空背景是指空中能辐射红外线的自然辐射源构成的红外辐射环境,如太阳、月亮、大气和云团等。地面背景是指大地、草地、森林、雪地和城市建筑等构成的红外辐射环境。海面背景是指以大海或者大面积水面以及岛屿、暗礁等构成的红外辐射环境。背景的红外辐射进入红外装置后会产生背景干扰,使红外装置不能正常工作。因此,设计红外装置时需要设法去除背景干扰。为了研究背景辐射对目标探测和跟踪的影响,需要对背景的辐射特性进行分析。下面介绍几种影响较大的背景红外光学特性。

1) 太阳及月亮辐射

由于太阳的温度比军事目标的温度高得多,因此太阳辐射的最大值对应的波长是在 $0.45\mu m$ 处,这显然比一般军事目标辐射最大值对应的波长要短。太阳的辐射能绝大部分都集中在 $0.15 \sim 4\mu m$ 范围内,太阳垂直入射到地表的辐射功率约为 $88W/m^2$,而大于 $3\mu m$ 以上波长的红外辐射功率为 $1.96W/m^2$。太阳的直径约为 $1.39 \times 10^6 km$,太阳与地球之间的距离约为 $1.495 \times 10^3 km$,因而视角为 $31'59''$,据此可以计算出太阳在红外装置中成像面积的大小。实际测试结果也显示,太阳对红外导引及跟踪装置的影响是比较大的。尤其在与太阳垂直入射方向 $0° \sim 50°$ 范围内影响更大些,因此红外探测器不能正对着太阳工作。

月亮主要是反射太阳辐射,因此其部分辐射光谱与太阳相同。此外,月亮表面温度在 $90 \sim 400K$ 之间变化,因而也产生一定的自身红外辐射,其辐射光谱最大值约在 $12.6\mu m$ 波长处。

2) 大气辐射

大气所含气体分子、水蒸气、二氧化碳等微粒都对太阳及月亮的红外辐射产生散射及吸收等现象,因而会产生大气的散射辐射及本身的红外辐射。图 3-32 给出了晴朗的白天和夜晚中天空的红外辐射能量曲线,由于不同区域水蒸气、二氧化碳、臭氧等含量有很大差异,所以这类辐射有着很明显的随机性。就某一地面区域而言,天空中大气辐射可以认为是均匀的面辐射源。

夜晚的天空只有水蒸气、二氧化碳、臭氧等分子辐射,因而夜晚天空温度较白天为低,红外辐射强度也较低,辐射最大值约在波长 $10.5\mu m$ 处。

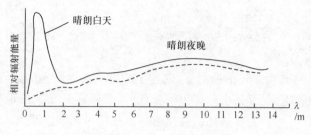

图 3-32 白天与黑夜的大气辐射能量曲线

3）云团辐射

云团表面能反射太阳辐射,因而云团为较强的辐射源,这部分辐射主要在 3μm 以下。云团本身也产生热辐射,其辐射光谱分布情况和晴朗天空的热辐射相似,但强度较大。云团本身的辐射主要集中在 6~15μm 区域内,在这个区域内平均辐射亮度约为 $500\text{mW} \cdot \text{cm}^{-2} \cdot \text{sr}^{-1} \cdot \mu\text{m}^{-1}$。云团的有效面积、反射系数及发射率等特性受气象条件、高度及地区等因素影响很大。所以,云团辐射的随机性十分显著。小块的云团边缘和目标辐射面积可以相比拟,因此云团辐射带来的红外干扰比起大气辐射要严重得多。

4）地表和地表覆盖物

地表红外辐射由自身辐射和反射辐射两部分组成,自身辐射主要取决于地表温度,而反射部分则取决于太阳入射角和地表覆盖物(包括植被、土壤、岩石、沙漠、积雪等)的反射率。

地表的红外辐射中波长短于 4μm 的辐射与太阳光及构成地表的物质反射率有关,超过波长 4μm 的红外辐射主要来源于地表自身的热辐射。地表的热辐射与地表温度和发射率有关。白天的地表温度与可见光吸收率、红外发射率以及空气的热接触、热传导和热容量有关。由于地表物质种类繁多,同一地表的红外辐射特性不但与地表物质种类有关,又同众多因素,如地理位置、气象条件、季节和昼夜时间等有关。

由于地表直接暴露在空气中,与环境之间有着复杂的热量交换过程。地表会吸收太阳的短波辐射和大气长波辐射,而地表自身又具有一定温度也会向外辐射热量。由于空气与地表之间存在温度差,因此地表与空气之间存在着对流热交换(显热交换);同时空气湿度和地表含湿量的变化,会使水分在地面不停进行蒸发和凝结,从而引起地表和空气之间的热量交换(潜热交换)。

诸如树、草、岩石和泥土等自然背景通过吸收太阳能而被加热。每天从日出开始加热,正午后太阳高度角下降,背景物体开始冷却。日落后,背景温度接近空气温度。热容量小的物体,例如草、叶和土壤表面,其温度将跟随太阳辐射而变化。而热容量大的物体,例如岩石和树木,加热和冷却都很慢。

5）地面建筑

地面建筑包括各种建筑、军事设施、机场和桥梁等。由于地面建筑的表面温度与内部温度随时都会变化,其与所处的地理位置、建筑物方位以及季节、太阳辐射强度、气候变化、空气流动和建筑物内部热源等因素都有关系。

桥梁红外辐射波段主要集中在 8~12μm 范围内,桥梁表面的辐射功率主要包括两部分:一是桥梁整体表面温度对外的辐射;二是桥梁对太阳、天空及环境背景等辐射的反射。桥梁在红外图像中呈现如下特点:桥梁边缘线表现为两条近乎平行的直线段(直线型桥梁),有时也仅呈现为几个点(点状强梁)。此外桥梁表面的发射率对桥梁的红外辐射特征也有影响。在太阳辐射下,黑色沥青路面的表面温度可达到70℃左右,而浅色的混凝土路面的表面温度约为60℃左右。图3-33给出了房屋和桥梁的红外辐射图像。

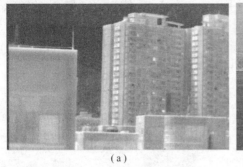
(a)
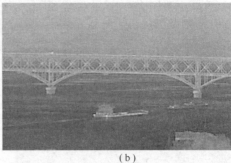
(b)

图3-33 房屋与桥梁的红外辐射图像

6) 雪地

雪地的红外辐射特征受其内部复杂的热传递过程所控制。雪层是一种多孔介质结构,流体(空气、水蒸气)流动或扩散影响着雪层的热传递过程。随着环境温度的不同和雪层结构(干雪、融化雪、冻雪等)的不同,雪层热特性差别较大。一般来说,雪对红外辐射的反射率较大,因此在白天太阳辐射的情况下有较强的辐亮度。当进入夜晚时,由于大气温度和雪面温度均较低,雪地的辐亮度较小。但是积雪对近红外波段的反射率很低,在波长 $1.5\mu m$ 处几乎为零,这种现象在天然存在的地物中几乎是独一无二的。

7) 海面背景辐射

海面背景辐射主要集中在波长 $3\sim5\mu m$ 和 $8\sim12\mu m$ 波段,其主要包括海面自身辐射、海面对太阳和天空辐射的反射、大气辐射、太阳直接辐射、天空直接辐射等(图3-34)。其中海面对太阳和天空辐射的反射受到海浪反射面随机干扰,因此海面背景红外辐射是一个很复杂的随机问题。

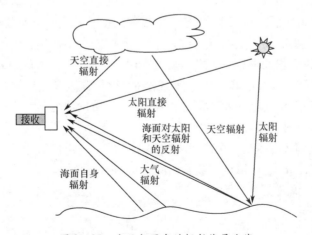

图3-34 白天与黑夜的辐射能量曲线

决定海洋背景红外辐射的因素有海水的光学特性、海面几何形状和斜波分布、海面温度分布和海面生物的性质等。由于海水对波长 $3\sim5\mu m$ 以上的红外辐射基本上是不透明的,因此海水表层的温度决定了海水的热辐射。

海面的反射包括对太阳辐射和天空辐射的反射,其中太阳辐射在波长 $3\sim5\mu m$ 范围内占主要地位(图3-35);而在波长8~12μm范围内红外辐射主要来自于天空的热辐射(图3-36)。由风和海水相互作用产生的斜波分布,使观测方向的海水辐射具有一定的分布特性。当风力不大时,海面不停地轻微波动,产生连续稳定的辐射亮带,当风力增加时,海面呈周期性大波浪,但小波浪仍然占主导地位,因此这种小浪是造成反射的主要原因。特别需要指出的是:当红外探测器处于海面对太阳辐射反射构成的亮带区时,由于海浪形成的带状强分散点的红外反射,可能会引起中波红外成像导引头的性能下降甚至失效。

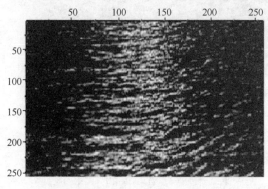

图3-35　3~5μm的海面红外图像　　　　图3-36　8~12μm的海面红外图像

2. 目标的红外特性

导弹所攻击的红外目标主要是以飞机、军用车辆和舰船为代表。这一类目标由于自身具有动力装置,其产生的高温会形成很强的红外辐射,因此它们成为红外制导导弹的理想目标。下面将分别以这三类目标的红外特性进行介绍。

1) 飞机目标

现代喷气式飞机的发动机工作时会产生很高的温度,排出的废气也具有很高的温度,这些都是很好的红外辐射源。此外,当飞机在空气中作高速飞行时,机体蒙皮与空气摩擦升温也会产生红外辐射。

目标红外辐射特性通常是指以下三点:① 辐射强度及其空间分布规律;② 辐射光谱组成情况;③ 辐射面积大小。前两点特性与红外系统所接收到的有用能量大小有关,第三点与目标在红外装置中成像面积大小有关。由热辐射的讨论可知:热辐射的最基本问题是辐射体温度及辐射能的分布情况。因此,在分析目标辐射特性时要紧紧围绕这两方面来分析。

喷气式飞机的辐射包括喷气发动机尾喷管加热部分的辐射、废气的辐射、机体蒙皮加热辐射,其中以尾喷管的辐射为最强。

喷气式飞机的辐射,主要是由尾喷管内腔的加热部分发出的。实际的喷管内腔各点的温度是不相同的,但在计算中,可以认为喷管内腔各点的温度是均匀的,且呈漫射特性,因此可以直接给出尾喷管的总辐射功率 P 为

$$M = \sigma T^4$$

$$P = \varepsilon M \cdot \frac{\pi D^2}{4} \tag{3-48}$$

式中:D 为喷管的直径;ε 为喷管的发射率;σ 为斯蒂芬-玻耳兹曼常数。

对于漫辐射体而言,空间各方向上的辐射强度 I_θ 按余弦规律分布,即

$$I_\theta = I_0 \cos\theta \tag{3-49}$$

式中:θ 为偏离喷管轴线的方向角;I_0 为尾喷管轴向的辐射强度。

对于漫辐射体而言,面辐射源法线方向上的辐射强度为

$$I_0 = \frac{P}{\pi} \qquad (3-50)$$

式(3-50)的推导从略。

已知 I_0 后,则根据式(3-49)即可作出尾喷管辐射强度的空间分布图。可知,喷气式飞机的辐射是向着后半球的,这样就限制了一些红外装置的作用范围只能在飞机的后半球。图3-37 给出了有尾焰的 A-10"雷电"飞机的红外图像。

图3-37 A-10"雷电"飞机的红外图像

喷气发动机工作时,自尾喷口排出大量的废气。废气由碳微粒、二氧化碳及水蒸气等组成。废气自喷口以 300~400m/s 的速度向后排出并迅速扩散,温度也迅速降低。图3-38 为拍摄的飞机尾喷口电视图像和飞机尾喷口红外图像,从图中可见,在可见光电视获得的图像中观察不到目标飞机的尾喷特性,而在红外图像中可以观察到尾喷口尾焰变化情况。图3-39 为废气流在喷口后方的温度分布图。

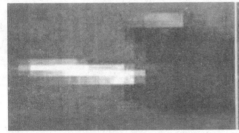 

(a)飞机尾喷口电视图像　　　　　　(b)飞机尾喷口红外图像

图3-38 飞机尾喷口图像

发动机的废气辐射呈分子辐射特性,在与水蒸气及二氧化碳共振频率相应的波长附近呈较强的选择辐射。图3-40 为一个实际的喷气发动机废气辐射的光谱分布曲线。

任何一个在大气中高速运动的物体都会发热。当速度在马赫数2以上时,引起的高温,将产生足够的红外辐射。当飞行速度到达几十马赫数时所形成的高温可以使得空气分子电离,形成等离子鞘套。

当空气流过物体时,有一部分贴近于表面,称为附面层。在这层内,由于紧贴着表面,空气流动受到了影响。附面层内的流动,既可以是层流,也可以是紊流。在层流中,空气平滑地横切过表面。在紊流中,气流受到剧烈的扰动,或者是离表面不同距离的各层之间受到混杂。一般说来,在物体前部的气流是层流,但在物体后部常常变成紊流。在飞机前面,空气气流变到

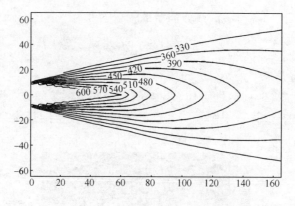

图 3-39 气流在喷口后方的温度分布图

完全静止的任意点,称为驻点(图 3-41)。在这一点,运动着的空气气流的动能,以高温和高压的形式变成了势能,这一温度,称为驻点温度,为

$$T_s = T_0\left[1 + r\left(\frac{\gamma-1}{2}\right)Ma^2\right] \tag{3-51}$$

式中:T_s 为驻点温度(K);T_0 为周围大气的温度(K);r 为恢复系数,对于层流 r 值取 0.82,对于紊流 r 值取 0.87;γ 为 1.4,空气的定压热容量和定容热容量之比;Ma 为马赫数。

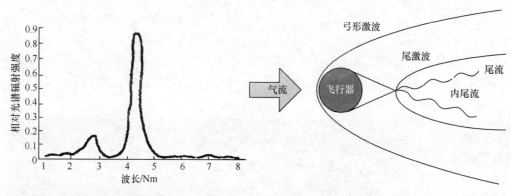

图 3-40 喷气发动机废气辐射的光谱分布曲线

图 3-41 驻点与激波

式(3-51)在飞行速度小于马赫数 10 时都成立。

对在平流层和在同温层(高度在 11~24km)飞行的飞行器,气动加热引起的蒙皮温度计算公式为

$$T = 216.7(1 + 0.164Ma^2) \tag{3-52}$$

当飞行高度不同时 Ma^2 系数会不同,可以作出蒙皮温度与马赫数的关系曲线(图 3-42)。当飞行速度相同时,飞机蒙皮的加热温度还取决于飞行高度。当飞行高度越高时,空气密度降低,因此蒙皮摩擦加热的温度也降低。图 3-42 给出了两种不同高度下,飞行速度(以 Ma 表示)与蒙皮温度的计算值的关系曲线。

由图 3-42 中曲线可以看出:低速飞行时,蒙皮温度是不高的,但当 $Ma = 4$ 时,蒙皮温度可达 600℃ 以上。飞机因气动加热而产生的辐射是向空间所有 4π 立体角发射的,因此对蒙皮温度很高的高速飞行目标进行攻击时,就没有任何方向性的限制,可以实现全向攻击。各方向的辐射强度大小视温度分布情况及蒙皮在该方向上的有效投影面积而定(图 3-43)。

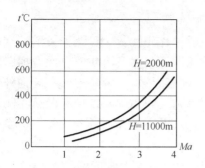

图3-42 飞行速度与蒙皮温度的
计算值的关系曲线

图3-43 着陆后的X-37B高超飞行器
蒙皮表面加热红外图像

2) 车辆目标

诸如坦克、装甲车等军用车辆目标,目标的红外辐射特征受到车辆内部因素和外部环境因素的共同影响。车辆内部因素主要包括车辆内热源(发动机、散热器、射击后的炮管等)、车轮或者履带与地面摩擦产生的热、车辆各部分之间热传导和辐射交换。外部因素包括太阳辐射、天空背景辐射、气象条件、周围地物背景和大气传输特性等。

车辆与外界环境的热交换主要通过辐射和对流方式。车辆在行驶时,动力舱、车轮以及排气管等都会产生大量的热量,进而通过内部热传导以及辐射的形式影响车辆表面的温度分布。由于车辆的辐射与其发动机是否工作以及运动状态有关,因此其辐射特性通常分为冷静状态、热静状态和热动状态三个状态。

车辆处于冷静状态时(即静止于自然环境中),太阳辐射强度、空气对流、天空背景辐射以及各个部件之间的热容差是影响车辆表面温度的主要因素。装甲车辆表面所接受到的太阳辐射强度随时间改变差异较大,所以太阳辐射强度与热容差对装甲车辆温度分布的影响尤为明显。在同一时刻,装甲车辆向阳面表面温度要比车辆背阳面表面的温度高,这是由于车辆向阳面表面所接受到的太阳辐射强度要远大于车辆背阳面表面。除了太阳升起方位引起表面向阳、背阳之分从而造成表面太阳辐射强度差之外,车辆部件之间,车辆与地面之间的遮挡效果也会引起被遮挡部分与未遮挡部分的辐射强度差。

装甲车辆处于热静状态时发动机处于发动状态,此时车辆发动机、排烟管以及其附近部件形成较为明显的热特征。在太阳未升起或者阳光不强烈的清晨,装甲车辆发动机以及排气管这类高温发热体成为装甲车的热特征部件,高温部件以热辐射的形式影响了相邻的部件以及地面。当太阳升起后太阳辐射开始影响车辆整体温度,但太阳辐射对车体温度的影响已经不是主要因素,并且随着车辆发动机运行时间增长,与高温部件相邻的车辆表面温度不断上升。这时车辆表面温度与四周环境有明显的温度对比,且车辆所在地面的温度也会升高,目标红外特征明显,如图3-44所示。

车辆处于热动状态下,除了发动机以及排气管所引起的显著热特征之外,变形能引起的负重轮的升温也是不可忽视的热特征,并且这一部分对温度的影响程度比太阳辐射要大得多,与发动机和排气管差不多。所以在热动态状态下,对车辆热特征影响最大的因素为发动机排气管散热以及负重轮变形能产热,而车辆变形能的大小主要是由车重、车速以及材料属性综合决定的。由于坦克等重型履带车辆的负重轮运行时变形能以及履带与其接触面的摩擦热较大,使得负重轮具有较明显的红外辐射特征,因此对于运动的履带式车辆负重轮的红外辐射将更加明显。

3）舰船目标

常见舰船目标有航空母舰、巡洋舰、驱逐舰、护卫舰、扫雷艇、猎潜艇和运输船等，这些船只主要以内燃机为动力或者具有动力锅炉等设备，因此这些船只多具有排气管或者烟囱。舰船动力设备的散射、发动机的排放、通风设备的排气以及舰船内部舱室的热损耗都会向外辐射红外源，特别是排气管或烟囱管壁部位的温度可以到达 300～500℃，所以具有强烈的红外辐射特征。此外舰船目标的表面多为钢铁材料，热容量较海水小，因此容易受到太阳照射发生较大温度变化。在无太阳照射的夜间，舰船的钢铁表面温度低于海水温度，此时就需要采用长波红外进行探测。在太阳照射强烈的中午，舰船吃水线以上的甲板部分温度很高，那么在舰船吃水线上下温度对比明显，此时从侧面看舰船的红外特征非常清晰。图 3-45 给出了船只目标的红外图像。

图 3-44　热静状态下的坦克红外图像

图 3-45　船只目标的红外图像

3.5.4　目标与背景的紫外特性

1. 背景的紫外特性

近地表面紫外探测的背景环境是由太阳紫外辐射和大气成分之间的不断相互作用构成的。太阳辐射在穿过大气的过程中，大气对其有吸收和散射的作用。大气在吸收太阳辐射能量的同时也会向外辐射出辉光，大气的辉光辐射是近地面紫外探测的主要背景源，不过辐射量很低，大概只有几百个光子/cm^2/s。低空紫外波段的背景辐射有以下特点：

(1) 大气中的氧气会强烈的吸收波长小于 100nm 的远紫外线，所以这个波段的紫外线只能在太空中存在，称为真空紫外。

(2) 大气中的臭氧层对 200～300nm 的中紫外线也有强烈的吸收作用，所以太阳的中紫外辐射到达地面的能量很少。但是由于臭氧主要分布在平流层，在低空大气层中臭氧的浓度比较低，中紫外能在低空大气中传输，所以称这一波段的紫外辐射称为"日盲区"。

(3) 大气对波长 300nm 以上的近紫外吸收不是很强烈，这一波段的太阳辐射有较多的能量到达地面。由于大气分子的散射作用，近紫外在大气中是均匀散布的。

由此可知，远紫外不能在大气中存在，所以只能在天文和空间研究中应用。中紫外在近地表面几乎不存在，因此成为理想的纯净背景。近紫外在低空散射分布较为均匀，因此也可以作为制导探测的波段。

当然除了太阳辐射的紫外线外，人类的各种工业活动，或者是在战场、火场等特定的环境下，可能会产生很强的紫外辐射。典型的有工业生产过程中的各种弧光放电光源，如电焊、高压汞灯、氙灯和钠灯等。战场环境下的炮弹爆炸、车辆的燃烧会产生一定的紫外辐射，电晕放电、弧光放电、等离子体和燃料的燃烧等都会有较强的紫外辐射产生。

2. 目标的紫外特性

大多数的战术导弹都是由固体火箭发动机推进，固体推进剂的燃料和氧化剂通常都是富燃料，燃烧产生的气体与高浓度燃料混合从喷口喷出，造成羽烟的温度大幅提高，并由此产生了紫外辐射。导弹羽烟所产生的紫外辐射强度由推进剂的类型决定，不同的推进剂类型产生的紫外辐射量相差很大。另外，导弹飞行的高度也对紫外辐射有一定的影响，表 3-3 列举了一些常见的推进剂的低空紫外辐射机制及特征。

表 3-3 低空导弹羽烟的紫外波段特征辐射

推进剂类型	发射机制	波段范围
液胺/氮的氧化物	CO + O 化学发光	V,NUV,MUV
	OH 化学发光	NUV
铝化混合固体燃料	Al_2O_3 微粒热致发光	V,NUV,MUV
	Al_2O_3 微粒散射	V,NUV
	CO + O 化学发光	V,NUV,MUV
	OH 化学发光	NUV
烃类/液氮	微尘热致发光	V,NUV,MUV
	OH 化学发光	NUV
	CO + O 化学发光	V,NUV,MUV
	$CH,C2$ 燃料碎片的化学发光	V,NUV

注：V 表示可见光；NUV 表示近紫外；MUV 表示中紫外

由表 3-3 可见，固体火箭羽烟辐射光谱中含有近紫外和中紫外成分，紫外辐射产生的机制有多种，其中 CO + O 化学发光的贡献最大。由于 $AlCl_3$ 的吸收作用，在含铝推进剂的导弹羽烟辐射光谱中 261~263nm 波段处会有一吸收峰。各种机制合起来产生导弹羽烟紫外辐射的特征连续谱，如图 3-46 所示。

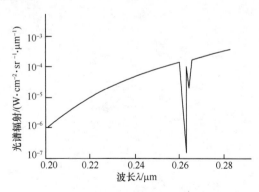

图 3-46 白天与黑夜的辐射能量曲线

目标和背景的中紫外和近紫外辐射特性可在军事上应用。在"日盲区"，由于军事目标（如飞机和火箭的尾焰）的中紫外辐射远大于太阳和天空的紫外辐射，所以可利用该辐射实现对空中目标的探测。在近紫外区，低空军事目标（如直升机）挡住了大气散射的太阳紫外线，因而在均匀的近紫外天空背景上形成一个"暗点"，这个"暗点"可以用于制导或探测。目前在被动紫外制导和预警中，都是利用低空紫外的这两个特性。特别在低空环境下，紫外告警的工作背景相对于红外告警来说非常干净，受太阳及其他自然辐射源的干扰很小，因此紫外告警被广泛地应用到各种军用飞机中。

思 考 题

(1) 简述电磁波谱按波长的长短可以分为几大类,各有怎样的特点?
(2) 红外线与可见光相比有什么相同点及不同点?
(3) 红外线有什么特性,其应用体现在哪些方面?
(4) 紫外线有哪些特点,紫外的应用体现在哪些方面?
(5) 简要叙述辐射功率、辐射度、辐射强度、辐亮度和辐照度的定义和意义。
(6) 什么是基尔霍夫定律?
(7) 简述几类特定的光学组件的功能及特点。
(8) 光电探测器可分为哪几类,它们的特点是什么?
(9) 大气对于光波传输有什么影响?
(10) 军事目标和背景的红外特性有哪些?
(11) 什么是紫外线的"日盲区"?

第4章 红外点源制导系统

第二次世界大战之后,随着喷气式战斗机的广泛使用,传统的机炮空战模式已经无法适应现代空战的需求,因此具有精确制导和自动寻的能力的空空导弹开始登上历史舞台。喷气式战斗机发动机的尾部喷管和喷气温度非常高,形成的红外辐射非常强烈;同时天空中红外辐射干扰相对较少,因此红外制导最先被应用于空空和地空导弹的制导系统中。

第一阶段的红外制导系统出现在20世纪50年代初期到60年代初期,其探测器采用非制冷的硫化铅材料,信息处理系统为调幅式调制盘系统。这种探测器的工作波段处于$1\sim3\mu m$的近红外波段,只能探测到飞机发动机的尾喷管,因此灵敏度低、抗干扰能力差、跟踪角速度较低。这一代的典型产品有美国的AIM-9B"响尾蛇"空空导弹、苏联的AA-2空空导弹、美国的"红眼睛"地空导弹以及苏联的"萨姆"-7地空导弹。这一时期红外制导导弹主要用于攻击空中机动性较差的飞机,并且只能从飞机尾部攻击。

世界上第一次红外制导空空导弹的实战是发生在1958年9月,台湾美蒋空军的F-86"佩刀"喷气式战斗机上携带了红外制导的AIM-9B"响尾蛇"空空导弹(图4-1)。人民空军的"米格"-15喷气式战斗机当时只配备了机炮,因此在毫无防备的情况下被敌方导弹击落。在后来几次的空战中,美蒋空军发射的一枚AIM-9B"响尾蛇"空空导弹由于故障没有爆炸,坠落在福建省的一处农田里。随后这枚导弹残骸被苏联武器专家带回分析,从而使得苏联在红外制导空空导弹的研制水平上迅速赶上了美国。我国在20世纪60年代引进苏联AA-2红外制导空空导弹,并在此的基础上仿制生产了与AIM-9B"响尾蛇"空空导弹技术完全相同的"霹雳"-2空空导弹。

图4-1 装备在F-86战斗机上的AIM-9B红外制导空空导弹

第二阶段的红外制导系统出现于20世纪60年代中期到70年代中期之间,其探测器材料采用制冷的硫化铅或锑化铟,并对调制盘进行了改进以提高跟踪能力。探测器的工作波段已延伸到$3\sim5\mu m$的中红外波段,同时对信号处理电路上也进行了改进,这些都使得红外制导的导弹的作战性能得到了较大的提高。其典型代表有美国的AIM-9D"响尾蛇"空空导弹和法国的 R530"马特拉"空空导弹。这一时期的红外制导空空导弹虽然仍属尾追攻击型,但导弹的攻击范围和机动性有所扩大和提高。

第三阶段的红外制导系统发展于 20 世纪 70 年代中后期到 20 世纪 90 年代初期,其红外探测器采用了高灵敏度的锑化铟材料,并且采用了圆锥扫描或玫瑰线扫描的非调制盘信号调制方式。非调制盘式的多元脉冲调制方式具有探测距离远、探测范围大、跟踪角速度高和无盲区的特点,同时还具有自动搜索和自动截获目标的能力。因此这一代的红外制导导弹可以实现全向攻击机动能力较大的空中目标,典型产品有美国的 AIM-9L"响尾蛇"空空导弹、苏联的 R-73E 空空导弹、以色列的"怪蛇"3 空空导弹、美国的"毒刺"便携式防空导弹以及法国的"西北风"地空导弹等。

以 AIM-9B、AIM-9D 和 AIM-9L 为代表的"响尾蛇"系列红外制导空空导弹,均属于非成像的点源式红外自寻的制导导弹。所谓点源是指目标所发出的红外辐射在探测器上以点辐射源的形式体现,即等效为辐射强度,而不区分目标的形状、辐射分布等。这种点源制导方式对探测器的制作工艺和成本要求较低,因此适合于当时技术水平条件下的导弹研制。当然,随着后期红外诱饵和红外干扰弹的出现,红外点源制导方式受到了很大的挑战,从而促生了以 AIM-9X 为代表的第四代红外成像制导导弹的发展。关于红外成像制导系统将在本书的第 5 章进行详细介绍,本章将重点介绍红外点源制导系统。

尽管 AIM-9B/D/L 空空导弹属于红外点源制导系统,但是作为历经过多次实战考验的红外自寻的制导空空导弹,其在导引头结构和信号处理方面的设计思想,却成为后期多种红外制导导弹的设计典范和模板。因此本章将重点以 AIM-9B"响尾蛇"空空导弹红外导引头为例对红外点源制导系统的原理进行介绍。

4.1 红外点源制导系统原理

红外点源制导的 AIM-9B"响尾蛇"空空导弹是世界上最早参加实战的红外自寻的制导导弹,其在总体设计、导引头结构、信息处理电路等方面的设计思想堪称经典,已成为红外制导导弹的设计规范。下面首先简单介绍 AIM-9B(图 4-2)空空导弹的总体结构和制导原理。

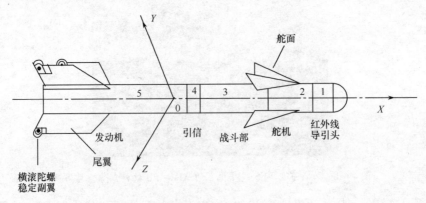

图 4-2 AIM-9B 组成结构简图

如图 4-2 所示,AIM-9B 导弹由导引头(1 号舱)、舵机舱(2 号舱)、战斗部(3 号舱)、引信舱(4 号舱)、发动机舱(5 号舱)以及外壳构成。其气动布局采用"×—×"配置方式,为提高导弹的机动能力采用舵面在前的"鸭式"气动布局结构。导弹采用三轴稳定控制,导引头稳定平台采用内框架动力陀螺稳定方式,制导方式采用比例导引法,制导系统测量关系,如图4-3所示。

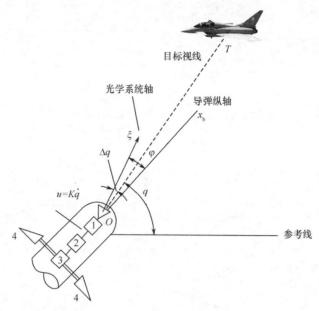

图4-3　红外制导系统测量关系图

导弹导引头通过敏感目标发出的红外辐射测量出目标相对于导引头光轴的失调角 Δq,信号处理系统根据失调角 Δq 驱动动力陀螺稳定平台转动使得导引头光轴 $o\xi$ 向减小 Δq 的方向进动。根据第2章导引头的角度跟踪功能可知,导引头光轴 $o\xi$ 进动的角速率等于弹目视线 OT 角速率。比例导引法正是利用导引头光轴进动角速率信号形成控制信号,驱动舵机等执行机构改变导弹速度 V_M 方向,实现比例导引规律。

图4-4是红外点源制导导弹的功能框图,其中红外制导系统可分为位标器、控制系统和执行机构三部分。本章主要介绍的位标器包括红外光学系统、调制盘或扫描单元、探测器和陀螺平台机构等。

红外光学系统是红外导引头的重要组成部分,由于目标的红外辐射较弱,红外导引头需要通过光学系统来会聚目标辐射。目标辐射的红外线经过光学系统的会聚作用后,在像平面上会聚为一个不大的像点。放置在像平面附近的探测器获得的辐照度比未加入光学系统时大,因此红外光学系统提高了导引头的探测能力。

红外成像系统的基本原理与可见光成像系统相同,唯一的区别是光学器件所使用的材料是针对透射特定红外波段的,如红外石英玻璃等。

图4-5为 AIM-9B 空空导弹导引头的光学系统的结构示意图。其中:

组件1为导弹的整流罩,它是由两个同心球面组成的一个负透镜。它既是导弹的整流罩又是光学系统的一部分,与导弹的壳体固联在一起,其作用是保护内部光学机械元件和改善空气动力性能。

组件2为球面反射镜(也称为主反射镜),它是用光学玻璃制成,外表面镀铝的凹面反射镜,相当于一块正透镜,起会聚光能的作用。

组件3为次反射镜,它是一块平面反射镜,起折反光线的作用。

组件4为伞形光栏,它是一个表面涂黑的金属罩,其作用是限制目标以外的杂散光线进入

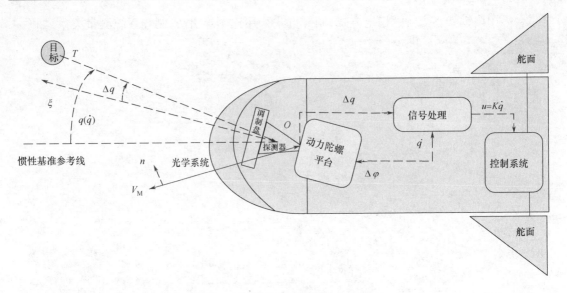

图4-4 红外制导系统组成方框图

系统像平面作用在探测器上。

组件5为支撑透镜(也称为校正透镜),它为一块凸透镜,可以校正系统的像差,并把伞形光栏、平面反射镜等零件与镜筒连接在一起,起支撑作用。

组件6为光栏,它用来限制杂光和提高像平面上的成像质量。

组件7为调制盘,它位于光学系统的像平面上,对像点辐射能起调制作用。

组件8为探测器(光敏电阻)和滤光片,探测器是系统的光电转换器件,滤光片位于光敏电阻之前,只能允许一定波长范围的光通过,起光谱过滤作用。

整个光学系统结构中球面整流罩固定于导弹壳体上,其他组件由镜筒把它们连接在一起构成镜筒组合件。镜筒组合件安装于陀螺转子上,其可以随转子一起转动和进动,从而使光轴可以在空间一定范围内任意转动。

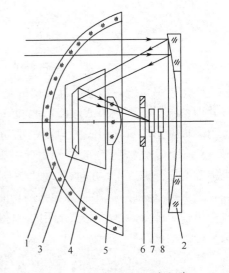

图4-5 AIM-9B红外光学系统结构示意图

红外光学系统的透过性光学材料要选择能在一定的波段上透过红外辐射的材料。所选用的红外透射光学材料,不仅要透过率较高,而且还要求透射波段与目标辐射的红外线波谱相适应。此外还要求材料的折射率高、均匀性好、机械强度高和化学稳定性好,便于制作大口径的光学器件等。

由于天然光学材料不易满足上述要求,一般用人工制造的红外光学材料。常用的红外光学材料有:熔融石英(SiO_2)红外玻璃(普通玻璃是不能透过红外线的)、钛酸锶($SrTiO_3$)、氟化镁单晶(MgF_2)、氟化镁多晶、三硫化二砷(As_2S_3)、硅(Si)等。AIM-9B的光学系统,整流罩和支撑透镜都采用了石英玻璃。为了进一步提升光学系统性能,镀膜技术常用于红外系统。镀膜按其作用原理分为增透膜、保护膜、滤光膜和反射膜。反射膜一般是在普通光学玻璃表面镀铝反射层,也可以镀银、金反射层;一般在透镜表面镀增透膜以增加材料的透过率;保护膜则主要是为了弥补某些材料(如硫化锌)在硬度等方面的不足。

4.2 调制盘式点源制导系统

红外点源制导系统将目标红外辐射作为单点能量形式处理,而不考虑目标的红外辐射分布和形状。由于目标通常距离导引头较远,其到达导引头的红外辐射能量极其微弱,所以必须对接收的目标信号进行放大处理。

当弹目距离一定时,导引头所接收到的目标红外辐射能是一个恒定不变的量,而背景(特别是天空)的红外辐射能也是一个相对恒定值。此时将目标和背景的信号共同放大后转换成电信号,将是一个叠加的直流恒压信号。后期的信号处理通常是按照一定阈值来区分目标信号和背景信号的,但是天空背景由于光照的情况不一样,其辐射强度在不同的季节和时间并不一样。例如在晴朗的中午和夜间,天空背景的红外辐射的功率可能相差数倍,这给使用阈值区分目标和背景的信号处理方法带来了极大挑战,如图4-6所示。为了避免阈值选取的困难,就需要对目标辐射能量进行某种形式的调制,并且这种调制的类型要适合信号处理和抗背景干扰的需求。

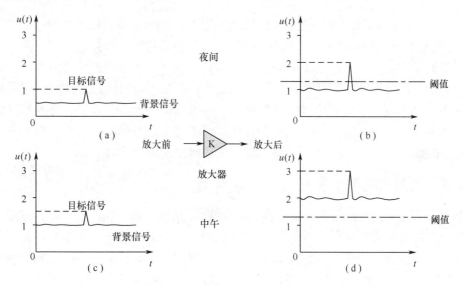

图4-6 目标和背景信号直接放大后的阈值选取问题示意图

调制盘是一种能对光能(红外辐射)进行调制的部件(图4-7)。它是由透明和不透明的栅格区域组成的圆盘,置于光学系统的焦平面上,目标像点就落在调制盘上。当目标像点和调制盘有相对运动时,就会对目标像点的光能量进行调制。调制以后的目标辐射功率是时间的周期性函数,如方波、梯形波或正弦波调制。调制后的信号波形,随目标像点尺寸和调制盘栅格之间的比例关系而定。由于调制盘形式的信号处理非常适合背景较为简单的空中目标,因此下面主要以空空导弹或者地空导弹的调制盘为例进行介绍。

在红外点源制导系统中,光学调制盘的作用主要包括以下几方面:

(1) 使恒稳的光能转变为交变的光能。目标所辐射出的红外辐射,被光学系统接收并会聚在位于焦平面的红外探测器上,使光能转变成电信号。由于目标的辐射量是恒定的(不考

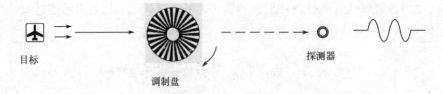

图 4-7 光学调制盘的示意图

虑目标距离、方向及大气对红外辐射的影响），因此红外探测器产生的信号为直流电压，这在信号的处理上不如交流信号方便。所以在光学系统的焦平面上放一个调制盘对光能进行调制，就可以使光能以一定的频率落在红外探测器上，产生交流信号以便于后期的信号处理。

（2）产生目标所在空间位置的信号编码。物体经过光学系统成像，物和像有着一一对应的关系，也就是说物空间的一点对应着像空间确定的一点。因此，目标在物空间位置的变化，和目标像点在像空间即在调制盘上位置的变化相对应。当目标位于光轴上时，像点也在调制盘上的特定位置上；当目标偏离光轴时像在调制盘上也相应偏离。像点位置的变化使红外探测器产生的信号属性发生变化，例如信号的幅度、频率和相位等发生变化。因此，红外探测器输出的电信号中包含了目标的方位信息，信号处理电路基于这种变化可以获取目标的位置信息。

（3）空间滤波（抑制背景的干扰）。空中的飞机、导弹和海上军舰等都是理想的热辐射军事目标，而这些目标周围的背景，如云团、大气、海水等也是热辐射体，也能向外辐射红外线。因此导引头光学系统所收集到的红外辐射中，除了目标辐射以外，也包含背景辐射。这就要求红外搜索跟踪系统能把目标从背景中区别出来，这个任务是由调制盘来完成的，这种抑制背景的作用称为"空间滤波"。空间滤波的本质是基于点源目标和大面积背景元之间尺寸特性的差异来实现空间鉴别。当然，调制盘的空间滤波不可能完全消除背景干扰，因此还需采用其他措施，如色谱滤波——利用目标和背景辐射波段的差异来消除背景的干扰。

4.2.1 调制盘的工作原理

调制盘按调制方式可以分为调幅式、调频式和调相式。调幅式和调频式调制盘用调制信号的幅度和频率变化来反映目标的位置；调相式调制盘是用脉冲编组的频率和相位来反映目标的方位，因此也被称为脉冲编码式调制盘。相比之下调幅式调制盘的信号处理系统更简单、更可靠，其性能可以满足一般导弹制导的要求，因此广泛应用于多种点源式红外制导导弹。本节主要以调幅式调制盘为例介绍调制盘的基本工作原理。

从第3章光学制导基础的介绍中可知，光学制导系统能够获取弹目视线的角度信息，其可以用极坐标(ρ,θ)表示，ρ为失调角或者失调量，θ为方位角。图4-8为一种最简单的调制盘，它由透辐射与不透辐射的扇形条交替呈辐射状。目标像点位于P点，当调制盘以一定的转速旋转后，透过调制盘的辐射能就形成调制信号。

在推导调制盘工作原理前先做如下假设和定义：

（1）像点假设。通常弹目距离较远，目标在探测器上成像点近似为圆形；像点照度是均匀分布的，像点的总面积为S_0（在探测器上形成的能量为F_0）。

（2）调制深度。如果假定在较短的时间内，弹目距离变化不大，则可以认为目标像点在探测器上的光斑总面积S_0不变。由于调制盘上辐条的遮挡，光斑被辐条最小遮挡时的面积为S_1

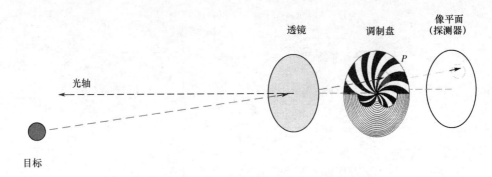

图4-8 调幅式调制盘信号调制示意图

(透过能量最大为 F_1),被辐条最大遮挡时的面积为 S_2(透过能量最小为 F_2),如图4-9所示,那么可以定义调制深度 M 为

$$M = \frac{|F_1 - F_2|}{F_0} = \frac{|S_1 - S_2|}{S_0} \tag{4-1}$$

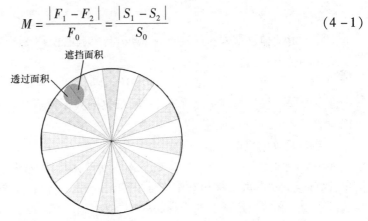

图4-9 调制盘的遮挡面积示意图

如果调制盘按照一定角速率旋转,由于遮挡和非遮挡面积的交替变换,将使探测器上形成光斑的强度也交替变化,从而形成调制信号(图4-10)。

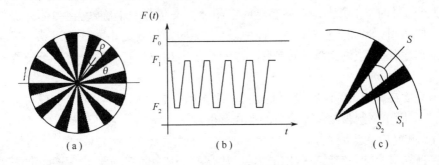

图4-10 调制信号形成示意图

下面分析如何从调制信号中获取失调量 ρ 和方位角 θ 信息以及实现对背景的抑制。

1. 失调量 ρ 的获取

如图4-11所示,假定像点的总面积 S_0 不变,则随着失调量 ρ 的增大,调制深度 M 逐渐增大,有用调制信号的幅值亦逐渐增大;反之当失调量 ρ 减小时,有用信号的幅值也逐渐趋于零,因此可以用调制信号的幅值来表示偏离量的大小。

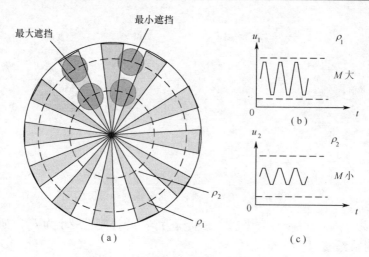

图 4-11 失调量对调制信号影响示意图

实际上由于弹目距离由远到近,探测器上像点的面积 S_0 也随之变化,则调制深度 M 将随着 ρ 及 S_0 两个参数而变化,即

$$M = f(\rho, S_0) \quad (4-2)$$

其中像点面积不仅与弹目距离 R 有关,同时也同失调量有关(球面透镜的非一致性),因此还可以写成 $M = f[\rho, S_0(\rho, R)]$。

2. 方位角 θ 的获取

如果采用如图 4-11 所示的全辐条式调制盘,调制信号将是连续的梯形波,没有任何相位信息,因此也无法获取目标相对于光轴坐标系的方位角 θ。为了解决这一问题,人们将全辐条式调制盘的一半改为不透明的半辐条式调制盘,如图 4-12 所示。半辐条式调制盘半个圆内有明暗相间的扇形条,另半个圆内不透明或者半透明。调制盘旋转一周形成一个周期,在前半周期内有调制脉冲,另半个周期内则无调制脉冲,这样利用调幅波初始相位的不同即可解算出目标方位角 θ。在实际的系统中,为了获取一个整周期开始的时刻还需引入了一个基准信号,基准信号的起始相位为 0 或 $\pi/2$,将基准信号和调制信号相比较,其相位差就是目标像点的方位角 θ。基准信号的产生通常是在调制盘的零相位处安装一个小磁铁,在弹体外壳的相应位置上安装感应线圈。当调制盘旋转时,小磁铁随着一同旋转。当小磁铁经过感应线圈时会感生一个基准信号,这样当调制盘旋转到弹体坐标系的零相位位置时将产生一个整周期脉冲基准信号。

实际上只要在调制盘的图案设计上设法解决起始标志的问题,就可以实现目标方位角的测定,因此在实际中调制盘测量方位角的形式有很多。

3. 背景抑制(空间滤波)

为了保证导引头有一定动态跟踪能力,通常要求导引头的视场要有一定的范围,但是视场范围扩大就可能出现背景干扰物。以空空导弹为例,天空中的云团辐射、太阳辐射和地面辐射等都可能进入导引头的视场,并且这些辐射源的辐射强度较大。为了抑制这些背景干扰,可以采用空间滤波技术。

空间滤波是利用背景辐射和目标辐射的辐射面积大小不同进行滤波。常见的空间滤波就是采用,如图 4-12 所示的一半为辐条一半为半透明的半辐条调制盘。由于背景中的云团或者大地面积通常都很大,当半圆的辐条部分转过时无论辐条如何遮挡,其能量透过率都约为

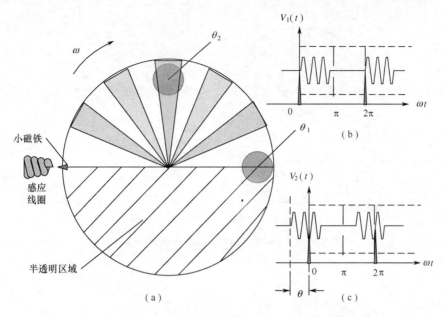

图 4-12 调制信号和基准信号形成示意图

0.5;当半透明的半圆转过时,其辐射能量透过率也等于0.5。因此在整个周期内大面积背景目标的透过率基本上都在0.5左右,经过平滑滤波后的调制信号近乎为直流,从而不会干扰目标信息的提取,如图4-13所示。

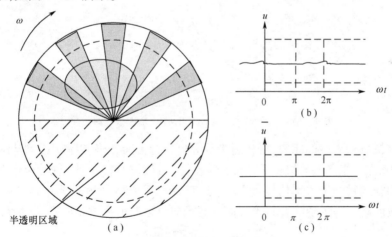

图 4-13 半透明调制盘的背景干扰抑制示意图

但是如果把半辐条调制盘的半透明半圆换成不透明半圆,即当不透明半圆转过背景干扰时的透过率为0,那么在整个周期内就会出现透过率在0与50%之间的信号跳变,信号经过平滑后会成为一个半周期的方波信号,这显然会影响目标信号的提取,如图4-14所示。

由此不透明和半透明调制盘的对比可以得到:"对于大面积的背景辐射,在整个周期内保持调制盘的透过系数为某一值"是空间滤波的一条重要原则。

然而这种上半圆为扇形辐条下半圆为半透区的调制盘对背景干扰的抑制也不是完美的。如图4-15所示,当调制盘尺寸较大而背景干扰辐射面积较小,背景干扰又处于调制盘边缘时,仍会产生调制信号。这是因为在调制盘边缘处扇形的宽度变大,此时调幅遮挡与不遮挡的面积将不再近似相等,即透过率不再保持基本不变。

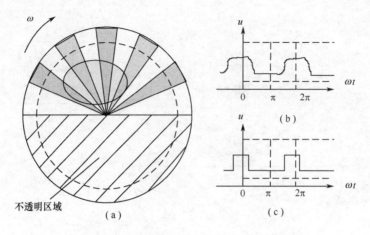

图 4-14 不透明调制盘的背景干扰抑制示意图

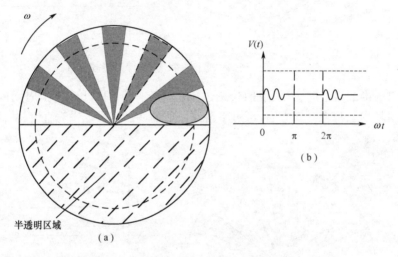

图 4-15 小面积背景干扰处于调制盘边缘的调制信号

为了提高抗背景干扰的能力,可将边缘部分再进行径向分格,以减小透明与不透明区域的面积(图 4-16 左上半部)。边缘部分成了棋盘格子状,棋盘格子的设计,应使调制盘的径向各处对较大面积辐射的透过率均接近 50%,这就要求每个小单元格子的面积应近似相等,这就是空间滤波问题中为了消除背景干扰而进行径向分格的另一重要原则,即"等面积原理"。

图 4-16 棋盘格部分对背景干扰抑制示意图

4.2.2 调幅式调制盘系统

调幅式调制盘的制作和信号提取比较简单,因此在早期和低成本红外制导导弹中经常使用,下面介绍几种常见的调幅式调制盘系统。

1. "旭日"式调制盘

"旭日"式调制盘是最简单的调幅式旋转调制盘(图4-15),也是前面介绍调制盘工作原理时所采用的调制盘。其一半为目标像点调制区,由圆心角相同的透光与不透光扇形辐条相间配置而成,白色部分的透过率是100%,黑色部分的透过率是0;另一半是半透明区,透过率是50%。两者之间有一明显的分界线。

调制盘放在光学系统的像平面上,其中心与光轴重合。整个调制盘可以绕光轴匀速旋转。在调制盘后配置场镜,把辐射再次会聚到探测器上。远处的点目标可以看成一个几何点,经光学系统后成为调制盘上的像点。当调制盘转动时,像点交替经过调制盘辐条产生一组脉冲信号,脉冲信号的形状取决于像点的大小与黑白花纹的宽度比。

2. "棋盘格"式调制盘

"棋盘格"式调制盘是在"旭日"式调制盘离中心较远的区域上再做径向划分,形成沿径向分布的透光与不透光小区域,形成类似"棋盘格"的调制图案,如图4-16所示。为提高抗干扰能力,从中心到边缘,"棋盘格"的径向宽度逐渐减小,但各"格"的面积相同。显然,"棋盘格"式调制盘对背景的抑制能力比"旭日"式强。

3. 圆锥扫描调幅式调制盘

圆锥扫描调幅式调制盘的图案,如图4-17所示。其最外围是尖角形,圈内为扇形加"棋盘格"图案;各环带黑白格子数量不同(由内向外逐渐增多)且每环带上的黑、白扇形面积一样。外围的尖角图案用以产生调制曲线的上升段,尖角的多少取决于调制频率;内部区域的图案按空间滤波要求考虑。这种调制盘固定在光学系统焦平面上而不旋转,除扫描元件外,光学系统有一条对称轴,调制盘中心即在此轴上。扫描元件的存在使整个系统成为不共轴结构(图4-19),其旋转会使目标像点在调制盘上形成光点扫描图,即所谓的圆锥扫描。

当目标在视场中心时,光点成像在如图4-17所示的调制盘 A 点,其光点扫描圆与调制盘同心,光点扫描过的尖角形宽度处处相等,调制盘输出等幅光脉冲,其包络信号为零,没有可用信号输出(图4-18(a))。

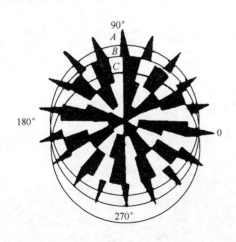

图4-17 光点扫描调幅调制盘

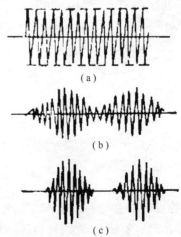

图4-18 光点扫描调幅调制盘的信号输出

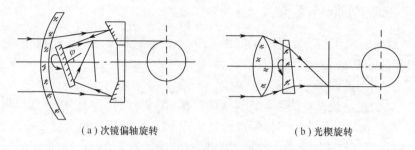

(a) 次镜偏轴旋转　　　　　　　(b) 光楔旋转

图 4-19　光点扫描圆的形成

当目标偏离视场中心,光点成像在如图 4-17 所示的调制盘 B 点,其光点扫描圆相对于调制盘偏心。光点扫一周时经过外圆三角形的不同部位,光点的调制深度、载波形状和频率都不断变化。调制盘输出调制光脉冲经光电信号处理后得到,如图 4-18(b) 所示的连续调幅波。

若目标更加远离视场中心,光点成像在如图 4-17 所示的调制盘 C 点,其像点扫描圆部分超出调制图案区。由于在调制图案区域之外时,光点不受调制,故经信号处理后得到,如图 4-18(c) 中的不连续调幅波。

4.2.3　调频式调制盘系统

1. 旋转调频式调制盘

图 4-20 给出了一种旋转调频调制盘的图案。该图案分为三个环带,各环带包含"透"与"不透"的格数目——由内向外依次为 8,16,32。同一环带中各扇形格对应的圆心角也不一样——从基线 OO' 起按正弦规律变化。在实际系统中,调制盘在光学系统焦平面处,以角速率 Ω 绕光轴旋转。

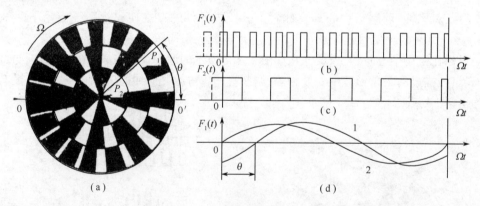

图 4-20　旋转调制盘及其波形

若目标像点位于 P_1 处,方位角为 θ,则调制盘输出的脉冲波形,如图 4-20 所示,其矩形脉冲宽度和间隔呈正弦规律变化。即

$$F_1(t) = F_0 \cos[\omega t + m \cdot \sin(\Omega t + \theta)] \tag{4-3}$$

式中:F_0 为像点辐射总功率;ω 为基准信号频率。

这个输出经过鉴频和滤波,可以得到其与基准信号的相位角之差,即得到方位角 θ。

这种调频式调制盘与调幅式相比,其优点是调制效率高出几倍,而且调频信号的处理电路能更好地抑制噪声,使其有较强的抗干扰能力;其缺点是由于各环带内角度分格不匀,使空间滤波能力欠理想;另外,由于采用调频体制使后续处理电路变得复杂,调制盘图案制作也比较困难。

2. 圆锥扫描调频式调制盘

图4-21(a)给出一种圆锥扫描调频调制盘的图案。其调制图案呈扇形棋盘格样式,中心位于除扫描元件之外的光学系统光轴上。其区别于旋转调频调制盘的重要特点是能连续反映目标的失调角。

若目标在视场中心,则像点扫描圆 A 与调制盘同心,输出波形如图4-21(b)所示,载波频率为一常量,如图4-21(c)所示。当目标偏开视场中心时,像点扫描圆 B 不与调制盘同心,像点过调制盘中心区时,产生的光脉冲比扫过边缘区时更密集,如图4-21(d)所示,因此,当像点扫描一周时,载波频率连续变化,如图4-21(e)所示。

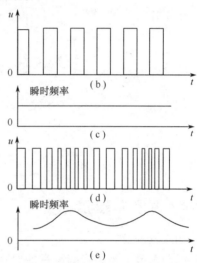

图4-21 圆锥扫描调频调制盘

显然,载波波形的相位取决于像点方位角,调频信号相位经过鉴频后与基准信号比较,可得目标方位角,调频信号的幅值可以确定目标的失调角。这种调制盘具有前述圆锥扫描调幅式调制盘的优点,如无盲区,可实现高精度跟踪等;它的主要缺点是光学系统以不共轴状态工作,这必然破坏目标像"点"的形状和光辐照度的均匀性,影响调制效果。

3. 章动调频式调制盘

章动调频调制盘是令光学系统不动,让调制盘绕光轴做圆周平移运动。这样也会产生与上述圆锥扫描类似的功效,但却克服了圆锥扫描光学系统不共轴工作的缺点。

如图4-22(b)所示,调制盘中心以光轴中心点 M 为圆心进行圆周轨迹平动,调制盘的中心平动一周后形成圆轨迹,即 $ABCD$ 四个点所在的圆轨迹。若目标成像点在光轴 M 点处,则调制盘中心沿圆周平动一周过程中,目标像点相对于调制盘中心等效在做匀速圆周运动(图4-22(c))。因此探测器上所形成的调制信号是频率恒定的脉冲信号。当目标像点偏离光轴中心时,调制盘中心沿圆周平动一周过程中,目标像点相对于调制盘的圆周运动将不再以调制盘中心为圆心,如图4-22(d)所示。则探测器上所形成的调制信号在一个周期内将发生频率的周期性变化,频率峰值变化的大小反映出目标失调角的大小,峰值出现的相位反映出目标的方位角。

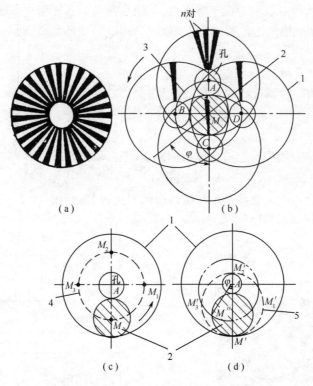

图4-22 圆周平移章动调频调制盘工作原理

4.2.4 调相式调制盘系统

1. 调相式调制盘

图4-23表示了调相式调制盘的原理,图中以半径为 R 的圆把调制盘图案分为内外两部分圆环。在半径 R 以内,上半部是半透区,下半部是透与不透相间分布的等圆心调幅式调制盘;在半径 R 之外,上下部分图案恰好与上述情况相反。调制盘以系统光轴为旋转轴旋转。

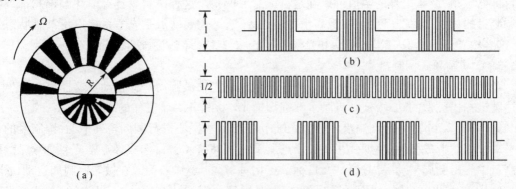

图4-23 调相式调制盘及其输出信号

图4-23(b)、(c)、(d)三种信号分别表示像"点"位于小圆内,圆环分界上,外环内的信号输出。显然这种调制盘只能给出目标失调角属于哪一区间的定性信息,不能提供目标的方位角信息,因此一般不单独使用。

2. 脉冲调宽式调制盘

脉冲调宽式调制盘装在光学系统焦平面附近,以光轴为旋转轴旋转。它以像点扫描所对应的输出脉冲宽度差异来反映目标的失调角,即像点在调制盘的径向位置,其图案样式如图4-24所示。

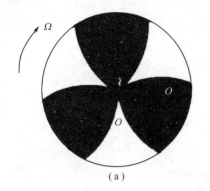
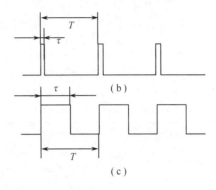

图4-24 脉冲调宽式调制盘及其信号输出

由图4-24可见,当像点靠近光轴时,调制盘旋转输出的信号脉冲宽度 τ 很小,如图4-24(b)所示。当像点逐渐远离光轴时,信号脉冲宽度逐渐变大;当像点到达视场边缘时,脉冲宽度最大,如图4-24(c)所示。这种调制盘简单,但存在盲区,且只能提供失调角信息,故也不宜单独使用。

4.2.5 调制盘的特性

调制盘是影响弹目信息提取的重要器件,因此需要分析调制盘对制导系统特性的影响。这里以AIM-9B"响尾蛇"空空导弹导引头所采用的棋盘格式调制盘为例介绍,如图4-25所示,该调制盘直径为6.3mm,上半圆为调制区分成12个等分扇形区,中心扇形区的半径为1.1mm。边缘各环带分成三组,从内层环带算起:1~4环带,每环带间距为0.2mm;5~9环带,每环带间距为0.15mm;10~14环带,每环带间距为0.1mm,(图中只画出12个环带)。调制盘下半圆为半透明区,由62条宽为0.025mm,间距也为0.025mm的不透明同心半圆黑线组成。由于目标像点直径通常远大于0.025mm,所以可认为这个区域的透过系数无论对目标或对背景都是50%。调制盘以72round/s的转速转动,即包络信号频率为72Hz。

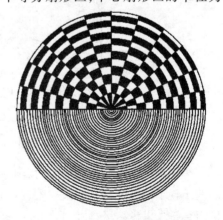

图4-25 AIM-9B导弹的棋盘格式调幅调制盘

当红外光学系统的等效焦距 f 确定时,失调角 Δq 和失调量 ρ 的关系具有一一对应关系,而失调角 Δq 与焦距大小无关,因此这里为描述方便采用失调角 Δq 描述目标偏离光轴的大小。假定目标像点处于中央扇形区中的某点,此时失调角为 Δq,当调制盘以一定的转速转动时,调制信号的波形为方波调制的梯形脉冲,调制波的初相角 θ 即为目标的方位角(图4-26)。

若将图4-26中信号波形按傅里叶级数展开,取基频及上下旁频信号,则可得到有用信号

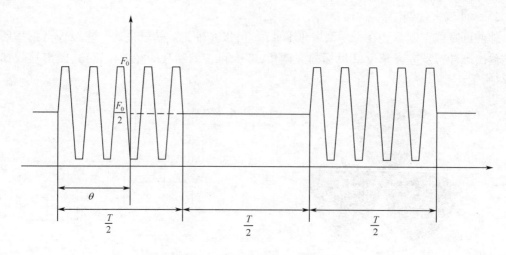

图4-26 AIM-9B导弹调制信号曲线

的大小。这个有用信号通常用某一级的电压信号 u 来表示,不同的电压对应不同的失调角。失调角 Δq 与有用调制信号 u 之间的关系曲线称为调制曲线,调制曲线是制导系统工作中一个非常重要特性。下面简单分析影响调制曲线的几个重要因素。

1. 失调角变化对调制曲线的影响

当目标像点直径为一定值时,随着失调角 Δq 的减小调制深度下降,则有用信号值减小。当有用信号减小到接近系统噪声电平时,则不再反映目标信号,因此将调制盘中心不能反映目标信号的区域称为盲区,这里用 δ 表示盲区边界的失调角大小(图4-27)。

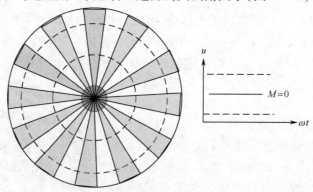

图4-27 盲区内的调制信号曲线

当像点从中心向边缘移动时,随着失调角 Δq 增大调制深度增大,有用信号值增大,调制曲线出现了一段线性上升段。若失调角再增大(通常将上升段最大的失调角值记为 r),目标像点会进入棋盘格区,此时目标像点直径大于环带宽度,则调制深度出现下降,有用信号值随之降低,调制曲线呈现下降的趋势。调制盘棋盘格处的环带宽度向外逐渐变窄是为了消除大面积背景干扰,而这一设计的副作用是使得接近调制盘边缘的有用信号会逐渐减小。图4-28即为调制曲线的大致形状,曲线的峰值位置由像点直径与径向分格宽度的相对大小确定。实际中像点在跨越径向环带的分界处时,有用信号值将显著下降,因此实际在调制曲线的下降段还会有许多的狭窄凹陷区。

实际上任何一个光学系统,在整个视场内像点大小和形状都是变化的,它按一定的像差规

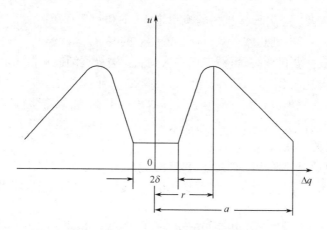

图 4-28 调制曲线的形状示意图

律变化。因此,当调制盘图案不变,而像差规律不同时,调制曲线的形状也不同。由于像差的影响,接近视场边缘处像点显著增大,因此调制深度大大降低,有用信号会迅速减小。

2. 弹目距离变化对调制曲线的影响

对于特定目标而言,当目标与光学系统之间的距离变化时,像点的大小和像点能量会同时发生变化。若距离减小,像点面积增加导致调制深度下降,有用信号值减小,调制曲线下降。另一方面,距离减小时光学系统所接收的目标辐射能量增加(即像点能量增加),这会导致有用信号的增加,由此可见,像点面积和像点能量的影响是相互矛盾的。通常在距离较远时,能量变化因素占主导地位,像点面积变化影响不显著。随着距离减小,有用信号值的增加占主导地位,调制曲线的斜率随之增大。当距离很近时,像点面积变大占主导地位,这使得调制深度降低,有用信号减小。例如 AIM-9B 空空导弹在最后接近目标的 50~100m 内,由于像点面积急剧增加,有用信号也急剧减小,使得制导信息消失。因此这段时间内只能依靠惯性飞向目标,所以这段距离也被称为失控距离。

另外调制曲线的盲区、上升段和下降段对导弹制导系统的性能也有较大的影响,下面做简要分析。

(1)盲区。当目标像点落到盲区内时,没有有用信号输出,因此,盲区的大小直接影响了探测系统的角度误差。如果有盲区的调制盘用于测角仪中,那么由盲区引起的角度误差就直接影响了测角精度。

当调制盘图案一定时,影响盲区大小的因素是像点的大小,像点越大盲区也越大。由此可见,探测系统的角度误差要求确定以后,盲区的大小就可以定了。盲区的大小又决定了中心像点的大小,从而对光学系统的设计提出了要求。对于这种中心为辐射状的旋转调制盘系统,必定存在盲区,盲区会使测角误差增加,因此它主要用于对测角误差要求不高的导弹的制导系统中。

(2)上升段。当探测系统处于跟踪状态时,目标像点均落在调制曲线的线性段内,因此这段曲线的形状对系统跟踪工作状态有很大影响。从控制系统的工作要求来看,一般希望上升段具有线性特性,即斜率近似为某一常值。线性段的斜率越大,系统跟踪快速性越好。当上升段的斜率为定值时,上升段宽度越大,信号峰值越大,系统跟踪目标的能力就越强。

此外,上升段的宽度还与导引头分辨双目标的能力有关。当有两个目标同时落入调制曲线的两侧上升段区域以内时,将无法对其中的选定目标进行单一跟踪。若线性段宽度较宽,那么两个目标同时落入两侧上升段区域内的概率增大,不利于选择单一目标进行跟踪。因此上升段的宽度大小,还要考虑到总体对双目标分辨能力的要求。

(3) 下降段。在捕获目标时,目标像点将从调制盘边缘逐渐向调制中心移动,即像点从调制曲线的下降段逐渐进入上升段,从捕获转入跟踪状态。下降段主要是为了扩大捕获范围,其宽度越大,相应的捕获视角也越大。从捕获目标的角度来看,通常希望捕获视角大,即下降段宽。但视角大了,会使背景干扰增大,同时还会使分辨多目标的能力降低,因此又希望视角不要过大,即下降段不要太宽。

综上所述,调制曲线的形状和参数是由多种因素共同决定的,有些因素是互相矛盾和相互制约的。因此调制盘系统的设计需要根据具体情况,找出起主导作用的因素全面考虑。

4.3 非调制盘式红外点源制导系统

在调制盘式红外制导系统中,调制盘上必须制作"透"与"不透"的图案,不透区域的存在会使探测系统对目标能量的利用率减小一半。另外由于调制盘占据光学系统焦平面位置,探测器不得不离开焦平面。由此需要在探测器前引入场镜、浸没透镜等,这不仅使系统复杂,还进一步降低了光能利用率。此外调制盘中央存在一个盲区,盲区内的目标不能产生制导信号。为了克服这些缺点,人们取消了调制盘,并将探测器阵列按照一定形式排列。通过让目标成像点按照某种规律扫描运动,实现对目标能量的调制和角度信息获取。常见的非调制盘式红外制导系统有"十"字形、"L"形系统及玫瑰线形扫描系统等。

4.3.1 "十"字形和"L"形探测系统

"十"字形和"L"形点源制导系统是指探测器器件按照"十"字形或"L"形的方位排列构成的目标探测系统。这种系统不用调制盘,因此获取目标角度信息的原理也与调制盘系统不同。而"十"字形和"L"形点源制导系统的工作原理基本相同,下面分别介绍两者的工作原理。

1. "十"字形探测系统

"十"字形探测系统由光学系统、探测器及信号处理电路三大部分组成。光学系统可为反射式、折射式或折反式成像,而工作方式为圆锥扫描式,即在像平面上产生像点扫描圆。像平面上放置四个光敏电阻,电阻按照"十"字形阵列摆放,目标像点以圆的轨迹扫过"十"字形探测器列阵。图4-29为反射式光点扫描光学系统和探测器元件工作方式示意图。

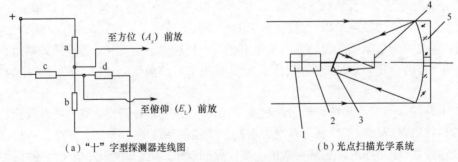

图4-29 "十"字形探测器连线及其光点扫描系统
1—基准信号产生器;2—驱动电动机;3—次镜;4—探测器;5—主镜。

"十"字形探测器使用的是光敏电阻,当像点扫描过探测器时,该探测器电阻发生变化,造成其所在通道两元件阻值的失衡，于是在该通道输出端出现正或负极性的脉冲信号（图4-30）。

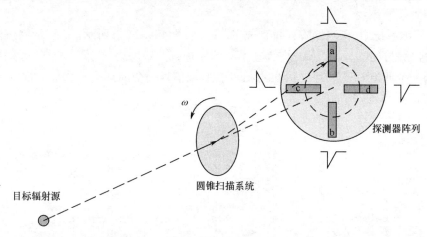

图4-30 "十"字形探测器光点扫描与信号产生原理

若目标在导引头光轴上，则其像点扫描圆心与"十"字中央重合，方位通道、俯仰通道信号脉冲等间隔出现，如图4-31(a)所示。两脉冲之间的间隔为基准信号周期的1/2。这种信号脉冲对基准信号采样，由缓冲器输出误差信号为零。

当目标不在导引头光轴上，如扫描圆中心偏到"十"字右侧O_1点，如图4-31(b)所示，此时像点扫过方位通道元件a、b所产生的信号脉冲不等间隔出现。随着目标偏离光轴的大小和方向不同，信号脉冲出现的时间先后及脉冲间隔都不相同。显然"十"字形探测系统的位置信号为脉冲位置调制信号，简称脉位调制信号。

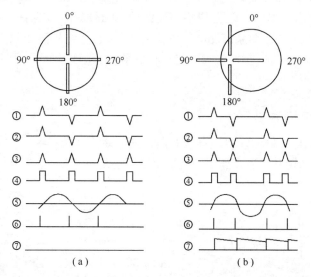

图4-31 目标位于"十"字形系统不同位置时探测器的输出波形
1—探测器输出波形；2—前置放大器输出波形；3—对数放大器输出波形；4—开关电路输出波形；
5—方位基准信号波形；6—采样输出波形；7—缓冲器输出波形。

"十"字形系统优点是避免了调制盘带来的能量损失，理论上无盲区，测角精度高，可以达到角秒级。其缺点是失去了调制盘特有的空间滤波作用，探测噪声大。另外这种系统一周内采样两次，若基准波形不对称，则其局部误差、相位差、采样脉宽等因素都会带来误差。针对这一情况,人们设计了带"L"形探测器的系统,它一周只有一次采样。

2. "L"形探测系统

"L"形探测系统中,探测器阵列排列成"L"形,如图4-32(a)所示。"L"形系统的目标信号形式、基准信号形式以及方位误差信号提取的原理都与"十"字形系统相同,区别仅在于光点转动一周一个通道内只产生一个调制脉冲,在基准信号一个周期内只采样一次,因此"L"形系统比"十"字形系统的测角精度高。

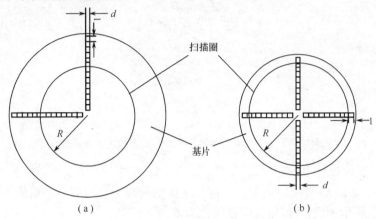

图4-32 "十"字形与"L"形探测器的对比

在光学系统视场大小相同的情况下,"L"形和"十"字形探测器的每臂长度是不同的。为保证不丢失目标,"L"形探测器一个臂的长度等于光学视场的直径($2R$),而"十"字形探测器一个臂的长度只有光学系统视场直径的$1/2(R)$,如图4-32所示。如果"L"形探测器的尺寸太大,每个探测臂的探测元数过多,会使多探测元的均匀性等难以保证,测量精度降低。为克服上述缺点,又充分发挥"L"形系统测量精度高的优势,有些红外测角仪做成两种视场。大视场时采用"十"字形探测器,以获得较大的捕获目标能力;小视场时采用"L"形探测器,以获得较高的测量精度。

4.3.2 玫瑰线扫描系统

玫瑰线扫描系统是一种可以实现复杂像点扫描运动的光学系统。其可以等效为平行光路中的两个旋转光楔、物镜和探测器组成,如图4-33所示。

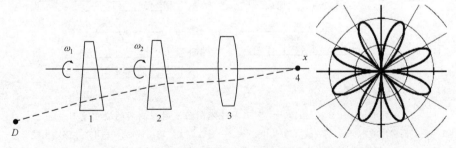

图4-33 像点扫描系统

当光楔1和2的材料和斜角相同,两者分别以角速度ω_1和ω_2沿x轴旋转,通过设置两者不同的角速度,便可以得到不同形状的扫描线。

图4-34(b)是采用反射镜反向旋转实现玫瑰线扫描的方案示意图。其中主镜、次镜相

对于一般意义上的"光轴"各自倾斜一个不大的角度,两个倾角大小一样,但方向相反;主镜、次镜分别绕系统光轴反向旋转。适当控制两者的转速比,可产生如图4-34(a)所示的由 N 个花瓣组成的扫描图案——多叶玫瑰线。

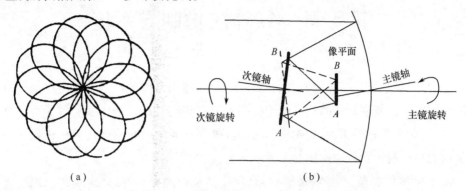

图4-34 玫瑰扫描图案及其产生的方法

在这种方案中,视场中心是各叶扫描线的交会处,故每帧有 $2N$ 次脉冲提供目标的位置信息。当目标偏离视场中心后,每帧至少有一次脉冲提供其位置信息,这也是玫瑰线扫描相比调制盘的优越之处。对于采用调制盘的探测系统,无论目标像点位于调制盘上何处,每帧都只能提供一次目标位置信息。

采用玫瑰线扫描的另一个优势在于采用很小的探测器就能实现较大视场范围内的扫描。由于探测器噪声与其面积的平方根成正比,故减小探测器尺寸有利于减小探测器噪声。另外小面积探测器易于制作,有利于降低成本和提高成品质量。最后小型探测器便于制冷,这也能使信噪比进一步提高。

当然,小的瞬时视场对应着目标信号的脉冲宽度越窄,这就要求信号处理电路具有较大带宽,从而增加了电子系统的噪声。美国的"毒刺"-POST便携式地空导弹就是采用了玫瑰线扫描方案。

当然无论是调制盘式或者是非调制盘式都属于红外点源制导系统,这种点源系统不考虑目标的形状特征而过于依赖辐射能量强度,因此很容易被敌方施放的红外诱饵所干扰,从而导致在复杂的现代战场对抗中命中概率不高。为了解决点源红外制导的先天不足,人们开始在后期的红外制导导弹中使用红外成像制导系统。

思 考 题

(1) 红外导引头发展经历了几个阶段,各阶段都有什么特点?
(2) 简述典型红外制导系统的组成部分以及各部分的功能?
(3) 简述调制盘的功能和作用。
(4) 论述"旭日式"调制盘的工作原理和调制曲线各段的特点。
(5) "棋盘式"调制盘如何对大背景目标进行抑制?
(6) 简述调频式调制盘与调相式调制盘的基本工作原理?
(7) 为什么调幅式调制盘会出现盲区?
(8) 非调制盘式红外制导系统与调制盘式系统相比的优势有哪些?
(9) "十"字形和"L"形探测系统的工作方式有什么区别?

第5章 红外成像制导系统

红外成像制导系统是一种智能型的制导系统,其利用目标的红外辐射所形成的红外图像进行实时处理,从而能在复杂的背景和干扰中发现和识别目标。由于这种制导方式能够区分目标的红外辐射分布和形状,因此相比非成像红外制导系统具有更强的目标识别和抗干扰能力,已经成为现代制导武器常使用的一种制导方式。

20世纪80年代以来,红外成像探测器、高速微型处理器、图像处理及图像跟踪技术的飞速发展,为第四代红外成像制导系统发展奠定了基础。特别是 128×128 分辨率以上的锑化铟或碲镉汞面阵探测器件的研制成功和 $8 \sim 14 \mu m$ 波段远红外探测器的工程化,大幅提高了红外制导系统的目标探测距离和探测分辨率。

相比之前的点源红外制导系统,第四代的红外成像制导系统具有了更高的抗干扰能力和真正意义上的全向攻击能力以及"发射后不管"能力。这一代的红外制导武器典型代表有美国 AIM -9X(图5-1)、英国 ASRAAM、法国"麦卡"改进型、以色列"怪蛇"-4 和俄罗斯 AA -11"射手"等空空导弹,以及北约"崔格特"、美国 AGM -114"海尔法"改进型和"标枪"等反坦克导弹。例如美国"斯拉姆"空地导弹采用了惯导导航、无线电高度表、全球定位系统和红外成像导引头的复合制导系统,因此其具有很高的命中精度(达到1m)并可精确选择命中部位,可实施"外科手术式"的精确攻击。

图5-1 美制 AIM -9X 红外成像制导空空导弹

进入21世纪后红外导引头又有了诸多新发展动向。2005年法国列装的"麦卡"红外空空导弹装有法国 SAT 公司研制的双频段红外成像导引头,其采用双频段机电扫描方案和完善的信号处理技术,具有较远的作用距离和较好的抗干扰能力。德国 BGT 公司研制的一种新型红外导引头,采用电子控制的微机械视场选择器,可改变红外探测器的观察角,不需要安装框架系统。

本章将主要简述红外成像制导系统的基本原理和组成、红外成像的方式、红外成像制导系统的图像处理方法、影响红外成像的因素以及红外对抗的发展状况。

5.1 红外成像制导系统原理

红外成像是一种实时扫描目标红外辐射的成像技术,其通过探测目标和背景间微小的辐射强度差异或辐射频率差异从而形成红外辐射分布图像。其基本原理是将景物表面温度的空间分布情况变成按时序排列的电信号,并以可见光的形式显示出来,或将其用数字化的形式存储到弹上图像处理系统中。弹上图像微处理器根据相应的目标识别和跟踪算法从目标图像中提取目标位置信号,驱动导引头跟踪系统跟踪目标并控制相应执行机构将导弹引向目标。

5.1.1 红外成像制导的特点

由于红外成像制导具备获取目标红外辐射图像的能力,因此其可获得更加丰富的目标信息,这为目标的精确识别和抗干扰奠定了基础。总体说来红外成像制导具有如下特点:

(1) 抗干扰和识别能力强。红外成像制导系统可以探测目标和背景之间微小温度或辐射率差异并形成红外辐射图像,因此可以在复杂的背景环境中区分和识别目标,并具有较强的抗干扰能力。也正是因为红外成像的这一特点,红外制导导弹才能够广泛应用于攻击地面复杂背景中的各种目标。

(2) 空间分辨率和制导精度高。由于红外成像制导系统通过二维扫描成像或者凝视成像,将原有的瞬时视场划分为二维平面上的多元探测阵列,因此每个探测元所对应的空间视场角更小,通常可以达到 $0.05°$ 的角分辨率,这使得其具备很高的分辨能力和制导精度。

(3) 探测距离远、具有准全天候作战能力。与可见光制导相比,红外成像制导系统多工作在 $8\sim14\mu m$ 远红外波段,这一波段红外线穿透雾、雨、烟尘的能力比可见光强,因此具有更远的作用距离。另外,红外成像制导不受自然光照条件的限制,因此具有全天时和准全天候(除浓雾和浓烟等极端恶劣天气)作战能力。

(4) 环境和任务适应能力强。由于红外成像制导系统具有复杂背景和环境下的目标识别能力,因此红外成像制导系统可用于空中、地面和海面上的各种目标,这大大超越了红外点源制导主要用于攻击空中目标的限制。此外红外成像制导系统攻击不同目标时的适应性很强,根据打击目标的不同只需要更换识别软件即可。

红外成像制导的另一大优势就是能够实现真正意义上的"发射后不管",而不是红外点源制导系统的"锁定后不管"。红外点源制导系统由于不具备目标识别能力,因此在导弹发射前首先由发射控制站(如载机)搜索、捕获要攻击的目标,一旦目标的位置被确定,立即控制导弹导引头的位标器锁定并跟踪目标(即"发射前锁定"方式)。在导引头稳定跟踪后导弹才能发射,之后由导弹自行实现跟踪控制,这种方式是导弹锁定后才能发射不管,因此被称为"锁定后不管"。

对于红外成像制导的导弹来说,由于红外成像制导系统具备自动探测、识别和锁定目标的能力,因此在导弹发射前不一定要求导引头能发现目标或者锁定目标。导弹可以发射后由中制导系统(通常是惯导系统)控制飞向目标可能出现的区域,在飞临目标区域后通过红外图像采集、图像处理和图像识别,区分出目标和背景,自主锁定和跟踪目标实现末制导攻击过程。因此,红外成像制导才是真正意义上的"发射后不管"。这种方式使得发射平台能够在敌方防御区域之外实现导弹远程自主打击的能力,但其难度在于导弹飞行过程中需要自行发现和识别目标,没有人工参与,对于图像处理和目标识别技术要求较高。

5.1.2 红外成像制导系统的组成

红外成像导引头根据是否制冷可分为制冷或非制冷方式两种类型,制冷型的探测灵敏度很高,多用于远红外波段的常温目标探测;非制冷型的探测灵敏度较低,多用于中远红外波段的较高温目标探测。此外成像导引头为了保证成像质量的清晰,多数都采用具有稳定伺服机构的稳定平台或者半捷联平台。无论这些成像导引头结构如何,其组成功能基本相似,都是由整流罩、光学系统、成像探测器、图像处理系统和制导控制计算机构成,有些还有稳定平台和制冷系统,如图5-2所示。

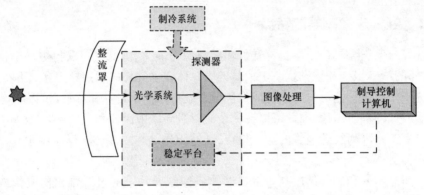

图 5-2 红外成像制导系统的一般组成

其中红外成像系统的光学系统和探测器针对成像功能设计,光学系统多为能够不改变目标形状特性的透镜系统,探测器多为阵列式探测器或者通过扫描方式成像的探测器。图像处理单元是成像制导系统特有的处理单元,其主要功能是将原始采集的图像进行适当的处理,提高信噪比,并区分出目标与背景,从而获得目标的位置信息。

一般说来,红外成像导引头主要工作在长波的 $8\sim12\mu m$、中波的 $4\sim5\mu m$ 这两个波段。长波红外波段通常可提供所有常见背景的图像,尤其适用于北方地区或对地攻击,但对南方湿热地区或远距离(大于10km)海上目标、空中目标,目标热辐射将逐渐转向中波红外波段。针对远距离海上目标或热带区域目标,使用中波红外波段探测较为有利。中波、长波红外工作波段选择比较如表5-1所列。

表 5-1 中波、长波红外工作波段选择比较

气象条件	近距(<4km)地面目标	远距(>10km)海上或空中目标
一般气象	$8\sim12\mu m$	$4\sim5\mu m$ 或 $8\sim12\mu m$
高温高湿	$4\sim5\mu m$ 或 $8\sim12\mu m$	$4\sim5\mu m$

红外成像制导系统从20世纪70年代开始,到目前为止已经发展了两代制导系统。第一代红外成像制导系统利用光机扫描方法实时获得图像,典型的型号有美国的"毒刺"改进型(Stinger RMP)、AGM-84E"斯拉姆"空地导弹、AGM-65D/F"幼畜"空地导弹和苏联的"萨姆13"地空导弹。第二代红外成像制导系统采用凝视红外焦平面阵列成像,其结构简单、紧凑、工作可靠,典型代表有欧洲联合研制的远程"崔格特"反坦克导弹、美国的"标枪"和"海尔法"改进型反坦克导弹。

随着红外凝视成像器件工艺水平日益成熟和批量化,目前商品化的长波探测器分辨率已达到 128×128 元,中波探测阵列到达 256×256 元,并且成本也大大降低。此外,随着红外成

像导引头向着多光谱化、高分辨凝视、智能化、轻型化和通用化的发展,目前越来越多的导弹、制导弹药和空间武器都开始大量使用红外成像制导方式。

5.2 红外成像方式

红外成像可将原来的点目标转换为面目标图像,其中如何由红外探测器形成复杂红外图像是系统关键所在。目前红外成像制导武器主要采用两类成像方式:一类是以美国 AGM-65D"幼畜"空地导弹为代表的多元红外探测器线阵扫描成像制导系统,即扫描式成像系统;另一类是以美国"坦克破坏者"反坦克导弹和"海尔法"空地导弹为代表的多元红外探测平面阵列成像系统,即红外凝视成像系统。这两种系统都是由多元阵列构成的红外成像系统,与红外点源制导探测器相比,具有视场大、响应速度快、探测能力强、作用距离远和抗干扰能力强等优点。本节将分别介绍这两大类红外成像方式。

5.2.1 红外扫描式成像系统

扫描式成像系统按照对成像分解方式不同可分为三类:光机扫描系统、电子束扫描系统(如显示屏接收的视频光栅成像系统)及固体自扫描系统(如固体面阵 CMOS 摄像接收器件等)。

1. 光机扫描成像系统

光机扫描成像系统的原理是使用一个固定的小型红外探测单元接收辐射,通过改变入射扫描反射镜的偏转角度,实现对大视场范围的顺次扫描。其基本结构组成包括光学系统、探测器、信号处理电路和扫描器等。扫描器由扫描驱动机构和扫描信号发生器构成,扫描驱动机构使光学系统在某一定空间范围按一定规律进行扫描,扫描运动的规律由扫描信号产生器产生的扫描信号来控制。

扫描光学系统按扫描器所在的位置可分为物方扫描和像方扫描两种方式。图 5-3(a)为物方扫描成像系统,图 5-3(b)为像方扫描成像系统。两者的区别在于扫描反射镜在成像透镜的外侧还是内侧,两种方式的效果差别在于对成像质量和光学系统的尺寸大小要求不同。

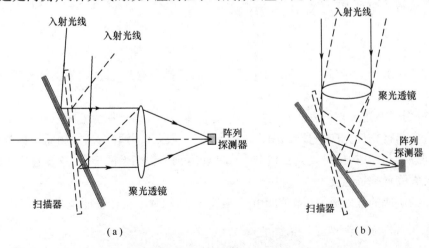

图 5-3 扫描成像光学系统

光机扫描方式的优点在于其通过扫描反射镜的机械扫描实现大视场探测,从而使得用一个小型红外探测器即可实现大范围成像,降低了硬件成本和复杂度。但其带来的缺点是:一方面,在目标辐射特性和成像视场范围确定的情况下,要实现成像高帧频就必然要求光机扫描速度加快,而这会对扫描机构的动态特性提出很高的要求;另一方面,光机扫描速度过快,使得探测器对目标单位面积的探测时间减少,从而降低了信噪比,容易使得图像出现噪点。

针对这个问题,在光机扫描方式中常采用多元探测器来提高信号幅值或降低扫描速度,进而提高光电成像系统的信噪比。多元探测器的扫描方式因元件的排列和扫描方向的不同分为串联扫描、并联扫描和串并联混合扫描三种方式。

(1) 串联扫描:在这种扫描方式中,几个或十几个单元线列探测器排成一行,探测元排列方向与行扫描方向平行。扫描时景物上的一点会依次经过串联的各单元探测器,扫描过程如图 5-4 所示。串联扫描的本质是通过线列中各探测元信号的顺次采样,并按扫描顺序进行时间延迟后累加,这样实际上相当于对景象的一个探测点进行了多次采样,从而提高了探测的能力。

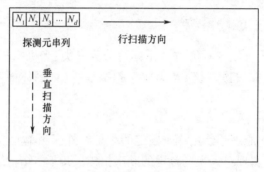

图 5-4 串联扫描示意图

串联扫描组成的红外成像系统噪声等效温差 $(NETD)_m$ 计算公式为

$$(NETD)_m = \frac{\Delta T}{\sqrt{n_d}(S/N)} \tag{5-1}$$

式中:ΔT 为系统到达信噪比(S/N)所需的温差;n_d 为探测器元数。而由单元探测器组成的红外成像器件的噪声等效温差 $(NETD)_E$ 为:

$$(NETD)_E = \frac{\Delta T}{(S/N)} \tag{5-2}$$

由此可得 $(NETD)_m = (NETD)_E / \sqrt{n_d}$,也就是说串联扫描的噪声等效温差比单元探测器小,即热灵敏度提高。

(2) 并联扫描:这种扫描方式是将数十个或上百个单元线列探测器排成一列,而多探测器元件排列方向与行扫描方向垂直,如图 5-5 所示。一般来说并联扫描探测器元数与一帧图像的行数相同,所以并联扫描可以只行扫描一次就能得到整幅图像的信息,这样在恒定的帧频要求下可以大大降低扫描速度。

并联扫描组成的红外成像系统的噪声等效温差 $(NETD)_P$ 可以证明也为

$$(NETD)_P = \frac{1}{\sqrt{n_d}}(NETD)_E \tag{5-3}$$

需要注意的是,串联扫描和并联扫描提高信噪比的途径不同:串联扫描是通过累加信号强度来提高信噪比的,而并联扫描是以降低扫描速度(相当于提高单点探测时间)来提高信噪比的。

（3）串并联扫描：串并联扫描中既有串联扫描又有并联扫描，是一种混合型扫描方式。实际上它是以探测器阵列形式来进行扫描，如图 5-6 所示。

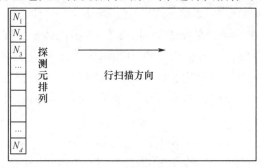

图 5-5 并联扫描示意图

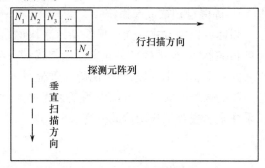

图 5-6 串并混合扫描示意图

串并联扫描方式的噪声等效温差为 $(NETD)_H = (NETD)_E / \sqrt{n_d}$。由于串并联扫描系统兼有串联和并联扫描两种扫描的优点，因此在导弹制导系统中使用较多。

尽管串并联扫描方式可以有效降低扫描机构的扫描速度并增加多次累积信号的能量，但是当成像视场较大时，扫描元阵列的行数小于总成像视场的行数。这就需要对大范围视场进行多次行扫。行扫的速度和次数将直接决定每一帧图像的扫描时间，就必然存在提高扫描速度和提高信噪比之间的矛盾。但是受到机械扫描装置的动态特性约束，因此通常采用逐行扫描与隔行扫描方法来解决这一矛盾。

如图 5-7 所示，图(a)采用的是逐行扫描方式，图(b)采用的是隔行扫描方式。不妨设探测元阵列的大小为 $n \times n$ 元，探测器阵列在完成一次行扫描后，即完成了第一个 n 行区域的扫描。逐行扫描会对紧接着下面的 n 行区域进行扫描，而隔行扫描会跳开紧接的 n 行区域，到相隔的 n 行区域扫描。隔行扫描中跳开的扫描区域会在下一个帧时间内扫描。所以如果在扫描速度不变的情况下，逐行扫描和隔行扫描完成一幅图像的时间一致，但是隔行扫描的优势在于可以在一帧时间的一半时刻给出目标的大致不完整图像信息。

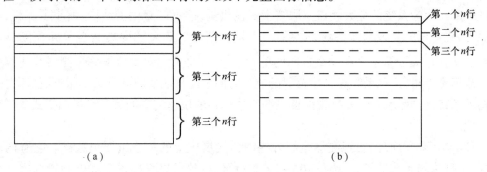

图 5-7 逐行扫描(a)与隔行扫描(b)

2. 电子束扫描成像系统

电子束扫描方式的光电成像系统采用各种真空类型的摄像管构成图像采集器，如热释电摄像管。在这种成像方式中，景物空间的整个观察区域在摄像管的靶面上同时成像，图像信号通过电子束检出。只有电子束所触及的单元区域才有信号输出，摄像管的偏转线圈控制电子束沿靶面扫描，这样便能依次拾取整个区域的图像信号，电子束扫描方式的特点是光敏靶面对整个视场内的景物辐射同时接收,由电子束的偏转运动实现对景物图像的分解。电子束扫描方式的原理非常类似于传统显像管电视机扫描的原理,其具体结构会在本书第6章的电视成像原理中介绍。

3. 固体自扫描成像系统

固体自扫描方式的光电成像系统采用的是各种面阵固体摄像器件,图5-8是固体串并混合自扫描器件,也是最简单的焦平面扫描积分型器件。面阵摄像器件中的每个单元对应景物空间的一个相应小区域,整个面阵摄像器件对应所观察的景物空间。固体自扫描方式的特点是面阵摄像器件对整个视场内的景物辐射同时接收,并通过对阵列中各个单元器件的信号顺序采样来实现对景物图像的分解。

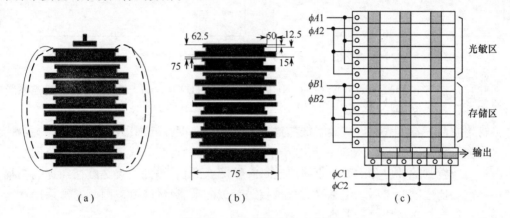

图5-8 固体扫描器件示意图

5.2.2 红外凝视成像系统

红外凝视成像系统是指系统在所要求覆盖的范围内,用红外探测器面阵充满物镜焦平面的方法实现对目标成像。换句话说,这种系统完全取消了光机扫描,采用元数足够多的探测器面阵,使探测器单元与系统观察范围内的目标空间单元一一对应。

红外凝视成像系统的最大优点是取消了扫描机构,这不仅简化了结构,缩小了体积,提高了可靠性,更重要的是改善了系统的性能。一是使系统的热灵敏度提高至单元探测器时的$\sqrt{n_H n_V}$倍,n_H、n_V是面阵水平和垂直方向的单元个数;二是最大限度地发挥探测器快速响应的特性。从理论上讲,这种系统对景物辐射的响应时间只受探测器时间常数的限制,而不再受扫描机构动态特性的影响。红外凝视成像系统所能达到的快速响应能力是光机扫描式成像系统无法比拟的。

红外FPA(焦平面阵列)探测器是红外探测器发展史上的一个重要里程碑。它有两个显著特征:一是探测元数量很大,达到$10^3 \sim 10^6$数量级,以致可以直接置于红外物镜的焦平面上实现所谓的大角度"凝视",而不需要光机扫描机构;二是有一部分信号处理功能由与探测器芯片互连在一起的集成电路完成,大大提高了系统的集成性。

假设制成一个面(二维)列阵探测器件,每个探测元件对应景物中相应的场元,面列阵探测器个数为625×625元。成像时相当于凝视景物,一个探测器在一帧时间内一直"盯着"固定的场元,辐射积分时间增加,信噪比提高。但如果采用传统的一个探测一对输出的形式则需要40多万根引线,且不论工艺难度,光敏像面上也没有空间位置安放这么多引线。1970年人们发明了电荷耦合器件(CCD),其利用 MOS(金属—氧化物—半导体)器件实现电荷包的转移,这种信号移位寄存器为研制和发展新型固体成像器件提供了基本条件。

电荷耦合的原理可以将探测器中产生的光生电荷信号转移读出,从而减少了电极引线并解决了大型阵列探测器的信号引出难题。利用硅材料制成的 CCD 器件是可见光和红外辐射的焦平面阵列成像探测的核心器件,CCD 器件的探测与读出原理,如图 5-9 所示。

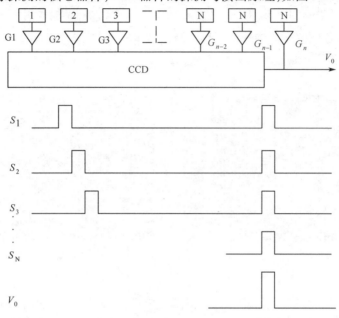

图 5-9　CCD 扫描延时传输

红外焦平面器件有混成式和单片式等多种结构。混成式是分别制备红外面阵和相应的信号处理芯片,然后互连成一体;单片式是在同一衬底上同时制备红外光敏元件和信号处理元件。混成式结构可充分利用成熟的硅工艺,但互连复杂,面阵均匀性差。单片式结构易于制备元数多、均匀性好、价格较低。如图 5-10 所示的焦平面成像器件包含敏感辐射的探测器阵列及其相应的信号处理电路,可直接输出图像视频数据。

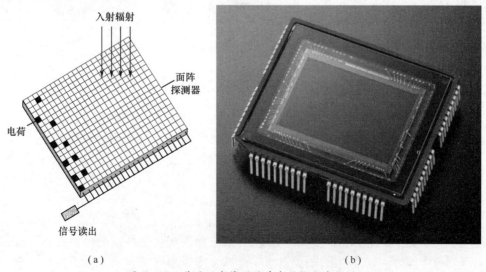

图 5-10　焦平面成像器件基本结构和实物图

5.3 红外成像的图像处理

红外图像表现的是目标和背景的红外辐射分布,其与可见光图像相比有着显著的特点。通常红外图像的高亮度区表示红外辐射较强的区域,而黑暗区域通常表示红外辐射较弱的区域;红外辐射强度的大小通常与温度和辐射性能有关,而与可见光的反射率关系不大。此外可见光图像包含了多种颜色波段的光波信息,而红外图像体现的是热辐射信息,因而红外图像在纹理、色泽和光泽度等方面体现的信息很少。图 5-11 给出了人类头部的红外图像可见光图像对比。

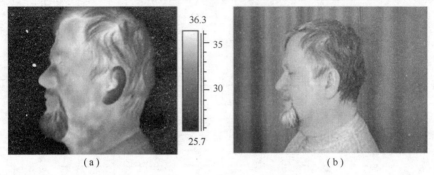

图 5-11 红外图像与可见光图像对比

此外,由于红外图像主要反映了目标与背景之间的热辐射分布,而目标和背景之间会通过辐射、传导和对流三种方式进行热交换,这样会使得目标和背景边缘之间出现模糊。图 5-12 给出了放在墙角的一个不锈钢水杯,在未装水(图 5-12(a))、刚装满热水(图 5-12(b))和装满热水较长时间(图 5-12(c))三种状态下的红外图像。

图 5-12 不锈钢水杯在不同状态下的红外伪彩色图像

不锈钢水杯在未装水时(图 5-12(a)),由于温度与墙角环境相差不大,红外辐射区分不大,红外图像几乎与背景接近。水杯表面贴有一块黑色胶布,由于黑色对红外和光波的吸收能力强,根据黑体辐射定律其红外发射率也高,所以此时的黑色胶布红外辐射强度较高,红外图像表现为亮度高。当不锈钢水杯刚装满热水时(图 5-12(b)),由于金属的比热容较小温度上升较快,而黑色胶布的比热容较大温度上升较慢,此时水杯温度高于黑色胶布的温度。当不锈钢水杯装满热水时间较长时(图 5-12(c)),水杯和胶条温度上升到几乎相等,而墙角等周围环境也受到水杯中热水的热量交换而温度上升,从而造成整个画面亮度的提高。这三种状态在红外图像中能够明显反映出来,但是对于可见光图像来说三种状态的图像是完全一样的(图 5-13)。

对于导弹所打击的军事目标来说,由于红外导引头距离目标通常较远,因而所探测的目标红外图像也较小;加之背景红外辐射也较为复杂,这就造成了导引头的红外图像更加模糊和不易辨认,因此为了便于后期的目标提取和识别就需要通过图像处理以提高图像的质量和可读性。这就是本节所要介绍的图像处理方法,图像处理方法主要包括了对图像的预处理和后期的目标识别与跟踪。在介绍这些图像处理方法之前,首先简要介绍下目前所使用的数字图像的概念。

图 5-13　不锈钢水杯的可见光彩色图像

5.3.1　图像的数字化

现代红外成像制导导弹多采用 CCD 凝视探测器,因此所形成的红外图像是由每个 CCD 探测单元产生电信号的组合。通常电信号以数字信号来表示,以便于弹上计算机的处理,所以导引头所获取的红外图像是在二维空间分布的数字图像矩阵。当然可见光图像也是可以这样数字化,因此下面所介绍的图像处理方法也能够应用于可见光图像。

一般意义上说,数字图像是一个二维的光强函数 $f(x,y)$,其中 x 和 y 是图像在二维空间上的像素点坐标,f 是在 (x,y) 坐标点上的图像值,图像值正比于该点实际探测元的接收功率。实际上产生探测器单元接收的辐射功率是连续的,即 f 的值是连续的实数,但为了方便起见,通常采用有限范围的整数或者实数来表示。对于常见的灰度图像来说,f 取值可以是 $0\sim255$ 的整数或者是 $0\sim1$ 之间的实数,其中 0 表示最暗,255 或 1 表示最亮;当然有些领域的亮暗映射恰好相反。如果采用有限范围内的整数作为图像灰度的大小,则其称为灰度级,常见的有 256 级、24 级、16 级和 8 级灰度图像。数字图像的尺寸大小用 $M\times N$ 个像素点描述,其被称为图像分辨率。每个像素点的位置坐标中,x 取 $1\sim M$ 或者 $0\sim M-1$ 之间的整数,y 取 $1\sim N$ 或者 $0\sim N-1$ 之间的整数。

例如图 5-14 是一幅分辨率为 6×6 的 256 级(8bit)亮度渐变灰度图像,可以用离散的 $0\sim255$ 和连续的 $0\sim1$ 灰度级来描述。

	1	2	3	4	5	6
1	0	31	75	127	180	224
2	0	31	76	127	180	224
3	0	30	76	128	179	224
4	0	30	75	128	180	225
5	0	31	75	127	179	224
6	0	30	75	128	179	224

(b) 0~255 灰度级的数字表示

	1	2	3	4	5	6
1	0	0.12157	0.29412	0.49084	0.70588	0.87843
2	0	0.12157	0.29084	0.49084	0.70588	0.87843
3	0	0.11765	0.29084	0.50196	0.70196	0.87843
4	0	0.11765	0.29412	0.50196	0.70588	0.88235
5	0	0.12157	0.29412	0.49084	0.70196	0.87843
6	0	0.11765	0.29412	0.50196	0.70196	0.87843

(a) 灰度渐变图像

(c) 0~1 灰度级的数字表示

图 5-14　灰度图像的数字表示

该图像的数字图像可以表示成矩阵形式如下:

$$F(x,y) = \begin{bmatrix} 0 & 31 & 75 & 127 & 180 & 224 \\ 0 & 31 & 76 & 127 & 180 & 224 \\ 0 & 30 & 76 & 128 & 179 & 224 \\ 0 & 30 & 75 & 128 & 180 & 224 \\ 0 & 31 & 75 & 127 & 179 & 225 \\ 0 & 30 & 75 & 128 & 179 & 224 \end{bmatrix} \text{或} \begin{bmatrix} 0 & 0.1216 & 0.2941 & 0.4980 & 0.7059 & 0.8784 \\ 0 & 0.1216 & 0.2980 & 0.4980 & 0.7059 & 0.8784 \\ 0 & 0.1176 & 0.2980 & 0.5020 & 0.7020 & 0.8784 \\ 0 & 0.1176 & 0.2941 & 0.5020 & 0.7059 & 0.8824 \\ 0 & 0.1216 & 0.2941 & 0.4980 & 0.7020 & 0.8784 \\ 0 & 0.1176 & 0.2941 & 0.5020 & 0.7020 & 0.8784 \end{bmatrix}$$

分辨率是指同一幅图像使用多少行列来表示,即 M 和 N 的大小。如图 5-15 是 F-22 战斗机的可见光灰度图,相同的图像使用不同的分辨率会得到不同的细节,从左向右的分辨率分别为 256×256、128×128、64×64、32×32 像素。很明显从左向右过渡,图像的细节逐渐的模糊,但是分辨率的降低使得图像存储空间减小。因此对于制导系统的图像分辨率指标需要根据指标需求和弹上硬件条件综合考虑。

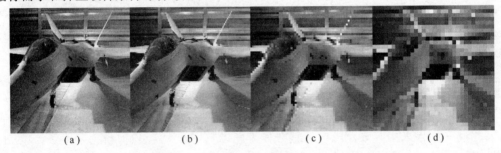

图 5-15　数字图像不同分辨率的表示

图像的灰度级是指在对图像亮度的离散化时所划分的等级。如图 5-15 的 256 级灰度图,同时也可定义更少的灰度等级。灰度级的降低同样会使图像质量下降,并且在一些原本连续平滑的区域出现"虚假"边缘,但灰度级的下降也可节省存储空间,并简化某些图像处理的工作量。图 5-16 从左到右依次为灰度级为 16 级、8 级、4 级和 2 级。

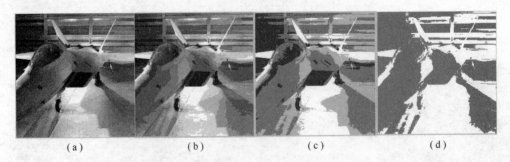

图 5-16　数字图像不同灰度级的表示

对于红外图像来说,由于探测器单元只是探测一定波长范围内的红外辐射强度,因此辐射强度的大小用一维数字灰度即可表示,所以红外图片通常以黑白的灰度图像来显示。当然有些场合为了凸显不同辐射强度的对比,也会将黑白灰度图像映射为彩色图像,但这仅仅是为了方便人眼判读,不增加更多信息,所以这种彩色红外图像被称为"伪彩色"红外图像。真正可见光彩色图像的每个像素点通常由三个或三个以上的探测元进行探测,每个探测元对应不同波段或者颜色的光波,所以可见光彩色图像的每个像点至少有三个数据信息,这也是相同分辨率的可见光彩色图像数据存储量要大于红外灰度图像的原因。

5.3.2 红外图像预处理

红外探测器获得的目标图像往往伴随着大量不同类型的噪声,这些噪声可能是外界环境因素造成的,也可能是成像系统本身的某些因素造成的。此外,红外图像还具有边缘模糊和无纹理信息等特性,因此在进行目标识别之前需要进行图像的预处理。图像预处理就是在对图像进行正式操作之前,通过对质量下降的图像进行改善处理,来提高图像视觉或系统处理的质量。图像预处理可以分为图像增强、图像复原和图像分割。

1. 图像增强

图像增强是对图像的某些特征(如对比度、边缘、轮廓等)进行强调或尖锐化。红外图像是由红外探测器接受辐射源发出的红外辐射转换而成的一种二维空间亮度分布,其往往含有探测器的转移噪声和输出噪声以及大量的背景干扰噪声。同时,目标和背景之间的温差通常不是很大,导致红外图像对比度较低。尤其是目标距离较远或者辐射强度较弱时,目标容易淹没于背景中,造成目标检测的困难,因此必须对获取的红外图像进行增强处理。

常用的红外图像增强方法有灰度变换、直方图均衡以及图像平滑滤波。下面对这几种图像增强方法原理进行简要介绍。

1) 灰度变换

灰度变换法是按一定的规则逐像素修改原始图像的灰度,从而改变图像整体灰度的动态范围。调整方法可以使灰度动态范围扩展,也可以使其压缩,或者部分区域灰度压缩而部分区域灰度扩展。设输入图像的灰度记为 $f(x,y)$,输出图像的灰度记为 $g(x,y)$,那么灰度变换数学上可以表示为

$$g(x,y) = T[f(x,y)] \tag{5-4}$$

式中:图像输出与输入灰度之间的映射关系完全由函数 T 确定。根据变换函数的形式,灰度变换分为线性变换、分段线性变换和非线性变换。灰度变换可使图像对比度得到扩展,图像更加清晰,特征更加明显。图 5-17 对比了一幅图像经灰度变换后的变化效果。

(a) 原图

(b) 灰度变换效果图

图 5-17 图像的灰度变换

2) 直方图均衡

红外图像的灰度分布通常比较集中,且多在低灰度区,这样就造成图像较暗且细节模糊。为使图像变清晰,通过修正灰度直方图进行图像增强是一种有效的方法。直方图修正一般分

为直方图均衡化和直方图规定化,其中均衡化使用较多(图5-18)。其基本原理就是把给定图像的灰度直方图改变成具有均匀分布的灰度直方图的图像。

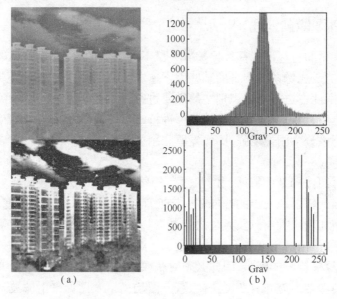

图5-18 图像直方图均衡效果

3) 图像平滑滤波

图像平滑可以减少和消除图像中的噪声,或者增强灰度的局部均匀性,以改善图像质量,有利于目标特征的抽取。经典的平滑技术使用局部算子,当对某一个像素进行平滑时,仅利用它局部小邻域内的一些像素,其优点是计算效率高,而且可以对多个像素并行处理。近年来出现了一些图像平滑处理技术,结合人眼的视觉特性,运用模糊数学理论、小波分析、数学形态学、粗糙集理论等新技术进行图像平滑,取得了较好的效果。图5-19对比了两种图像平滑方法的效果。

图5-19 常见图像平滑算法的对比

2. 图像复原

在景物成像的过程中,受多种因素的影响,图像的质量都会有所下降。这种图像质量的下降被称为图像的退化。例如:成像目标物体的运动(平移或者旋转)、大气的湍流效应、光学系统的相差、成像系统的非线性畸变、环境的随机噪声等都会使图像产生一定程度的退化,特别是在弹载的高动态运动环境下更容易造成图像模糊或失真。图像复原的过程是为了还原其本来面目,即由退化的图像恢复到真实反映景物的图像。

图像复原从某种意义上来说也是为了改善图像的质量,但这与图像增强是有明显区别的。图像增强的过程基本上是一个探索的过程,用人的心理状态和视觉系统去控制图像的质量。而图像复原是利用退化现象的某种先验知识,建立退化现象的数学模型,再根据模型进行反向的推演运算,以恢复原来的景物图像。图5-20给出两种方法进行图像复原的效果。

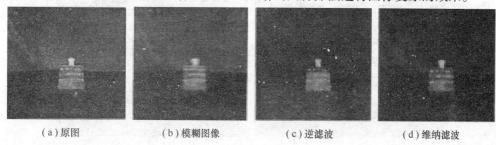

(a)原图　　　(b)模糊图像　　　(c)逆滤波　　　(d)维纳滤波

图5-20　模糊图像的复原

3. 图像分割

图像分割是红外图像信息处理的一个重要步骤,是实现目标自动识别的基础。在图像应用研究中,人们往往对图像的某些部分感兴趣。这些感兴趣的部分常称为目标或前景(相应的图像的其他部分称为背景)。图像分割可理解为将目标区域从背景中分离出来,或将目标及其类似物与背景区分开来。图像分割的目的是根据图像的某些特征或特征集合的相似性准则,将图像空间分割成若干有意义的区域,从而为随后的目标识别和跟踪等高级处理减少数据量。由于图像分割中出现的误差会传播至高层次处理阶段(比如目标识别和精确跟踪等),因此,图像分割的精确程度是图像预处理中非常重要的指标。

图像分割的本质是将图像中的像素按照特性的不同进行分类。这些特性是指可以用作标志的属性,分为统计特性和视觉特性两类。统计特性是一些人为定义的特征,通过计算才能得到,如图像的直方图、矩、频谱等;视觉特性是指人的视觉可直接感受到的自然特征,如区域的亮度、纹理或轮廓等。

1) 图像阈值分割

图像阈值分割利用目标和背景灰度上的差异,把图像分为不同灰度级的区域(图5-21)。阈值法对目标、背景对比度高的图像分割效果较好,计算简单,是一种有效且实用的图像分割技术。根据获取最优分割阈值的途径,可以把阈值法分为全局阈值法、动态阈值法、模糊阈值法和随机阈值法等。

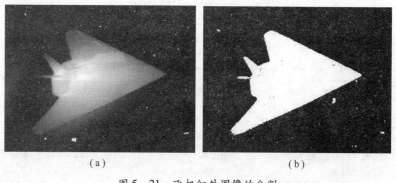

(a)　　　　　　　　　　(b)

图5-21　飞机红外图像的分割

2) 边缘检测

边缘是人类识别物体的重要依据,是图像最基本的特征。边缘中包含目标有价值的边界信息,这些信息可以用于图像分析、目标识别,并且通过边缘检测可以极大地降低后续图像分析处理的数据量(图5-22)。

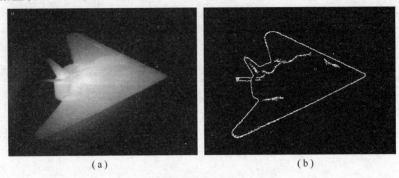

图5-22 飞机红外图像的边缘检测

图像边缘广泛存在于物体与背景之间、物体与物体之间,是图像灰度(亮度)发生空间突变或者在梯度方向上发生突变的像素的集合。图像边缘可以划分为阶跃状边缘(Step edge)和屋顶状边缘(Roof edge),其中,阶跃状边缘两边的灰度值有明显的变化;而屋顶状边缘在灰度增加和减小的交界处。在数学上可以利用其灰度变化曲线的一阶、二阶导数来描述这两种不同的边缘。对于阶跃状边缘,灰度变化曲线的一阶导数在边缘处呈现极值,而二阶导数在边缘处呈现零交叉;屋顶状边缘在灰度变化曲线的一阶导数呈现零交叉,而在二阶导数处呈现极值。

5.3.3 红外图像目标的识别

红外图像目标识别是自动寻的红外成像制导技术的重要环节,也称为 ATR(自动目标识别)技术。它是决定红外成像制导武器能否取得成功的关键技术。图像识别是通过对红外图像的预处理后进行目标特征提取,并经综合分析、学习从而实现对目标和背景进行分类与识别。其相互关系如图5-23所示。

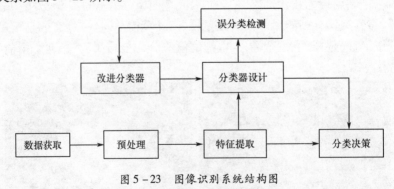

图5-23 图像识别系统结构图

1. 特征提取

特征提取就是将图像数据从维数较高的原始测量空间映射到维数较低的特征空间,进而实现对图像数据的压缩。

从数学角度来讲,特征提取相当于把一个物理模式变为一个随机向量,如果抽取了 n 个特征,则此物理模式可用一个 n 维特征向量描述,表现为 n 维空间的一个点。n 维特征向量表示为 $X=(x_1,x_2,\cdots,x_n)$。

在图像识别中,常被选的特征有:

(1) 图像幅值特征:图像像素灰度值、彩色色值、频谱值等表示的幅值特征。

(2) 图像统计特征:直方图特征、统计性特征(如均值、方差、能量、熵等)、描述像素相关性的统计特征(如自相关系数、协方差等)。

(3) 图像几何特征:面积、周长、分散度(4π 面积/周长^2)、伸长度(面积/宽度^2)、曲线的斜率和曲率、凹凸性、拓扑特征等。

(4) 图像变换系数特征:如傅里叶变换系数、哈达玛变换、K-L变换等。

(5) 其他特征:纹理特征、三维几何结构描述特征等。

特征选择的主要目的是获得一些最有效的特征量,从而使同类目标有最大的相似性,不同类的目标具有最大的相异性;同时提高分类效能,降低存储器的存储量要求。

对于红外成像制导系统,识别算法所要处理的是三维目标,它不是静止的物体,其可能会以任何姿态和辐射面出现在任何方位,所以处理难度是显而易见的。目标识别的传统方法是建立包含各种目标及各种姿态、距离的外形特征库以进行匹配。但是在实战中,导引头的存储容量有限,不可能存储如此海量的数据;并且若进行匹配识别,需要在不同姿态、距离、位置所构成的多维搜索空间进行搜索,一般无法实现快速匹配。

为了降低目标识别的难度,并提高目标识别的可靠性和实时性,总希望其所提取的特征具有良好的不变性。因此,不变性特征的研究是特征提取研究的重点之一。由于目标识别要求从任意观察点识别三维目标,这就要求所提取的特征与目标的尺度、位置和姿态无关。目前还没有任何一种特征能针对这些所有变化实现不变性,所以对于目标识别只能降低不变性要求,寻找具有某种特定不变性的特征量,即特征不变量。在图像识别中,特征不变量是指目标的特性在经历了如下的一个或几个变换后仍然保持不变的特征量:如目标尺度的变换、目标图像的平移变换、目标图像的旋转变换、仿射变换和透视变换。其中透视变换是一个非线性的变换,通常在满足一定条件的情况下可以用仿射变换很好近似,所以目前目标不变量的研究主要集中在前四种变换。

不变性特征可分为全局特征和局部特征两类。全局特征代表了目标整体的属性,它对于随机噪声具有鲁棒性,但是当目标有部分缺损时,会对特征不变性造成很大影响。局部特征代表了目标的局部信息,这些局部信息通常是指目标边界上关键点之间的部分。由于关键点一般是目标边缘的高曲率点,因此其受噪声影响很大,常会出现错检和漏检的情况。

2. 分类决策

分类决策是指在所提取的目标特征空间中按照某种风险最小化规则来构造一定的判别函数,从而把提取的特征归类为某一类别的目标。此外,在分类决策时也可以直接按照匹配的原则进行处理,即将提取的每个特征向量与存储的理想特征矢量进行比较。当两者达到最接近匹配时,就分配一个表示其在给定目标类中的可信度概率。当对图像中的所有物体进行分类匹配后,将疑似目标的可信度概率与门限值比较,如果超过目标门限值的候选物体数量较多,就将具有最高可信度概率的物体看成主要目标。

从数学观点来看,分类决策就是找出决策函数(边界函数)。当已知待识别模式有完整的先验知识时,则可据此确定决策函数的数学表达式。如果仅知道待识别模式的定性知识,则在确定决策函数的过程中,通过反复学习(训练)、调整,以得到决策函数表达式,作为分类决策的依据。

图像识别系统的主要功能是得到模式所属类别的分类决策,而分类决策的关键是找出决策函数。一般决策函数分为两类,线性决策函数和非线性决策函数,常见的有距离函数和不变矩函数。

5.4 影响红外成像的因素

通常红外线的传输会受到目标、背景、大气、天候、探测器探测特性、弹目相对运动以及光学系统表面温度和流场等多种因素的影响,因此红外成像的质量和清晰度一般来说要低于可见光图像。本节将从大气传输特性和天候、高速运动以及气动光学效应三个方面对影响红外成像质量的主要因素进行简单介绍。

5.4.1 大气传输和天候影响

大气传输过程和天候状况会影响红外成像的质量,大气对红外成像的影响主要由以下原因产生:

(1) 大气湍流。地球大气层内气体各部分温度和压力通常是不均匀分布和变化的,这会引起大气密度和折射率的非均匀随机分布,即所谓的大气湍流现象。这种湍流随时间不断变化而对光束的传播产生显著影响。大气湍流对非相干光成像的影响主要有闪烁、像抖动和像模糊等。

(2) 粒子的散射和吸收。大气的主要成分有氧气、氮气和其他气体的分子,以及水蒸气和气溶胶等。它们对红外成像系统的影响表现在对红外线的吸收和散射。随着天气的变化,大气的组成特别是气溶胶的直径和浓度都会发生变化,从而引起所成像的衰减和模糊。

在红外成像导引头设计工作中,为了估算导引头作用距离和成像质量,通常将大气对红外成像影响建立为一定的函数模型,下面简要介绍几种常用函数。

(1) 湍流调制传递函数

湍流调制传递函数(MTF)与时间、温度、相对湿度、光照、风速、太阳光照等因素相关。湍流引起的模糊主要集中在高空间频率部分,其影响可由长曝光湍流调制函数描述,即

$$H_{\text{TurbL}} = e^{-57.3 v^{5/3} C_N^2 \lambda^{-1/3} R} \tag{5-5}$$

式中:T_{TurbL} 为长曝光湍流调制传递函数;v 为角空间频率;C_N^2 为折射率结构常数;R 为光程;λ 为辐射波长。

在短曝光的情况下,湍流对成像的影响可由其对应的调制传递函数 H_{TurbS} 表示,即

$$H_{\text{TurbS}} = e^{\{-57.3 v^{5/3} C_N^2 \lambda^{-1/3} R[1-\mu(\lambda v/D)^{1/3}]\}} \tag{5-6}$$

式中:μ 为系数,近场时 $\mu = 1$;远场时 $\mu = 0.5$;D 为光圈直径。

在一般的天文成像中,曝光时间易超过几秒,所以记录的是一个时间平均像,称为"长曝光像"。但在导弹等制导武器中,红外成像系统的积分时间是以毫秒甚至微秒为单位,因此通常可以认为是短曝光图像。

关于大气调制传递函数和天气状况之间的关系,关键在于折射率常数 C_N^2 的预测,基于小时概念可以得到一种精确计算结构常数 C_N^2 的方法,中间系数 TCSA 由下式给出:

$$\text{TCSA} = 9.69 \times 10^{-4} \text{RH} - 2.75 \times 10^{-5} \text{RH}^2 + 4.86 \times 10^{-7} \text{RH}^3$$

$$-4.48 \times 10^{-9} \mathrm{RH}^4 + 1.66 \times 10^{-11} \mathrm{RH}^5 - 6.26 \times 10^{-3} \ln \mathrm{RH}$$
$$-1.34 \times 10^{-5} \mathrm{SF}^4 + 7.3 \times 10^{-3} \tag{5-7}$$

所对应的时间常数由下式给出:

$$C_n^2 = 5.9 \times 10^{-15} W + 1.6 \times 10^{-15} T - 3.7 \times 10^{-15} \mathrm{RH}$$
$$+ 3.9 \times 10^{-19} \mathrm{RH}^3 - 3.7 \times 10^{-15} \mathrm{VS} + 1.3 \times 10^{-15} \mathrm{VS}^2$$
$$- 8.2 \times 10^{-17} \mathrm{VS}^3 + 2.8 \times 10^{-14} \mathrm{SF} - 1.8 \times 10^{-14} \mathrm{TCSA}$$
$$+ 1.4 \times 10^{-14} \mathrm{TCSA}^2 - 3.9 \times 10^{-13} \tag{5-8}$$

式中:RH 为相对湿度;SF 为太阳照度(Solar Flux),(kW·m^{-2});W 为权系数;VS 为风速(m/s);T 为温度(℃)。

湍流强度与地表特征有关,如湿度、粗糙度等,上述模型无论是沙漠还是植被地带都适用。天气参数如温度、相对湿度、风速等也都受到地表特征的影响,所以天气参数不仅包括大气信息,还包括环境和地表的特征(图 5-24)。

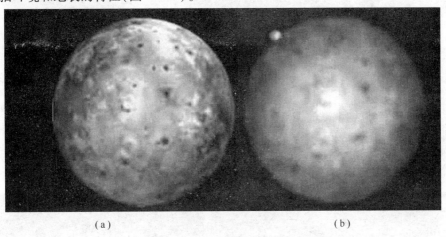

图 5-24 大气湍流引起的对星体成像模糊

2. 气溶胶调制传递函数

大气中存在着各种不同大小的粒子和化学分子,气溶胶是由悬浮在气体中的小粒子构成的弥散系,气溶胶的主要成分是霾。从光学角度来看,霾对红外线的散射能力大于气体分子而小于雾,其粒子尺度的变化范围有两三个量级。红外线的衰减绝大部分是由大量半径为 0.1~1μm 之间的"大"粒子造成的,特别是半径约为 0.3μm 的粒子会严重影响红外成像系统的作用距离。半径介于 1~10μm 的大粒子数量较少,但是对红外线的前向和后向散射作用很大,是红外主动照射成像探测的重要干扰因素。直径大于 10μm 的霾粒子更少,对红外传输的影响几乎不考虑。

气溶胶的散射作用导致了点目标辐射的扩散,这会使得入射到探测器的角度发生变化,从而使图像产生了模糊。实际气溶胶对成像的影响可以由气溶胶调制函数 H_{Colloid} 来表示,可近似为下式所描述的高斯形式:

$$H_{\mathrm{Colloid}}(\nu) = \begin{cases} \mathrm{e}^{-A_a R - S_a R (\nu/\nu_c)^2} & (\nu \leqslant \nu_c) \\ \mathrm{e}^{-(A_a + S_a) R} & (\nu > \nu_c) \end{cases} \tag{5-9}$$

式中:S_a,A_a 分别为大气散射和吸收系数;ν_c 为截止角空间频率,$\nu_c = \alpha/\lambda$,α,λ 分别为粒子

半径和波长。从上述分析可知霾的直径与波长数量级比较相近,所以 v_c 一般较小,在高空间频率时,可认为气溶胶的调制传递函数为常数。$A_a + S_a$ 为衰减系数,气溶胶的衰减系数依赖于其颗粒的大小、化学成分及颗粒的浓度,这些因素会随着时间、天气的变化而变化(图 5 – 25)。

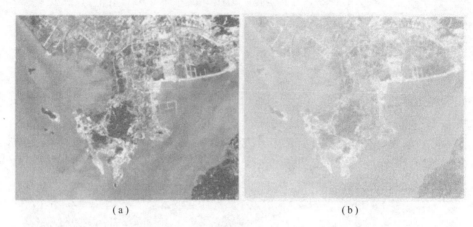

图 5 – 25 大气散射和吸收对成像的影响

5.4.2 高速运动影响

红外成像系统为提高探测灵敏度会对红外辐射进行短暂的积分,尽管积分时间很短,通常只有几个毫秒或者微秒,但是探测器与目标之间的相对高速运动(包括线运动和转动)仍然会使一个探测器单元对目标不同位置辐射进行积分,即成像运动模糊(图 5 – 26)。下面简单介绍由于高速线运动和旋转运动造成的成像模糊模型。

(a) 线运动模糊　　　　　　　　(b) 旋转模糊

图 5 – 26 成像运动模糊

1. 线运动模糊

成像系统与物体间的相对线运动(平动)造成的像模糊称为线运动模糊。不妨以目标静止为例,飞行器的高速运动使目标相对于成像系统产生线运动,这些运动和尺度变化引起的像模糊可以由如下的运动模糊模型来刻画:

设 $\Delta x(t)$ 为 x 方向的移动分量,$\Delta y(t)$ 为 y 方向的移动分量。积分时间 T 为 CCD 器件的单帧积分时间,运动模糊成像可以表示为

$$g(x,y) = \int_0^T f[x - \Delta x(t), y - \Delta y(t)] \mathrm{d}t \quad (5-10)$$

设物体在 x 方向上做匀速直线运动,且在曝光时间 T 内的总位移量为 s,物体沿 x 方向的变换分量 $\Delta x(t) = \frac{s}{T}t$,有

$$g(x,y) = \int_0^T f\left(x - \frac{s}{T}t\right)\mathrm{d}t = g(x) \quad (5-11)$$

令 $t_1 = \frac{s}{T}t$,则 $g(x,y)$ 可以表示成

$$g(x,y) = g(x) = \int_0^s f(x - t_1)\frac{T}{s}\mathrm{d}t_1 = f(x)h(x) \quad (5-12)$$

这里 $h(x) = \frac{T}{s}, 0 \leq x \leq s$ 为沿 x 方向的运动模糊的点扩展函数,那么下式为物体沿着 x 方向匀速运动时的图像退化模型:

$$h(x) = \begin{cases} \frac{T}{s} & (0 \leq x \leq s) \\ 0 & (其他) \end{cases} \quad (5-13)$$

运动造成成像的模糊像素个数可由下式来表示:

$$\mathrm{d}x = \left\{\frac{1}{\beta}\arctan\left[\frac{h\tan(x\beta)}{h - v\sin\theta \mathrm{d}t}\right] - x\right\} \quad (5-14)$$

式中:β 为成像探测器像元瞬时视场;v 为飞行器速度;θ 为俯冲角;$\mathrm{d}t$ 为成像积分时间;h 为飞行高度;x 为图像上的点距图像中心距离;$\mathrm{d}x$ 为运动引起的像偏移。

2. 旋转模糊

旋转造成的模糊可以由下式来描述:

$$n = r\sin(\omega \mathrm{d}t) \quad (5-15)$$

式中:ω 为旋转角速率;r 为像点距探测器中心的距离;$\mathrm{d}t$ 为积分时间;n 为受到影响的像素点个数。

当其他因素固定时,ω 越大则 n 越大,当 $n > 1$ 时便造成图像旋转模糊。

3. 尺度变化对成像的影响

由于红外成像导引头的瞬时视场固定,因此随着距离的接近,红外成像导引头所观测的场景范围将缩小。高速运动时红外成像导引头观测的场景存在尺度变化,速度越快,尺度变化越大。尺度变化可由下式描述:

$$\mathrm{d}s = \frac{v\mathrm{d}t}{R} \quad (5-16)$$

式中:v 为导引头接近目标速度;R 为导引头距离目标距离。

目标尺度变化对红外成像导引头的成像影响较大,严重影响制导的精度。

5.4.3 气动光学效应影响

气动光学效应包括高速流场光学传输效应、激波与窗口气动热辐射效应和光学头罩气动热效应(图 5 – 27)。红外成像导引头在大气层内高速飞行时,光学整流罩周围流场不断变化,使红外成像导引头目标图像产生模糊、抖动、偏移和能量衰减;光学整流罩高温激波产生强的

红外辐射,形成辐射干扰,从而使红外成像导引头无法探测目标;来流与红外成像导引头整流罩相遇,动能转化为热能,红外成像导引头整流罩表面将被加热,整流罩产生红外辐射,降低红外成像导引头探测信噪比,从而降低了红外成像导引头的成像质量。运动速度越快,飞行高度越低,气动光学效应越严重,甚至可能使成像探测器出现饱和而使红外成像导引头不能正常工作。

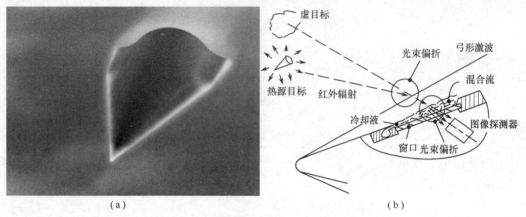

图 5-27 高速烧蚀下的气动光学效应

一般说来,气动光学效应主要包括瞄视误差,成像模糊和畸变,像的抖动等,下面对其进行简单介绍。

1. 瞄视误差

瞄视误差也叫视线误差(Bore Sight Error,BSE),它是由高速飞行导弹表面的气流折射效应在焦平面中心位置产生的偏差,即跟踪的目标与真实目标之间的位置偏差。这种效应是由于光线通过不同折射率的介质而产生的视线误差,只不过导引头瞄视误差的产生更复杂,它与视角、攻角都有关系。

2. 成像模糊、畸变

湍流层包括低空窗外边界层以及窗口外冷却气体混合层,其抖动变化会诱发光线折射率的抖动,进而引起图像模糊、畸变和能量的损耗。当平面波通过湍流层后,波阵面发生了畸变和倾斜,这样光线通过光学系统后会出现不聚焦和离焦现象,从而引起成像模糊和畸变。

由于折射率在空间上不完全按线性变化,这会引起成像的畸变。例如地面望远镜观察空间星体时,由于大气湍流效应会引起像的放大、模糊和畸变等,所以模糊与路径长度、折射率波动、湍流尺度和相关函数等有关。

3. 像的抖动

湍流具有随机性、脉动性、间歇性等特征,这会使成像出现高频抖动。图像的抖动可由振幅、频率和中心位置变动的方向等来描述。

气动光学效应引起的像模糊、像偏移、像抖动对红外成像探测产生不同程度的影响。像模糊影响成像探测系统对目标的探测距离和点源目标的检测和识别,存在像模糊时成像探测系统的灵敏度可用下式描述:

$$\text{NEFD}_A = \frac{1}{A}\text{NEFD}_d \tag{5-17}$$

式中:A 为像模糊影响因子;NEFD_A 为存在像模糊时成像探测系统的灵敏度;NEFD_d 为衍射条

件下成像探测系统的灵敏度,显然存在像模糊会使灵敏度降低。

像偏移影响瞄准精度,从而影响导弹对瞄准点的命中精度。对于高速导弹来说,像偏移δ_b引起的命中误差ΔL可以表示为

$$\Delta L = (V_M + V_T) t \delta_b \times 10^{-3} \tag{5-18}$$

式中:V_M为导弹飞行速度;V_T为目标飞行速度;t为红外成像导引头对目标成像时刻到导弹产生控制力之间的延时。

像抖动会在输出的目标视线角位置和角速度上叠加一个抖动脉冲,从而影响随动系统对目标的跟踪。分析像抖动对导弹精度的影响比较复杂,一般通过对导弹末制导系统仿真进行估计。

5.5 红外对抗

任何事物必然都存在着矛盾和对立,随着红外成像制导武器的分辨率和制导精度的不断提高,对抗红外制导武器的手段和装备也不断发展。因此对抗红外制导武器的技术和抗干扰的红外制导技术相互斗争、相互促进,这就是所谓的红外对抗。本节主要介绍现代战争中所使用的各种红外干扰和红外抗干扰技术。

5.5.1 红外干扰

红外干扰是指用特定手段或技术干扰敌方红外制导系统或探测系统的工作,实现保护自我的作战行为。红外干扰分为红外有源干扰和红外无源干扰,其中红外有源干扰包括红外烟雾、红外诱饵弹和红外干扰机;红外无源干扰主要包括红外隐身和红外伪装。下面将简述这些方法的原理和应用。

1. 红外烟雾干扰

烟雾是一种在气体中含有悬浮固体或液体微粒的气溶胶,由于烟雾干扰的效费比高且效果明显,因此是一种应用广泛的无源干扰方法。烟雾可以分为三类:采用化学凝结法获得气溶胶为烟($0.2 \sim 2 \mu m$);固体分散获得的气溶胶为尘($1 \sim 10 \mu m$);蒸汽凝结或液体分散获得的气溶胶为雾。

烟幕剂是一种具有较小扩散系数的物质,其对光信号有较大的吸收和散射系数。据有关测定资料介绍,普通有机白烟可对远红外辐射吸收40%,而红外烟雾对于中红外辐射能量能吸收85%以上。对于热成像来说,由于景物表面的温度、发射率和反射率均不相同,辐射的红外能量也各有差异,热像仪将视场内收集的各点的红外辐射进行光电转换后,得到红外图像。因此根据红外热成像系统正常工作的条件,红外烟雾能够起到良好的干扰作用。

(1)发射式红外烟幕。发射式红外烟幕属于改变目标及背景辐射特性的方法,是利用烟幕自身发射比目标更强的红外辐射,抑制目标的红外辐射,使红外成像系统只显示烟幕的图像。

(2)吸收型红外烟幕。吸收型红外烟幕具有选择$8 \sim 12 \mu m$和$3 \sim 5 \mu m$两个波段窄带吸收或连续性宽带吸收特性,从而形成对目标红外辐射有吸收作用的烟幕。凭借烟幕的吸收、反射作用,使得进入红外成像导引头的目标辐射强度减少到红外成像导引头无法分辨的程度。

表5-2列出了一种实测的红磷烟幕的消光系数,它反映磷烟衰减红外辐射的能力。

表 5-2 红磷烟幕的消光系数

$\lambda/\mu m$	0.35~0.75	3~5	8~14
$a_c/(m^2/g)$	1.22	0.25	0.28

从表5-2中可以看出,磷烟对可见光的消光能力最强,其次是远红外波段和中红外波段。烟幕的红外消光机理,如图5-28所示。

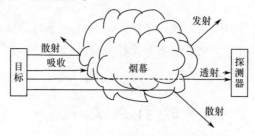

图 5-28 烟幕的红外消光机理

如果在目标与热成像系统之间设置红外烟幕,由于红外烟幕对工作波段的辐射具有强烈的散射和吸收作用,这时除了大气消光作用外,更主要的是红外烟幕使目标与背景的热辐射能量大大衰减。这也使热图像的信噪比低于检测阈值,即所得图像模糊不清,目标与背景之间的轮廓消失、目标形状无从辨认。

产生烟雾的装置包括发烟炮弹、发烟火箭弹、发烟航弹、发烟手榴弹、发烟筒、发烟器、发烟车等(图5-29)。

(a)　　　　　　　　　　　　(b)

图 5-29 发烟车和舰船发射烟雾火箭弹的效果图

烟雾干扰的主要技术指标包括烟雾面积、形成时间、持续时间、透过率、后向散射率、沉降速度和风速等。尽管红外烟幕是一种被动的防御手段,但其对干扰红外制导武器仍然有着不可替代的作用。未来的发展趋势应该是研制具有多波段干扰能力的高性能烟幕剂、发展环保型红外烟幕剂、烟幕发生装置与侦察告警系统一体化以及向标准化、系列化方向发展。

2. 红外诱饵干扰

红外诱饵弹技术是在被保护目标附近投一个红外热源,其产生一个与目标红外辐射特性类似、能量等于或大于被保护目标红外辐射能量的红外辐射,从而实现欺骗或诱惑来袭红外制导武器的目的。

按照红外诱饵所使用的产生红外辐射的材料不同,红外诱饵可以分为:

(1) 烟火剂类红外诱饵:利用物质燃烧时的化学反应产生大量烟云和辐射红外能量的装置。经常使用的燃烧物质有硝酸钠、镁粉、硝化棉和聚四氯乙烯等,其可以通过合理调制产生所需要的连续红外光谱。

(2) 凝固油类红外诱饵:一种由凝固油料燃烧产生 CO、CO_2 和 H_2O 等物质并辐射红外能量的装置。这类辐射源的光谱特性与发动机工作所产生的红外光谱相近,因此具有较好的目标模拟特性。

(3) 红外气球诱饵:一种在特制气球内充入高温气体作为红外辐射源的诱饵。这种诱饵通常系留在载体上,伴随载体一起运动,这样能够保持长时间对载体的红外保护。

(4) 综合诱饵:在金属箔条的表面涂抹无烟火箭推进剂燃料,燃烧后形成红外辐射。投放大量这种箔条形成的红外"热云",既可以诱骗红外制导系统,同时也能对雷达制导系统形成干扰。

当红外干扰弹和目标同时出现在红外导引头视场内时,一般的点源式红外制导系统会跟踪两者的等效辐射能量中心。当干扰弹和目标在空间分离时,武器跟踪能量中心偏向于红外干扰弹,这是典型的红外诱饵弹干扰红外点源制导导弹的过程。为了有效干扰红外成像制导武器,目前红外诱饵弹主要向两个方向发展:一类是"智慧型",利用新方法、新技术,削弱红外干扰弹与目标之间的差异,使其能更逼真地模拟目标,从而诱骗来袭武器;另一类是"压制型",利用新材料使干扰弹的燃烧由点扩大到面,形成大面积、高能量的红外干扰云,以保护己方目标。

1) 智慧型红外诱饵弹

为了干扰具有识别诱饵能力的红外成像制导武器,智慧型红外诱饵弹主要在以下三个方面进行改善,以使红外成像导引头识别算法失效:

(1) 改进红外诱饵弹的红外辐射特性。例如飞机的红外辐射最强的尾喷口温度为 600～800℃,而一般的红外干扰弹瞬时燃烧温度接近 2000℃。用新材料的复合燃烧剂以两个或两个以上的温度同时形成多个燃烧区域,在光谱上更加接近飞机的光谱特性。

(2) 控制诱饵点燃和上升时间特性。克服红外信号在时域的突然变化,使导引头无法通过视场内可测信号的迅速变化识别诱饵干扰。

(3) 减小与真实目标间的运动差异。通过诱饵干扰弹模仿载机的运行方式,尽量减慢诱饵弹运动的速率变化。美军的"先进战略技术一次性干扰器材计划"开发的一种新型的红外诱饵弹 MJU-47 是一种推力型诱饵弹,可模拟飞机的飞行和光谱信号。其烟火剂既产生引偏敌方武器的红外辐射,又产生推力使红外诱饵伴随飞机飞行而不是很快落在飞机后面,以对抗导弹的反诱饵措施。

2) 压制型红外诱饵弹

压制型红外诱饵弹能够大面积投放强辐射的红外干扰云。干扰云有两种干扰机理:一种类似于烟幕,即在武器和被保护目标之间施放一片红外干扰云覆盖目标及其背景,而该干扰云具有强烈的红外辐射特性,可在红外成像制导系统视场内产生一片模糊的烟雾图像,使制导系统无法识别目标;另一种是以红外干扰云来模拟目标轮廓,干扰成像制导武器的引导与跟踪。

英国的"防栅"系统和"盾牌"反导系统,均可以覆盖 $8\sim12\mu m$ 和 $3\sim5\mu m$ 两个波段,模拟目标轮廓图像,可以有效干扰红外成像制导武器。德国 BUCK 公司制造的 DM19"巨人"红外干扰弹采用子母弹结构,可以产生热烟($8\sim12\mu m$)、灼热微粒($3\sim5\mu m$)和气体辐射($4.1\sim4.5\mu m$)的混合物,对红外成像制导武器具有一定的干扰作用。德国研制的箔条上涂覆燃烧剂的多功能干扰弹,在空中引爆后形成"闪烁热云"实现对红外成像武器的干扰。另外采用凝固汽油作红外诱饵,或利用喷油延燃技术的红外诱饵系统燃烧产生的红外辐射区域面积大、强度大、干扰作用时间长,可有效干扰红外成像制导武器。如图5-30所示为红外诱饵和红外烟雾的投放照片。

(a) （b）

图 5-30 红外诱饵和红外烟雾

总之,红外诱饵技术是20世纪50年代伴随着红外制导导弹的诞生开始应用于现代战场。经过半个世纪以来的实践考验证明:红外诱饵弹容易模拟被保护目标的红外辐射,实施技术难度低、效果好且成本低。最近几十年来,随着"伴飞"型红外诱饵、模拟目标轮廓的"面源"型红外诱饵、"子母弹"型红外诱饵和"欺骗/攻击"型红外诱饵弹等新型红外诱饵的产生,红外成像制导武器将面临着更加强大的对手和挑战。

3. 红外干扰机

红外干扰机属于有源红外对抗设备,其可以分为欺骗式和压制式红外干扰机。欺骗式红外干扰机与被保护对象具有相似的调制红外辐射,或者发出与来袭导弹制导系统相似的调制红外编码信号,使来袭红外制导导弹不能正确判断目标的位置或者产生错误制导指令,从而偏离被攻击的目标。压制式红外干扰机又称为致盲式红外干扰机,其发出高功率红外辐射源,依靠强功率使敌方红外探测器饱和或者过载甚至烧毁,从而达到干扰或破坏敌方制导武器的目的。

1) 欺骗式红外干扰机

欺骗式红外干扰机按照红外源调制方式的不同,可以分为热光源机械调制和放电光源电调制两类。热光源机械调制方式采用连续红外辐射源,通过施加机械调制后形成脉冲信号。放电光源电调制方式采用高压脉冲强光灯作为辐射源,通过控制高压脉冲频率实现辐射的调制。

欺骗式红外干扰机输出的干扰辐射会与被保护对象的红外辐射叠加后被敌方红外制导系统接收。通常敌方红外探测系统是针对目标红外辐射信号进行一定调制后使用的(如调制盘调制),这样干扰调制信号就会造成敌方红外探测系统的工作不正常,造成制导武器偏离目标。当然,欺骗式红外干扰机主要针对的是红外点源制导系统,对于红外成像制导系统或者复合制导系统则效果不大。如图5-31所示是主战坦克上安装的欺骗式红外干扰机。

图 5-31 坦克上安装的红外干扰机

2）压制式红外干扰机

为了能够对付红外成像制导系统,压制式红外干扰机是将与敌方红外制导系统工作波段相同的高能辐射束(如红外激光束)送到敌方制导系统的导引头上,压制、饱和甚至烧毁敌方红外探测器件。这种干扰机的关键在于实现对敌方来袭制导武器的定向红外辐射。

定向红外辐射是将能量集中投射到干扰对象的有效方位,而不是辐射到空间的各个方向。与宽波束干扰机相比,定向干扰机要复杂得多,它在被提示有威胁时,必须把投射器转向目标,同时还要不受平台的影响。这就对平台上的告警系统提出了很高的要求,即能够引导干扰机工作。

5.5.2 红外隐身与红外伪装

主动式的红外干扰系统在实战中具有良好的干扰效果,但其需要消耗一定数量红外干扰弹药或者主动发射出红外辐射,这显然不能实现长时间红外干扰且不易隐蔽自己。因此具有高度隐蔽性的被动红外干扰技术在实战中使用频率更高,下面将重点介绍红外隐身和红外伪装技术。

1. 红外隐身技术

红外隐身是通过改进被保护对象的结构设计,或者利用红外物理原理衰减和吸收对象所发出的红外辐射能量,从而降低或改变对象的红外特征,最终减少被敌方红外探测系统发现的概率。红外隐身的主要基本措施包括：

（1）改变目标的红外辐射特性。改变目标的红外辐射特性包括改变目标的红外辐射波段或者调节红外辐射的传输过程。改变红外辐射波段可以通过使目标的红外辐射避开大气窗口而被大气吸收,或者通过在燃料中添加特殊物质改变红外辐射的波段。调节红外传输的过程通常采用在结构上改变红外辐射的辐射方向,例如,直升机的发动机排气不产生推力,因此其排气方向可以任意调节,从而改变其红外特征。

（2）降低目标的红外辐射强度。降低目标的红外辐射强度就是降低目标与背景的热对比度,使敌方红外探测系统接收不到足够的红外辐射强度。这种方式可以采取的手段包括降低辐射体的温度、表面喷涂低发射率的红外涂料等。例如美国的 F-22 隐身战斗机为了降低发动机排气管的温度,采用了隔热层、空气对流散热和废气冷却技术,这使得战斗机发动机和尾气的红外特征大大降低,

2. 红外伪装技术

红外伪装技术的本质是改变被保护对象的红外辐射分布或者模拟背景的红外辐射特征，达到隐蔽被保护对象的目的。

由成像制导原理可知，成像制导武器在末制导阶段是利用事先存储和实时采集的目标图像信息，通过图像预处理、特征提取和分类决策实现目标识别。如果在目标上方覆盖静态红外伪装，那么目标将不再显示为其本身的特征，从而使得自动目标识别失败。这种伪装技术称为静态伪装技术。尽管事先伪装好的静态伪装方式能够对抗计算机存储的模板匹配，但是如果对方导弹使用人工锁定，则由于伪装后的目标图像特征不再改变，依旧能够成为导弹锁定的目标。如果改变伪装的方式，由静态图像变为动态图像，就有可能使成像制导武器系统丢失目标或被迫转入其他精度较低的制导方式。

红外成像系统处理的热图像实质上只是一幅单色辐射强度的分布图。目标的红外辐射强度由两个因素决定：目标表面温度和目标表面辐射率，通常温度和辐射率越高，红外辐射强度就越大。那么通过对目标红外辐射和温度的动态控制就能够实现对目标红外热图像的动态改变，如图5-32所示，红外动态变形伪装对抗技术的基本原理是高帧频变换目标的红外辐射特征。当红外成像导弹利用相关性跟踪目标时，如果导引头在不同时刻得到的目标红外热图像相关度很低，导弹制导系统就难以稳定地跟踪和锁定目标。

图5-32 红外动态控制原理方框图

动态变形伪装技术通常要求伪装系统要灵活多变，即要具备两种以上的伪装状态，并可以根据需要迅速从一种伪装状态变换到另一种伪装状态；同时还要求变形时机要适当。现有的红外防护系统如红外隐身、红外遮障、红外伪装技术基本上都是静态防护方法。当环境温度变化时，由于目标和伪装的红外发射率随温度的变化未必一致，静态伪装后的目标和背景的差异会随着温度的变化而变得非常明显。而动态变形伪装技术是一种可控的新型伪装手段，其可以根据背景的改变在恰当的时机选用合适的控制手段来改变目标的物理光学特性及其热辐射特性，从而降低目标与背景之间的辐射对比度或者图像帧与帧之间的相关度。动态伪装技术能够使敌方红外成像导引头对目标的发现距离缩短，实现光电对抗的智能化，对地面重要军事目标对抗红外成像制导武器打击具有极其重要的意义。

5.5.3 红外抗干扰

"魔高一尺，道高一丈"，随着红外干扰技术的快速发展，红外抗干扰技术也在不断更新和发展中。红外抗干扰的目的是使己方红外制导设备不受干扰手段的影响，能够正确和可靠地工作。目前世界上使用的红外抗干扰技术主要包括：

（1）光谱识别技术。光谱识别是利用目标、背景以及人工干扰辐射源的光谱分布的差异，通过限制制导系统的光谱通带，把目标从背景和人工干扰中识别出来。光谱识别一般用滤光镜来实现，滤光镜可以滤除阳光和云团等较短波长的干扰，也能滤除与飞机发动机辐射有区别的干扰曳光弹的诱骗干扰。

(2) 多光谱识别技术。多光谱识别技术是利用几个红外波段对目标成像,从而利用不同谱段的目标特征实现抗伪装识别。通常一种红外伪装技术只能对单一红外波段起作用,所以多光谱成像识别的准确度将比单光谱识别有所提高,常见的有双色红外制导系统。

(3) 多基红外探测技术。红外隐身常常是针对目标某个容易受到攻击的方向而设计的,其红外辐射随着探测视角不同而发生变化,因此即使是红外隐身目标也无法实现全向隐身。采用双基地或多基地的红外探测网络可以充分探测到红外隐身目标的多角度信号,通过空间特征关联技术等可以实现对其探测。

(4) 红外焦平面阵成像技术。采用这一技术加上目标识别、图像处理技术,可以实现"智能化"制导,让红外制导武器去自行判断要攻击的目标,实现"发射后不管"。

(5) 复合制导技术。红外对抗技术的日益发展不断促进红外制导系统的复杂化,采用复合制导技术,可以使不同的制导技术相互取长补短,发挥综合优势,以保障制导武器的作战需求。

(6) 扫描技术。扫描技术可以使小视场的光学系统实现较大的搜索跟踪视场,例如非调制盘的红外点源制导系统就是利用两块转速不同的棱镜组合得到不同形状的扫描图案。由于扫描技术可以使得光学系统的瞬时视场大为减小,这样就最大限度地限制了背景和人为干扰进入光学系统,从而提高了导引头抗红外干扰的能力。若把扫描技术和图像显示技术相结合,还能实现对目标的准成像探测和跟踪。

(7) 脉冲位置调制和跟踪技术。常规的点源式红外导引头主要根据红外辐射强度信息工作,脉冲位置调制和跟踪技术的基本原理是:把目标和干扰在空间位置的差异转换成出现于不同时刻的脉冲序列。利用时间基准脉冲和自适应控制的波门把脉冲序列中代表目标的脉冲选出,而摒弃与目标特征不相符合的其他脉冲。

(8) 智能制导技术。随着人工智能、成像制导、微型计算机和自适应控制技术的进展和突破,人们已经开始着手探索使武器系统完全实现自动化和智能化的智能制导技术。智能制导系统的核心设备是智能导引头,它具有很高的探测灵敏度和空间分辨力,能在各种充满干扰的战争环境下自主的搜索、识别和跟踪目标。智能计算机由数据库、知识库和推理机构等组成,能够模仿专家解决问题时有效而复杂的思维活动,使智能制导系统能在瞬息万变的战场环境下进行判断和决策。

除此之外,制导武器的技术和战术性能必须严格保密。某些简易制导武器的使用性能并不理想,但突然使用也可能出奇制胜。如果武器性能保密不当,或者被敌方侦破后,敌方只要采用较简单的方式进行对抗,就可以大大降低其使用效果。因此各国对自己使用和研制中的导弹技术性能都采取了非常严格的保密措施。而在战争中只有知己知彼,才能百战不殆,这也是为什么敌方总是不惜各种手段侦破对方武器的技术性能,寻找对付的办法。

思 考 题

(1) 简述红外成像制导的特点。
(2) 简述红外成像制导系统的组成。
(3) 光机扫描成像方式中,扫描机构按照扫描方式可以分为哪几种?
(4) 凝视型红外成像系统相对于光机扫描有哪些优点?

(5) 列举几种红外图像的预处理的方法和作用。
(6) 红外成像对目标的识别过程包括哪几部分,各部分的作用是什么?
(7) 在图像识别中,常被选为特征的有哪些?
(8) 简述影响红外成像的主要因素。
(9) 红外诱饵分为几类,其各自特点是什么?
(10) 简述红外抗干扰的主要方法。

第6章 电视成像制导系统

电视成像制导是利用自然光或其他人工光源照射目标,通过接收目标反射或辐射的可见光信息形成图像,然后从可见光图像中提取目标位置信息并实现自动跟踪的制导技术。由于可见光图像的边缘、色彩和纹理信息丰富、分辨率高、抗电磁干扰强且成本较低,因此在20世纪中后期被广泛地应用于多种型号的空地导弹中。

在第二次世界大战中,电视成像制导第一次被应用于鱼雷制导武器中。1944年8月,美军使用了带电视摄像头的"哥伦布"-4型制导鱼雷攻击日本军舰。但这种电视成像制导系统是在采集图像后人工操纵鱼雷航行方向,不属于电视自动跟踪系统,只能算是电视遥控制导系统。

20世纪70年代以后,随着电视摄像机的小型化、批量化和低成本化,电视成像制导开始大量应用于空地导弹,这个时期典型的产品是美国AGM-65A/B"幼畜"空地导弹。另一方面,可见光电视图像与人眼所见的景象完全一致,这非常适合于人在回路中或者人工锁定目标,因此电视成像制导系统的目标识别和锁定过程通常由人工完成。

1991年美军在海湾战争中大量使用了AGM-65A/B电视成像制导空地导弹。从美军飞机攻击地面目标的视频中,常常可以看到美军飞行员在机载火控显示器上使用十字线和小方框(也叫跟踪窗)搜索目标,而这正是电视成像制导导引头所采集的图像(图6-1)。当飞行员在火控显示器上发现目标后用跟踪窗套住目标,此时按下锁定或跟踪开关,则导弹上的电视跟踪系统就会自动跟踪目标,随即可以发射导弹。

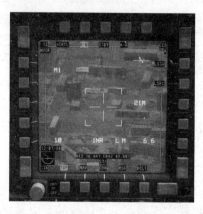

图6-1 电视成像制导的火控显示器上的跟踪窗

电视成像制导属于被动制导方式,具有极好的隐蔽性,但是电视成像制导的最大缺点是只能在白天和能见度较好的情况下使用,且容易受到强光和烟尘雾的干扰,无法全天候和在复杂作战环境中使用,因此电视成像制导在21世纪后主要用于低成本便携式导弹。

本章将主要介绍电视成像制导的基本原理、分类和特点,并且重点介绍电视成像制导的目标跟踪算法原理。

6.1 电视成像制导系统原理

电视成像制导系统的基本原理是由电视摄像机获取目标的可见光图像或图像序列,并利用图像处理技术实现对目标的搜索、发现、识别和跟踪。因此电视成像制导系统通常包含电视摄像机、信号转换与处理电路、平台伺服系统、视频信号发送与接收装置、视频显示器以及指令形成和发送装置等(图6-2)。

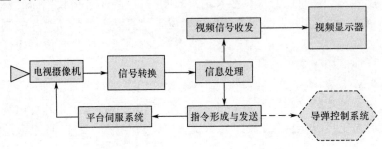

图6-2 电视成像制导系统组成框图

由图6-2可知,电视成像制导系统利用电视摄像机将目标与背景的可见光辐射信息经光电转换后形成可见光图像。可见光图像或图像序列经过信息处理后,一方面通过视频收发装置传给视频显示器,供武器操作员观察;另一方面经过图像处理和目标识别获得目标位置偏差信号,并利用此信号控制平台伺服系统。同时将偏差信息按照一定的制导规律形成制导指令,发给控制系统改变导弹的飞行。

6.1.1 电视成像原理

电视成像制导系统的核心器件是可见光电视摄像机,其通常由光学系统、光电转换器件和信号处理电路等组成。光学系统的作用是将目标和背景的可见光辐射信息汇聚并清晰地投射到成像靶面上,其通常由透镜、光阑、滤光片和快门等构成。光学系统能够根据光强自动控制投向摄像管靶面的通光量,这样既能保证获取层次清晰的图像,同时也能保护靶面不会被强光所烧坏。

光电转换器件的作用是将可见光图像转换为电信号以便后期形成图像或图像序列,目前常用的光电转换器件分为真空成像器件和固体成像器件两种。真空成像器件包括光电导摄像管、硅靶摄像管、硅靶电子倍增摄像管;固体成像器件包括电荷耦合器件(CCD)和电荷注入器件(CID)。下面简单介绍这两类光电转换器件。

1. 真空成像器件

光电导摄像管是较早工程应用的真空成像器件,其利用光电导材料在光照下电阻值发生变化的特性,使用可控电子束扫描实现对可见光图像的光电转换。图6-3所示为一种光电导摄像管的结构示意图,其在真空玻璃管的右端安置一个电子枪G,其向外发射电子。发射的电子经过加速电场E进行定向加速,并通过电子束孔径形成电子束;在真空管的中部两侧安装有电子束聚焦线圈和偏转线圈,聚焦线圈所产生的磁场确保电子束流的汇聚,而偏转线圈所产生的磁场则控制电子束俯仰和偏航方向的摆动;在真空管的左端安装有一个玻璃面板,面板在真空管的一侧涂有一层透明光电导电薄膜,称为靶面。目标和背景经光学系统所形成图像成像于靶面,如图6-3所示。

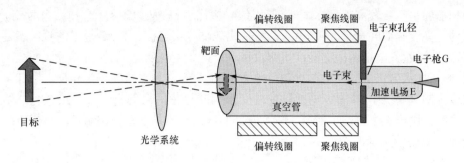

图 6-3 光电导摄像管结构示意图

靶面实际上由光电导薄膜面和信号读取板两层构成,光电导薄膜面附着在信号读出板上,位于靠近电子束的一侧。光电导薄膜相当于一个光敏电阻 R',在不受光照时其电阻值很高,受到光照时光照部分的电阻值降低,且光照强度越大电阻值越小。如图 6-4 所示,信号读出板和电子枪之间施加电压 U,并串联限流保护电阻 R。当电子束在偏转线圈的控制下扫描到光电导薄膜某处时,该处的光电导材料由于光照强度不同产生的阻值 R' 不同。由物理学可知,电流的本质是电子的定向移动,那么电子束的定向运动也就可看作电流的反向流动(图 6-4 中电流 I)。

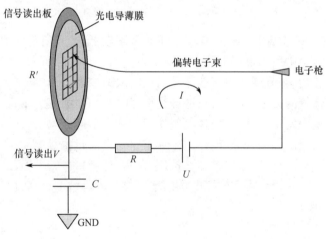

图 6-4 光电导摄像管信号读出电路示意图

据此可以得到信号读出端电压 V 的表达式为 $V = UR'/(R + R')$。随着偏转电子束扫描位置的不同,光电导薄膜因光照不同形成的电阻 R' 也不同,信号读出电压 V 也随之变化。电压 V 的变化与电子束扫描之处的光照强度相关,随着电子束按照某种规律扫描完整个靶面,即可得到靶面上不同位置的光照强度情况(即可见光图像)。

实际上为了使扫描机构结构简单和图像处理的方便,电子束仅扫描靶面内的一个方形区域,而非整个靶面。扫描的方式多是先左右扫描(行扫描),后上下扫描(帧扫描),扫描完整个方形区域的时间称为帧周期。扫描方式可分为逐行扫描和隔行扫描两种,逐行扫描一帧即完成整个画面的采集,而隔行扫描需要扫描奇数行和偶数行两场后才能形成一个完整的帧画面。

图 6-5 给出了逐行扫描的光电导摄像管读出信号与图像的关系,图中灰色阴影方块为目标,假设其具有较高的亮度,而其余部分为亮度较低的背景。当电子束扫描到第 n 行时,从 t_0^n (行扫开始时刻)到 t_1^n 时间段内扫描的是亮度较低的背景区域,电压信号输出较低;从 t_1^n 到 t_2^n 时

间段内扫描的是亮度较高的目标区域,电压信号输出较高;从 t_2^n 到 t_E^n(行扫描结束时刻)时间段内扫描的是亮度较低的背景区域,电压信号输出较低。很显然,出现高电平的阶段正是扫描到目标区域的阶段,其电平的变化会产生两次正负脉冲跳变。反之,如果目标区域的亮度比背景区域低,则目标区域仍然会产生两次正负脉冲跳变,只不过信号跳变相位相反。因此早期的模拟电视成像制导系统中,常常以两次脉冲跳变来判断目标区域的出现。当然每行开始的 t_0^n 时刻扫描机构会给出一个行同步信号,表示一行的开始;相应的在每一帧结束时扫描机构也会给出一个帧同步信号,表示一帧的结束。

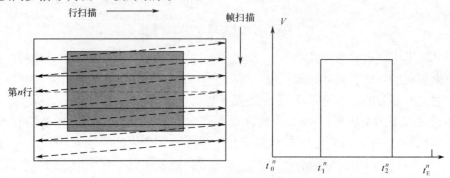

图 6-5 光电导摄像管读出信号与图像关系示意图

总体说来,光电导摄像管对器件制作工艺水平要求较低,并且所形成的图像信号为模拟信号,因此适合于20世纪中后期模拟电路占主导地位的时代。那时所采用的目标跟踪算法都是以模拟信号为对象,在6.4节将介绍模拟信号的波门跟踪原理。

然而光电导摄像管的灵敏度较低,只适合光照条件较好的环境。为了使光电摄像管能够在光照度极低的环境中使用,可以在硅片上制作二维的微型硅光电二极管阵列,这样每个光电二极管就成为一个独立的探测像素单元。这种硅片靶面通过提高靶增益来提高摄像管灵敏度,称为硅靶摄像管。如果要进一步提高增益还可以在硅靶摄像管上增加图像增强器,构成硅靶电子倍增摄像管。硅靶摄像管和硅靶电子倍增摄像管的灵敏度很高,但噪声较大、分辨率较差,在夜晚中的作用距离很短。

真空管成像器件的最大缺点在于真空管是一个体积庞大、电路复杂且易损坏的器件,随着半导体技术的迅速发展,固体成像器件以其体积小、重量轻、功耗小、坚固可靠和低压供电的特点已经逐步替代真空管成为目前制导系统常用的成像器件。

2. 固体成像器件

固体成像器件是利用电荷耦合器件(CCD)和电荷注入器件(CID)制作的非扫描式直接成像器件。非扫描是指避免了使用机械扫描和电子束扫描的方法,而是采用了电荷耦合/注入传递或寻址访问技术实现对整个探测靶面信号的一次采集。其信号读出方式可分为行间转移、帧转移和XY寻址方式三类,具体工作原理可参考电子成像器件专业参考书。

无论电视成像制导系统采用何种电视摄像机,其本质都是对目标形成清晰的可见光图像。一般来说,在天气晴好的条件下,电视摄像机能够在15~20km远处识别尺寸为50m×50m的目标,因此从分辨率角度上来说电视成像导引头相比雷达导引头具有很大的优势。

6.1.2 电视成像制导系统的特点与分类

电视成像制导系统的主要优点可以总结为:①可见光成像的图像信息(边缘、纹理、色彩)

丰富，便于图像处理和目标识别；②可见光波段的信息不受敌方电磁和红外干扰影响；③成像分辨率高，目标识别能力强，跟踪精度高、体积小、无多路径效应。

但是电视成像制导系统的缺点也十分突出：①只能在白天或者能见度良好的情况下使用，不具备全天候作战能力；②容易受到敌方强光照射和烟雾干扰而不能工作；③对光学器件存储和使用环境条件要求较高；④作用距离受到气象条件和能见度限制，相对雷达和红外制导系统较短。

电视成像制导系统通常可以分为电视遥控制导和电视自动寻的制导两类。

电视遥控制导通常是在导弹上仅安装摄像机采集图像，而制导指令形成装置一定是在制导站（如载机、发射车等）上。导弹上的电视摄像机将目标图像采集后通过数据链传回制导站，制导站的武器操作员通过人工参与方式从图像中识别和锁定目标，进而操纵手柄控制导弹飞行。这种系统的优点在于导弹上制导设备很简单，导弹跟踪目标的过程中人工全程参与，这样能充分发挥人对目标的极强识别能力，提高系统抗伪装和分辨假目标的能力。电视遥控制导的缺点是必须人工全程参与控制，导弹不能实现自主攻击；同时制导站必须全程与导弹建立数据链路，这对数据链的安全性和载机的生存能力有很高要求；此外导弹的飞行控制完全由武器操作员决定，这对操作员的操纵水平要求很高。

电视自动寻的制导系统（也称电视自寻的制导系统）的电视摄像机和制导指令形成均在导弹上。一旦电视导引头锁定目标，导弹将自行完成跟踪和控制功能。电视自动寻的制导系统按照导引头锁定的方式可以分为"发射前锁定"和"发射后锁定"两种。

"发射后锁定"是指导弹发射后导引头并不工作，待导弹飞临目标后导引头开机搜索目标，同时将导引头拍摄的图像通过数据链传回制导站；操作员通过显示器发现目标后下达停止搜索指令，并使用跟踪框锁定目标；随后导弹上导引头自动跟踪目标并实现自寻的制导。

"发射前锁定"是导弹在发射前将导引头图像传回制导站，操作员锁定目标后发射导弹；发射后导弹根据锁定目标位置实现自寻的制导。因此在电视自寻的制导系统中"发射前锁定"方式具有"发射后不管"的能力，"发射后锁定"方式只有在锁定目标后才能不管，即所谓的"锁定后不管"。当然从两者的不同之处可以看出，"发射后锁定"主要用于超视距或作用距离较远的导弹，其通过人工参与实现发射后的目标搜索、识别和锁定；而"发射前锁定"主要用于视距内或作用距离较近的导弹，其通过人工参与方式进行发射前锁定，从而实现"发射后不管"。

需要说明的是：目前常见的电视成像制导导弹都是采用人工进行目标识别和锁定，很少用计算机进行自动识别，这是因为目标的可见光图像易受光照、遮挡、目标反射率和伪装等因素的影响，使目标图像的特征较为复杂且容易变化。为了降低图像处理的难度，电视成像制导大多利用人工参与实现目标识别和锁定，而自动寻的制导系统利用锁定窗内的信号特征进行自动跟踪，所以电视成像制导的信号处理关键是目标跟踪技术。

6.2 电视自动寻的制导系统

电视自动寻的制导系统的特征是制导设备全部安装在导弹上，导弹的制导和控制指令由弹上装置形成。电视导引头一旦对目标锁定之后，便能够自动跟踪目标并产生制导指令控制导弹飞向目标。这种"锁定后不管"的特性，非常适合于飞机对地面目标的攻击，其能确保飞机在发射导弹后可及时脱离和规避。

电视自动寻的制导系统的工作过程是：首先由电视导引头拍摄目标和周围环境的可见光图像；然后从有一定光学反差的图像中人工识别和锁定目标；最后利用波门跟踪技术自动跟踪目标运动。当目标偏离波门中心时能够产生偏差信号，偏差信号一方面控制伺服稳定平台消除角度偏差以实现目标跟踪，另一方面用于形成制导指令来控制导弹的飞行。

电视自动寻的制导系统的显示器位于制导站（如载机、发射车等），其作用是使武器操作员在发射导弹时对目标进行搜索、识别和锁定。另外有些电视成像制导系统还可利用导弹飞行中传回的图像进行跟踪、修正以及侦察。

电视自动寻的制导的一个重要特点是使用波门跟踪技术，所谓波门（图6-6）是指在摄像机所探测的整个景象中围绕目标所划定的范围。划定波门的目的是排除波门以外的背景和干扰信息，而只对波门内的目标相关信息进行处理。这不仅有效提高了目标的信号特征，同时大大降低了图像处理的计算量，也避免了背景和干扰信息对目标跟踪的影响。

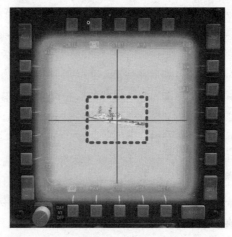

图6-6 波门示意图

输出模拟信号的电视自动寻的制导系统包括光学成像系统、电视摄像机、信号处理系统和伺服系统几部分，如图6-7所示。光学系统可以把视场内的光学图像成像在摄像机的靶面上。以常见的光电导摄像管摄像机为例，摄像管将成像在靶面的光学图像用电子扫描的方法，转换为同扫描基准（通常为扫描的中点）有一定时延关系的视频信号；电视视频跟踪器将此视频信号放大、变换为适合进行自动跟踪目标的信号，最后将信号送到位置检测电路，产生反映目标瞬时位置的误差；此误差电压可用来控制伺服系统，驱动光学系统的光轴转动，消除光轴和瞄准线之间的角度误差；同时此电压也可用来控制舵机，使导弹飞向目标。

对于采用数字式成像的电视自动寻的制导系统简化方块图，如图6-8所示，一般由电视摄像机、光电转换器、误差处理器、伺服机构、导弹控制系统和制导站的显示设备等组成。摄像机把被跟踪的目标光学图像投射到光电转换器上形成数字图像或图像序列。误差信号处理器对图像信号进行处理和提取目标位置信息（即方位误差信号和俯仰误差信号）。误差信号一方面用于形成制导信号，去控制导弹跟踪目标；另一方面又通过伺服机构去带动摄像机转动，使其光轴对准目标，从而实现对目标的跟踪瞄准。

采用真空管成像的电视自动寻的制导系统所采集的图像信息为模拟视频信号（如电视的PAL制式或者NTSC制式），因此其后期的信号处理电路也为模拟电路。采用固体成像的电视寻的制导系统所采集的图像信号一般为数字信号，其可以使用较为复杂的数字图像处理算法

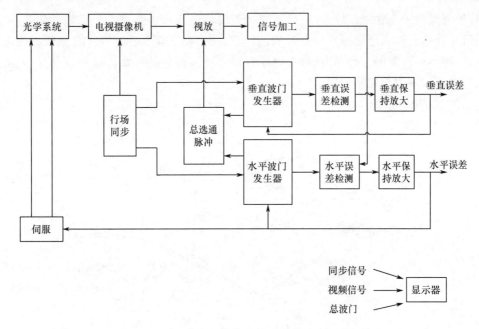

图6-7 模拟成像电视自动寻的制导系统功能框图

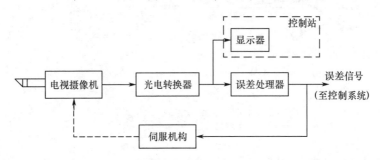

图6-8 数字成像电视自动导的制导系统简化方块图

进行处理。数字图像处理的灵活性要远优于模拟信号处理,所以现在的电视成像制导都广泛地采用固体成像技术。

随着21世纪以来电视固体成像器件的微型化和低成本化,电视成像器件广泛地应用于一些成本很低、体积很小的制导武器上,如微型导弹、便携式制导火箭弹和制导炮弹等。电视自动寻的制导的典型代表是美制AGM-65A"幼畜"空地导弹,其导引头为外框架结构,电视摄像机与电子组件安装在内环上,框架转动通过力矩器连杆驱动。为了保护易碎的光电器件,在镜头与显像管之间涂有保护层,在镜头上装有灵敏元件,导引头瞬时视场为5°。AGM-65B改进了镜头支架与电子设备,采用新的镜头使得瞬时视场减少为2.5°,行扫线为525条,每条扫线所占角分辨率为0.083mrad,精度有所提高。同时B型增大了坐舱显示屏上的目标图像,使驾驶员在较远距离就能发现和锁定目标,因此减少了载机在目标区域暴露的时间。

图6-9所示为AGM-65"幼畜"空地导弹的电视自动寻的制导系统工作过程。首先由飞行员通过雷达或光学探测系统发现目标,随后飞行员操纵飞机使之对准目标;与此同时弹上摄像机将目标及背景的电视图像送至飞行员座舱的显示屏上,飞行员观察目标相对电视摄像机光轴的偏离情况。若目标处于摄像机的光轴上时,显示屏幕上的目标正好在十字线中央;若目标偏离摄像机的光轴,显示屏幕上的目标就偏离十字线的中央。当目标偏离时,飞行员操纵调

节旋钮,使摄像机的光轴转动以对准目标;同时飞行员可调节摄像机光学系统的焦距,使目标影像的尺寸合适。在满足导弹发射条件的情况下,飞行员按下"锁定"按钮,摄像机便可自动跟踪目标,导弹即可发射。导弹发射后,导弹制导系统能够自动跟踪目标和控制导弹,此时飞机可以脱离,实现"发射后不管"。

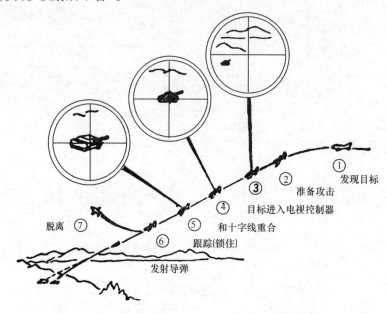

图 6-9　AGM-65A/B 电视自动寻的制导示意图

6.3　电视遥控制导系统

电视遥控制导系统的特征是制导指令形成装置不在导弹上,而是在制导站上;而电视摄像机可以在导弹或者制导站上。通常,电视摄像机拍摄的可见光图像显示在制导站的显示屏上;武器操纵员通过观察显示屏上的目标信息,根据相应的制导规律给飞行中的导弹发出制导指令;导弹收到制导指令后,由控制系统驱动弹上执行机构动作,控制导弹飞向目标。

电视遥控制导系统有两种实现方式:一种称为电视指令遥控制导,其主要特征是电视摄像机安装在导弹头部,制导系统测量基准在导弹上,应用这种制导方式的导弹有英、法联合研制的"玛特尔"空地导弹、美国的"秃鹰"空地导弹、以色列的"蜂蛇"反坦克导弹等;另一种称为电视跟踪遥控制导,其特征是电视摄像机安装在制导站而不是导弹上,制导系统观测基准在制导站上,应用这种制导方式的导弹有法国的"新一代响尾蛇"地空导弹和中国的"红箭"-8反坦克导弹。这两种遥控制导的共同点是制导指令在导弹外的制导站上形成,遥控导弹根据指令修正飞行弹道,下面简单介绍这两种制导方式的工作原理。

1. 电视指令遥控制导系统

电视指令遥控制导系统由弹上设备和制导站两部分组成,主要用于射程较远的非视线瞄准导弹,如图 6-10 所示。弹上设备包括摄像机、电视信号发射机、指令接收机和弹上控制系统等。制导站上有电视信号接收机、指令形成装置和指令发射机等。

导弹发射以后,电视摄像机不断地拍摄目标及其周围的图像,通过电视信号发射机发送给制导站,操作员从电视信号接收机的平面上可以看到目标及其周围的景象。操作员根据目标

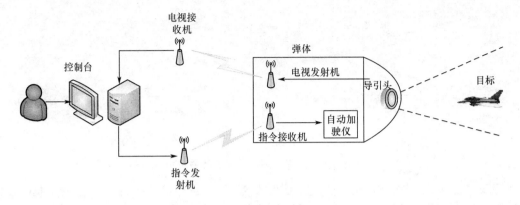

图 6-10 电视指令遥控制导组成框图

影像偏离情况控制操作杆形成制导指令,由指令发射装置将制导指令发送给导弹,纠正导弹的飞行方向。这是早期发展的手动电视指令遥控制导方式,主要用于攻击固定目标或者大型慢速目标。这种制导方式包含两条信息传输线路:一条是从导弹到制导站的目标图像传输线路;另一条是从制导站到导弹的遥控线路。传输线路可以采用无线传输方式,也可以采用有线传输方式,如法、德联合研制"独眼巨人"(Triform)采用光纤有线传输双向传输图像和指令(图 6-11)。

图 6-11 "独眼巨人"光纤传输电视指令遥控制导

电视指令遥控制导系统的优点在于随着导弹上的摄像机与目标距离逐渐减小,成像逐渐清晰,此外人工识别目标可靠性好,制导精度高。但是其缺点也很明显:首先无线传输信道易受敌方电子干扰,而有线传输线限制了导弹的射程、速度和机动性等;其次制导过程人工参与,多采用追踪法制导,操作人员负担较大。后期电视指令遥控制导在指令形成方面也进行了改进,即目标一旦由人工锁定后,对目标的跟踪和制导指令的形成交由制导站的计算机自动完成,这样就大大降低操作人员的工作负担。

2. 电视跟踪遥控制导系统

电视跟踪遥控制导系统将电视摄像机安装在制导站上,导弹尾部装有曳光管,由制导站测量导弹和目标偏差,其主要用于射程较近的导弹。当目标和导弹同时出现在电视摄像机的视场内时,电视摄像机探测导弹尾部曳光管的闪光,并自动测量导弹位置与电视瞄准轴的偏差信息;这些偏差信息送给制导计算机,经过计算形成制导指令,并由指令发射机发给飞行中的导弹,从而使导弹沿着瞄准光轴飞行,其制导系统组成如图 6-12 所示。

电视跟踪遥控制导系统通常与雷达跟踪系统联合使用,电视摄像机光轴与雷达天线瞄准

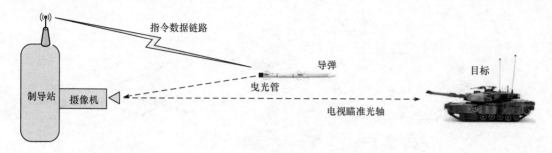

图 6-12 电视跟踪遥控制导组成框图

轴保持一致,在制导中相互补充。在夜间或能见度差时用雷达跟踪系统,当雷达受干扰时使用电视跟踪系统,这样可以大大提高制导系统的综合作战性能。

我国的"红箭"-8L反坦克导弹采用了电视跟踪遥控制导系统(图6-13)。其通过电视或热成像仪测量导弹(尾部曳光管)的角度并形成制导指令,然后由导线传输制导指令到飞行中的导弹。该系统白天射程为100~4000m,夜间射程为100~2000m,命中概率大于90%。导弹采用潜望瞄准、卧姿发射,便于射手隐蔽发射,战场生存率高,昼夜使用同一目镜即可完成瞄准发射动作。

(a)   (b)

图 6-13 "红箭"-8L反坦克导弹武器系统

电视跟踪遥控制导系统的优点是弹上不需要安装任何制导装置,只需执行制导站发送的制导指令,因此其结构简单、成本低廉。其缺点是通常采用三点法制导,制导误差随着距离增加而增大,只适合于近距离制导。此外导弹尾部安装曳光管作为导弹位置指示信标,如果敌方获知曳光管发射频率和编码,则可在目标上安装干扰曳光管,从而造成电视测角偏差以致导弹脱靶,这一缺陷已经在20世纪80年代的两伊战争中暴露出来。

6.4 电视成像制导的目标跟踪

电视自动寻的制导系统具有人工依赖性少,能实现"锁定后不管"的能力,因此是目前电视成像制导系统应用较多的方式。这种制导模式通常由人工发现、识别和锁定目标,因此对制导系统的自动识别能力要求较低,其制导性能主要取决于目标锁定后的自动跟踪能力。本节将主要介绍电视自动寻的制导中使用的目标跟踪方法。

6.4.1 对比度跟踪

在光照良好的条件下,人眼能看清和分辨目标是由于目标与背景的亮度和色彩有差别;而在光照不足的黑暗环境中,人眼的颜色分辨能力下降,因此只能利用目标与背景的亮度差别进行区分。对于电视成像导引头来说,彩色图像的数据量过大且对光照条件要求较高,因此通常利用目标和背景之间的亮度(辐亮度)分布灰度图像进行制导。对比度是灰度图像中目标与背景之间差异较为明显的特征,因此对比度跟踪是电视跟踪最早发展起来的一种方法,至今仍然在许多电视跟踪系统中作为基本的跟踪模式被采用。

关于对比度的定义,有以下两种:

(1) 第一种定义为

$$C = |L_T - L_b|/L_b \quad (6-1)$$

式中:C 为对比度;L_T 为目标亮度(cd/m^2);L_b 为背景亮度(cd/m^2)。

这样定义的对比度,也称为反衬对比度或反衬度。当目标较小,且有 $|L_T - L_b| < L_b$ 时用这种定义。

(2) 第二种定义为

$$C = (L_T - L_b)/(L_T + L_b) \quad (6-2)$$

这样定义的对比度称为调制对比度。当以黑白栅格图形对摄像机测试时,常采用这一定义,这时 L_T 对应白线条输出的信号峰值,L_b 对应黑线条输出的信号谷值。

在制导系统中通常使用第一种对比度定义,电视成像导引头形成的可见光图像对比度主要取决于目标和背景反射率不同,同时还与大气透过率和观测距离有关。通常用 C_0 表示在很近距离上观察物体时看到的对比度,叫作目标的固有对比度或零距离对比度;用 C_R 表示在距离 R 处观察目标时看到的对比度,称为目标的视在对比度。

对比度跟踪方法依据跟踪参考点的不同可分为边缘跟踪、形心跟踪、矩心(质心、重心)跟踪、峰值跟踪等。对比度跟踪法优势在于可跟踪快速运动的目标,对目标姿态变化和尺寸变化适应性强。其缺点是对目标的识别能力差,难以跟踪复杂背景中的目标,所以对比度跟踪法多用于空中或水面目标的跟踪。下面简单介绍几种常见的对比度跟踪算法。

1. 边缘跟踪

边缘跟踪是以目标图像边缘作为跟踪参考点的自动跟踪方法,其通过检测目标两个边缘(左、右边缘或上、下边缘)来确定等效参考跟踪点(如中心点),有时也会使用某些特征点或者拐点(图6-14)。边缘跟踪法简单易行,但对图像中目标和环境的对比和形状要求较高,例如其要求目标轮廓较为明显和稳定,目标图像不能存在孔洞或裂隙,否则会引起跟踪参考点跳动。此外如果背景和目标亮度或颜色相似,则可能会捕获错误的边缘。

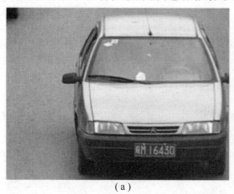
(a)
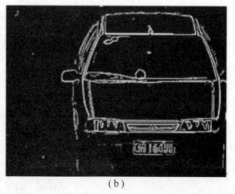
(b)

图6-14 汽车的边缘提取

图 6-15 所示为一飞机目标的可见光图像,当采用光电导摄像管转换图像的某一行时,一条扫描坐标等于 y_i 的行扫描线会与飞机轮廓相交于两个边缘点 (x_1,y_i) 和 (x_2,y_i),可以近似地认为该行目标的参考点位于两个边缘的中间处,即参考点坐标为

$$x_{Ti} = (x_1 + x_2)/2 \tag{6-3}$$

$$y_{Ti} = y_i \tag{6-4}$$

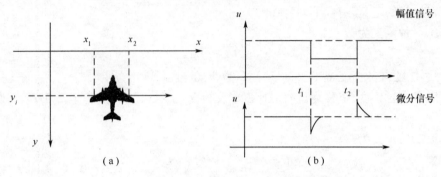

图 6-15　目标图像及边缘微分信号

如果行扫描信号转换为电压信号,则对该行电压信号的幅值进行微分后可以得到目标左右边缘的脉冲信号和时间;这样对边缘脉冲信号的时间求中值平均,就可以得到该行目标的参考跟踪点。实际中,每一行的目标参考跟踪点位置容易受到边缘提取误差和噪声的干扰,因此通常会将波门内的所有行的目标跟踪参考点进行平均。

2. 形心跟踪

如果以目标图像的边缘为分界,将封闭边缘曲线内部作为一个密度均匀的不规则平面形状,则可计算出形状的几何中心(即形心)。形心的位置是目标边缘封闭形状中的一个确定的点,且当目标姿态变化时,形心位置变动较小。因此形心跟踪比较平稳,且抗干扰能力较强,是电视跟踪系统中用得最多的一种方法。

对于任意封闭区域其形心的定义为

$$\bar{x} = \frac{1}{M}\iint_\Omega x\,\mathrm{d}x\mathrm{d}y \tag{6-5}$$

$$\bar{y} = \frac{1}{M}\iint_\Omega y\,\mathrm{d}x\mathrm{d}y \tag{6-6}$$

$$M = \iint_\Omega \mathrm{d}x\mathrm{d}y \tag{6-7}$$

式中:$\bar{x},\bar{y}$ 为区域形心坐标,积分区域 Ω 为整个封闭区域。通常为了处理方便会将封闭区域图像进行二值化,即属于封闭区域 Ω 的像素赋值为"1",不属于封闭区域的像素为"0",这样可以把形心解算式改写为

$$\bar{x} = \frac{1}{M}\iint_\Omega V(x,y)x\,\mathrm{d}x\mathrm{d}y \tag{6-8}$$

$$\bar{y} = \frac{1}{M}\iint_\Omega V(x,y)y\,\mathrm{d}x\mathrm{d}y \tag{6-9}$$

$$M = \iint_\Omega V(x,y)\,\mathrm{d}x\mathrm{d}y \tag{6-10}$$

式中:当 (x,y) 属于 Ω 区内时,$V(x,y)=1$;当 (x,y) 不属于 Ω 区内时,$V(x,y)=0$。

图 6-16 给出了形心计算的简单示例,假设目标是一个灰色正方形,那么目标所占图像的像素赋值为 1,而背景部分赋值为 0,那么很显然目标的形心计算公式为

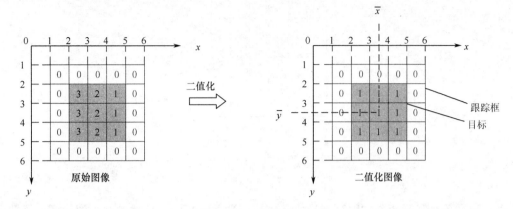

图 6-16 形心计算示意图

$$M = \int_2^5\int_2^5 dxdy = 9$$

$$\bar{x} = \frac{1}{M}\int_2^5\int_2^5 xdxdy = \frac{7}{2} = 3.5$$

$$\bar{y} = \frac{1}{M}\int_2^5\int_2^5 ydxdy = \frac{7}{2} = 3.5$$

可见规则目标的形心就是目标边缘封闭曲线的几何中心。

3. 矩心跟踪

图像矩心也叫图像的重心或质心,其相当于物理学中物体的重力作用中心。矩心与形心最大的不同之处在于:矩心在边缘曲线构成的封闭曲线面积内,图像不再认为是密度均匀的,而是将其看成随亮度变化的密度区域。即将图像中各像素点的灰度(图像信号的幅度)作为各点的质量密度,由此计算目标图像的一阶原点矩心为

$$x_c = \frac{1}{M}\iint_\Omega V(x,y)xdxdy \qquad (6-11)$$

$$y_c = \frac{1}{M}\iint_\Omega V(x,y)ydxdy \qquad (6-12)$$

$$M = \iint_\Omega V(x,y)dxdy \qquad (6-13)$$

式中:x_c,y_c 为目标矩心坐标;$V(x,y)$ 为图像函数(即图像上 x,y 处像素点的灰度);积分区域 Ω 为整个目标图像。

图 6-17 给出了矩心计算的简单示例,同样假设目标是一个灰色正方形,那么目标所占图像的像素赋值为其灰度值,而背景部分为其灰度值(这里为计算简单起见设置为 0),那么很显然目标的矩心计算公式为

$$M = \int_2^5\int_2^5 V(x,y)dxdy = 18$$

$$x_c = \frac{1}{M}\int_2^5\int_2^5 V(x,y)xdxdy = \frac{57}{18} \approx 3.333$$

$$y_c = \frac{1}{M}\int_2^5\int_2^5 V(x,y)ydxdy = \frac{63}{18} = 3.5$$

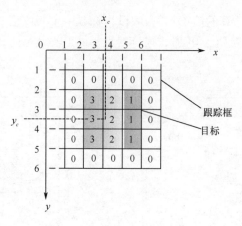

图 6-17 矩心计算示意图

可以看出同一个目标矩心的解算与形心的解算位置并不相同。显然形心中图像密度函数是一致的,即 $V(x,y)$ 预先已做了二值化处理,而矩心则考虑图像灰度分布不均匀性,因此说形心法是矩心法的一种特例。当然矩心法的优势在于不要求对图像预先做二值化处理,减少了确定二值化门限的困难。此外在矩心计算中并不一定要求目标有显明的轮廓线,由其对于某些灰度比较均匀的简单背景(如天空),其积分范围可在整个跟踪窗口区域进行。

4. 波门跟踪

波门跟踪是借鉴雷达波门跟踪目标的方法而产生的图像跟踪方法。所谓波门就是整个信号中划分出一个重点区域,在这个区域内目标出现的可能性最大,因此信号处理主要集中在这个区域内。采用波门信号处理和跟踪时,通常认为目标与背景的信号具有较大的差异。不妨仍以飞机目标的可见光图像为例,如图 6-18 所示。在某一行的扫描周期内获得了包含目标的幅值信号。

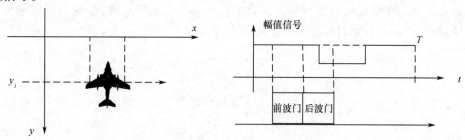

图 6-18 双波门未跟踪上目标的原理示意图

这里介绍一种比较简单的且能对目标信号进行自动跟踪的双波门跟踪技术。原理如图 6-19 所示,对于行扫描周期内的信号使用两个滑动波门(也叫作半波门)对信号进行积分。前波门只对其所覆盖时间内的信号进行积分,而后波门也只对其所覆盖时间内的信号进行积分。显然如果前后波门的分界线没有对准目标信号中点,则两个波门内的积分信号不相等。

如图 6-19 所示,只有前后波门的分界线对准目标中心后,前后波门内积分的能量才是基本相等的,因此这种方式也被称为等积分点跟踪。为了获得目标的横向和纵向两个位置数据,在两个方向上一共需 4 个波门,因此其也被称为四波门跟踪。这种方法主要适合于成像面积较大的目标,且跟踪点是目标能量的平均点。

波门跟踪方法的优点有:首先由于只对波门区域内信号进行处理,因此跟踪系统信号处理

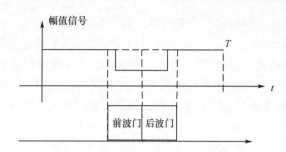

图 6-19 双波门跟踪上目标的原理示意图

的工作量大大减小;其次是能提高目标跟踪算法的抗干扰性能。由于跟踪波门位于被跟踪目标位置附近,这样信息处理的范围就缩小为目标位置附近的一小块区域,而波门区域以外的背景干扰信息就不会影响跟踪系统。

波门跟踪时波门位置和大小的选择对跟踪的精度有着很大的影响,例如波门位置偏移目标真实位置过大,则目标会落入波门之外造成目标的丢失,因此波门位置在电视制导的初期通常由人工锁定。波门尺寸如果设置得过大,可使其更好地适应目标的机动,但落入波门内的背景干扰也会增加,影响匹配精度和运算量。如果波门尺寸设置得过小,目标的快速机动可能使得波门无法跟上而丢失目标。此外由于目标由远及近的运动过程中,目标成像尺寸会逐渐变大,因此波门的大小也要能自动适应目标尺寸的变化。

5. 峰值跟踪

峰值跟踪是以目标图像上最亮点或最暗点作为跟踪参考点的一种跟踪方法。因为最亮点是图像灰度分布的峰值点,最暗点是图像灰度分布经倒相后(灰度映射镜像变化)的峰值点,两者统称为峰值跟踪。峰值跟踪只适合于目标与背景的亮度有较大差别的情况,如黑夜的天空中飞机发动机后强烈的尾焰,或者晴朗的天空中一架黑色的飞机。

峰值跟踪法由于只关心图像中目标的辐射最亮点或者辐射最暗点,因此其对图像的成像质量要求不高,对目标的形状不敏感,更适合跟踪小目标。但这种方法很容易受到强噪声点和敌方光学干扰弹的影响,抗干扰能力不强。例如诸如我国"红箭"-8L 反坦克导弹后部拖曳的曳光管就可以被电视测角仪按照峰值法跟踪,为了提高抗干扰能力,对曳光管的闪烁频率进行了特定加密。

6.4.2 相关跟踪

对比度跟踪实现简单,特别适合于早期的模拟电视成像制导,但其本质是利用目标与背景的辐亮度差异进行跟踪,因此容易受到目标自身亮度变化、背景亮度变化和外界光照条件变化的影响。此外,如果跟踪过程中目标出现其他物体遮挡,而该遮挡物体与背景也有较大亮度差异,此时对比度跟踪的方法会很容易跟踪遮挡物体,而丢失对目标的跟踪。

为了提高电视成像制导系统的跟踪能力和抗干扰能力,人们提出了利用图像匹配的跟踪方法,通常简称为相关跟踪。相关跟踪的思想核心就是利用导弹上预存的目标图像(即模板图像),在导引头拍摄的图像中寻找与之最为匹配的图像位置。下面以数字电视成像为例简单介绍相关匹配的基本技术途径。

1. 模板图像和拍摄图像

电视成像制导系统中利用图像匹配跟踪的前提是获取目标的模板图像,模板图像的获取有两种方法。第一种方法是事先准备好目标典型图像,例如事先存储好敌方某型坦克的图像,将导弹飞行中拍摄的图像与目标典型图像匹配。这种方法的缺点是导引头拍摄的目标图像易受拍摄距离、目标姿态和环境光照条件的影响，往往很难与预先存好的图像进行匹配；同时预存的目标图像限定了武器的使用范围。因此这种方法在电视成像相关跟踪中应用极少。

第二种获取模板图像的方法是由武器操作员在发现目标后，使用跟踪框套取目标图像并锁定，此时锁定的跟踪框图像就成为模板图像。在随后的目标跟踪过程中，跟踪系统就是在导引头拍摄的图像（信号）中不断搜索和匹配与模板图像最相似的跟踪框位置。这种导引头即时获取模板图像的方法不受拍摄距离、目标姿态和环境光照的影响，并且可以适用于多种类型的目标，因此是目前电视成像相关跟踪中使用最多的方法。

不妨假设目标的模板图像大小为 K 像素 $\times L$ 像素，拍摄图像的尺寸为 M 像素 $\times N$ 像素。拍摄图像的实际图像灰度分布函数用 $f(x,y)$ 表示，(x,y) 为图像的横纵像素坐标。用 $S(u,v)$ 代表其左上角坐标为 $(x=u,y=v)$ 的一个待匹配子图像，用 $s(u,v,j,i)$ 代表 $S(u,v)$ 子图像中第 i 行、j 列处像素点的灰度。待匹配子图像从拍摄图像的左上角自左向右、自上而下逐个像素点偏移，总共可以产生 $(M-K-1) \times (N-L-1)$ 个待匹配子图像。而目标模板图像灰度分布函数用 $q(j,i)$ 表示，(j,i) 为模板图像中像素的横纵坐标，如图 6-20 所示。

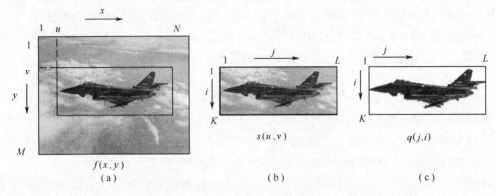

图 6-20　拍摄图像、待匹配图像与模板图像

很显然，待匹配的子图像是拍摄图像的一部分，两者之间具有以下关系：

$$s(u,v,j,i) = f(x=u+j-1,y=v+i-1) \tag{6-14}$$

有时为了简便，用 S 代表任意一个待匹配子图像，那么规定

$$s_{ji} = s(u,v,j,i) \tag{6-15}$$

式中：u,v 为约定的子图像位置。用 Q 代表目标模板，那么规定

$$q_{ji} = q(j,i) \tag{6-16}$$

图像匹配的目标是找出待匹配子图像 S 中与模板图像 Q 最相似的位置，而这个位置可以认为是跟踪框锁定目标后的左上角坐标。

2. 相似度的距离度量

待匹配子图像与模板图像的相似是一个定性的表述，为了便于计算机计算需要建立一个描述相似程度定量概念。描述相似性的定量度量有很多种，这里仅介绍常见的距离度量和相关度量。

1) 距离度量

距离度量是一种最直观的相似比较方法，即所谓的直接差异比较。把一个子图像 S 上的各点与模板图像 Q 上的各对应点进行逐点比较，求出两者所有点灰度差的平方和，即欧式空

间的距离定义。很显然,如果待匹配子图像与模板图像完全一样,则距离值为零;若两者不一样,则距离增大。一般距离度量的表达式为

$$D(u,v) = \sqrt{\sum_{i=1}^{K}\sum_{j=1}^{L}[s(u,v,j,i) - q(j,i)]^2} \qquad (6-17)$$

如果最佳匹配的子图像(左上角)的起始坐标为(u^*,v^*),则

$$D(u^*,v^*) = \min_{u,v} D(u,v) \qquad (6-18)$$

即对所有的u,v而言$D(u^*,v^*)$是$D(u,v)$中的最小者。距离度量除了可以比较灰度外,对于图像的其他属性或者统计参数也可以进行相似性衡量。

如图6-21所示,采用距离度量进行目标匹配,当待匹配子图像与目标所在图像不重合时(如图6-21(a)所示),距离度量$D(1,1) = 3$;当待匹配子图像与目标所在图像重合时(如图6-21(c)所示),距离度量$D^*(2,4) = 0$为最小,即找到最佳匹配子图像。距离度量方法计算简单且易于实现,但是其最大缺点是如果匹配过程中光照条件发生变化,就会引起拍摄图像的灰度快速变化,从而造成灰度距离度量增大,引起匹配误差。为了解决随光照变化的缺点,人们又提出了相关度量。

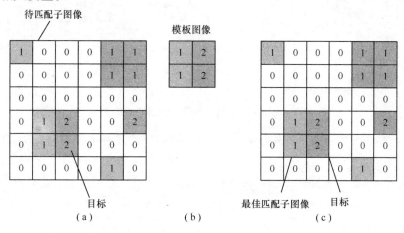

图6-21 距离度量的模板匹配

2) 相关度量

随机过程和数理统计中常用相关函数评价两个随机过程之间相关程度,而待匹配子图像和模板图像的灰度分布函数可以看作两个随机过程,两者之间的相似性自然可以使用相关函数来描述。

为了避免相关度量受拍摄图像光照变化的影响,通常定义归一化互相关函数度量为

$$R(u,v) = \frac{\sum_{i=1}^{K}\sum_{j=1}^{L}[s(u,v,j,i) \cdot q(j,i)]}{\left[\sum_{i=1}^{K}\sum_{j=1}^{L}(s(u,v,j,i))^2\right]^{1/2}\left[\sum_{i=1}^{K}\sum_{j=1}^{L}(q(j,i))^2\right]^{1/2}} \qquad (6-19)$$

从式中可以看出,如果待匹配图像$S(u,v)$与模板图像Q完全相同,则$R(u,v) = 1$;如果$S(u,v)$与Q不全相同,则$R(u,v) \leq 1$。因此,归一化相关函数$R(u,v)$也可作为图像相似性的一种度量。

很显然用相关函数做相似度度量时,在最佳匹配点(u^*,v^*)上的归一化相关函数值应为最大,即

$$R(u^*,v^*) = \max_{u,v} R(u,v) \tag{6-20}$$

如图 6-22 所示,模板图像与图 6-21 中一样,但是拍摄图像的亮度整体上增大了一倍。此时如果仍然使用距离度量的话,在实际两者不匹配的图 6-22(a)中,距离度量 $D(5,1) = \sqrt{2}$;而在实际两者匹配的图 6-22(c)位置上,距离度量 $D^*(2,4) = \sqrt{10}$,这显然出现了匹配错误。如果使用归一化相关度量,则实际不匹配的图(a)中 $R(5,1) = 0.3\sqrt{10} \approx 0.949$;而在实际匹配的图(c)中 $R^*(2,4) = 1$,显然使用相关度量的匹配是正确的。这也说明了相关匹配是不受拍摄图像光照变化影响的。

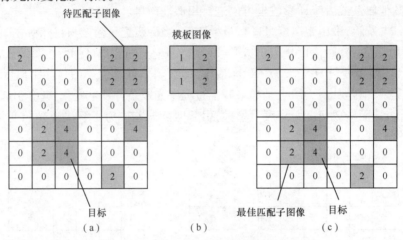

图 6-22 相关度量的模板匹配

实际上相关跟踪算法除了使用距离度量和相关度量外,还有很多准则方法,如最小绝对差值法(MAD)、最小均方误差法(MSE)、序贯相似性检测算法(SSDA)、归一化积相关法、最多邻近点距离法(MCD)等。不同的方法有着各自的优缺点和适用性,因此在使用中需要根据实际情况进行方法的选取和组合。

3. 跟踪稳定性

跟踪稳定性是指在目标运动和环境发生变化的情况下或者当目标被短时间遮挡后,跟踪框能始终跟踪目标或者重新捕获目标的特性。实际上跟踪的稳定性受到相似准则、模板更新和跟踪预测三个方面的影响。

相似准则主要受定义不同、跟踪敏感度不同的影响,由于任何相似准则都有其不足和局限性,因此为提高跟踪稳定性,实际中通常使用多种方法共同跟踪,但这会使得计算量大大增加。

在目标的跟踪过程中,由于目标的姿态变化、光照变化和遮挡等因素,被跟踪目标的图像灰度函数分布会不断发生变化。如果模板在跟踪过程中一直保持不变,就很可能出现模板与图像中目标严重不匹配的现象。所以合理选择模板的更新策略,可以在一定程度上克服这些变化对跟踪效果的影响。

但是如果在图像跟踪过程中,每次都单纯地将当前图像的最佳匹配位置处的子图像作为模板进行下一帧图像的匹配,那么跟踪很容易受到某一帧图像突变的影响。因此需要考虑旧模板和当前图像目标的匹配度来确定是否更新模板,常采用的模板更新策略有:

(1) 采用间隔固帧更新模板。这种模板刷新完全依赖图像帧数的推进,无法反映目标图像的变化情况,因此适应性较差。

(2) 由相关度大小更新模板。这种方法判断最佳匹配时的相关度是否低于更新阈值,如果低于阈值说明目标图像已经有较大变化,需要用最佳匹配处的子图作为新的模板。

(3)加权滤波实现模板刷新。这种方法将与当前最佳匹配点处的子图、当前的模板、过去曾经使用过的模板系列之间的相关性进行关联加权,从而确定新的模板如下:

$$T = \alpha T^+ + \beta_0 T^0 + \beta_{-1} T^{-1} + \cdots + \beta_{-n+1} T^{-n+1} \quad (6-21)$$

式中:T 为新模板;T^+ 为当前最佳匹配点处的子图;T^0 为当前模板;$T^{-1}, \cdots, T^{-n+1}$ 为过去曾使用过的模板,各个权重系数代表对应模板对新模板的贡献,且权重系数和为1。当 $n=1$ 时,上式可表示为

$$T = \alpha T^+ + (1 - \alpha) T^0 \quad (6-22)$$

参数 α 反映了当前最佳匹配点处子图的置信度。

当然模板更新并不能完全应对跟踪过程中目标完全被物体短暂遮挡的情况。为了解决遮挡问题,目前通常用跟踪预测的方法。即当目标被全部遮挡时,跟踪算法根据目标之前的运动状态预测出目标随后可能出现的位置,这样能保证跟踪框出现在目标最可能出现的位置上。常用的预测跟踪算法有记忆外推跟踪算法、N 点线性逼近预测算法、N 点二次多项式预测算法和卡尔曼滤波等。

6.4.3 其他跟踪算法

1. 差分跟踪

差分跟踪是利用相邻两帧间背景图像近似不变,而运动目标位置会发生变化的特点,对两帧或多帧图像进行差分,以确定运动目标位置的经典跟踪算法。差分方法的基础是假定背景图像短时间不变,目标图像在相邻两帧图像中的位置有明显变化,这样通过帧间差可以确定运动目标的位置。但是实际上由于噪声和成像质量的影响,即使画面完全相同的两帧图像差分也会出现许多差分区域,这些差分区属于干扰需要去除。

差分法的优点是适应性强(可用于复杂背景)、简单易行,运算量小,速度快。但是其缺点也很明显,即只能跟踪运动目标,且定位精度较差;此外其要求短时间内背景基本不变,而在实际应用中由于摄像机多安装在飞行的导弹或者运动的载体上,背景不可能保持静止。为了抑制背景往往需要对相机的运动进行测量,从而消除背景由于相机运动所引起的变化。在背景运动抑制完成后,才能对运动目标进行差分跟踪。

2. 多模态跟踪

由于导弹所面对的目标、背景和相对运动环境等在飞行过程中变化比较复杂,因此任何一种单一跟踪模式都无法满足实战跟踪的苛刻要求。所以实际使用中,电视成像跟踪算法都是采用两种或多种跟踪算法,即所谓的多模态跟踪。多模态跟踪分为并行多模和串行多模,并行多模是在同一阶段采用不同的跟踪算法进行跟踪,而最佳跟踪点由各模态的结果融合得到;串行跟踪则是在导弹攻击过程的不同阶段采用不同的跟踪算法。并行多模跟踪的精度和稳定性较好,但是运算量过大;串行多模跟踪的计算量小、具有一定的阶段适应性,但抗干扰能力与单一算法相当。

3. 自适应与智能跟踪

实际战场环境中目标和背景受到多种因素的影响和干扰,常规的跟踪算法无法完全适用于战场的复杂环境。随着智能计算技术的发展,诸如自适应、神经网络、遗传算法、蚁群算法和记忆外推等新方法被广泛地应用于跟踪算法,这使得跟踪过程能够根据环境条件、目标状态、遮挡情况和跟踪要求等变化做相应调整,以达到对目标的可靠跟踪。

4. 记忆外推跟踪

记忆外推跟踪方法的基本思想是存储记忆前帧和本帧的目标信息,利用预测算法外推目标下一帧的参数。预测外推法的基本思路是认为目标的运动可看作是惯性受限的非平稳过程,记忆算法在目标遮挡丢失后根据拟合外推来预测目标的下一个位置,依次循环,直至目标重新出现后再被捕获跟踪。

当然,关于目标跟踪的方法还有很多,它们有着各自不同的特点和适用范围,因此目标跟踪技术仍然是当今比较活跃的研究领域。

思 考 题

(1) 简述电视成像制导的优缺点。
(2) 简述电视真空管成像器件的工作原理。
(3) 电视自动寻的制导系统由哪几部分组成,简述其工作原理。
(4) 电视遥控制导系统在实现上主要有哪几种类型,简述各类工作原理。
(5) 对比度的定义是什么,对比度跟踪适用于什么情况?
(6) 简述边缘跟踪的原理和优缺点。
(7) 简述形心和矩心跟踪的定义和区别。
(8) 简述双波门跟踪的原理及流程。
(9) 模板匹配中的距离度量和相关度量有何不同?
(10) 简述差分跟踪、多模跟踪、自适应跟踪及记忆外推跟踪的原理和思路。

第7章 激光制导系统

激光制导系统是使用激光作为跟踪或传输信息的手段,解算导弹偏离目标位置的误差量,形成制导指令修正导弹飞行的制导系统。激光制导系统与雷达制导系统、红外制导系统和电视制导系统所使用的信息探测介质不同,但都同属于导弹的末制导系统。

自20世纪60年代初世界上第一台激光器问世后,激光以亮度高,具有良好的单色性、方向性和相干性等特点很快被应用于军事领域。1965年美国空军将普通炸弹改为"宝石路"系列激光制导炸弹,并于1968年开始在越南战场使用,取得了满意的效果。据统计,整个越南战争期间,美军共投掷激光制导炸弹25000多枚,炸毁重要目标1800余个,其中包括普通炸弹难以摧毁的桥梁106座。特别是轰炸越南清化大桥是激光制导炸弹运用的典型战例:清化大桥位于越南河内市以南112km处,是从河内通往越南南部的铁路和公路必经之处。在1965—1968年的近4年里,美空军曾出动数百架次飞机对其进行轰炸,轰炸效果并不理想,并且还损失了10多架飞机。到1972年,美军仅仅使用了十几枚激光制导炸弹,就使得清化大桥被彻底摧毁。此外在1986年美军飞机利用夜幕长途奔袭利比亚,用激光制导炸弹准确地对卡扎菲总部和驻地实施精确轰炸,尽管轰炸没有炸死卡扎菲,但是激光制导在夜间的精确制导能力让世界大为震惊。而在1991年的海湾战争中,以美国为首的多国部队使用了激光制导炸弹摧毁了大量伊拉克经过严密加固的地面目标,其中包括4/5的交通设施。

正是由于激光制导具有制导精度高、抗干扰能力强、结构简单、成本低等特点,激光制导系统具有巨大的发展潜力和应用前景。本章将介绍激光的特性和测量原理,以及激光主动制导、激光半主动和激光驾束制导的原理。

7.1 激光特性与激光测量

1917年爱因斯坦提出了一套全新的技术理论"光与物质相互作用",这一理论揭示了在组成物质的原子中,有不同数量的粒子(电子)分布在不同的能级上;处于高能级的粒子受到某种光子的激发,会从高能级跃迁到低能级上,同时会辐射出与激发它的光子具有相同属性的光。在某种状态下,会出现一个弱光激发出一个强光的现象,这就叫作"受激辐射的光放大",简称激光。

1960年5月15日,美国加利福尼亚州休斯实验室的科学家西奥多·梅曼宣布获得了波长为$0.6943\mu m$的激光。这是人类有史以来获得的第一束激光,梅曼因此成为世界上第一个将激光引入实用领域的科学家。1960年7月7日,梅曼宣布世界上第一台激光器诞生,他所采用的激光器方案是:利用一个高强闪光灯管来激发红宝石,当红宝石受到激发时,就会发出一定频率的红光。如图7-1所示,在一块红宝石的两个表面分别镀上反光镜,在其中一个表面反光镜的中心钻一个孔,使红光可以从这孔中溢出,这样就会产生一条相当集中的纤细红色光柱,即红色激光束。

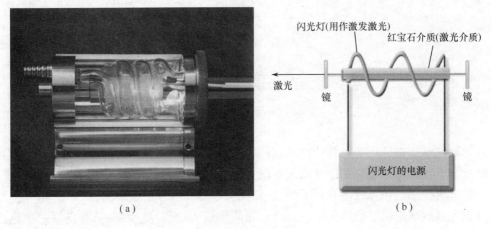

图 7-1 红宝石激光器原理

激光与普通光相比,最大的特点是方向性好、单色性好、亮度高和相干性好。目前还找不到第二种光源可与激光媲美,因此激光被广泛地应用于导弹和炸弹的制导系统中。

7.1.1 激光特性

1. 激光的特点

1) 方向性好

方向性即光束的指向性,常以发散角大小来评价。发散角越小,则光束发散越小,方向性就越好。若发散角趋于零,就可近似地把它称作"平行光"。激光的方向性比现有的其他光源都好很多。普通光中方向性最好的探照灯有 0.01rad 的发散角($1\text{rad} = 10^3\text{mrad} = 57.296°$),而激光的发散角一般在毫弧度数量级,这是探照灯发散角的 1/10 以下,是微波的 1/100。激光束借助光学发射系统,发散角可小到几乎是零,接近于平行光束。由于激光方向性好、强度又高,因此可以实现远距离瞄准和探测。利用这个特性制成的激光测距机和激光雷达,其测量目标的距离、方位和速度比普通微波雷达要精确得多。如用激光对月球测距,38.4 万千米的误差仅为 1m,其精度之高,达到无与伦比的程度。

2) 单色性好

从电磁波谱中可见,太阳光包含着所有可见光的波长。一种光所包含的波长范围越小,它的颜色就越纯,看起来就越鲜艳,把这种现象称为单色性高。通常把波长范围小于几埃(1Å,$1\text{Å} = 10^{-10}\text{m}$)的一段辐射称为单色光,其波长范围称为谱线宽度。波长范围越小,谱线宽度越窄,单色性就越好。如果说发散角大小是衡量光束方向性好坏的标志,那么,谱线宽度则是衡量单色性优劣的标志。

当然所谓单色光只是相对而言,绝对纯的单色光是不可能得到的。在激光出现以前,世界上最好的单色光源是同位素氪灯光,它在低温下发光波长范围只有约 0.005Å,室温下的谱线宽度为 0.0095Å。但激光的出现,使过去的单色光源显得十分逊色。如单色性好的氦氖激光,它的波长范围比千万分之一埃还要小,最小的已经达到一千亿分之几埃。因此,激光是目前颜色最纯、色彩最鲜艳的光。激光的高单色性可以用来精确计量长度和速度,在光通信中可提高信噪比,增加通信距离。此外,单色性好也有利于提高激光的相干性和亮度。

3) 亮度高

亮度是指光源在单位面积上的发光强度,它是评价光源明亮程度的重要指标。目前人造小太阳(长弧氙灯)的亮度已经赶上了太阳的亮度,而高压脉冲氙灯更比太阳亮10倍。但在激光面前,它们的亮度都显得苍白无力。例如,一支功率仅为1mW的氦氖激光器的亮度,比太阳约高出100倍;一台巨型脉冲的固体激光器的亮度可以比太阳表面亮度高100亿倍。因此可以毫不夸张地说,激光是目前最亮的光源,迄今为止唯有氢弹爆炸瞬间的强烈闪光,才能与它相比拟。但需要说明的是:尽管激光的亮度在极小的范围内比太阳表面高得多,但绝不能把激光的亮度误解为激光器所给出的能量。换句话说,即便是亮度最高、功率最大的激光器,它所能给出的光能量与太阳在相同时间内给出的光能量相比,也只能是"沧海一粟"。由于激光的高亮度光束可以转换为热能,因此只要会聚中等亮度的激光束,就可以在焦点附近产生几千度至几万度的高温,这足以使某些难熔化的金属和非金属材料迅速熔化甚至气化。目前,在工业上已经成功地使用激光束进行精密打孔、焊接和切割;在军事上激光可用来控制核聚变、模拟氢弹爆炸,制造远程激光雷达和各种激光武器等。

4) 相干性好

激光是一种相干光,这是激光与普通光源最重要的区别。激光的相干性与激光的单色性和方向性是密切相关的。单色性和方向性越好的光,它的相干性必定越好,激光全息照相就是激光干涉的典型例子。

2. 激光的传输特性

在激光通信、激光测距、激光雷达、激光制导、激光引信和各种激光武器等应用中,均会涉及激光在大气、水、光纤等介质中的传输。下面简要介绍激光在不同介质中的传输特性。

1) 激光在大气中的传输特性

激光在大气中传播时,受到空气中气体分子和悬浮微粒(如雨、雾、烟、尘)的吸收和散射等影响,其强度会逐渐减弱,此即大气衰减效应。在大气同等含水量的条件下,对激光的衰减作用排序是:雾最大,雪次之,雨最小。云由冰粒和水滴构成,它对激光的衰减很严重。由于云在空中的位置、浓度、薄厚千变万化,所以一般较难掌握它对激光的衰减规律。

影响激光在大气中传播的另一个因素是大气湍流效应。由于接近地表的空气温度较高,而远离地表的空气温度相对较低,这种温差会产生空气对流,进而引起大气密度的变化。这样在大气层内就形成了许多空气密度不均匀的区域,这会使激光在传输过程中不断地改变其光束方向,使光波强度、相位和频率在时间和空间中呈现随机起伏,即大气湍流效应。这种效应对光束的正常传输极其不利,通常晴天比阴天严重,中午比早晚严重。

除上述两种效应外,影响激光传输的因素还有大气击穿效应和大气折射率变化等。因此要完全消除影响激光传输的各种大气效应是不可能的,只能设法减小或避免。此外大气衰减作用对不同波长的激光影响作用不同,因此激光系统的波长也需工作在相应的大气窗口内。

2) 激光在水中的传输特性

某些波长的激光像声波一样能在水中传播,因而激光在水下测距、侦察、照明等应用中很受重视。实验表明,紫外和红外激光在水中衰减很大,但蓝绿色激光在水中衰减较小,因此可用于水下通信,特别是应用于潜艇之间的水下保密通信。

由于中短波无线电在海水中迅速衰减,过去潜艇之间的通信主要依靠声纳或者长波无线电通信,这两种通信方式很容易暴露潜艇位置。由于激光具有极强的单色性和方向性,不易被敌方截获和干扰,因此自发明后很快成为潜艇之间的理想通信手段。实验证明波长为$0.459\mu m$的蓝绿激光在水下有较好的传输能力,被称为海水的"窗口"频率,其穿透距离可达300m。

3) 激光在光导纤维中的传输特性

光导纤维(简称光纤)是一种利用光的临界折射原理进行远距离光传输的光导介质。由于光纤信号全部在光导纤维内传输,且光导纤维具有可弯曲的特性,因此光纤传输能有效地避开大气和外界光源对传输的影响。光纤通常由石英、塑料或氟化物材料拉成的极细线(称为纤芯)和外包覆层构成。由于纤芯的折射率高于包覆层的折射率,因此光能够在纤芯和外包覆层分界面上发生全反射现象,从而使得光能沿纤芯远距离传播。如同电缆一样,多根光纤绞合在一起并用钢丝增强,就成为光缆。光纤根据光传输特性不同又分为两种:一种是阶跃型折射率光纤,即光纤的内芯和外包覆层分别为折射率不同的均匀透明介质,因此光线在这种光纤内的传输是以全反射和直线传播的方式进行(图7-2);另一种是梯度折射光纤,即光纤的中心到边缘折射率呈梯度变化,此时光线在光纤内的传播轨迹是曲线形式。

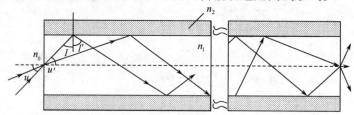

图7-2 光纤传输原理

与电缆及微波通信相比,光纤通信具有传输容量大(比微波高出1000倍左右)、中继距离远(传送15000对电话时可达100km)、保密性好、抗干扰能力强、体积小、重量轻、成本低(在相同传输容量下比使用同轴电缆便宜30%~50%)等优点,在民用和军事上均具有重大意义。

7.1.2 激光测量原理

对空间目标距离、速度和角度的测量是传统雷达的重要功能,这些雷达多以微波和毫米波作为载波。激光是光波波段的电磁辐射,其波长比微波和毫米波要短得多,并可用振幅、频率、相位和偏振作为载体来搭载信息,因此激光具有非常强的测量能力。人们通常将使用激光作为载波的测量装置统称为激光雷达(Laser Detecting and Ranging,Ladar)。

激光雷达和微波雷达在测量原理上并无本质区别,都是由雷达发射系统发出一个电磁波信号,经目标反射形成回波信号被雷达接收,从而实现测量。激光雷达常通过测量光的往返时间来确定目标的距离,通过测量反射光的多普勒频移来确定目标的径向速度。由于激光的波长比微波和毫米波短且相关性极好,因此具有很高的测量精度。例如激光雷达测量精度比毫米波高出2~4个数量级,其能探测迄今所碰到的任意微小的自然目标,包括极细的导线和发射的粒子。此外激光优异的单色性和极小的脉冲宽度使激光雷达具有极强的抗地面杂波和干扰的能力,因此其能探测超低空目标,可用于跟踪初始发射段的导弹(如洲际弹道导弹)。

激光雷达的缺点是受大气散射和吸收影响比微波严重,尤其在有云、雨、雾和霾时,激光雷达作用距离要远小于微波雷达。另外,由于激光发散角很小,在大面积搜索时容易丢失目标,故不宜作为搜索雷达使用,而需要结合微波雷达共同使用。

激光雷达按照激光的波段可分为:紫外激光雷达、可见光激光雷达和红外激光雷达。按照发射波形可分为:脉冲激光雷达、连续波激光雷达和混合型激光雷达。按照功能可分为:激光测距雷达、激光测速雷达、激光测角和跟踪雷达。按照成像方式分为扫描激光成像雷达和非扫描激光成像雷达;其中扫描激光成像雷达又可分为电扫描、机械扫描、合成孔径(SAR)扫描和相控阵雷达。按照探测方式分为直接探测型(非相干探测)和相干探测两种。下面就对激光的测量原理进行简要介绍。

1. 激光测距原理

激光雷达的基本功能是测距、测速与测角,其中激光测距技术是最成熟的激光测量技术。激光测距与一般光学测距相比,具有使用方便、操作简单和昼夜可用的优点;与雷达测距相比,又具有抗干扰力强和测量精度高的优点。由于激光的频率比微波高得多,用小尺寸的发射天线就能发射极窄的波束。例如使用直径 76mm 的光学系统就能产生发散角约 1mrad 的激光束;而微波雷达若要实现 1mrad 的发散角,发散天线的直径就要大于 305m。由此可以看出激光测距设备小而轻便,易于精确探测目标的距离,且不易受到干扰和影响。

但是激光测距的缺点是:采用主动式工作形式,因此容易被敌方探测和发现;同时激光测距也可能受敌方延迟转发式信号干扰器欺骗;此外相比雷达测距,激光测距受天候条件影响很大,测量最大距离通常小于雷达测距。

激光测距有脉冲式和连续波式两种体制,目前军用激光测距机以脉冲式为主,且绝大多数采用固体激光器。1961 年,美国休斯飞机公司研制了世界上第一台激光测距机,其采用单脉冲红宝石激光器(波长为 694.3nm)。目前最常见的激光测距机多为 Nd:YAG 激光器或钕玻璃激光器,其工作波长为 $1.064\mu m$。

1) 激光脉冲测距原理

激光脉冲雷达与微波脉冲雷达的测距原理完全相同,即在测距点向被测目标发射一束短而强的激光脉冲,光脉冲照射到目标后部分反射回测距点被接收器所接收(图 7-3)。假定光脉冲在发射点与目标间来回一次所经历的时间为 t,那么目标距离为 $R = ct/2$,c 为光速。

当不考虑大气中光速的微小变化时,测距精度主要由测时精度确定。由于大气的不均匀和非稳态特性,其折射率是时间和空间的函数。在工程上常把光束路径上的大气折射率用一个平均值 $\bar{n}$ 来近似,即 $R = ct/(2\bar{n})$。正因为如此,脉冲测距的精度大多为米级,适合于精度要求不是很高的场合。

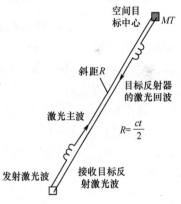

图 7-3 脉冲雷达测距原理

2) 激光相位测距原理

激光相位测距时,连续激光光束被调制成频率为 f 的正弦波,相应的角频率为 $\omega = 2\pi f$。若调制光束在发射点和目标间往返一次所产生的相位变化为 φ,则光的往返时间为 $t = \varphi/\omega = \varphi/(2\pi f)$,被测距离为 $R = c\varphi/(4\pi f)$。若 φ 是若干周期的合成即 $\varphi = n\pi + \Delta\varphi$,则测量公式为

$$R = \frac{c}{4f}\left(n + \frac{\Delta\varphi}{\pi}\right) \tag{7-1}$$

令 $\frac{c}{4f} = L_0$,$\frac{\Delta\varphi}{\pi} = \Delta n$,上式简记为

$$R = L_0(n + \Delta n) \tag{7-2}$$

由于现代电子系统很容易做到 0.3° 的测相精度,故当调制频率为 30MHz 时,测距精度为 $\Delta R = L_0 \Delta n = 2.5 \times 0.3/180 = 4.17$mm。因此这种方式测量精度很高,通常为毫米级。

另外一种相位测量方法是干涉测距法,其通过测量激光光波本身的干涉条纹变化来测定

距离。由于光波波长很短,再加上激光的单色性使其波长值很准确,所以距离分辨率可达半个激光波长,通常在微米级。利用现代电子技术还可以把干涉条纹细分到1%,因此干涉法测距的精度极高,这是任何测距方法都不能比拟的。然而,由于这种方法只能测量反射镜的动态位移量,所以它仅用于测量距离移动量,而不能测量绝对距离。

2. 激光测速原理

激光测速方法可以分为两大类:一是通过测量目标单位时间内距离的变化率,直接得到速度,这种方法的精度较低;二是通过测量目标回波(被目标反射或散射回的激光)的多普勒频移 Δf 来计算速度,这种方法精度较高,被现代激光雷达广泛采用。

1) 激光直接探测方式测速原理

直接探测方式测速本质上就是对目标的距离进行微分得到速度。实际中是用不同时刻 t_1 和 t_2 分别测量目标距离 R_1 和 R_2,差分计算平均速度为

$$\bar{V} = (R_2 - R_1)/(t_2 - t_1) \qquad (7-3)$$

直接测速方法原理简单,在激光测距机的基础上进行数据处理即可实现,不需要稳定激光频率和对激光束严格的准直。但由于距离测量受到计时误差影响,同时差分计算容易受到测距噪声的干扰,因此这种方法的测速精度不如下面讲述的相干探测方法高。

2) 激光相干探测方式测速原理

相干探测方法的原理是利用目标激光回波的频率与本振频率不同,通过回波和本振波相干差频获得目标引起的多普勒频移。多普勒频移 Δf 与目标径向速度 V(沿测量设备与目标连线方向的速度分量,规定目标靠近测量设备时为正,反之为负)的关系为

$$\Delta f \approx 2V/\lambda \qquad (7-4)$$

式中:λ 为激光在介质中的波长。显然,多普勒频移 Δf 与目标径向速度 V 成正比,与激光载波的波长成反比。由于激光的波长很短,微小的径向速度即可引起较大的多普勒频移,因此激光雷达相干探测法的精度很高,比典型毫米波雷达高 2~3 个数量级。

3. 激光测角原理

激光具有非常好的方向性(直线性),主动发射激光的激光雷达对目标角位置测量就是通过激光发射和回波方向来实现,通常可以获得很高的测角精度。激光雷达通常会测量目标的径向距离 R、角度(包括方位角 α_A 和高低角 β_E)和目标径向速度 $\dot{R}$ 等参数,如图7-4所示。为了标明数据的测量时间通常会将时间标与数据共同存储,即表示为 $(t, R, \dot{R}, \alpha_A, \beta_E)$。

激光测角也可以采用半主动测角方式,即由其他激光雷达或者激光照射器照射目标,激光在目标表面发生漫反射后,通过四象限探测器光斑能量分布的不同实现角度解算,其具体原理将在7.4节的激光半主动制导系统中详细介绍。

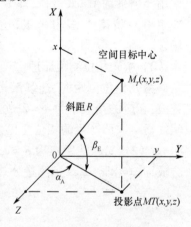

图 7-4 激光雷达测角原理

7.2 激光制导原理

激光制导武器在历次局部战争中显示出强大的生命力,尤其适合空军对地面固定目标的轰炸。据美国统计,轰炸一个地面固定目标,在第二次世界大战时要投掷约 9000 枚炸弹,20

世纪60年代的越南战争时需要200枚,到了1991年的海湾战争时只需1~2枚激光制导炸弹即可完成任务。海湾战争中所使用的激光制导导弹,其命中精度已经达到圆周概率误差0.5m,取得了十分惊人的实战效果。

激光制导的特点与激光本身的优异特性是分不开的,主要体现在以下几个方面。

(1) 制导精度高。激光制导武器可用于攻击固定或活动目标,寻的制导精度一般在1m以内,而且武器的首发命中率极高,是目前其他制导方法难以达到的。

(2) 抗干扰能力强。激光必须由专门设计的激光器产生,因而不存在自然界的激光干扰。由于激光的单色性好、光束的发散角小,敌方很难对制导系统实施有效干扰。

(3) 可用于复合制导。制导武器系统用于远程精确打击,单靠某一种制导方式其能力是有限的。激光制导与红外、雷达等制导方式复合制导,有利于提高制导精度和应付各种复杂的战场环境。激光有方向性强、单色性好、强度高的特点,所以激光器发射的激光束发散角小,几乎是单频率的光波,而且在发射的光束截面上集中了大量的能量,因而激光寻的制导系统具有制导精度高、目标分辨率高、抗干扰能力强、可以与其他系统兼容、成本较低的特点。

然而,激光制导方式容易受云、雾和烟尘的影响,不能全天候使用。激光波长与空气中雾霾粒子直径相当,这会产生严重的衰减,因此需要通过增加激光的波长以提高对烟尘和雾霾的穿透能力,这就是目前所发展的长波激光($10.6\mu m$波长)制导技术。

激光制导目前主要有三大类:激光主动制导、激光半主动制导和激光驾束制导。目前应用最多是激光半主动制导和激光驾束制导,而激光主动制导受到激光图像构建的困难还处于研制阶段,仅有个别样机进入实验阶段。

(1) 激光半主动制导。激光半主动制导是利用制导站的激光照射器照射目标,导弹导引头接收目标反射的激光回波信号,获取目标方位信息,从而实现控制导弹飞向目标。由于制导站的激光照射器可能安装在发射平台或者在其他友军处,因此激光半主动制导使用非常灵活。但是激光半主动制导在导弹飞行过程中必须一直照射目标,容易暴露照射方;此外激光半主动制导是将目标作为点目标处理,因而也不具备自动识别和抗激光主动干扰的能力。

激光半主动制导由于技术成熟、成本较低和命中精度高的特点,是目前装备最多的激光制导武器,常见的有激光制导炸弹、激光制导空地导弹和激光制导炮弹。比较典型的有美制AGM-65C"幼畜"空地导弹、AGM-114A"海尔法"反坦克导弹、M172"铜斑蛇"炮射导弹和"宝石路"制导炸弹等。

(2) 激光主动制导。为了实现激光制导的自动识别和抗干扰能力,激光主动制导成为未来激光制导的主要发展方向。激光主动制导本质上是将激光发射器安装在导弹上,并主动向外发射激光以实现对目标的探测、识别和跟踪。但是由于被攻击目标一般不会主动发出激光,因此激光主动制导首要解决的问题是实现对目标的探测和自动识别,而要实现复杂环境中的目标识别就只能利用激光成像技术。但是激光主动制导系统的激光发射与接收装置位于相同的位置,而大气中微粒会对激光产生强烈的后向散射,从而使得探测器无法分辨由目标反射的回波信号(图7-5)。正是这些原因使得激光主动制导特别是激光主动成像技术遭遇了严重的技术困难,目前只有美国LOCAAS空地导弹使用了激光主动成像技术。

(3) 激光驾束制导。激光驾束制导是一种波束制导方法,其利用的是激光波束。这种制导系统的基本原理是让激光波束中心对准目标,导弹在激光波束中飞行;理论上只要激光波束对准目标,导弹沿着激光波束中心线飞行就一定能击中目标。这种制导方法优点是:导弹前部没有导引头,只在尾部安装激光接收器,因此结构简单、成本低廉;此外导弹直接接收己方照射

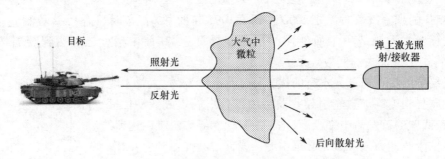

图7-5 大气后向散射对激光主动成像的影响

的激光,因此对激光照射功率要求比激光半主动制导要低,且抗干扰能力更强。激光驾束制导的缺点是需要制导站一直照射,导弹按照三点法飞行,不适合攻击高速活动目标。

激光驾束制导的导弹头部不需要安装导引头,这适合于反坦克导弹安装具有串联战斗部的穿甲弹头,典型的型号有俄罗斯的"短号"反坦克导弹(图7-6)、"菊花"反坦克导弹和瑞典RBS-70地空导弹。

图7-6 俄罗斯"短号"反坦克导弹

可以看出,无论激光制导系统采用何种方式,其本质都是采用激光作为介质获取目标信息并实现导弹的制导,下面将对这三种制导方式进行详细介绍。

7.3 激光半主动制导系统

激光制导系统主要采用半主动方式,即导引头与激光照射器是分开放置的。激光照射器用来指示目标,故又称激光目标指示器;弹上激光导引头利用从目标漫反射的激光回波,实现对目标位置的测量,从而控制导弹飞向目标(图7-7)。

激光半主动制导的优点是:制导精度高,抗干扰能力强,结构简单,成本较低,能对付多个目标,容易实现模块通用化。其缺点是:目前可用激光波长种类太少,容易被敌方侦测和对抗;需要对目标实施主动照明,增加了被敌人发现和反击的概率;使用受气象条件限制,在复杂战场环境中的实用性较差。

一般军事目标(战车、舰船、飞机、碉堡等)对照明激光束的反射率与观察方向有关,故通常存在一个以目标为顶点、以照明光束方向为对称轴的圆锥形角空域。激光半主动制导导弹必须投入此角空域内,导引头才能搜索到目标,此角域常被称为"光篮"。目标表面越光滑,则

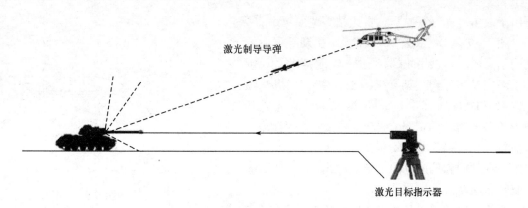

图7-7 激光半主动制导示意图

"光篮"开口越小,导弹被投入光篮越困难;如果目标表面越粗糙,则"光篮"开口越大,导弹越容易进入"光篮"。

7.3.1 激光半主动制导系统组成

激光半主动制导系统主要包括激光目标指示器、激光半主动导引头、信号处理单元、制导控制系统等几部分(图7-8)。激光目标指示器要求保持对目标实施稳定的照射,否则可能引起导弹的脱靶,因此手持式激光指示器一般只能用于攻击静止目标,而攻击运动目标时需要有方位、俯仰机构和稳定系统,以实现对活动目标的跟踪和角位置测量。特别是机载、车载、舰载的激光目标指示器还要采用陀螺稳定平台,以确保当载体运动和颠簸时,照射光束总能稳定地对准目标。

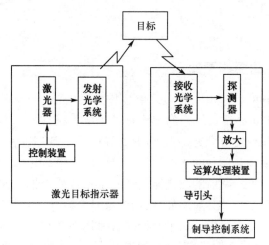

图7-8 激光半主动制导原理图

激光半主动导引头通常以球形整流罩封装于导弹前端,接收目标反射的激光,测量目标和导弹之间的视线角偏差或者角速度。其主要包括激光接收光学系统、光电探测器和处理电路等。为便于探测目标和减小干扰,激光半主动导引头通常装有大小两种视场。大视场(一般为几十度)用于搜索目标,小视场(一般为几度或更小)用于对目标跟踪。处理电路包括解码电路、误差信号处理和控制电路等,其中解码电路保证与激光目标指示器的激光编码相匹配。

AGM-114A"海尔法"(也译成"地狱火")导弹是激光半主动制导导弹的典型代表,其主要用于攻击坦克、各种战车、雷达站等地面军事目标。

图7-9是"海尔法"导弹激光半主动导引头的结构示意图。其采用陀螺稳定方式,陀螺动量稳定转子由安装在万向支架9上的永久磁铁3、机械锁定器10和主反射镜4等构成,这些部件一起旋转增大了转子的转动惯量。滤光片8、激光探测器7和前置放大电路6共同安装在内环上,内环可随万向支架在俯仰和偏航方向一定范围内转动,但不随陀螺转子滚转。

目标反射的激光脉冲经头罩5后由主反射镜4反射聚集在不随陀螺转子转动的激光探测器7上。光路中的主要光学元件均采用了全塑材料(聚碳酸酯),同时在头罩上有保护膜防止划伤。主反射镜4表面镀金以增加对红外激光的反射能力。

机械锁定器10用于在陀螺静止时保证旋转轴线与导引头的纵轴重合。这样,运输时转子可保持不动,旋转时可保证陀螺转子与弹轴的重合性。陀螺框架有±30°的框架角,设有一个软式止动器和一个碰和开关1用以限制万向支架,软式止动器装于陀螺的非旋转件上,当陀螺倾角超过某一角度后,碰和开关闭合,给出信号,使导弹轴转向光轴,减小陀螺倾角,避免碰撞损坏。

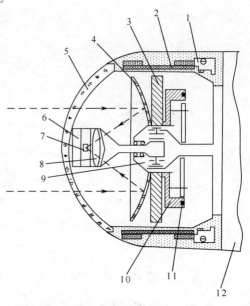

图7-9 "海尔法"激光半主动导引头结构图

导引头外壳内侧装有4个调制圈、4个旋转线圈、4个基准线圈、2个进动线圈、4个锁定线圈和2个锁定补偿线圈,其用途和配置与AIM-9B"响尾蛇"空空导弹的导引头非常相似。

7.3.2 激光半主动探测原理

目前激光半主动制导的目标指示器多采用波长为$1.06\mu m$的不可见激光,故导引头的激光探测器主要使用对$1.06\mu m$波长敏感的锂漂移硅光电二极管。其中,四象限式探测器组件具有技术成熟、性能优越、稳定可靠等特点,因此在导引头中常用这种方式的激光探测器。四象限式探测器组件由四个相互独立的光电二极管组成。这些光电二极管以光学系统的轴线为对称轴,置于焦平面附近,目标反射的激光能量经光学系统后会聚于四象限元件上,其测定目标相对于导引头光轴的偏差角。其原理如下:四个象限中各有一个光电二极管(图7-10),其分布以光轴为对称轴位于光学系统后焦平面处。若目标在光轴方向,则其成像光斑是以光轴为对称轴的圆形,四个相互独立的光电二极管(性能相同)接收到相等的激光能量;若目标偏离光轴,则光斑中心就不在光轴,四个二极管被光斑覆盖的面积便不同,其输出的光电流不再一样。

四象限光电二极管输出信号的形式可以是"有一无"式的,也可以是线性的。"有一无"式的信号形式只反映哪个象限有无信号;线性的信号形式能体现在四个象限光斑照射面积的不同。线性方式根据不同象限内光斑面积的不同,可以解算出目标偏离光轴的角度误差,这种方式测量精度较高,因此常用于导弹半主动制导系统中。

如图7-10(a)所示,假设激光回波光斑是半径为r、亮度均匀圆形,其落在四个象限的中

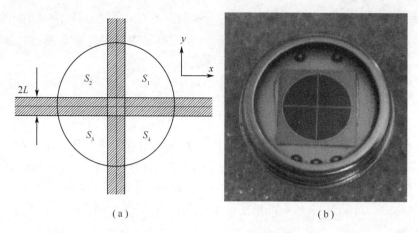

图7-10 四象限探测器上的光斑分布

的光斑面积分别为 S_1、S_2、S_3 和 S_4,则光斑中心相对于探测器中心在 x,y 方向的偏移量分别为

$$x = \frac{\pi r^2 - 8rL + 4L^2}{4(r-L)} x_1 \tag{7-5}$$

$$y = \frac{\pi r^2 - 8rL + 4L^2}{4(r-L)} y_1 \tag{7-6}$$

其中,$x_1 = \dfrac{S_1 + S_4 - S_2 - S_3}{S_1 + S_2 + S_3 + S_4}$,$y_1 = \dfrac{S_1 + S_2 - S_3 - S_4}{S_1 + S_2 + S_3 + S_4}$。

由于四个光电二极管之间要相互隔离,如图7-10中宽度为 $2L$ 的阴影区域是四个半导体二极管之间的隔离沟道,其对激光信号没有响应。实际中光斑中心位置偏移的解算通常采用和差方法,如图7-11所示。

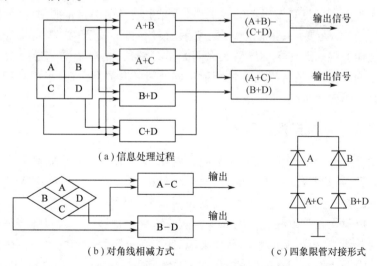

(a)信息处理过程
(b)对角线相减方式
(c)四象限管对接形式

图7-11 四象限元件的定向原理

采用四象限的激光半主动探测器结构简单、成本低廉,但对四个象限元件的一致性要求很高,而且对灵敏度、响应速度和暗电流都有一定的要求。特别是当四个象限探测器面积较大时,这种不一致性会严重影响探测精度。如果,四个半导体二极管面积做的太小又会限制导引头的瞬时视场。为了解决这一问题,人们提出了八象限探测器,即中心采用四象限探测器高精

度测量,在四象限探测器周围安装四个面积较大环状半导体二极管。外围四个环状探测器测量精度不高,但能有效扩大导引头的瞬时视场,从而提高导引头的搜索范围;当目标视角接近光轴时,又可以利用中心的四象限探测器进行精确测量。

7.4 激光主动制导系统

激光主动制导系统是导弹本身带有激光照射源,对目标主动发射激光束,安装在导弹头部的导引头(激光主动导引头,又称为激光雷达导引头 Ladar Seeker)接收由目标反射的激光回波信号,经过信息处理,便可确定目标相对于导弹的位置;对于具有成像功能的激光主动导引头,还可对目标进行自动识别,从而高精度地跟踪和打击目标。总体来说,激光主动制导系统具有以下优点:

(1) 能实现导弹"发射后不管"(Fire and Forget),大大提高了武器系统的安全性和生存能力。这一特点是激光半主动制导和激光驾束制导所无法比拟的。

(2) 制导精度高。相对于微波和毫米波,激光波长短(主要集中于红外和可见光波段),因此其具有高的角分辨率。此外,激光的单色性和方向性好,光束扩散角比较小,能量集中,几乎不受背景杂波的影响,因而具有很高的跟踪精度。

(3) 目标识别能力强。激光主动导引头可获得目标与环境无关的物理信息,如目标的速度、距离和反射率等信息。激光主动成像导引头还可以获得目标的 3D 距离像和 2D 强度像,这些信息可用于目标的精确识别。

(4) 环境适应能力强。激光主动导引头主要基于目标与背景的反射率差异实现目标探测,而被动红外导引头是根据目标和背景的温度差来探测目标,反射率差异相对于温度差异更不易受环境变化的影响(如环境温度的变化、云层厚度的变化、气溶胶沉降率的变化等);相对于电视制导系统等采用可见光传感器的导引头,激光主动导引头自带照射源,使用不受昼夜变化的影响,因此激光主动导引头可以全天候(各种气候条件)、全天时(黑天和白天)工作。

(5) 抗干扰能力强。激光主动导引头采用光学探测器,相对于雷达导引头不会受各种有源微波干扰的影响;另外通过选择与背景辐射不同波段的激光照射源,可以利用光谱滤波装置有效避免各种背景辐射的影响。

7.4.1 激光主动成像探测原理

激光主动制导类似于红外成像制导,不同之处在于激光主动制导是利用自带激光照射源主动照射后形成目标与背景的激光图像,从而进行目标识别和跟踪。这里所说的激光图像不同于我们所常见的红外图像或可见光图像,激光图像是一种能够精确反映目标表面的距离分布、转动角速度、反射光强等多种属性的综合性测量数据。这种能反映目标特征的属性数据通常被称为广义的图像,从更广义的数学角度来说,任意一个实数矩阵或者三维数组都可以构成图像。激光图像根据成像原理和获取数据不同,可大致分为三种:①扫描反射成像(强度或者距离成像);②距离—多普勒成像(利用目标各部分的距离信息和速度信息),例如多普勒频率)来构成图像;③干涉全息成像,利用目标各处的光场相干信息构成全息图像。

1. 扫描反射成像

扫描反射成像是根据目标各部分反射激光的辐射强度或者距离信息而构成图像。

如图 7-12 所示是一种利用反射多面棱镜机构进行光机扫描的脉冲激光成像系统结构组

成。脉冲激光驱动器控制激光照射器发出一定频率和占空比的激光脉冲,激光脉冲经过多面棱镜反射照射目标。由于棱镜的旋转角度不同,可以实现对不同角度的定向照射。激光脉冲照射到目标后反射回导引头并被激光接收器接收,这样信息处理系统就可以得到此方向上的目标激光回波信息(如距离或光强信息),如图7-13所示。激光距离成像是扫描反射成像中原理最简单的一种,其本质上是"角度分解测距图像"(ARRI)。角度分解测距图像通过在不同角度上的一系列测距得到,测量沿光束扫描的方向进行,得到目标各部位的距离,反映其表面的凹凸,由此可以勾画出目标的大致轮廓,以判断目标的类型。

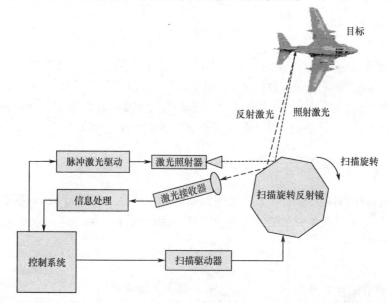

图7-12 光机扫描式脉冲激光成像系统结构示意图

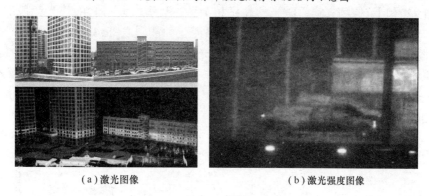

(a)激光图像　　　　　　(b)激光强度图像

图7-13 激光距离图像

当然,激光图像可以是反射光的强度图像,也可以是目标表面到导弹的距离或者多普勒图像,因此不同类型的激光图像所采用的探测方法也不同。激光强度图像通常采用直接(非相干)探测方式,而距离图像会采用外差(相干)探测方式。两者之间的区别表现在:

(1)直接探测方式响应的是激光回波的平均能量或功率,只能测量到信号的振幅值,探测器输出电流或电压值仅与光波的振幅成正比;而相干探测器实际上是一种具有平方律响应特性的光频混频器,探测器输出的电流或电压值不仅与光波振幅成正比,其频率和相位还与本振光和信号光外差的频率、相位等相关。

(2) 直接探测方式只采用一个激光器且激光发射的能量全部用来对目标区域进行照射；而相干探测方式一般采用两个激光器，其中一个激光器产生信号光，另一个激光器产生本振光，或者只采用一个激光器通过分光镜把一束光分成两束分别作为信号光和本振光，本振光与回波信号光相互混频产生差频信号，其包含目标的多种信息。

下面简单介绍这两种探测方式的基本原理：

(1) 直接（非相干）探测方式。光电探测器的基本功能就是把照射到探测器上的光功率转化成相应的光电流，其满足光电转换定律，即

$$i(t) = \frac{e\eta}{h\nu} p(t) \tag{7-7}$$

式中：e 为电子电荷量；η 为探测器的量子效率；$h\nu$ 为光子能量；$p(t)$ 为接收光功率。

如果目标反射光形成的光场为 $e_r(t) = E_r[1 + KV(t)]\cos\omega t$，其中 E_r 为反射光波载波光场振幅，ω 为光场频率，$KV(t)$ 为调制在载波光场上的包络函数（其包含目标和背景表面反射率的信息）。又由于 $P_r(t) \propto e_r^2(t)$，所以光电探测器的光电转换定律为

$$i_r(t) = \frac{e\eta}{h\nu} \cdot P_r(t) = \frac{e\eta}{h\nu} \cdot k e_r^2(t) = \alpha e_r^2(t) \tag{7-8}$$

式中：$e_r^2(t)$ 为 $e_r(t)$ 的时间平均，由于光电探测器的响应时间远远大于光场变化周期，所以光电转换过程实际上是对光场变化的时间积分响应。由此可得

$$i_r = \frac{1}{2} \cdot \alpha \cdot [E_r(1 + KV(t))]^2 \approx \frac{1}{2}\alpha E_r^2 + \alpha E_r^2 KV(t) \tag{7-9}$$

若探测器输出端有隔直流电容，则输出光电流中包含上式中的第二项 $KV(t)$，即检测出含有目标和背景反射率信息的包络信号。

(2) 外差（相干）探测方式。激光的高度相干性、单色性和方向性，使光频段的外差探测成为现实。光电探测器除了具有解调光功率包络变化的能力之外，只要光谱响应匹配和频率响应合适，也同样具有实现光外差探测的能力。光外差探测系统的方框图如图 7-14 所示，光外差探测系统与直接探测系统比较，多了一个本振激光器。光电探测器起着光混频器的作用，它对信号光和本振光的差频分量响应，输出一个中频光电流。由于信号光和本振光是在光电探测器上相干涉，因此外差探测又常常称为相干探测。相对而言，直接探测也称为非相干探测。

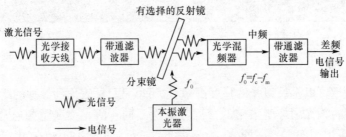

图 7-14 光外差探测器系统的构成

图 7-15 是图 7-14 所示原理的一种实验原理示意图，从稳频的 CO_2 激光器输出的一束激光（波长为 $1.06\mu m$），其光场频率为 ν_L。经分光器激光束分为两束：一束经固定反射镜 M_2 反射后，再经分光器射向光电探测器，其频率仍为 ν_L，称为本机振荡光束；另一束经分光器直

接投射到模拟目标的偏心轮反射镜 M_3，激光束经 M_3 反射后由于转镜的运动会产生多普勒效应，使得反射光频率变为 ν_S，称为信号光束。

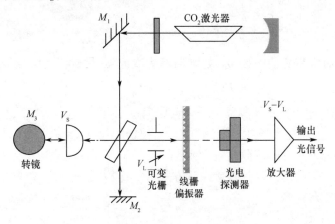

图 7 – 15 光频外差测速系统

信号光束经分光器也射向光电探测器。在两束光射向光电探测器的路径上，设置可变光栅和线性光栅偏振器。可变光栅的作用是限制两条光射向光电探测器的空间方向，线性光栅偏振器的作用是使两束光以相同的偏振方向落在探测器上。这样可以保证两束光沿同一方向和相同的偏振垂直入射到光电探测器的光敏面上。由于这两束光满足相干条件，在光敏面必然发生干涉（在无线电中称为混频，这里叫光混频）。在图 7 – 15 中，光电探测器只响应差频（$\nu_S - \nu_L$）分量，亦称中频 f_{IF}。输出差频分量的光电流再经放大和信号处理，便可测出 $f_{IF} = \nu_S - \nu_L$ 的值。因为 ν_L 是已知的，从而可解算出 ν_S 值，确定偏心轮上反射镜的摆动速度。具体推导过程如下：

假定同方向、同偏振的信号光束和本机振荡光束的光场分别为

$$\begin{cases} e_S(t) = E_S \cos(\omega_S t + \varphi_S) \\ e_L(t) = E_L \cos(\omega_L t + \varphi_L) \end{cases} \quad (7-10)$$

式中：E_S 为信号光束光场振幅；ω_S 为信号光频率；φ_S 为信号光相位；E_L 为本振光束光场振幅；ω_S 为本振光束光场频率；φ_S 为本振光束光场相位。

因为光电探测器的平方律特性，其输出光电流为

$$i \propto \overline{[e_S(t) + e_L(t)]^2} \quad (7-11)$$

式中：方括号上的横线为在几个光频周期内的时间平均，这是因为光电探测器响应时间有限，光电转换过程实际上是一个时间平均过程。将式和式展开得

$$\begin{aligned} i &\propto \overline{E_S^2 \cos^2(\omega_S t + \varphi_S)} + \overline{E_L^2 \cos^2(\omega_L t + \varphi_L)} + \overline{E_S E_L \cos[(\omega_S - \omega_L)t + (\varphi_S - \varphi_L)]} + \\ &\quad \overline{E_S E_L \cos[(\omega_S + \omega_L)t + (\varphi_S + \varphi_L)]} \\ &= \frac{1}{2}\overline{E_S^2[1 - \cos(2\omega_S t + 2\varphi_S)]} + \frac{1}{2}\overline{E_L^2[1 - \cos(2\omega_L t + 2\varphi_L)]} + \\ &\quad \overline{E_S E_L \cos[(\omega_S - \omega_L)t + (\varphi_S - \varphi_L)]} + \overline{E_S E_L \cos[(\omega_S + \omega_L)t + (\varphi_S + \varphi_L)]} \end{aligned} \quad (7-12)$$

在式(7 – 12)中，由于 ω_S 和 ω_L 都是极高的频率，前两项经光电探测器积分后基本为直流项；第 4 项为和频项，由于 ($\omega_S + \omega_L$) 太高，光电探测器根本不响应；第 3 项为差频项 $\omega_{IF} = (\omega_S$

$-\omega_L$)相对来说是一个慢变的功率分量,只要 $f_{IF} = \omega_{IF}/2\pi$ 小于光电探测器的截止响应频率 f_C,那么光电探测器就有频率为 f_{IF} 的光电流输出。故式(7-12)可简化为

$$i \propto \frac{E_S^2}{2} + \frac{E_L^2}{2} + E_S E_L \cos[\omega_{IF}(t) + (\varphi_S - \varphi_L)] \quad (7-13)$$

该光电流经过有限带宽的中频 ω_{IF} 放大器,滤去直流项,最后得到中频分量为

$$i \propto E_S E_L \cos[\omega_{IF}(t) + (\varphi_S - \varphi_L)] \quad (7-14)$$

式(7-14)表明,光频外差探测是一种全息探测技术。在直接探测中,探测器只响应光功率(包络)的时变信息;而在光频外差探测器中,光频场的振幅、频率、相位所携带的信息均可探测出来。也就是说,一个振幅调制、频率调制以及相位调制的光束所携带的信息均可以通过光频外差探测方式实现解调。这是直接探测方式不能比拟的,但是光外差探测方式的实现要比直接探测困难和复杂得多。

2. 距离—多普勒成像

距离—多普勒成像是利用目标各部分的距离信息和速度信息(多普勒频率)来构成图像。相干激光雷达的距离分辨率和多普勒信号分辨率都很高,因此对运动目标(特别是转动目标)可以采用距离—多普勒成像。根据目标纵向反射光的时间延迟得到目标的纵向尺寸,而目标的横向尺寸可以经过多普勒频移比较获得。当目标绕其中心轴转动的同时,目标轴相对激光雷达视线扫过一个足够大的角度,便形成目标的合成图像,这种成像法的信息概念,如图7-16所示。

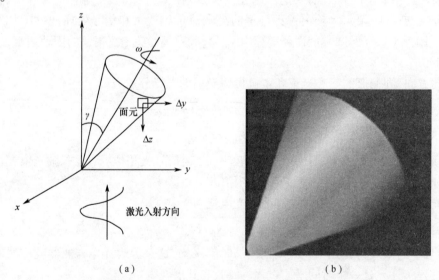

图7-16 距离—多普勒成像原理与模拟仿真图

距离—多普勒成像的关键在于把回波信号的多普勒频移转换成目标横向尺寸分辨 Δy

$$\Delta y = \frac{\lambda}{2\omega t_m} \quad \text{或} \quad \Delta y = \frac{\lambda}{2\Delta\theta} \quad (7-15)$$

式中:λ 为激光波长;t_m 为测量时间;$t_m = 1/\delta f_d$(δf_d 为目标元的多普勒频谱增量);ω 为目标绕轴转动的角速度;$\Delta\theta$ 为 t_m 时间内目标轴转动角。

图7-16中的 Δz 为纵向尺寸分辨:

$$\Delta z = \frac{c}{2B} = \frac{\lambda}{2\left(\dfrac{B}{f_0}\right)} \qquad (7-16)$$

式中：c 为光速；B 为信号带宽；f_0 为工作频率。

在对目标观测时间内，将距离延时增量和回波信号的多普勒频移存储起来，利用以上两个公式进行数据处理，便可得到目标图像。

3. 干涉全息成像

普通成像利用几何光学成像原理，在感光片上记录被摄物体表面光强变化的平面像。全息照相不单是记录被摄物体表面的反射光波强度（振幅），同时还记录反射光波的相位。实验室中一般是通过一束参考光束和一束被摄物体上的反射光束在感光胶片上叠加而产生干涉现象来实现的。为了记录目标反射光的振幅和相位，也可用两束干涉光在空间形成一个固定的干涉场，目标通过干涉场时，其反射能量返回到探测器上，把所探测到的信号立体化地记录下来，便产生一个全息图像。但是此干涉场与目标相比必须足够大，以便产生足够的信息而形成一个全息图。为了在雷达上能进行全息照相，可以利用相控阵的方法，即可得到空间目标的全息像，将一激光束分解成一基准（或叫参考）光束和相移光束。这两束光分开并扩束后照射到目标上。由于相移光束和基准光束在该目标附近交叠，当目标与运动的干涉条纹相对稳定时，干涉条纹在目标上扫过，雷达接收到返回光束，经过处理变为扫描目标的全息图。这样瞬时干涉场不大，能量集中，可以提高返回的信息强度，从而达到远距成像的目的。

7.4.2 激光主动制导技术的发展

激光主动制导技术的研究始于20世纪60年代末的美国，随后世界上的许多发达国家相继对此项技术进行了研究，我国在20世纪80年代中期开展了对此问题的研究。研究方向以导弹导引头为主，用于空空、空地、反坦克等各种类型导弹，大体经历了从以跟踪为主的非成像探测方式到具有自动识别目标、自动捕获目标和自动跟踪目标的成像探测方式的发展过程。

美国空军装备实验室（Force Armament Laboratory，FAL）首先开展了激光主动式导引头的设计研究，针对格斗型空空导弹，设计了一种激光主动制导导引头，采用了闪光灯泵浦的 Nd：YAG 脉冲激光器，探测器使用四象限的硅雪崩击穿二极管（Si：APD），采用直接探测方式，制导律采用比例导引，导引头的作用距离为 4km，激光脉冲能量为 42mJ，脉冲重复频率 50Hz，脉冲宽度 25ns，束散角 15mrad。1976 年美国马丁·玛丽埃塔公司研制出了激光主动导引头系统的初样，并装在"小约翰"导弹上，此系统同样采用闪光灯泵浦方式的 Nd：YAG 激光器和四象限 Si：APD 探测器，同时采用风标式的位标器以实现速度追踪法导引律，此类型导引头用于攻击地面高价值固定目标，主要参数有：视场 ±5°、接收孔径 36.6mm，激光脉冲宽度 8ns，脉冲能量 8mJ。

以上两种激光主动导引头都是非成像的，不具有目标识别能力，因此无法实现"发射后不管"。这些激光主动导引头虽然取得了一些技术上的突破，但受当时技术发展水平的限制，并没有定型生产。

随着20世纪70年代 CO_2 激光器和碲镉汞（HgCdTe）探测器的发展，以及大功率和高光束质量的横向放电 CO_2 激光器和波导型（Waveguide）CO_2 激光器的出现，激光主动成像技术逐渐成为可能。美国的"火池"（Firepond）激光雷达使用 CO_2 激光器采用相干外差探测方式成功地对卫星进行精确跟踪,并利用多普勒—距离成像方式获得了目标的3D图像。美国空军怀特实验室军备部的先进制导分部(WL/MNG)从1977—1989年合作开展了巡航导弹先进制导(Cruise Missile Advanced Guidance,CMAG)计划,并完成了飞行演示试验,研制了CO_2激光主动成像导引头样机,并应用于空基先进战略巡航导弹AGM-129A上,使得AGM-129A的制导精度由原来的40m提高到3m。

随着半导体固体激光器技术以及红外光耦合器件(Infrared Couple charged Device,ICCD)探测器技术的发展,人们梦寐以求的小型、低价、高精度和高可靠性激光主动导引头真正取得了突破性的进展。1998年12月,美国空军研究实验室军备部(Air Force Research Laboratory's Munitions Directorate,AFRL/MN)正式与洛克希德·马丁(Lockheed Martin)公司合作开发了以固体激光雷达导引头作为末段导引头的低价值自主攻击系统(Low Cost Autonomous Attack System,LOCAAS,中文名称为"洛卡斯")。LOCAAS实际上是"战斧"(Tomahawk)式巡航导弹的变型,它是一种小型的,具有大范围搜索、识别和摧毁地面移动目标能力的巡航导弹(图7-17)。LOCAAS带有固体激光雷达末制导导引头和多模战斗部(用以针对不同的目标),由于采用GPS和惯性导航系统(GPS/INS)作为中段制导装置,因此其具有防区外发射的能力。LOCASS弹长0.794m,翼展1.118m,质量39~43kg,分为非动力型和动力型两类。非动力型的最大射程74km,飞行速度720km/h;动力型采用小型涡轮喷气发动机,射程可达160~185km,巡航时间30min以上,巡航速度370km/h。其飞行高度为228m,搜索面积113km^2,可进行目标识别、分类、优选结果以及确定攻击模式,并自主瞄准、锁定目标。为了增加打击效果,可根据识别出的目标性质对多模战斗部进行编程,自主转换爆炸模式。

图7-17 LOCAAS空地导弹

2003年3月24日,洛克希德·马丁公司在美国艾格林(Eglin)空军基地对LOCASS成功地进行了两次带动力飞行试验:在首次试验验证了该弹具有执行计划任务程序的能力和良好的空气动力性能;第二次试验验证了该弹所装的激光雷达导引头对重新定位的目标具有探测和识别能力。在此次试验中,导弹首先飞越两个导航分段点以接近目标区域,在逼近目标的途中排除了一辆用作迷惑目标的移动军车的干扰,进而用激光雷达导引头准确无误地发现、识别和锁定了目标,并把导弹导向了模拟的战斗部爆炸点,同时用装在战斗部位置处的照相机拍摄了目标图像。美国空军计划到2020年,对LOCAAS进行定型并装备于空军。LOCASS可以说是真正意义上的激光主动制导系统,也可以说是目前技术最先进的激光制导武器,同时也是目前世界上唯一可能定型并批量生产的激光主动制导武器产品。

7.5 激光驾束制导系统

7.5.1 激光驾束制导原理

激光驾束制导属于"视线"式制导范畴,目前主要用于地面防空和地对地以及直升机对地作战。无论是从型号品种或是装备数量上都不如半主动式激光制导武器多。

激光驾束制导系统需要一个跟踪瞄准装置和激光照射器。前者保持对目标的跟踪和瞄准,后者则不断向目标(或预测的前置点)发射经过调制编码的激光束。导弹沿瞄准线(瞄准镜入瞳中心与瞄准点的连线)发射并被笼罩于编码激光束中,导弹尾部的激光接收机从编码光束中感知自己相对于光束中心线的方位。经过弹上计算机解算和电信号处理,形成修正飞行方向的控制信号,使弹沿着瞄准线飞行。因为瞄准线(与激光束的中心线基本重合)一直指向目标,故导弹总是沿瞄准线前进。只要瞄准并保持对目标的精确跟踪,则激光束中心线就可始终对准目标,从而使得导弹击中目标。其系统原理示意图如图7-18所示。

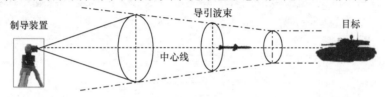

图7-18 激光驾束制导示意图

激光驾束制导可实现测量与传输一体化,地面和弹上制导设备简单,探测方便,且最小攻击距离小,可攻击多种类型的目标。另一方面,由于导弹上的激光接收装置位于导弹尾部,只接收制导机构发射的激光,因此与激光半主动制导相比具有更好的抗干扰性且作用距离远。然而激光驾束也存在着不足:首先在攻击过程中制导站必须始终照射目标,因此制导站容易暴露;其次,激光波束易被大气吸收和散射,同时易受空间环境(烟尘污染)和气象条件(云、雾、雨、雪等)的影响,加上激光照射器功率的限制,射程不如毫米波驾束制导远;再次制导精度要求导引激光束截面不能过大,为了保证导弹不飞出光束,就必须限制瞄准视线的角速度,因此激光驾束制导面对直升机、巡航导弹等高速移动目标时就显得"力不从心"。

7.5.2 激光驾束制导的编码原理

激光驾束导弹在光束内飞行,必须知道其在光束中的位置,因此对光束的编码和导弹对光信号的解码是激光驾束制导的关键。和任何电磁波一样,激光辐射的特征可以用波长、相位、振幅或强度、偏振四个参数来表示。利用光频或光相位实现空间调制编码较为困难,所以主要利用光束强度和偏振来编码。

使光束强度包含有方位信息的方法有很多,总称为空间强度调制编码。具体地说就是用不同的调制频率、相位、脉冲宽度、脉冲间隔和偏振等参数来实现编码。以下将简单介绍几种光束编码原理。

(1)条带光束扫描:如图7-19(a)所示,在投射激光束的横截面内,以互相正交的两个矩形条带光束交替地扫描。当条带扫过$y = z = 0$坐标位置时,发射同步信号光束(正方形光斑)。当导弹处于光束横截面内的不同位置时,弹尾激光接收机探测到条形扫描光束的时刻不同。

将其与同步基准信号比较,即得到导弹相对于光束中心线的方位信息,据此可提取误差信号形成纠偏指令,控制导弹飞行。

(2) 飞点扫描:如图7-19(b)所示,采用一条很细的光束在与瞄准线正交的平面上做方位和俯仰扫描。在透射光束的横截面上都可探测到由扫描细光束形成的小光斑,依据弹上接收机探测到该光斑的时刻,可以提取导弹相对于瞄准线的方位信息。由于扫描光斑很小,在同一扫描线上,光斑会两次(往返各一次)通过同一点,根据两次到达的时差即可确定导弹的方位。由于这种方法不需借助专门的基准信号,因此对扫描速率偏差要求较低,同时光束能量非常集中,扫描范围易于控制,具有一定的优势。与其类似的还有螺旋线扫描、玫瑰线扫描、圆锥扫描等。

(3) 空间相位调制:如图7-19(c)所示,借助空间相位和空间光束脉冲宽度的分布来提取导弹相对于瞄准线的方位,这种方法叫空间相位调制。它要利用具有一定透光图案的调制盘旋转提供光束横截面内的方位信息。

(4) 空间数字化调频编码:如图7-19(d)所示,采用调制盘(或其他元件)使光束横截面内的不同部位具有不同的光脉冲频率,并表现为数字信号。使得当导弹处于横截面的不同位置时,弹上接收机所探测到的数字信号不相同,这种数字信号表示了不同的方位信息。

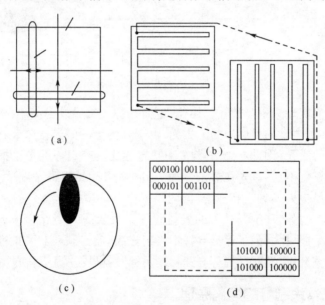

图7-19 光束的空间编码方案

激光驾束制导无论光束空间编码方案如何不同,其本质都是让导弹在光束中飞行时能测量自身相对光束中心的位置。编码分辨率决定了导弹偏离光束中心的理论精度;另一方面光束编码不能过多,否则会使得激光扫描周期延长。激光驾束制导的缺陷是导弹目标和制导站构成三点法制导,这种制导方法随着距离增加误差增大,只适合近距离导弹使用。但是近几年来人们开始利用激光驾束制导系统不需要导弹头部的优势,将激光驾束与红外导引头复合使用,使得导弹能够飞行距离远和飞行速度快,同时还具备自寻的制导精度高的优点。

美国和瑞士联合研制的ADATS"阿达茨"防空武器系统是激光驾束制导和电视指令遥控制导的复合典范(图7-20)。其发射后的前半段主要采用电视指令遥控制导,即发射器上的电视摄像机或8~12μm波段的前视红外仪测量飞行导弹的位置,通过激光遥控指令控制导弹

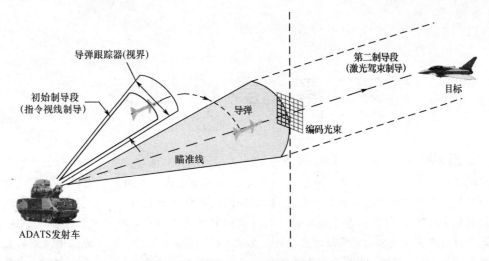

图7-20 ADATS"阿达茨"防空导弹制导过程

飞行。前视红外仪的灵敏度很高,是ADATS武器系统的主要光电传感器。电视摄像机装在前视红外仪附近,其分辨力比前视红外仪稍高些,一般作为攻击地面目标的主要跟踪传感器。后半阶段为激光驾束制导阶段,其采用工作在$10\mu m$波段的CO_2激光器产生连续波编码激光波束。在激光驾束制导阶段时,激光照射光束进行变焦以确保光束大小近似不变。这种串联复合制导的优点在于:导弹初始发射时,由于发动机产生的烟雾较大可能会遮挡激光驾束的激光光束,因此采用非直线弹道的遥控指令制导可以避开烟雾的干扰,同时能够避免过早被敌方激光告警装置发现。

思 考 题

(1) 相对可见光来说,激光有什么特点?
(2) 激光的传输特性有哪些?
(3) 激光相位测距时,当测相精度为$0.3°$、调制频率为30MHz时,求相应的测距精度。
(4) 简述激光测速的原理。
(5) 激光制导都有哪些特点?
(6) 简述激光半主动制导的工作原理和特点。
(7) 简述激光主动成像的分类和原理。
(8) 激光主动制导技术中,非相干与相干探测有什么区别?
(9) 简述激光驾束制导的原理和优缺点。
(10) 激光驾束制导的编码方式有哪些?

第三篇 雷达制导

雷达(Radio Detecting and Ranging,Radar)利用不同物体对电磁波反射或辐射能力的差异来发现目标和测定目标的位置。从雷达的英文本意可知雷达是利用无线电波对目标进行探测和定位。物理学指出物体在受到电磁波的照射时，都会对照射波产生反射作用，即使没有受到电磁波的照射，物体本身也会辐射一定波段的电磁波。由于无线电波的波长大于光波，因此无线电波在大气中的传输距离要远大于光波，这就使得无线电雷达成为探测远距离目标的最好选择。另一方面，绝大多数的军事机动目标都采用金属外壳，而金属对无线电波的反射能力比四周的地面、海面和天空背景强得多，因此雷达制导导弹成为打击远距离军事机动目标的重要武器。

无线电雷达自20世纪40年代诞生以来，已在军事侦察、精确制导、空间探测、气象探测、大地探测等多领域得到广泛应用。随着现代雷达技术的发展，雷达的探测精度不断提高和体积小型化，使得导弹上所使用的雷达制导系统已能够细致地区分目标的形状与要害部位，并且衍生出了多种形式的雷达制导系统。本篇将针对使用无线电波段的雷达制导系统进行全面介绍。

第8章 雷达制导基础

1864年英国科学家麦克斯韦建立了麦克斯韦电磁方程，这为后来的雷达诞生奠定了理论基础。1886年，德国科学家赫兹在实验室中证实了电磁波的存在。1922年，意大利科学家马可尼提出了无线电探测物体的实验方法。此后随着科学技术的不断发展，无线电探测系统(雷达)在20世纪40年代进入实用化。

雷达最早的军事应用是在第二次世界大战的不列颠空战中。英国最早将雷达用于对空中飞机的探测，这使英国皇家空军能够提前半个小时获知德国空军来袭飞机的数量和飞行轨迹，从而为英国取得不列颠空战的胜利奠定了基础。经过二战的实践与改进，雷达对空中目标和海面目标的探测能力大大提高，这使得战后各国都建立了完备的雷达防空和对海监视体系。随着20世纪50年代导弹技术的日臻成熟，无线电雷达从传统的侦察预警逐渐拓展到为防空导弹提供空中目标的位置和运动信息。防空雷达通过无线电波测量到飞机的位置和运动信息并传送给导弹，导弹在雷达测量信息的协助下攻击来袭飞机，这就成为第一种雷达制导体系的防空导弹，即雷达指令制导的防空导弹。20世纪后期，小型化和高分辨能力的雷达制导系统被广泛应用于各类导弹，而这与雷达探测的优良特性密不可分。因此在介绍雷达制导系统之前，本章将首先对雷达制导的基础知识进行介绍，包括雷达所使用的无线电波的分类和特性、无线电雷达分类、雷达的基本方程和截面积、雷达的测量原理、目标与背景的雷达辐射和反射特性、雷达干扰与抗干扰等。

8.1 无线电波的分类与特性

无线电波是电磁波中的一个频段,最早这一频段内的电磁波主要用于通信和广播,因此人们从习惯上将其与有线通信相区别,统称为无线电波。实际上无线电波是指波长大于红外线的电磁波部分,其具体可分为如下几个波段:

(1) 波长介于 10~1km(频率 30~300kHz)之间属于长波(LW),即低频(LF);
(2) 波长介于 1000~100m(频率 300kHz~3MHz)之间属于中波(MW),即中频(MF);
(3) 波长介于 100~10m(频率 3~30MHz)之间属于短波(SW),即高频(HF);
(4) 波长介于 10~1m(频率 30~300MHz)之间属于超短波(VSW),即甚高频(VHF);
(5) 波长介于 1~0.1m(频率 300~3000MHz)之间属于分米波(USW),即特高频(UHF);
(6) 波长介于 0.1~0.01m(频率 3000~30GHz)之间属于厘米波(SSW),即超高频(SHF);
(7) 波长介于 0.01~0.001m(频率 30~300GHz)之间属于毫米波(MMW),即极高频(EHF)。

其中分米波、厘米波和毫米波也被通称为微波。以上划分只是从宏观上对无线电波进行的划分,在实际的应用中根据领域不同还有更详细的划分。例如无线电广播中将频率介于 150~200kHz 之间的称为长波广播,将频率介于 535~1605kHz 之间的称为中波广播,将频率介于 2.3~26.1MHz 之间的称为短波广播,而将频率介于 87~108MHz 之间的称为调频(FM)广播。图 8-1 给出了无线电波在电磁波谱中的位置和分类。

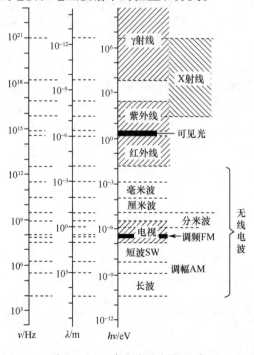

图 8-1 无线电波的分类频谱

无线电波由于频率和波长不同,其在地球表面和空间的传播特性也各不相同,下面简要介绍各个波段的无线电波在地球表面和空间的传播特性:

(1) 长波的传播特性。由于长波的波长很长,当其遇到障碍物时能够产生绕射现象,因此地球表面的凹凸及其地貌对长波传播的影响很小。在地面之间通信距离小于300km时,长波基本上以表面波(俗称地波)形式传播,表面波是指无线电波沿着地球表面传播。长波穿入电离层的深度很浅,在电离层的下界面即能反射,因而受电离层变化的影响很小;此外电离层对长波的吸收不大,因而长波的传播比较稳定。但是长波有两个缺点:①由于表面波衰减很慢,因此不同表面波对长波接收干扰很强烈;②天气雷电活动对长波的接收影响严重,特别是雷雨较多的夏季。

(2) 中波的传播特性。中波能以表面波或天波的形式传播,天波是指无线电波利用大气电离层的反射进行传播。中波较长波频率高,因此需要在较深的电离层处才能发生反射。中波无线电通信使用天波或表面波传播,接收场强都很稳定,可用以进行较稳定的通信,如船舶通信与导航等。

(3) 短波传播的特点。短波可以靠表面波和天波传播,但由于短波频率较高,地面吸收较强,表面波传播衰减很快。因此,在一般情况下短波的表面波传播距离只有几十千米,不适合作远距离通信和广播。与表面波相反,天波传播形式随频率增高在电离层中的损耗却减小,因此可利用电离层对短波的一次或多次反射,进行远距离无线电通信或者广播。但由于电离层的不稳定,短波通信或广播的接收场强不稳定,这也是使用短波波段收听广播时信号忽强忽弱的原因。

(4) 超短波和微波传播的特点。超短波和微波的频率很高,在地球表面以表面波传播时衰减很大,而且电波穿入电离层很深甚至不能反射,所以超短波和微波不能用表面波和天波的方式传播,只能在大气中直线传播和穿透外层空间传播,即空间波。超短波广泛应用于电视、调频广播和雷达等方面。利用微波通信时,可同时传送几千路电话或几套电视节目而互不干扰。超短波和微波在传播特点上基本上是相同的,主要是在低空大气层做视距直线传播,因此它们不具备绕过障碍和遮挡的能力。

需要特别说明的是,微波的波长介于10^{-3}m到1m之间,是无线电波中一个有限频带的简称。微波频率比一般的无线电波频率高,通常也称为"超高频电磁波",其作为一种电磁波也具有波粒二象性。由于微波具有极好的直线定向传播特性,因此微波被广泛地应用于雷达、通信和导弹制导系统中。微波通常呈现为穿透、反射、吸收三个特性。对于玻璃、塑料和瓷器,微波几乎是穿越而不被吸收;而水和食物等会吸收微波而使自身发热;而对金属类物体,微波会形成强烈的反射。

由于不同波段的无线电波传播特性不同,因此根据其各种特性可将无线电波段的频率和使用按表8-1划分。

表8-1 无线电波段分类和主要用途

名称	符号	频率	波段	波长	传播特性	主要用途
甚低频	VLF	3~30kHz	超长波	1000~100km	空间波为主	海岸潜艇通信、远距离通信、超远距离导航
低频	LF	30~300kHz	长波	10~1km	地波为主	越洋通信;中距离通信;地下岩层通信;远距离导航
中频	MF	0.3~3MHz	中波	1~100m	地波与天波	船用通信;业余无线电通信;移动通信;中距离导航
高频	HF	3~30MHz	短波	100~10m	天波与地波	远距离短波通信;国际定点通信

(续)

名称	符号	频率	波段	波长	传播特性	主要用途
甚高频	VHF	30～300MHz	米波	10～1m	空间波	对空间飞行体通信;移动通信
特高频	UHF	0.3～3GHz	分米波	1～0.1m	空间波	小容量微波中继通信(352～420MHz);对流层散射通信(700～10000MHz);中容量微波通信(1700～2400MHz)
超高频	SHF	3～30GHz	厘米波	10～1cm	空间波	大容量微波中继通信(3600～4200MHz);大容量微波中继通信(5850～8500MHz);数字通信、卫星通信、国际海事卫星通信
极高频	EHF	30～300GHz	毫米波	10～1mm	空间波	在入大气层时的通信;波导通信

8.2 无线电雷达的分类

雷达是利用无线电波测量目标距离、速度和方位的设备,其具体用途和结构不尽相同,但组成形式是基本一致的。主要包括发射机、发射天线、接收机、接收天线,信号处理部分以及显示器,其他的辅助设备还有电源、数据记录仪、角度跟踪伺服系统等。典型雷达的基本组成框图,如图8-2所示。

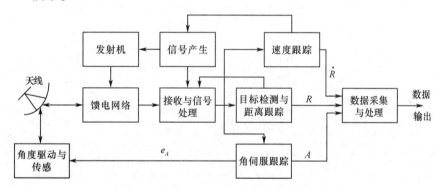

图8-2 典型雷达的基本组成框图

雷达的一般工作过程是:信号产生装置产生规定频率的振荡脉冲,然后经过发射机调制后通过馈电网络传送给天线向外发射无线电波;无线电波经目标反射后部分能量返回天线,经馈电网络接收后转换为电信号;信息处理装置根据速度、距离和方位等信息识别目标,并利用波门实现对其跟踪,跟踪指令送达角伺服跟踪系统驱动天线转动机构实现对目标的连续跟踪。

雷达的用途广泛,其种类非常庞大,分类的方法也非常复杂。例如按照雷达频段可以分为S波段雷达、C波段雷达、X波段雷达、Ku波段雷达、Ka波段雷达和激光雷达等;按照雷达信号形式可分为脉冲雷达、连续波雷达、脉冲压缩雷达和频率捷变雷达等;按照角跟踪方式可分为单脉冲雷达、圆锥扫描雷达和隐蔽圆锥扫描雷达等;按照目标测量的参数可分为测高雷达、二坐标雷达、三坐标雷达、敌我识对雷达和多站雷达等;按照所采用的信号处理的方式可分为相参积累雷达和非相参积累雷达、动目标显示雷达、动目标检测雷达、脉冲多普勒雷达、合成孔径雷达、边扫描边跟踪雷达;按照天线扫描方式分为机械扫描雷达和相控阵雷达等。

本节主要以常见的工作波段和应用类型对雷达分类分别进行简要介绍。

8.2.1 雷达频段分类

在第二次世界大战中,英国最早的对空搜索雷达使用的无线电波波长为23cm,当时为了保密的需要将这一波段定义为L波段(英语Long的字头),后来L波段的中心波长度变为22cm。后期雷达又使用了中心波长为10cm的无线电波,其波段被定义为S波段(英语Short的字头,意为比原有波长短的电磁波)。第二次世界大战中后期雷达得到了广泛的应用,雷达的频段根据应用场合也各不相同,如火控雷达所使用波长3cm的频段被称为X波段。为了结合X波段和S波段的优点,又出现了了中心波长为5cm的雷达,该波段被称为C波段(C即Compromise,英语"结合"一词的字头)。

第二次世界大战后期德国也开始独立研制雷达,他们选择1.5cm作为雷达的中心波长,这一波长的电磁波被称为K波段(K = Kurz,德语中"短"的字头)。第二次世界大战结束后,雷达的波段的命名延续了英国、德国和美国的标准。现代的雷达波段基本采用欧洲的新标准,分类如表8 – 2所列:

表8 – 2 雷达频率波段分类表

波段代号	标称波长/cm	频率范围/GHz	波长范围/cm
L	22	1 ~ 2	30 ~ 15
S	10	2 ~ 4	15 ~ 7.5
C	5	4 ~ 8	7.5 ~ 3.75
X	3	8 ~ 12	3.75 ~ 2.5
Ku	2	12 ~ 18	2.5 ~ 1.67
K	1.25	18 ~ 27	1.67 ~ 1.11
Ka	0.8	27 ~ 40	1.11 ~ 0.75
U	0.6	40 ~ 60	0.75 ~ 0.5
V	0.4	60 ~ 80	0.5 ~ 0.375
W	0.3	80 ~ 100	0.375 ~ 0.3

以上雷达频段的分类只是用代号表明其所使用的频段,而雷达的性能很大程度上依赖于该频段的电磁波传播特性。从对无线电波的传播特性介绍中可知:波长越长(频率越低)的无线电波,其衍射传播性能越强,绕过物体和障碍物的能力就越强;波长越短(频率越高)的无线电波,其直线传播性能越强,绕过物体和障碍物的能力就越差,而穿透能力强。所以当明确雷达的频段之后,就基本能大致确定雷达的探测形式和探测特点。

如图8 – 3所示,现代微波雷达由于频率较高、传播以直线为主,因此只能探测直线可达的目标,对于地平线以下的目标就无能为力,所以为了探测地平面以下的远距离目标,就需要使用超视距雷达。

超视距雷达是借助电磁波在地球大气传播中的折射和绕射现象探测超视距目标。超视距雷达一般分为3种,即天波超视距雷达、地波超视距雷达和微波超视距雷达。其所使用的电磁波段包括HF、VHF和UHF波段,频率介于3 ~ 1000MHz之间,波长介于0.3 ~ 100m。

1. 天波超视距雷达(OTHR)

天波超视距雷达是利用电离层对短波的反射使电磁波在电离层与地面之间跳跃传播来探测目标的雷达(图8 – 4)。通常工作在3 ~ 30MHz频率范围内,有前向散射和后向散射两种类

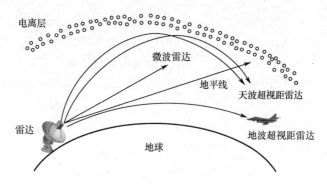

图 8-3 超视距雷达探测示意图

型。前向散射天波超视距雷达的发射站和接收站相距数千千米,利用目标引起的电离层扰动来探测目标,由于不能分辨目标的和自然的电离层扰动而停止发展。后向散射天波超视距雷达是利用目标的后向散射特性来探测目标,其发射站和接收站配置在邻近的地方,能探测 800~4000km 距离范围内电离层以下的空中和海面目标。其只能获得目标的方位角、径向距离和径向速度,一般不能获得目标的高度。

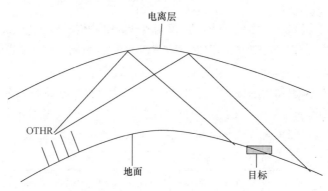

图 8-4 天波超视距雷达探测原理示意图

天波超视距雷达的波长约在 10~100m 的量级上,由于波长较长,且可以被电离层反射,因此信号存在着低分辨率、低检测率和多路径等问题,所以天波超视距雷达的探测精度很低,同时在距离小于 800~1000km 时存在盲区。目前国外已经部署和使用的天波超视距雷达中比较典型的有美国的 AN/FPS-118 雷达,作用距离在 932~3333km,接收波束宽度 2.75°,距离测量精度为 8~30km,方位角测量精度为 1°~3°。

2. 地波超视距雷达

地波超视距雷达利用波长为数十米(也在 HF 波段)的电磁波在海洋表面形成的 Bragg 绕射现象,可以实现沿海洋表面传播而不受地球曲率影响,因此又被称为表面波超视距雷达。但是地波超视距雷达易受海杂波和恶劣电磁环境等影响,最大作用距离不超过 400km,且方位角和距离精度较差。例如俄罗斯的 Podsolnukh 岸基表面波超视距雷达,采用波长为 10m 的电磁波,最大作用距离仅为 300km。

3. 微波超视距雷达

微波波段雷达主要指工作在 VHF 波段到 X 波段的雷达,其中 L 波段到 X 波段的电磁波主要依靠直线传播,因此属于视距内的微波雷达。大气垂直面内水汽分布不均匀造成了大气密度的差异,特别是在靠近海面的高度上,水汽蒸发使湿空气与干空气形成了一个分界面。当电磁波传播到界面时,会在界面上产生折射,最终电磁波被约束在海面和干湿空气的界面之间传播,这种现象称为大气波导。大气波导现象由于动力成因不同分为蒸发波导、表面波导和抬升波导三种形式。地球表面的大气温度、湿度、大气压及其他气象变化因素的影响是分层的、非均匀状态的。按照电磁波传播的理论,电磁波在介电常数连续变化的非均匀质中传播时,由于传播介质的折射率随相对介电常数的变化而变化,会导致电磁波传播方向的非直线变化。在一般情况下,大气相对介电常数随高度增加而减少,因此电磁波折射率也减小。当电磁波发射方向与地球水平线的夹角很小时可能会出现四种折射情况:无折射、负折射、临界折射和超折射,如图8-5所示。

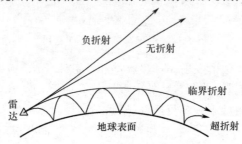

图8-5 微波超视距雷达探测原理示意图

当大气中出现下层空气温度低于上层温度且空气湿度较大(气象学上称为逆温)时,极容易出现超折射现象。此时,电磁波将以大于地球表面的曲率向下弯曲,碰到海面产生镜面反射,而反射后的电磁波又逐渐向下弯曲折射,并被再次反射直至达到目标。

电磁波大气传播出现超折射时形成所谓的大气波导现象与电磁波在金属波导中的传播相似,在大气波导中传播的波形也存在一定的临界波长,在不同的大气波导厚度中,要求形成大气波导的临界波长也不同。大气波导厚度与临界入射波长的关系,如表8-3所列。

表8-3 超折射现象的大气波导厚度与临界入射波长的关系

电磁波波段	临界入射波长/cm	大气波导厚度/m
X	3.2	11
C	5	15
S	10	24
L	22	40

微波超折射现象受到大气条件的影响,因此实现超视距探测具有一定的难度和限制。目前国外的微波雷达如美国的 TMD-GBR、AN/FPS-115/117 雷达、"磨石山"雷达和俄罗斯的"对手-GE"雷达等,都是采用 UHF 波段到 X 波段的电磁波,其主要利用电磁波的直线传播对弹道导弹之类目标进行探测。

8.2.2 军用雷达的分类

军用雷达按照雷达的用途可以分为预警雷达、搜索警戒雷达、引导指挥雷达、炮瞄雷达、测高雷达、战场监视雷达、机载雷达、无线电测高雷达、气象雷达、航行管制雷达、导航雷达以及防撞和敌我识别雷达等。下面简单介绍几种常见雷达的应用功能。

(1)岸防雷达。岸防雷达用于对海防御探测和岸防武器的控制,其是岸防作战指挥控制系统的重要组成部分。具体包括海岸警戒雷达、岸舰导弹制导雷达和海岸炮瞄雷达等,一般都具有较好的抗海浪杂波干扰的能力。海岸警戒雷达一般设置在海岸和岛屿的高地上,以增大对海面和低空目标的探测距离。

（2）弹道导弹跟踪雷达。弹道导弹跟踪雷达是一种远距离跟踪雷达，用于跟踪洲际导弹、中程导弹和潜地弹道导弹。其能够连续测定目标坐标和速度、识别真假弹头，并精确预测目标的弹道，同时也可用于弹道导弹试验的靶场测量。

（3）弹道导弹预警雷达。弹道导弹预警雷达是一种远距离搜索雷达，主要用于发现洲际、中程和潜地弹道导弹，测定目标位置、速度、发射点和预测弹着点等；也用于对空间飞行器的探测和监视任务。

（4）地炮雷达。地炮雷达是地面炮兵用于侦察敌方火炮位置和活动目标，校正火炮射击的雷达。与其他侦察器材比较，地炮雷达具有侦察速度快、距离远、全天候工作等特点。地炮雷达主要包括炮位侦察校射雷达和活动目标侦察校射雷达两种。炮位侦察校射雷达用于探测敌方正在射击的火炮位置，并测定己方弹着点的坐标以校正火炮射击。活动目标侦察校射雷达用于发现地面或水面活动目标（如坦克、车辆、舰艇等），测定其坐标，并测定己方射弹地面炸点或水柱相对目标的偏差以校正火炮射击。

（5）对空情报雷达。对空情报雷达也称为对空搜索雷达，是监视与识别空中目标并确定其坐标和运动参数的雷达。它主要用于发布防空警报、引导战斗机截击敌方航空器和为防空武器系统指示目标，也用于保障飞行训练和飞行管制。

（6）机载雷达。机载雷达是指装在飞机上的雷达，它主要用于制导机载武器、实施空中警戒侦察、保障飞行安全等。机载雷达通常采用波长 3cm 以下的频段，一般具有体积小、重量轻、防震性能好等特点。按照具体用途可分为截击雷达、轰炸雷达、空中侦察与地形显示雷达、航行雷达、机载预警雷达等。

（7）舰载雷达。舰载雷达是指装备在水面舰艇上的雷达，其主要用于探测和跟踪海面和空中目标，为武器系统提供目标坐标等数据，引导舰载机飞行和着舰，保障舰艇安全航行和战术机动等。按照战术用途可分为警戒雷达（包括对空警戒和对海警戒）、导弹制导雷达、炮瞄雷达、鱼雷攻击雷达、航海雷达、舰载机引导雷达和着舰雷达等。

8.3 雷达基本方程与雷达截面积

8.3.1 雷达基本方程

雷达测量过程包括：雷达发射机发射无线电波，无线电波照射到目标表面后反射，反射回波被雷达接收机接收。目标的散射性如图 8-6 所示，设雷达发射功率为 P_t，雷达天线的发射增益为 G_t，假设雷达传播路径均为真空，且认为雷达辐射为空间全向的，那么距离雷达天线为 R 处的目标照射功率密度 S_1 为

$$S_1 = \frac{P_t G_t}{4\pi R^2} \tag{8-1}$$

雷达发射电磁波照射到目标后，因其散射特性将产生散射回波。散射回波功率的大小与目标所在点的照射功率密度 S_1 以及目标的散射特性有关。目标的散射特性通常使用雷达散射截面积 σ（其量纲是面积）来表征，不严格的意义上可以认为雷达散射截面积相当于目标在该

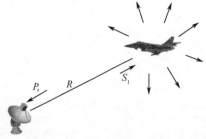

图 8-6 目标的散射特性

处的有效接收照射面积。若假定目标可将接收到的功率无损耗地辐射出来,则可得到由目标散射的功率(二次辐射功率)为

$$P_2 = \sigma S_1 = \frac{P_t G_t \sigma}{4\pi R^2} \tag{8-2}$$

又假设目标散射功率 P_2 是均匀的全向辐射,则在雷达接收天线处收到的回波功率密度为

$$S_2 = \frac{P_2}{4\pi R^2} = \frac{P_t G_t \sigma}{(4\pi R^2)^2} \tag{8-3}$$

如果雷达接收天线的有效接收面积为 A_r,则在雷达接收机得到的回波功率为 P_r,而

$$P_r = A_r S_2 = \frac{P_t G_t \sigma A_r}{(4\pi R^2)^2} \tag{8-4}$$

由天线设计理论可知天线接收增益 G_r 和有效接收面积 A_r 之间有以下关系:

$$G_r = \frac{4\pi A_r}{\lambda^2} \tag{8-5}$$

式中:λ 为无线电波波长,则雷达接收机通过天线得到的回波功率可写成如下形式:

$$P_r = \frac{P_t G_t G_r \lambda^2 \sigma}{(4\pi)^3 R^4} \tag{8-6}$$

或者写成

$$P_r = \frac{P_t A_t A_r \sigma}{4\pi \lambda^2 R^4} \tag{8-7}$$

单基地脉冲雷达通常收发共用天线,即 $G_t = G_r = G$,$A_t = A_r = A$,将此关系式代入式(8-6)和式(8-7)即可得常用结果为

$$P_r = \frac{P_t A^2 \sigma}{4\pi \lambda^2 R^4} \tag{8-8}$$

由式(8-7)可看出,雷达接收的回波功率 P_r 反比于目标与雷达间的距离 R 的四次方,这说明雷达反射功率经过往返双倍的距离路程后能量衰减很快。如果要发现目标,雷达接收到的功率 P_r 必须超过接收机的最小可检测信号功率 P_{min};如果当 P_r 正好等于 P_{min},则认为此时是雷达可检测该目标的最大作用距离 R_{max}。超过这个距离的目标由于散射回来的信号功率 P_r 进一步减小,就不能可靠得被检测出来,两者的关系式可以表达为

$$P_r = P_{min} = \frac{P_t \sigma A^2}{4\pi \lambda^2 R_{max}^4} = \frac{P_t G^2 \lambda^2 \sigma}{(4\pi)^3 R_{max}^4} \tag{8-9}$$

或

$$R_{max} = \left[\frac{P_t \sigma A^2}{4\pi \lambda^2 P_{min}} \right]^{\frac{1}{4}} \tag{8-10}$$

或

$$R_{max} = \left[\frac{P_t G^2 \lambda^2 \sigma}{(4\pi)^3 P_{min}} \right]^{\frac{1}{4}} \tag{8-11}$$

式(8-10)和式(8-11)是雷达距离方程的两种基本形式,它表明了最大作用距离 R_{max} 和雷达参数以及目标辐射特性间的关系。在式(8-10)中,R_{max} 与 $\lambda^{1/2}$ 成反比,而在式(8-11)中,R_{max} 却和 $\lambda^{1/2}$ 成正比。这是由于当天线有限面积不变而波长 λ 增加时天线增益下降,导致最大作用距离减小;而当天线增益不变而波长增大时则要求的天线有效面积增加,其结果是作用距离加大。雷达的工作波长是雷达系统的主要参数,它的选择将影响到诸如发射功率、接收灵敏度、天线尺寸、测量精度等众多因素。

雷达基本方程虽然给出了最大作用距离和各参数间的定量关系,但其未考虑设备的实际损耗和环境因素,并且方程中还有两个不可能准确获知量(目标有效反射截面积和最小可检测信号功率),因此雷达基本方程只能作为一个估算的公式。

此外雷达测量总是存在噪声和其他干扰,加之复杂目标的回波信号本身也是起伏的,因此雷达接收机输出的目标信号是一个随机量。这样雷达的最大作用距离也不是一个确定值而是统计值,不能简单地说雷达最大作用距离是多少,应当是在一定虚警概率和发现概率的情况下说明。

8.3.2 雷达截面积的定义

雷达是利用目标的二次散射功率来探测目标的,不同目标在相同照射功率密度的情况下散射功率是不相同的。为了描述目标的后向散射特性,在雷达基本方程的推导过程中,定义了目标的雷达截面积 σ,即

$$P_2 = S_1 \sigma \tag{8-12}$$

式中:P_2 为目标散射的总功率;S_1 为照射的功率密度。雷达截面积 σ 又可写为

$$\sigma = \frac{P_2}{S_1} \tag{8-13}$$

由于二次散射,因而在雷达接收点处单位立体角内的散射功率 P_Δ 为

$$P_\Delta = \frac{P_2}{4\pi} = S_1 \frac{\sigma}{4\pi} \tag{8-14}$$

据此,又可定义雷达截面积 σ 为

$$\sigma = 4\pi \cdot \frac{\text{返回接收机每单位立体角内的回波功率}}{\text{入射功率密度}} \tag{8-15}$$

σ 的定义是在远场条件(平面波照射的条件)下,目标处每单位入射功率密度在接收机处每单位立体角内产生的反射功率乘以 4π。为了进一步了解 σ 的意义,可以按照定义来考虑一个具有良好导电性能的各向同性的球体截面积。设目标处入射功率密度为 S_1,球目标的几何投影面积为 A_1,则目标所截获的功率为 $A_1 S_1$。由于该球是导电良好且各向同性的,因而它将截获的功率 $S_1 A_1$ 全部均匀地辐射到 4π 立体角内,根据式(8-15),可定义

$$\sigma_1 = 4\pi \frac{S_1 A_1/(4\pi)}{S_1} = A_1 \tag{8-16}$$

式(8-16)表明,导电性能良好各向同性的球体,其截面积 σ_1 等于该球体的几何投影面积。这就是说,任何一个反射体的截面积都可以等效成一个各向同性的等效球体的截面积。

等效的意思是指该球体在接收机方向每单位立体角所产生的功率与实际目标散射体所产

生的相同,从而将雷达截面积理解为一个等效的无耗各向均匀反射体的截获面积(投影面积)。需要特别说明的是,在实际情况中目标的外形复杂,其后向散射特性是各部分散射的矢量合成,所以复杂目标在不同的照射方向上有不同的雷达截面积 σ 值。

除了后向散射特性外,有时需要测量和计算目标在其他方向的散射功率,例如双基地雷达工作时的情况,可以按照同样的概念和方法来定义目标的双基地雷达截面积 σ_b。对复杂目标来讲,σ_b 不仅与发射时的照射方向有关,而且还取决于接收时的散射方向。

8.4 雷达基本测量方法

雷达的基本功能是对反射雷达波的目标进行测角、测距及测速,这些测量功能所采用的方法不尽相同,本节将简要介绍雷达实现测角、测距和测速功能的常见方法。

8.4.1 雷达测角方法

在推导雷达基本方程时,假设雷达发射功率是全向辐射的,但在实际中雷达发射天线将馈电能量朝着某个特定方向发射,它的空间功率分布通常用波束方向图表示。

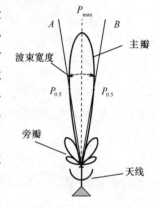

图 8-7 雷达波束方向图

雷达波束在空间的分布如图 8-7 所示,主瓣中心线基本与天线指向方向重合,雷达辐射的大部分功率集中在主瓣上,且在中心线上功率最强。主瓣的两侧有多个对称旁瓣。与主瓣相邻的一对旁瓣称为第一旁瓣,其集中了发射功率的绝大部分剩余功率,而其他的旁瓣功率较小通常可以忽略。通常将天线方向图上功率等于总发射功率一半的点称为半功率点(图中 $P_{0.5}$ 的两点),两个半功率点之间的夹角称为波束宽度。

雷达测角有多种方法实现,其中最简单和最直接的是利用其辐射(和接收)带有方向性的天线波束实现,即最大强度法。这种方法是利用天线指向中心与波束最大功率方向重合的特点,当天线接收到的信号最大时,天线所指的方向就是目标的方向。天线孔径越大时(相对于工作波长的比值),天线波束的方向性越强、波束宽度越窄,则测角精度越高。但最大强度法受到波束对称性和目标散射稳定性的影响,测角精度较低,目前已基本不再使用。

另一种雷达测角方法是相位干涉法,其利用远距离目标的雷达回波近似为平面波的特点,通过放置相邻两个分立接收天线,分别测量回波信号的相位差得到目标回波的入射角。这种方法即干涉仪测角的原理,也是比相单脉冲测角的基础。同样也可以通过测量两个分立接收天线或同一天线的两个倾斜波束信号的幅度差来得到角度信息,这是波束转换、圆锥扫描及比幅单脉冲测角的基础。下面简单介绍常见的相位干涉法、波束转换法、圆锥扫描法和单脉冲法的基本测量原理。

1. 相位干涉法

相位干涉法在天线指向轴的两侧对称放置两个接收天线,假设从较远距离目标反射的回波接近于平面波,那么当目标偏离天线指向轴一个角度时,平面波到达两个接收天线的时间不同,即两个天线接收信号的相位不同。通过比较两个天线信号的相位差就可以得到目标偏离天线轴的角度,其原理如图 8-8 所示。

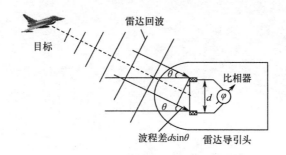

图 8-8　相位干涉法测量原理示意图

2. 波束转换法

波束转换法是最早应用于雷达测角的一种方法,其通过快速将天线波束(主波瓣)在天线指向轴两边对称转换,测量目标相对天线指向轴的角度偏离量。这种方法的优点是设备和测量电路相对简单,但角测量和跟踪精度较差,不适合测量快速运动目标。

波束转换法测角原理可用图 8-9 来说明。在图 8-9(a)中,雷达天线指向目标,此时控制雷达波束指向分别在天线轴的两侧对称位置上快速切换。那么由于天线波束主波瓣的对称性,位于天线轴上的目标照射功率密度相同,则返回天线的回波功率也相同,因此在两次波束转换过程中的回波信号相等。在图 8-9(b)中,目标偏离雷达天线指向轴,当波束在天线轴两侧转换时,目标所接受的雷达照射功率不同,则两次返回天线的回波功率不同。从雷达示波器上可以观察到这两次信号的不同,从而测量出偏离角度信息。

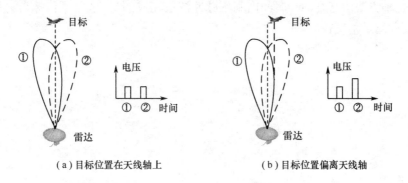

(a) 目标位置在天线轴上　　　　　(b) 目标位置偏离天线轴

图 8-9　波束转换法测量原理示意图

3. 圆锥扫描法

圆锥扫描法是波束转换法的扩展,即由波束在天线指向轴两侧的快速转换,改变为波束围绕天线指向轴线偏离一定角度连续旋转,从而通过信号包络的起伏实现角度测量。圆锥扫描法的测量原理,如图 8-10 所示。波束主瓣偏离开天线轴线一定角度后围绕天线轴旋转,即形成圆锥扫描形状。如图 8-10(a)所示,当天线轴线正对目标时,波束旋转一周过程中照射目标的功率保持不变,则回波信号幅度不变;如图 8-10(b)所示,当目标偏离天线轴线时,波束旋转一周过程中照射目标的功率发生变化,则回波信号的幅值大小发生变化。此输出包络信号包含了目标偏离电轴角度的信息,即幅度正比于偏离角的大小,而其波束扫描相位表示目标的方位角。

圆锥扫描方法的优点在于使用连续信号的包络表示目标的偏角信息,这样不仅提高了测量精度也便于电路信号处理。

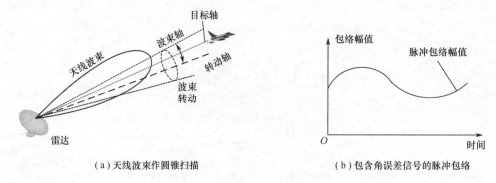

(a) 天线波束作圆锥扫描　　　　(b) 包含角误差信号的脉冲包络

图 8-10　圆锥扫描跟踪技术

4. 单脉冲方法

波束转换法和圆锥扫描法都是利用一个天线波束通过转换或者旋转扫描来实现目标测角。但是,天线波束的转换或者旋转都需要一段时间,如果在这段时间内目标的姿态或者位置发生变化,将使得回波信号产生起伏,从而影响测角精度。

为了避免在扫描周期内目标回波本身起伏对角度测量产生的误差,人们提出同时利用多个波束对目标进行角度测量,即所谓单脉冲法。

最简单的单脉冲法测角方法是将波束转换法中的天线轴线两边对称的波束转换,替换成两个对称偏置的波束同时照射。如图 8-11 所示,天线指向轴的两侧对称发射两个方向图分布相同的波束,天线接收目标的回波信号,两个波束回波信号的不同幅值就包含了目标偏离角度的信息。这种方法由于在同一时间内利用脉冲波束完成测量,避免了目标自身回波起伏引起的干扰,因此测量精度较高。

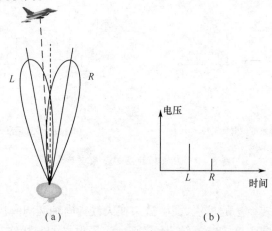

图 8-11　幅度比较单脉冲

这种比较回波幅值的单脉冲测角法要求两个波束必须保证方向图幅值的严格对称,否则也会引起较大的误差,因此单脉冲测角法除了幅值比较方法外,还有相位比较和幅相比较两种方法。

一般来说,目前在高精度测量场合通常都使用单脉冲测量方法,而圆锥扫描方法和波束转换方法用于精度要求不高的场合。

8.4.2　雷达测距方法

雷达测距是雷达的最基本功能之一,最简单的雷达测距方法就是通过发射一个脉冲信号,测量雷达信号往返目标的时间,从而算出雷达与目标的距离(图 8-12)。其具体工作流程是:发射机经天线向空间发射一串重复周期脉冲信号,雷达记录信号发送时刻到接收到目标回波信号时刻的时间延迟 t_R,则雷达与目标的距离 R 等于

$$R = \frac{1}{2}ct_R \tag{8-17}$$

式中:c 为无线电波在均匀介质中的直线传播速度(真空中等于光速)。

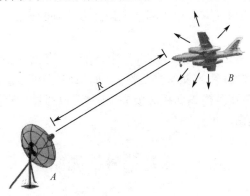

图 8-12 雷达测距的测量

直接对往返时间 t_R 测量容易受到定时器精度和器件响应时间的限制,误差较大。因此实际中根据雷达发射信号的不同,延迟时间 t_R 通常采用脉冲法、频率法和相位法三种方法进行测量。脉冲法利用目标回波脉冲与发射脉冲包络的相对延迟来测量目标的距离,其常用于脉冲雷达测距;频率法利用频率调制信号,比较回波信号频率与发射信号频率的相对变化量来测量目标距离,其常用于调频连续波雷达测距;相位法通过比较接收回波与发射信号的相对相位差来测量目标距离,其一般用于连续波雷达。

8.4.3 雷达测速方法

雷达对目标运动速度的测量是雷达除测角和测距之外的重要功能,实际中并不是所有的雷达都具有测速功能。雷达测速最简单的方法是基于雷达测距的基础上,如果已经获得目标距离的连续测量,则对距离进行微分即可获得速度。这种测速方法看似简单且无速度模糊(速度测量的多值性),但微分环节会放大距离测量噪声,造成速度测量误差很大。

1842 年奥地利物理学家多普勒发现当波源(声波、水波和电磁波等)和接收者之间存在相对运动时,接收到的回波信号频率将发生变化,这一物理现象被称为多普勒效应。1930 年多普勒效应被应用于无线电波的实验研究,发现其能够测量出无线电发射源相对接收机的径向速度。径向速度是指发射源与接收机相对速度矢量在两者连线上的投影分量,很显然多普勒效应可以用于雷达对目标径向速度的测量。

当目标相对于雷达在径向上运动时,接收回波的频率 f_r 与发射波频率 f_0 相比会有变化,这种变化就是所谓多普勒频率,通常以 f_d 表示,可以表示为

$$f_d = f_r - f_0 = \frac{2Vf_0}{c+V} \approx \frac{2V}{c}f_0 = \frac{2V}{\lambda_0} \tag{8-18}$$

式中:V 为目标相对雷达的径向速度(规定目标接近雷达时为正,反之为负);c 为光速;λ_0 为发射波的波长。上式中的近似相等是假定目标速度远小于光速,这显然符合绝大多数情况。此

外,如果目标远离发射源方向时,多普勒频率为负,反之为正。那么由式(8-18)很容易获得目标相对雷达的径向速度 V 为

$$V = \frac{\lambda_0}{2} f_d \quad (8-19)$$

利用多普勒效应测量速度可以使用连续波雷达也可以使用重复频率脉冲雷达。连续波多普勒测速具有测速精度高,且无测速模糊的特点,但是它为了实现对目标距离的测量需要进行连续波快速调频,即要求调频频率必须比期望的最高多普勒频率高一倍,否则就会产生盲速和模糊现象。

使用高重复频率脉冲雷达的多普勒频移测速系统,具有测速精度高,且无速度模糊等优点,但其存在很强的距离模糊(距离测量多值性)。如果使用中低重复频率脉冲雷达的多普勒频移测速系统,通常会存在速度模糊和距离模糊,此时可以通过对距离数据微分来获取目标粗略速度估值后排除速度模糊。

8.5 雷达信号检测原理

8.5.1 雷达最小可检测信号

从雷达基本方程中可知,雷达的最大作用距离 R_{max} 取决于接收机回波功率 P_r 与最小可检测信号功率 P_{min} 的比值。在雷达接收机的输出端,微弱的回波信号总是和噪声及其他干扰混杂在一起。如果回波信号很微弱,则很容易混杂在噪声中,所以噪声往往是限制微弱信号检测的重要因素。正是因为如此,雷达最小检测能力本质上取决于信号和噪声强度之比,而为了提高雷达的最大作用距离,就需要降低最小可检测信噪比的门限。

1. 最小可检测信噪比

典型的雷达接收机和信号处理框图如图8-13所示,一般把检波器(中频放大器)以前的部分视为线性的,检波器的特性近似匹配滤波器,从而使检波器输出端的信号噪声比达到最大。

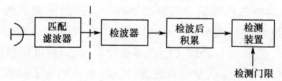

图8-13 典型雷达接收机组成框图

接收机的噪声系数 F_n 定义为

$$F_n = \frac{N}{kT_0 B_n G_a} = \frac{\text{实际接收机的噪声功率输出}}{\text{标准室温 } T_0 \text{ 时理想接收机的噪声功率输出}} \quad (8-20)$$

式中:N 为接收机输出的噪声功率;G_a 为接收机的功率增益,则

$$G_a = \frac{S_o}{S_i} = \frac{\text{输出信号功率}}{\text{输入信号功率}} \quad (8-21)$$

式中:T_0 为标准室温(一般取290K);k 为玻耳兹曼常数;B_n 为噪声带宽。

理想接收机的输入噪声功率 N_i 为

$$N_i = kT_0B_n \qquad (8-22)$$

故噪声系数 F_n 也可写成

$$F_n = \frac{(S/N)_i}{(S/N)_o} = \frac{\text{输入信噪比}}{\text{输出信噪比}} \qquad (8-23)$$

将上式整理后得到输入信号功率 S_i 的表示式为

$$S_i = F_n N_i \left(\frac{S}{N}\right)_o = kT_0 B_n F_n \left(\frac{S}{N}\right)_o \qquad (8-24)$$

式中:$(S/N)_o$ 为匹配接收机输出端信号功率 S_o 和噪声功率 N 的比值。根据雷达检测的要求可确定所需要的最小输出信噪比 $(S/N)_{omin}$,这样就得到最小可检测信号 P_{min} 为

$$P_{min} = kT_0 B_n F_n \left(\frac{S}{N}\right)_{omin} \qquad (8-25)$$

对于传统雷达波形来说,信号功率是一个容易理解和测量的参数。但现代雷达多采用复杂的信号波形,其信号功率往往难以测量,因此波形所包含的信号能量就成为可检测性更好的度量。例如匹配滤波器输出端的最大信噪功率比等于 E_r/N_o,其中 E_r 为接收信号的能量,N_o 为接收机均匀噪声谱的功率谱密度。从一个简单的矩形脉冲波形来看,若其脉冲宽度为 τ、信号功率为 S,则接收信号能量 $E_r = S\tau$;噪声功率 N 和噪声功率谱密度 N_o 之间的关系为 $N = N_0 B_n$。B_n 为接收机噪声带宽,一般情况下可认为 $B_n = 1/\tau$。这样可得到信号噪声功率比的表达式如下:

$$\frac{S}{N} = \frac{S}{N_0 B_n} = \frac{S\tau}{N_0} = \frac{E_r}{N_0} \qquad (8-26)$$

因此检测信号所需的最小输出信噪比为

$$\left(\frac{S}{N}\right)_{omin} = \left(\frac{E_r}{N_0}\right)_{omin} \qquad (8-27)$$

在早期雷达中,操作员通常都用各类显示器来观察和检测目标信号,所以称所需的 $(S/N)_{omin}$ 为识别系数或可见度因子 M。现代雷达通常采用建立在统计检测理论基础上的统计判决方法来实现信号检测,在这种情况下,检测目标信号所需的最小输出信噪比称为检测因子(Detectability Factor)D_0,即

$$D_0 = \left(\frac{E_r}{N_0}\right)_{omin} = \left(\frac{S}{N}\right)_{omin} \qquad (8-28)$$

式中:D_o 为在接收机匹配滤波器输出端(检波器输入端)测量的信号噪声功率比值。检测因子 D_o 就是满足一定检测准则(通常用检测概率 P_d 和虚警概率 P_{fa} 表征)时,在检波器输入单个脉冲所需要达到的最小信号噪声功率比值。

将式(8-25)代入式(8-10),式(8-11)即可获得用 $(S/N)_{omin}$ 表示的距离方程为

$$R_{max} = \left[\frac{P_t G^2 \lambda^2 \sigma}{(4\pi)^3 kT_0 B_n F_n \left(\frac{S}{N}\right)_{omin}}\right]^{\frac{1}{4}} = \left[\frac{P_t \sigma A_r^2}{4\pi\lambda^2 kT_0 B_n F_n \left(\frac{S}{N}\right)_{omin}}\right]^{\frac{1}{4}} \qquad (8-29)$$

2. 门限检测

雷达接收机噪声通常是宽频带的高斯噪声,因此雷达检测微弱目标信号时会受到噪声能

量的干扰。接收机噪声的起伏特性会使得噪声功率忽大忽小,因此如何区分微弱目标信号与噪声信号就成为一个统计问题,需要按照某种统计检测准则进行判断。

图 8-14 给出了雷达信号混合噪声后的包络曲线,由于噪声的随机起伏特性,接收机输出的包络曲线也出现起伏。为了检测目标通常会设置一个门限电平,如果包络电压超过门限值,就认为检测到一个目标;否则会认为没有目标。对于信号较强的 A 点,目标回波信号远高于噪声信号,因此确定 A 为目标很容易。但在信号相对较弱的 B 点和 C 点,虽然目标回波的幅度是相同的,但叠加了随机起伏噪声之后,B 点的信号幅值刚刚达到门限值,而 C 点信号合成振幅略小于门限,这时门限检测就会出现漏检 C 点信号,即所谓的漏警(漏掉报警)。如果通过降低门限电平方法来检测诸如 C 点的弱回波信号,那么检测概率可以提高,但噪声尖峰超过门限电平的概率也增大了,即可能存在噪声超过门限电平而误认为目标的情况,即所谓的虚警(虚假的警报)。

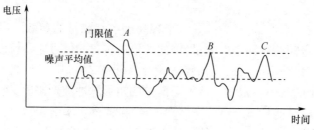

图 8-14 接收机输出典型包络

为了避免这种情况,门限检测不能简单地以电压高低设置门限,而需要在一定统计检验的准则下设计合适的门限水平。但无论如何设置门限,都有可能出现以下四种情况:

(1) 存在目标时,判为有目标,这是一种正确判断,称为发现,它的概率称为发现概率 P_d;

(2) 存在目标时,判为无目标,这是错误判断,称为漏警,它的概率称为漏警概率 P_{la};

(3) 不存在目标时判为无目标,称为正确不发现,这是一种正确判断,它的概率称为正确不发现概率 P_{an};

(4) 不存在目标时判为有目标,称为虚警,这也是一种错误判断,它的概率称为虚警概率 P_{fa}。

显然这四种概率存在以下关系:

$$\begin{cases} P_d + P_{la} = 1 \\ P_{an} + P_{fa} = 1 \end{cases} \tag{8-30}$$

每对概率只要知道其中一个就可以了,不过常用的是发现概率和虚警概率。例如在雷达信号检测中应用较广的奈曼—皮尔逊准则就要求在给定信噪比条件下,满足一定虚警概率 P_{fa} 时的发现概率 P_d 最大。

3. 检测性能和信噪比

雷达信号的检测性能常用发现概率 P_d 和虚警概率 P_{fa} 来描述,如发现概率 P_d 越大,说明发现目标的可能性越大;同时要控制虚警概率 P_{fa} 不能过高,否则会出现大量的虚假目标。下面介绍虚警概率 P_{fa} 和发现概率 P_d 在检测统计学上的解释。

1) 虚警概率 P_{fa}

虚警是指没有目标信号而仅有噪声时,噪声电平超过门限值被误认为目标信号的事件。噪声超过门限的概率称虚警概率。显然虚警和噪声统计特性、噪声功率以及门限电压的大小密切相关。

通常接收机中频滤波器或中频放大器上的噪声是宽带高斯噪声,其概率密度函数为

$$p(v) = \frac{1}{\sqrt{2\pi}\sigma} \exp\left(-\frac{v^2}{2\sigma^2}\right) \tag{8-31}$$

显然它是均值为零、方差为 σ^2 高斯噪声。高斯噪声通过窄带中频滤波器(其带宽远小于其中心频率)后被加到包络检波器。根据随机噪声的数学分析可知,包络检波器输出端噪声电压振幅的概率密度函数为

$$p(r) = \frac{r}{\sigma^2} \exp\left(-\frac{r^2}{2\sigma^2}\right) \quad r \geqslant 0 \tag{8-32}$$

式中:r 为检波器输出端噪声包络的振幅值。可见包络振幅的概率密度函数是瑞利分布。如果设置检测门限电平为 U_T,那么噪声包络电压超过门限电平的概率就是虚警概率 P_{fa},可由下式表示:

$$P_{fa} = P(U_T \leqslant r < \infty) = \int_{U_T}^{\infty} \frac{r}{\sigma^2} \exp\left(\frac{r^2}{\sigma^2}\right) dr = \exp\left(-\frac{U_T^2}{2\sigma^2}\right) \tag{8-33}$$

图 8-15 给出了输出噪声包络的概率密度函数曲线,并定性地说明了虚警概率与门限电压的关系,即当噪声分布函数确定时,虚警概率的大小完全取决于门限电平。

2) 发现概率 P_d

发现概率是信号加噪声电压超过门限的概率,它的计算必须研究信号加噪声通过接收机的情况。当噪声强度确定时虚警概率取决于门限电平,图 8-15 中实际上是以门限电平为参变量的。从图 8-15 中可以看出,当虚警概率一定时,信噪比越大,发现概率越大,也就是说,门限电平一定时,发现概率随信噪比的增大而增大。换句话说,如果信噪比一定,则虚警概率越小(门限电平越高),发现概率越小;虚警概率越大,发现概率越大。图 8-15 中给出信号加噪声的概率密度函数的变量 r/σ,超过相对门限(U_T/σ)值曲线下的面积就是发现概率,而仅有噪声存在时包络超过门限电平的概率就是虚警概率。显然,当相对门限 U_T/σ 提高时虚警概率降低,但发现概率也会降低,而设计中总是希望虚警概率一定时提高发现概率,这只有提高信号噪声比才能办到。

接收机设计人员比较喜欢用电压的关系来讨论问题,而雷达系统的工作人员则采用功率关系更方便。电压与功率关系如下:

$$\frac{A}{\sigma} = \frac{信号振幅}{均方根噪声电压} = \frac{\sqrt{2}(均方根信号电压)}{均方根噪声电压}$$
$$= \left(2\frac{信号功率}{噪声功率}\right)^{1/2} = \left(\frac{2S}{N}\right)^{1/2} \tag{8-34}$$

由图 8-16 中的曲线可看出,即使在检测概率很低时(例如 $P_d = 50\%$),所要求的信噪比也是很高的(计算为 13.1dB),而不是像人们直观地认为,只要信号比噪声稍强就可以完成检测。这是因为在检测目标的同时要保证不得超过给定的虚警概率,门限电压不能设置得低,必须提高信噪比来达到发现概率的要求。另一个事实是,信噪比对发现概率的影响很大,例如信噪比仅提高 3.4dB,检测就可从临界检测($P_d = 50\%$)变为可靠检测($P_d = 99.9\%$)。当考虑目标雷达截面积起伏时,提高检测可靠性需要付出大得多的代价。此外也可看出,当检测概率较高时检测所要求的信噪比对虚警时间的依赖关系是不灵敏的,因此当确定所需信噪比时,虚警时间并不需要计算得很精确。

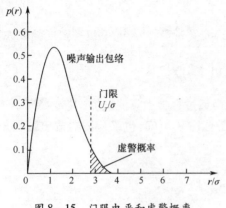

图 8-15 门限电平和虚警概率

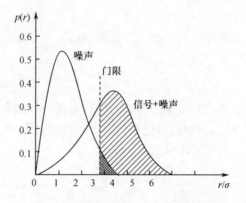

图 8-16 用概率密度函数来说明检测性能

8.5.2 雷达脉冲累积检测方法

实际中雷达探测为了提高可靠性不会使用单个脉冲进行探测,而是在多个脉冲观测的基础上进行检测的。对 n 个脉冲观测的结果是一个累积的过程,累积可简单地理解为 n 个脉冲叠加起来的作用。早期雷达的累积方法是依靠显示器荧光屏的余辉结合操纵员眼和脑的累积作用而完成的,而在自动门限检测时,则要用到专门的电子设备来完成脉冲累积,然后对累积后的信号进行检测判决。

多个脉冲积累后可以有效地提高信噪比,从而改善雷达的检测能力。积累可以在包络检波前完成,称为检波前积累或中频积累。信号在中频积累时要求信号间有严格的相位关系,即信号是相参的,所以又称为相参积累。零中频信号可保留相位信息,可实现相参积累,是当前常用的方法。此外,积累也可以在包络检波器以后完成,称为检波后积累或视频积累。由于信号在包络检波后失去了相位信息而只保留下幅度信息,因而检波后积累就不需要信号间有严格的相位关系,因此又称为非相参积累。

M 个等幅脉冲在包络检波后进行理想积累时,信噪比的改善达不到 M 倍。这是因为包络检波的非线性作用,信号加噪声通过检波器时,还将增加信号与噪声的相互作用项而影响输出端的信号噪声比。特别当检波器输入端的信噪比较低时,在检波器输出端信噪比的损失更大。非相参积累后信噪比(功率)的改善在 M 和 $\sqrt{M}$ 之间,当积累数 M 值很大时,信噪功率比的改善趋近于 $\sqrt{M}$。

虽然视频积累的效果不如相参积累,但在许多场合还是采用它。其理由是:非相参积累的工程实现比较简单;对雷达的收发系统没有严格的相参性要求;对大多数运动目标来讲,其回波的起伏将明显破坏相邻回波信号的相位相参性,因此就是在雷达收发系统相参性很好的条件下,起伏回波也难以获得理想的相参积累。事实上,对快起伏的目标回波来讲,视频积累还将获得更好的检测效果。

8.6 目标与背景的雷达辐射与反射特性

8.6.1 雷达目标辐射及反射特性

雷达利用目标的散射功率来发现目标,而目标的雷达截面积 σ 反映了目标散射的能力。

现代脉冲雷达的分辨率很高,因此在空间形成一个"三维分辨单元"(图8-17),分辨单元在角度上的大小取决于天线波束宽度,在距离上的尺寸取决于脉冲宽度,它是瞬时照射并散射的体积V。设雷达波束的立体角为Ω(以主平面波束宽度的半功率点来确定),则

$$V = \frac{\Omega R^2 c\tau}{2} \tag{8-35}$$

式中:R为雷达至特定分辨单元的距离;Ω的量纲是立体角,单位为球面度。如果一个目标全部包含在体积V中,便认为该目标属于点目标。实际上,只有明显地小于体积V的目标才能真正算作点目标,像飞机、卫星、导弹等这样一些雷达目标,当用普通雷达观测时可以算是点目标,但对分辨率较高的雷达来说,便不能算是点目标了。

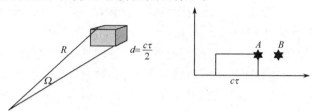

图8-17 雷达的三维可分辨单元

不属于点目标的目标有两类,如果目标大于分辨单元,且形状不规则,则它是一个实在的"大目标",例如单架大型民航客机;另一类是所谓分布目标,它是一群统计上均匀的散射体的集合,例如多架战斗机组成的密集编队。

1. 点目标特性与波长的关系

目标的后向散射特性除与目标本身的性能有关外,还与视角、极化和入射波的波长有关。其中与波长的关系最大,通常以相对于波长的目标尺寸来对目标进行分类。为了讨论目标后向散射特性与波长的关系,比较方便的办法是考察一个各向同性的球体,因为球体有最简单的外形,而且理论上已经获得其截面积的严格解,其截面积与视角无关,因此常用金属球来作为截面积的标准,用于校正数据和实验测定。

球体截面积与波长的关系如图8-18所示。当球体周长$2\pi r \leqslant \lambda$时,称为瑞利区,这时的截面积正比于λ^{-4};当波长减小到$2\pi r = \lambda$时,就进入振荡区,截面积在极限值之间振荡;$2\pi r \geqslant \lambda$的区域称为光学区,截面积振荡地趋于某一固定值,它就是几何光学的投影面积πr^2。

目标的尺寸相对于波长很小时呈现瑞利区散射特性,绝大多数雷达目标都不处在这个区域中,但气象微粒对常用的雷达波长来说是处在这一区域的(它们的尺寸远小于波长)。处于瑞利区的目标,决定它们截面积的主要参数是体积而不是形状,形状不同的影响只作较小的修改即可。通常,雷达目标的尺寸较云雨微粒要大得多,因此降低雷达工作频率可减小云雨回波的影响而又不会明显减小正常雷达目标的截面积。

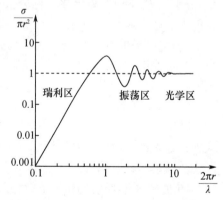

图8-18 球体截面积与波长λ的关系

实际上大多数雷达目标都处在光学区。光学区名称的来源是因为目标尺寸比波长大得多时,如果目标表面比较光滑,那么几何光学的原理可以用来确定目标雷达截面积。按照几何光

学的原理,表面最强的反射区域是对电磁波波前最突出点附近的小区域,它的大小与该点的曲率半径 ρ 成正比。曲率半径越大,反射区域越大,这一反射区域在光学中称为"亮斑"。可以证明,当物体在"亮斑"附近为旋转对称时,其截面积为 $\pi\rho^2$,故处于光学区球体的截面积为 πr^2,它不随波长 λ 变化。

在光学区和瑞利区之间是振荡区,这个区的目标尺寸与波长相近,在这个区中截面积随波长变化而振荡,最大点较光学值约高 5.6dB,而第一个凹点的值又较光学值约低 5.5dB。实际上雷达很少工作在这一区域。

2. 简单形状目标的雷达截面积

几何形状比较简单的目标,如球体、圆板、锥体等,它们的雷达截面积可以计算出来。其中球是最简单的目标。上节已讨论过球体截面积的变化规律,在光学区,球体截面积等于其几何投影面积 πr^2,与视角无关,也与波长 λ 无关。

对于其他形状简单的目标,当反射面的曲率半径大于波长时,也可以应用几何光学的方法来计算它们在光学区的雷达截面积。一般情况下,其反射面在"亮斑"附近不是旋转对称的,可通过"亮斑"并包含视线作互相垂直的两个平面,这两个切面上的曲率半径为 ρ_1、ρ_2,则雷达截面积为

$$\sigma = \pi\rho_1\rho_2 \qquad (8-36)$$

对于非球体目标,其截面积和视角有关,而且在光学区其截面积不一定趋于一个常数,但利用"亮斑"处的曲率半径可以对许多简单几何形状的目标进行分类,并说明它们对波长的依赖关系。常见复杂形状目标的雷达截面积详情可参考附录7。

3. 目标特性与极化的关系

由电磁波物理学可知,电磁波在空间的传播是由相互垂直的交变电场和磁场构成的矢量,因此电磁波的能量在空间存在着不同矢量方向的分布。因此目标的雷达散射特性通常与电磁波入射场的极化有关。如图 8-19 所示,假设沿视线轴 X 照射到距离较远目标上的是线极化平面波,而任意方向的线极化波都可以分解为两个正交分量,即水平极化分量和垂直极化分量,分别用 E_H^T 和 E_V^T 表示在目标处天线所辐射的水平极化和垂直极化电场,其中上标 T 表示发射天线产生的电场,下标 H 和 V 分别代表水平方向和垂直方向。一般,在水平照射场的作用下,目标的散射场 E 将由两部分(即水平极化散射场 E_H^S 和垂直极化散射场 E_V^S,上标 S 表示目标的散射场)组成,并且有

$$\begin{aligned} E_H^S &= \alpha_{HH} E_H^T \\ E_V^S &= \alpha_{HV} E_H^T \end{aligned} \qquad (8-37)$$

式中:α_{HH} 为水平极化入射场产生水平极化散射场的散射系数;α_{HV} 为水平极化入射场产生垂直极化散射场的散射系数。

同理,在垂直照射场作用下,目标的散射场也有两部分:

$$\begin{aligned} E_H^S &= \alpha_{VH} E_V^T \\ E_V^S &= \alpha_{VV} E_V^T \end{aligned} \qquad (8-38)$$

式中:α_{VH} 为垂直极化入射场产生水平极化散射场的散射系数;α_{VV} 为垂直极化入射场产生垂直极化散射场的散射系数。

显然,这四种散射成分中,水平散射场可被水平极化天线所接收,垂直散射场可被垂直极

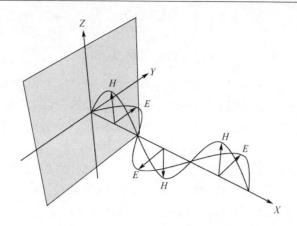

图 8-19 天线辐射的极化示意图

化天线所接收,所以有

$$E_H^\gamma = \alpha_{HH} E_H^T + \alpha_{VH} E_V^T$$
$$E_V^\gamma = \alpha_{HV} E_H^T + \alpha_{VV} E_V^T$$
(8-39)

式中:E_H^γ、E_V^γ 分别为接收天线所收到的目标散射场中的水平极化成分和垂直极化成分,上标 γ 表示天线的接收场。把式(8-38)和式(8-39)用矩阵表示时可写成

$$\begin{bmatrix} E_H^\gamma \\ E_V^\gamma \end{bmatrix} = \begin{bmatrix} \alpha_{HH} & \alpha_{VH} \\ \alpha_{HV} & \alpha_{VV} \end{bmatrix} \begin{bmatrix} E_H^T \\ E_V^T \end{bmatrix}$$
(8-40)

式(8-40)中的中间一项表示目标散射特性与极化有关的系数,称为散射矩阵。

散射矩阵表明了目标散射特性与极化方向的关系,因而它和目标的几何形状间有密切的联系。下面举一些例子加以说明。

一个各向同性的物体(如球体)被电磁波照射时,可以推断其散射强度不受电磁波极化方向的影响,例如用水平极化波或垂直极化波时,其散射强度是相等的,由此可知

$$\alpha_{HH} = \alpha_{VV}$$
(8-41)

当被照射物体的几何形状相对包括视线轴的入射波的极化平面对称时,则交叉项反射系数为零,即 $\alpha_{HV} = \alpha_{VH} = 0$,这是因为物体的几何形状对极化平面对称,则该物体上的电流分布必然与极化平面对称,故目标上的极化取向必定与入射波的极化取向一致。为了进一步说明,假设散射体对水平极化平面对称,入射场采用水平极化,由于对称性,散射场中向上的分量应与向下的分量相等,因而相加的结果是垂直分量的散射场为零,即 $\alpha_{HV} = \alpha_{VH} = 0$。故对于各向同性的球体,其散射矩阵的形式可简化为

$$\begin{bmatrix} \alpha & 0 \\ 0 & \alpha \end{bmatrix}$$
(8-42)

如果雷达天线辐射为圆极化波或椭圆极化波,则可仿照上面所讨论线极化波时的方法,写出相应散射矩阵。

若 E_R^T, E_L^T 分别表示发射场中的右旋和左旋圆极化成分,E_R^γ、E_L^γ 分别表示散射场中右旋和左旋圆极化成分,则有

$$\begin{bmatrix} E_R^\gamma \\ E_L^\gamma \end{bmatrix} = \begin{bmatrix} \alpha_{RR} & \alpha_{LR} \\ \alpha_{RL} & \alpha_{LL} \end{bmatrix} \begin{bmatrix} E_R^T \\ E_L^T \end{bmatrix} \qquad (8-43)$$

式中：α_{RR}、α_{LR}、α_{RL}、α_{LL} 分别为各种圆极化之间的反射系数。对于相对于视线轴对称的目标，$\alpha_{RR} = \alpha_{LL} = 0$，$\alpha_{RL} = \alpha_{LR} \neq 0$，这是因为目标的对称性，反射场的极化取向与入射场一致并有相同的旋转方向，但由于传播方向相反，因而相对于传播方向其旋转方向亦相反，即对应于入射场的右(左)旋极化反射场则变为左(右)旋极化。

这一性质是很重要的，如果采用相同的圆极化天线分别作为发射和接收天线，那么对于一个近似球体的目标，接收功率很小或为零。我们知道，气象微粒如雨等就是球形或椭圆形，为了滤除雨回波的干扰，收发天线常采用同极化的圆极化天线。

4. 复杂目标的雷达截面积

诸如飞机、舰艇、车辆和建筑等等复杂目标的雷达截面积，可表述为视角和工作波长的复杂函数。尺寸大的复杂反射体常常可以近似分解成多个独立的散射体，每一个独立散射体的尺寸仍处于光学区，各部分没有相互作用。在这样的近似条件下，总的雷达截面积就是各部分截面积的矢量和

$$\sigma = \left| \sum_k \sqrt{\sigma_k} \exp\left(\frac{j4\pi l_k}{\lambda}\right) \right|^2 \qquad (8-44)$$

式中：σ_k 为第 k 个散射体的截面积；d_k 为第 k 个散射体与接收机之间的距离，这一公式对确定散射体阵的截面积有很大的用途。各独立单元的反射回波由于其相对相位关系，可以是相加而得到大的雷达截面积，也可能相减而得到小的雷达截面积。对于复杂目标，各散射单元的间隔是可以和工作波长相比的。因此，当观察方向改变时，在接收机输入端收到的各单元散射信号间的相位也在变化，使其矢量和随之改变，这就形成了起伏的回波信号。

图 8-20 给出了螺旋桨飞机 B-26（第二次世界大战时中程双引擎轰炸机）雷达截面积的实验测试数据，所使用雷达工作波长为 10cm。从图 8-20 可以看出，雷达截面积是观察角（视角）的函数，角度改变约 1/3°，截面积就可以变化大约 15dB。飞机的雷达截面积也可以在实际飞行中测量，或者将复杂目标分解为一些简单形状散射体的组合，由计算机模拟后算得。

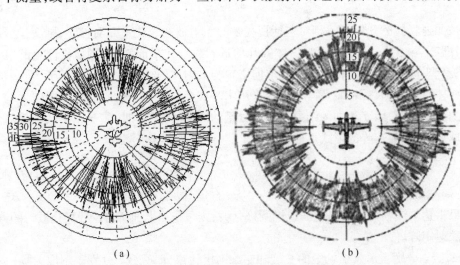

图 8-20　B-26 飞机的雷达截面积

从上面的讨论中可看出,对于复杂目标的雷达截面积,只要稍微变动观察角或工作频率,就会引起截面积发生较大起伏。但有时为了估算作用距离,必须对各类复杂目标给出一个代表其截面积大小的数值σ。至今尚无统一的标准来确定飞机等复杂目标截面积的单值表示值。可以采用其各方向截面积的平均值或中值作为截面积的单值表示值,有时也用"最小值"(即差不多95%以上时间的截面积都超过该值)来表示,也可以根据实验测量的作用距离反过来确定其雷达截面积。表8-4列出几种目标在微波波段下的雷达截面积作为参考例子,而这些数据不能完全反映复杂目标截面积的性质,只是截面积"平均"值的一个度量。

复杂目标的雷达截面积是视角的函数,通常雷达工作时精确的目标姿态及视角是不知道的,因此常用统计的概念来描述目标雷达截面积的分布规律。大量试验表明,大型飞机截面积的概率分布接近瑞利分布,当然也有例外,小型飞机和各种飞机侧面截面积的分布与瑞利分布差别较大。

表8-4 目标雷达截面积举例(微波波段)

类别	σ/m^2	类别	σ/m^2
普通无人驾驶带翼导弹	0.5	中型轰炸机或中型喷气客机	20
小型单引擎飞机	1	大型轰炸机或大型喷气客机	40
小型歼击机或四座喷气机	2	小船(艇)	0.02~2
大型歼击机	6	巡逻艇	10

导弹和卫星的表面结构比飞机简单,它们的截面积处于简单几何形状与复杂目标之间,这类目标截面积的分布比较接近对数正态分布。

船舶是复杂目标,它与空中目标不同之处在于海浪对电磁波反射产生多径效应,雷达所能收到的功率与天线高度有关,因而目标截面积也和天线高度有一定的关系。在多数场合,船舶截面积的概率分布比较接近对数正态分布。

5. 目标起伏模型

目标雷达截面积的大小与雷达检测性能有直接的关系,在工程计算中常把截面积视为常量。实际中复杂形体的目标相对于雷达导引头的运动(包括轨迹运动和姿态运动),会引起目标雷达截面积随之产生起伏(也称为目标噪声),如图8-21所示。这些噪声包括幅度噪声、角闪烁噪声、多普勒噪声和距离噪声等。

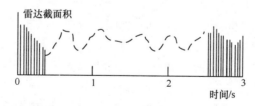

图8-21 某喷气战斗机对雷达迎向飞行时记录的脉冲回波

要正确地描述雷达截面积起伏,必须知道它的概率密度函数(这与目标的类型、典型的航迹有关)和相关函数。概率密度函数$p(\sigma)$给出目标截面积σ的数值在σ和$\sigma+d\sigma$之间的概率,而相关函数则描述雷达截面积在回波脉冲序列间(随时间)的相关程度。这两个参数都影响雷达对目标的检测性能,截面积起伏的功率谱密度函数对研究跟踪雷达性能亦很重要。

由于雷达需要探测的目标十分复杂而且多种多样,很难准确地得到各种目标截面积的概率分布和相关函数。通常是用一个接近且合理的模型来估计目标起伏的影响并进行数学上的分析。提出最早且比较常用的起伏模型是施威林(Swerling)模型。它把典型的目标起伏分为四种类型,有两种不同的概率密度函数,同时又有两种不同的相关情况。一种是在天线一次扫描期间回波起伏是完全相关的,而不同扫描之间完全不相关,称为慢起伏目标;另一种是快起伏目标,它们的回波起伏在一次扫描之间是完全不相关的。四种起伏模型区分如下:

(1) 第一类称施威林(Swerling) I 型,慢起伏,瑞利分布。

接收到的目标回波在任意一次扫描期间都是恒定的(完全相关),但是从一次扫描到下一次扫描是独立的(不相关的)。假设不计天线波束形状对回波振幅的影响,截面积 σ 的概率密度函数服从以下分布:

$$p(\sigma) = \frac{1}{\overline{\sigma}} \exp\left[-\left(\frac{\sigma}{\overline{\sigma}}\right)\right] \quad (8-45)$$

式中:$\overline{\sigma}$ 为目标截面积起伏全过程的平均值。式(8-45)表示截面积 σ 按指数函数分布,目标截面积与回波功率成比例,而回波振幅 A 的分布则为瑞利分布。由于 $A^2 = \sigma$,即得到

$$p(A) = \frac{A}{A_0^2} \exp\left[-\frac{A^2}{2A_0^2}\right] \quad (8-46)$$

与式(8-45)对照,上式中 $2A_0^2 = \overline{\sigma}$。

(2) 第二类称施威林(Swerling) II 型,快起伏,瑞利分布。

目标截面积的概率分布与式(8-45)同,但为快起伏,假定脉冲与脉冲间的起伏是统计独立的。

(3) 第三类称施威林 III 型,慢起伏,截面积的概率密度函数为

$$p(\sigma) = \frac{4\sigma}{\overline{\sigma}^2} \exp\left[-\frac{2\sigma}{\overline{\sigma}}\right] \quad (8-47)$$

式中:$\overline{\sigma}$ 为截面积起伏的平均值。这类截面积起伏所对应的回波振幅 A 满足以下概率密度函数($A^2 = \sigma$):

$$p(A) = \frac{9A^3}{2A_0^4} \exp\left[-\frac{3A^2}{2A_0^2}\right] \quad (8-48)$$

与式(8-47)对应,有关系式 $4A_0^2/3 = \overline{\sigma}$。

(4) 第四类称施威林 IV 型,快起伏,截面积的概率分布服从式(8-47)。

第一、二类情况截面积的概率分布,适用于复杂目标是由大量近似相等单元散射体组成的情况,虽然理论上要求独立散射体的数量很大,实际上只需四五个即可。许多复杂目标的截面积如飞机,就属于这一类型。

第三、四类情况截面积的概率分布,适用于目标具有一个较大反射体和许多小反射体合成,或者一个大的反射体在方位上有小变化的情况。

用上述四类起伏模型时,代入雷达方程中的雷达截面积是其平均值 $\overline{\sigma}$。有了以上四种目标起伏模型,就可以计算各类起伏目标的检测性能。但是在实际中很难精确地描述任一目标的统计特性,因此用不同的数学模型只能是较好地估计而不能精确地预测系统的检测性能。

8.6.2 雷达背景辐射及反射特性

无线电波在大气、空间、地面、海面之间来回传播,在这样一个环境中还有各种广播电台、

移动通信网络、高频电子设备等工作,这些都构成了雷达测量的背景环境。无线电波在这种背景环境中传播时必然受到影响,本节主要介绍无线电波的大气传播特性和地海背景的杂波环境。

1. 大气传播

无线电波在大气中传播时,由于大气密度不均匀和电离层电子浓度的变化会引起多种传播效应,主要包括:

(1) 衰减效应:衰减效应包括海面多径衰减、地形遮蔽衰减、大气折射和吸收衰减、电离层吸收衰减和雨雪等气象衰减。衰减效应降低检测信噪比,减小探测距离。

(2) 折射效应:电波折射效应是指大气折射系数的空间变化使探测信号在大气层中传播射线弯曲的效应。折射效应导致目标角位置、距离和多普勒频移等视在参数不同于真实参数。

(3) 色散效应:大气是一种非理想介质,其折射率与频率有关,穿越介质时电磁波的传播时延是频率的函数,即存在色散效应。色散是影响高分辨探测装置性能的重要因素。

(4) 闪烁效应:大气对流导致湍流和电离层不均匀体运动的变化,使无线电产生幅度、相位、极化和到达角的变化,表现为目标信号电平的快速起伏。闪烁影响探测距离和成像精度,严重时可引起信号中断。

(5) 多普勒效应:目标相对于导弹的运动,或者在电离层传播路径中电子含量的时间变化率引起的回波信号频率变化,称为多普勒效应。导弹与目标的相对运动引起的多普勒效应是雷达测速的基础,其他因素引起的多普勒效应将导致测速误差。

(6) 去极化效应:去极化效应是指电波通过介质后的极化状态不同于原有极化状态的现象,去极化效应影响目标极化特征的提取和识别,也导致能量损耗。

在以上介绍的大气传播影响中起主要作用的包括大气衰减和折射现象两方面,下面将着重对这两方面进行介绍。

1) 大气衰减

大气中的氧气和水蒸气是产生雷达电波衰减的主要原因。一部分照射到这些气体微粒上的电磁波能量被它们吸收后变成热能而损失。当工作波长短于10cm(工作频率高于3GHz)时必须考虑大气衰减。有数据表明,水蒸气的衰减谐振峰发生在 $22.4 \text{GHz}(\lambda = 1.35\text{cm})$ 和大约 184GHz,而氧的衰减谐振峰则发生在 $60\text{GHz}(\lambda = 0.5\text{cm})$ 和 118GHz,当工作频率低于1GHz(L波段)时,大气衰减可忽略。而当工作频率高于10GHz后,频率越高,大气衰减越严重。在毫米波段工作时,大气传播衰减十分严重,因此很少有远距离的地面雷达工作在频率高于35GHz(Ka波段)的情况。

随着高度的增加,大气密度减小,大气衰减减小,因此,实际雷达工作时的传播衰减与雷达作用的距离以及目标高度有关。而它们又与工作频率有关:工作频率升高,衰减增大;探测时仰角越大,衰减越小。

在作用距离全程上有均匀的传播衰减时,雷达作用距离的修正计算方法如下所述。

若电波单程传播衰减为 $\delta(\text{dB/km})$,则雷达接收机所收到的回波功率密度 S_2' 与没有衰减时功率密度 S_2 的关系为

$$10\lg \frac{S_2'}{S_2} = \delta 2R \tag{8-49}$$

转化后得

$$\frac{S_2'}{S_2} = e^{0.046\delta R} \tag{8-50}$$

则传播衰减后雷达方程可写成

$$R_{\max} = \left[\frac{P_t \tau G_t G_r \lambda^2 \sigma}{(4\pi)^3 k T_0 F_n D_0 C_B L}\right]^{1/4} e^{0.115\delta R_{\max}} \tag{8-51}$$

式中:$\delta R_{\max}$为在最大作用距离情况下单程衰减的分贝数,由式(8-49)可知$\delta R_{\max}$是负分贝数(因为S_2'总是小于S_2),所以考虑大气衰减的结果总是降低作用距离。由于$\delta R_{\max}$和$R_{\max}$直接有关,式(8-51)无法写成显函数关系式。可以采用试探法求$R_{\max}$,人们常常事先画好曲线以供查用。

2) 大气折射

大气的成分随着时间、地点而改变,而且不同高度的空气密度也不相同,离地面越高,空气越稀薄。因此电磁波在非均匀介质中传播的路径不是严格的直线而会产生折射。大气折射对雷达的影响有两方面:一方面将改变雷达的测量距离,产生测距误差;另一方面将引起仰角测量误差,如图8-22所示。

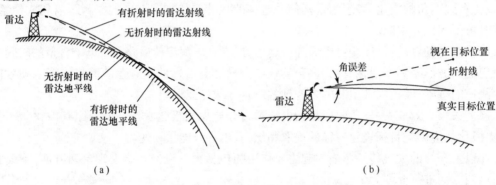

图8-22 大气折射的影响

在正常大气条件下的传播折射常常是电波射线向下弯曲,这是因为大气密度随高度变化的结果导致折射系数随着高度的增加而变小,从而使电波传播速度随着高度的增加而变大,电波射线向下弯曲的结果是增大了雷达的直视距离。

雷达直视距离的问题是由于地球曲率半径引起的,如图8-23所示。设雷达天线架设的高度$h_a = h_1$,目标的高度$h_t = h_2$,由于地球表面弯曲,使雷达看不到超过直视距离以外的目标(如图8-23所示阴影区内)。如果希望提高直视距离,则只有加大雷达天线的高度(但往往受到限制)。当然,目标的高度越高,直视距离也越大,但目标高度往往不受控制。对于由超低空进入且处于雷达视线以下的敌方目标,地面雷达是难以发现的。

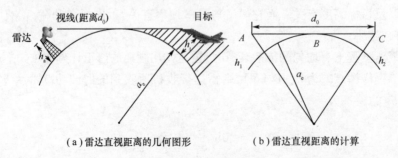

图8-23 雷达直视距离图

2. 地海杂波

杂波是指地海等背景散射形成的杂散回波。地杂波、海杂波和气象杂波是主要的杂波形式。杂波特征由散射系数、统计特性、相关性与谱分布等表征。

1) 散射系数

图 8-24 为雷达导引头天线照射方向与地海面的几何关系图。其中，θ 为入射角，即视线擦地(海)角 ϕ 的余角。

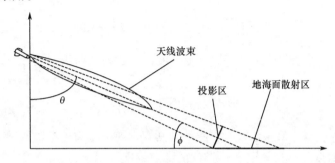

图 8-24 天线照射方向与地海面的几何关系图

地海面的散射截面积有两种表示法：一是单位散射截面，称散射系数，记为 σ_0；二是单位投影散射截面，也称散射系数，记为 γ。两者的关系为

$$\sigma_0 = \gamma \cos\theta \tag{8-52}$$

显然 $\sigma_0 A_C = \gamma A_V$，其中 A_C 为天线照射地(海)域的面积，A_V 对应于照射面的投影面积。

2) 统计特性

(1) 地杂波。

由地面及其覆盖物散射形成的回波称为地杂波，当地杂波由天线波束内大量且大致相同的散射体的回波合成时，它的起伏特性符合高斯分布。高斯概率密度函数为

$$p(x) = \frac{1}{\sqrt{2\pi}\sigma} \exp\left[-\frac{(x-\mu)^2}{2\sigma^2}\right] \tag{8-53}$$

式中：μ 为 x 的均值；σ^2 为 x 的方差。

当信号用复数表示时，地杂波的实部和虚部信号均为独立的高斯过程，其模值(幅度)符合瑞利(Rayleigh)分布。它的概率密度函数为

$$p_{\text{ray}}(x) = \frac{x}{b^2} \exp\left(\frac{x^2}{2b^2}\right) \quad (x \geq 0, b > 0) \tag{8-54}$$

式中：b 为瑞利系数。

当天线波束内具有一个固定不动的强散射体，且其周围集合了许多小散射体时，地杂波不符合高斯分布，其幅度可用莱斯(Rice)分布描述，即

$$p_{\text{ric}}(x) = \frac{x}{\sigma^2} \exp\left[\frac{x^2+\mu^2}{2\sigma^2}\right] I_0\left[\frac{\mu x}{\sigma^2}\right] \quad (x \geq 0) \tag{8-55}$$

式中：σ^2 为方差；μ 为均值；I_0 是修正贝塞尔(Bessel)函数。

(2) 海杂波。

由海面散射形成的回波称为海杂波。海杂波也可以用高斯分布描述，其幅度也符合瑞利

分布。对于高分辨率的导引头来说,海杂波将偏离高斯分布,其幅度应采用对数正态分布、韦伯尔分布和K分布等模型,这个结论也适用于高分辨率雷达导引头和小擦地角的地杂波分析。

3) 相关性和谱分布

地海杂波是一种随机过程,研究其相关性是必要的。由随机过程的基本理论可知,随机过程的自相关函数 $R(\tau)$ 与功率谱密度 $p_p(f)$ 之间存在傅里叶变换关系

$$p_p(f) = \int_{-\infty}^{+\infty} R(\tau)\exp(j2\pi f\tau)\mathrm{d}\tau \qquad (8-56)$$

通常用功率谱表示杂波的相关特征。地杂波谱一般为高斯谱,其表达式为

$$p_p(f) = p_{av,c}\exp\left[\frac{(f-f_{D,c})^2}{2\sigma_f^2}\right] \qquad (8-57)$$

式中:$p_{av,c}$ 为地杂波平均功率;$f_{D,c}$ 为地杂波的多普勒频率;σ_f 为地杂波功率谱的标准离差,离差即为差量,它反映随机变量与其数学期望的偏离程度。

地杂波的多普勒频率的计算式为

$$f_{D,c} = \frac{2v_r}{\lambda} \qquad (8-58)$$

式中:v_r 为主动导引头与地杂波区中心的相对运动速度;λ 为工作波长。

地杂波功率谱的标准离差的计算式为

$$\sigma_f = \frac{2\sigma_v}{\lambda} \qquad (8-59)$$

式中:σ_v 为地杂波的标准离差,与地面的植被类型有关。

8.7 雷达的干扰与抗干扰

8.7.1 雷达的干扰

第二次世界大战期间,雷达在对空预警方面的卓越表现使得反制雷达的措施应运而生,其中对雷达实施干扰是行之有效的方法。二战时期所研制的干扰机采用窄带调幅噪声干扰形式,功率仅几十瓦,需要多部齐用才能达到阻塞干扰的目的。20世纪50年代到60年代初是雷达发展的稳定阶段,这一时期各国开始将雷达干扰装备列入军用装备序列,雷达干扰理论也日趋完善。20世纪70年代后,新型雷达干扰手段相继出现,并在战场上发挥了巨大作用,如以电压调谐磁控管或M型返波管为主振源的杂波干扰机,在镀锌玻璃丝基础上发展起来的镀铝玻璃丝等无源干扰物等。随着20世纪80年代计算机和微处理器在雷达干扰装备中的运用,诸如美国ALQ-99大功率干扰机和具有功率管理能力的ALQ-161干扰系统等设备先后在中东战争和马岛海战中使用,并取得了显著的效果。

雷达干扰按照是否有辐射源,可分为有源干扰和无源干扰;按干扰的作用性质,可分为压制性干扰和欺骗性干扰。无源干扰也可以分为压制性干扰(箔条干扰)和欺骗性干扰(如箔条弹、角反射器以及假目标)。下面将按照干扰的作用性质对雷达干扰形式进行分类概述:

(1) 压制性干扰主要影响雷达的截获概率,降低其探测距离。有源压制性干扰主要包括

噪声调制干扰、扫频干扰、连续波干扰、脉冲干扰等形式。它必须出现在雷达的探测区域内,且在频域上必须覆盖导引头的速度波门,在时域上必须充斥在距离波门附近。无源压制性干扰主要指箔条干扰,这是利用箔条能反射电磁波的特性,使雷达难以发现进入探测距离内的目标。

(2) 欺骗性干扰主要是速度欺骗干扰、距离欺骗干扰和角度欺骗干扰。主要目的是产生假目标,导致雷达错误截获和跟踪。

速度欺骗干扰是针对具有速度跟踪能力雷达的干扰。例如多普勒导引头借助速度跟踪环路对目标实施跟踪,由于速度跟踪环路具有跟踪斜升频率的能力,因此扫频干扰可以破坏正常的速度跟踪。

距离欺骗干扰是针对具有距离跟踪能力雷达的干扰。距离欺骗的步骤与速度欺骗相似,其大致分为三个阶段。首先是瞄准期,目标装备的干扰设备接收照射信号,实现频率与距离瞄准,然后转发干扰脉冲,使干扰脉冲落入雷达的距离波门中。第二阶段为拖引期,干扰设备移动干扰脉冲的位置,使雷达的距离波门偏离目标的距离位置。第三阶段是停拖期,干扰设备停止辐射,距离波门内既无干扰也无信号,距离跟踪环路失控,雷达丢失目标。

角度欺骗干扰包括有源和无源两种方式,无源干扰包括箔条干扰、飞行诱饵、无源拖曳干扰;有源干扰包括交叉极化干扰、非相干干扰、相干干扰以及有源拖曳式干扰。

此外避免被敌方雷达探测到的另一种有效方法是雷达隐身技术。雷达隐身就是要求减小被保护对象的雷达截面积(RCS),从而使得敌方雷达接收到的回波信号能量很小,无法从杂波中检测出。减小雷达截面积的措施主要包括:①改变目标的几何外形,如美国 F-117A"夜莺"战斗机的钻石型外形;②改变目标表面材料的电性能(如散射特性),如在表面涂裹吸波材料(RAM)。雷达隐身本质上属于一种无源欺骗性干扰,由于具有持续时间长、效果明显的特点,已成为现代武器设计中必须考虑的重要因素。

8.7.2 雷达的抗干扰

如同矛与盾一样,雷达抗干扰与雷达干扰几乎是同时诞生、同时发展的。从第二次世界大战后到20世纪50年代中期,抗干扰技术开始推广到军队装备的雷达上。如为对付箔条干扰而研制的线性调频脉冲雷达;为抵御模拟式角度欺骗干扰而研制的单脉冲跟踪雷达等。50年代后期到60年代后期出现了脉冲压缩与频率捷变等新的抗干扰技术,而具有强抗干扰能力的相控阵体制雷达和脉冲多普勒雷达也应运而生。20世纪70年代以后,随着微电子技术的推广应用,使得已成熟的抗干扰信号处理理论能够在低成本的条件下应用于许多战术雷达。高质量自适应的动目标检测系统使雷达应对自然物干扰和箔条干扰的能力比过去提高了2~3个数量级。机载脉冲多普勒体制的远程搜索雷达和抗有源干扰的自适应天线阵等都得到了广泛的应用。

雷达抗干扰是通过增设辅助天线或选择发射频率等方式,来区分真信号与干扰信号的工作过程。雷达抗干扰的形式主要有滤除、对消、屏蔽、冲淡、烧穿、反饱和与恒虚警(CFAR)、定向、抗模拟干扰、反侦察以及战术与应用上的抗干扰或战术抗干扰等。

1. 滤除

滤波是指尽量减小空间有源或无源干扰进入的范围,尽量滤去已进入的干扰,主要包括空间滤除、频域滤除、波形滤除三方面。

(1) 空间滤除。如毫米波雷达使用锐波束使天线波束在更高的频段获得高的增益,以及低旁瓣天线和窄脉冲的使用等。

（2）频域滤除。对于载频,有镜像抑制混频器,频率鉴别器或防护频带;对于多普勒频率,有各种多普勒滤波装置,包括 MTI、MTD 等。

（3）波形滤除。借由 Dick-Fix(宽—限—窄)电路,使噪声调频干扰通过宽带放大器变成杂散的窄脉冲,后面的限幅器和窄带滤波器便能将之消除;借由脉冲鉴别电路,滤除与信号脉宽不同的干扰;借由反非同步脉冲干扰,滤除重复频率与信号不同的脉冲干扰。

2. 对消

对消是指对已进入的干扰设法在输出前将它对消掉,这里要求对信号和干扰的处理都为线性。其措施有增设辅助天线、自适应阵列天线和干扰对消接收机等。

（1）增设辅助天线。自适应回路使辅助天线收到的干扰信号幅度和相位刚好能与主天线收到的干扰相对消。该技术主要用来对付比较大的干扰,如连续干扰、扫频干扰和噪声干扰等,而不能对付应答式脉冲干扰。

（2）自适应阵列天线。在相控阵天线的每个阵元上接入一个复数加权器,加权系数的幅相值受自适应控制,由此组成的自适应阵列天线可以将天线波束的最大增益指向目标所在的方向,而把波束零点指向不同方向的干扰源。美国的"爱国者"导弹就采用了这种形式的导弹控制雷达。

（3）干扰对消接收机。信号与干扰经过宽带中放分成两路,一路是与信号匹配的放大器,输出的是信号加干扰;另一路是调谐到偏离但靠近信号的频率,输出端只有干扰。如果两路中的干扰几乎全相关,则对消后的输出几乎只有信号。这种利用干扰在相邻频域上的对消接收机,对付噪声快速调频干扰是有效的。

3. 屏蔽

屏蔽是用自动关闭门电路的方法使干扰不输出到雷达终端。主要措施有:

（1）天线旁瓣屏蔽。利用辅助天线收到的干扰来屏蔽主天线旁瓣收到的干扰,能有效地抑制从旁瓣进入雷达的脉冲干扰,但不能抑制连续波干扰与噪声干扰。

（2）方位区域屏蔽。接收机在收到的连续波干扰或噪声干扰超过预定的幅度门限时产生屏蔽信号,使雷达终端在这一方位区域内没有输出,避免使终端饱和。

4. 冲淡

冲淡是指设法迫使对方降低干扰功率谱密度,从而提高雷达的信号干扰功率比。主要措施有频率分集和频率捷变。对于后者来说,最有效的是自适应脉间捷变,既能使敌方无法窄带瞄准干扰,又能在敌方施放宽带阻塞干扰时能自动选择干扰最弱的频率作为下一个脉冲的发射频率。

5. 烧穿

其含义指设法增加目标信号能量,提高信号干扰功率比。主要措施有增大雷达平均发射功率和增大天线波束对目标的驻留时间。美国的 AN/TPS-50 及意大利 RAT-31S 等 3D 雷达都有这种抗干扰工作模式。

6. 反饱和与恒虚警(CFAR)

反饱和技术用于防止接收机受干扰饱和与阻塞。恒虚警技术用于防止接收机后面的检测终端受干扰饱和。CFAR 检测电路按响应时间不同分为慢门限与快门限两类。慢门限用于对付连续噪声干扰,不适于对付箔条干扰和地物、气象干扰等区域性杂波干扰。快门线电路又分为参量型、非参量型、强韧型三类,每一种类型都有对杂波分布不同的敏感程度。

7. 定向

在雷达受到干扰无法测定目标距离时,可利用雷达天线的强方向性对干扰源定向,也可利用目标的其他辐射特性来定向。此外,还可利用目标的红外辐射或目标的毫米波辐射来定向,如毫米波辐射计技术,目前已应用到雷达跟踪和寻的制导中。

8. 抗模拟干扰

抗模拟干扰的主要措施包括:采用复杂的雷达波形使得敌方难以模拟;采用单脉冲体制,使倒相模拟角欺骗干扰无效;在时延、速度或加速度等方面区别真信号和模拟干扰抵制距离门拖引和速度门拖引。

9. 反侦察

反侦察亦称为低截获概率雷达体制。其主要措施包括:采用低峰值功率和大时宽与频宽波形;通过捷变频技术的雷达快速随机转换工作频率也可以使得敌方干扰不在自己的工作波段内。

频率捷变技术是20世纪70年代中期为适应电子对抗的需要发展起来的。频率捷变雷达能对抗固定频率或窄带瞄准干扰,要对它实施宽带干扰,就需要相当大的干扰功率。频率捷变技术还可提高雷达的其他性能,例如,可减小跟踪误差,减小相邻雷达之间的干扰,减小地面、海面杂波的干扰等。具有干扰频谱分析能力的频率捷变雷达能自适应地工作在干扰频谱最弱的位置上,从而能有效地对付宽带噪声干扰。理论和实践都已证明,频率捷变技术是一项很有效的抗干扰技术,新研制的雷达普遍采用频率捷变技术。

实现频率捷变的技术通常有两类:一类是利用旋转变频磁控管作为发射源的非相参频率捷变系统;另一类是利用频率合成器的主振放大链式的相参频率捷变系统。前者结构简单,易于实现;后者能与动目标显示、脉冲压缩和脉冲多普勒体制兼容。由于导弹弹体尺寸和质量限制,目前采用的仍限于用旋转调谐磁控来实现频率捷变。这种捷变方式发射脉冲的频谱多集中于频带的两端,因此有可能被敌方预测出下一个脉冲频率的大致数值,从而采取快速导引频率的干扰机来进行干扰。

此外采用多站雷达组网技术可以对隐身目标的前向、侧面及后向实施多向探测,从而有效提高对雷达隐身目标的探测。总之,随着雷达干扰技术的发展,雷达抗干扰技术也在不断发展,两者之间永远保持着相互竞争和相互促进的关系。

思 考 题

(1) 请简要概述雷达的几种分类形式。

(2) 假设某导弹弹载雷达发射机功率 $G_t = 40W$,发射损耗 $\eta = 10\%$,雷达天线接收面积 $A_r = 0.2m^2$,目标距导弹 $R = 3km$,此时雷达接收机接收到的回波功率 $P_r = 10^{-5}W$,假设目标将接收到的雷达信号无损耗的反射出来,试问目标的散射面积 σ 多大?

(3) 推导雷达基本方程。

(4) 雷达截面积 σ 与哪些因素有关?

(5) 请分别叙述雷达测角的几种方法和原理。

(6) 简述雷达测距原理。

(7) 最小可检测信噪比的含义是什么,它是由哪些因素决定的?

(8) "漏警"和"虚警"的含义是什么,它们的起因是什么?

（9）什么是雷达最小可分辨单元。
（10）简述点目标与波长的关系。
（11）简述雷达的干扰手段和抗干扰手段。

第9章 雷达导引头工作原理

雷达导引头是指采用雷达进行目标探测的导引头。雷达导引头的基本功能是对目标位置及运动信息进行测量,如测角、测距和测速等。由于受到导弹尺寸、重量和功耗的限制,雷达导引头的结构与普通雷达略有不同。雷达制导中由于发射电磁波的装置可能在导引头上,也可能在其他载体上,或者利用目标自身发射的电磁波,因此其测量原理也各不相同。例如,对于雷达照射源在导弹上的主动雷达导引头,它可以获得雷达发射信号的所有信息,因此可以利用电磁波的方向图分布、往返时间、多普勒效应及其他相干特性等进行角度、距离和速度等参数测量;对于被动雷达导引头来说,它接收敌方的雷达辐射信号,因此只能获得敌方目标发射源的角度信息,而难以获得距离和速度信息。本章将针对雷达导引头的三种测量功能原理、天线波束扫描方法以及测量误差等进行介绍。

9.1 雷达导引头测角

测角功能是雷达导引头的基本功能,由于导引头采用的主被动方式、连续波、脉冲波形式不同,因此在雷达导引头中所使用的测角方法主要包括相位测角法、圆锥扫描测角法和单脉冲测角法三种。本节将详细介绍这三种测角方法的原理。

9.1.1 雷达导引头相位测角法

1. 基本原理

相位法测角利用多个天线所接收回波信号之间的相位差测角,这种方法不需要获知发射信号的过多信息,因此非常适合于被动式雷达导引头。如图9-1所示,设在偏离天线电轴(即法线方向)的 θ 角方向有一个距离较远的目标,该目标发射或反射的无线电波近似为平面波。由于两天线间距为 d,则两者收到的平面波信号因到达波程差 ΔR 而产生一相位差 φ,两者之间关系为

$$\varphi = \frac{2\pi}{\lambda}\Delta R = \frac{2\pi}{\lambda}d\sin\theta \tag{9-1}$$

式中:λ 为雷达波长,那么通过比较两者相位差 φ,就可以确定目标方向 θ。

由于现代微波雷达的频率较高,如果直接将这两个信号进行比相误差较大,因此通常将两天线收到的高频信号与同一本地信号差频后,在频率较低的中频段进行比相。

设两天线接收的高频信号为 $u_1 = U_1\cos(\omega t - \varphi)$ 和 $u_2 = U_2\cos(\omega t)$,本地信号为 $u_L = U_L\cos(\omega_L t + \varphi_L)$。其中,$\varphi$ 为两信号的相位差,φ_L 为本振信号初相。u_1 和 u_L 差频得

$$u_{L1} = U_{L1}\cos[(\omega - \omega_L)t - \varphi - \varphi_L] \tag{9-2}$$

u_2 与 u_L 差频得

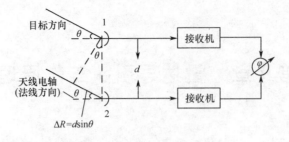

图 9-1 相位法测角方框图

$$u_{12} = U_{12}\cos[(\omega-\omega_L)t-\varphi_L] \tag{9-3}$$

可见,两中频信号 u_{L1} 与 u_{12} 之间的相位差仍为 φ。

2. 测角误差与多值性问题

测量两个信号相位差 φ 值总会存在各种误差,这些误差将产生目标测角误差。为了比较相位差测量精度与侧角误差之间的相互关系,将式(9-1)两边取微分可得

$$d\varphi = \frac{2\pi}{\lambda}d\cos\theta d\theta \tag{9-4}$$

即

$$d\theta = \frac{\lambda}{2\pi d\cos\theta}d\varphi \tag{9-5}$$

由式(9-4)看出,采用读数精度高($d\varphi$ 小)的相位计,或减小 λ/d 值(增大 d/λ 值),均可提高测角精度。也注意到:当 $\theta=0$ 时,即目标处在天线法线方向时,测角误差 $d\theta$ 最小。当 θ 增大,$d\theta$ 也增大,为保证一定的测角精度,θ 的范围应当有一定的限制。

虽然增大 d/λ 可提高测角精度,但通常雷达波长无法随意减小,因此只能通过增加天线间距 d 来提高精度。但是,随着间距 d 的增加,ΔR 或者 φ 也会增加,尤其当 φ 值可能超过 2π 时,例如 $\varphi=2\pi N+\psi$,其中 N 为整数,$\psi<2\pi$。那么两个天线接收信号的相位差值仍为 ψ 值,而无法获取到 N 值,这样就出现了角度的多值性(模糊)问题。要解决多值性问题,只有判定 N 值才能确定目标真实方向角。常见的改进相位测角法是利用并排排列的三个天线设备(图 9-2),例如间距较大的 1 号和 3 号天线通过增加间距实现高精度相差测量,而间距较小的 1 号和 2 号天线用来解决相位测量的多值性问题。

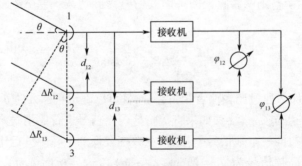

图 9-2 三天线相位法测角原理示意图

不妨设目标在 θ 方向,天线 1 号和 2 号之间的距离为 d_{12},天线 1 号和 3 号之间的距离为 d_{13},适当选择 d_{12},使天线 1 号和 2 号收到的信号之间的相位差在测角范围内均满足 $\varphi_{12}=\dfrac{2\pi}{\lambda}$

$d_{12}\sin\theta, \varphi_{12} \in [0, 2\pi)$ 由相位计 1 读出。为提高相位测量精度，选择较大的间距 d_{13}，则天线 1 号和 3 号收到的信号的相位差为

$$\varphi_{13} = \frac{2\pi}{\lambda} d_{13}\sin\theta = 2\pi N + \psi \tag{9-6}$$

φ_{13} 由相位计 2 读出，但实际读数是小于 2π 的 ψ。为了确定 N 值，可利用如下关系：

$$\frac{\varphi_{13}}{\varphi_{12}} = \frac{d_{13}}{d_{12}}$$

$$\varphi_{13} = \frac{d_{13}}{d_{12}} \varphi_{12} \tag{9-7}$$

根据相位计 1 的读数 φ_{12} 可算出 φ_{13}，但 φ_{12} 包含有相位计的读数误差，由式(9-7)标出的 φ_{13} 具有的误差为相位计误差的 d_{13}/d_{12} 倍，它只是式(9-6)的近似值，只要 φ_{12} 的读数误差值不大，就可用它确定 N，即把 $(d_{13}/d_{12})\varphi_{12}$ 除以 2π，所得商的整数部分就是 N 值。然后由式(9-6)算出 φ_{13} 并确定 θ。由于 d_{13}/λ 值较大，保证了所要求的测角精度。

9.1.2 雷达导引头圆锥扫描测角法

主动式雷达导引头能够主动发射雷达信号，并且雷达发出的波束方向图已知，因此其常用等信号法测角。在第 8 章中介绍过等信号法在一个测量角平面内需要两个波束，这两个波束可以交替出现(顺序波瓣法)，也可以同时存在(同时波瓣法)。前一种方式以圆锥扫描雷达为代表，后一种是以单脉冲雷达为代表，这里首先介绍圆锥扫描测角方法。

如图 9-3(a)所示的针状波束，它的最大辐射方向 $O'B$ 偏离等信号轴(天线旋转轴) $O'O$ 一个角度 δ，当波束以一定的角速度 ω_s 绕等信号轴 $O'O$ 旋转时，波束最大辐射方向 $O'B$ 就在空间画出一个圆锥，故称圆锥扫描。如果取一个垂直于等信号轴的平面，则波束截面及波束中心(最大辐射方向)的运动轨迹等，如图 9-3(b)所示。

波束在作圆锥扫描的过程中，绕着天线旋转轴旋转，由于天线旋转轴方向是等信号轴方向(图 9-3 中的 $O'B$ 方向)，故扫描过程中该方向上天线的增益始终不变。当天线对准目标时，接收机输出的回波信号为等幅包络的脉冲信号串。

如果目标偏离等信号轴方向，则在扫描过程中波束最大值旋转在不同位置时，目标有时靠近或者有时远离天线最大辐射方向，这使得接收到的回波信号幅度也产生相应的强弱变化。下面可以证明，输出信号近似为正弦波调制的脉冲串，其调制频率为天线的圆锥扫描频率 ω_s，调制深度取决于目标偏离等信号轴方向的角度 ε，而调制波的起始相位 φ 则由目标偏离等信号轴的方位角 φ_0 决定。

由垂直平面图 9-3(b)可看出，如目标偏离等信号轴的角度为 ε，等信号轴偏离波束最大值的角度(波束偏角)为 δ，圆为波束最大值运动的轨迹，在 t 时刻，波束最大值位于 B 点，则此时波束最大值方向与目标方向之间的夹角为 θ。如果目标距离为 R，则可求得通过目标的垂直平面上各弧线的长度，如图 9-3(c)所示。

在跟踪状态时，通常误差 ε 很小，由简单的几何关系可求得 θ 角的变化规律为

$$\theta \approx \delta - \varepsilon\cos(\omega_s t - \varphi_0) \tag{9-8}$$

式中：φ_0 为 OA 与 x 轴的夹角；θ 为目标偏离波束最大方向的角度，它决定了目标回波信号的强弱。设收发共用天线，天线波束电压方向性函数为 $F(\theta)$，则收到的信号电压振幅为 $U = kF^2$

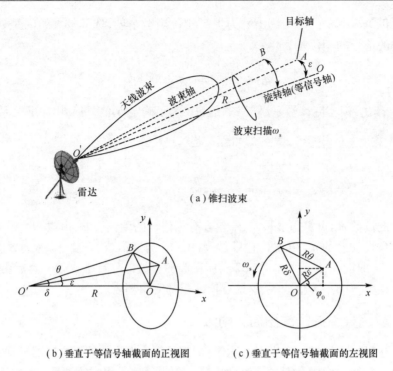

图9-3 圆锥扫描示意图

$(\delta - \varepsilon\cos(\omega_s t - \varphi_0))$。式中 k 为比例系数,它与雷达参数、目标距离、目标特性等因素有关,这里假定对于固定距离上的目标近似为常数。将上式在 δ 处展开成泰勒级数并忽略高次项,则得到

$$U = U_0\left[1 - 2\frac{F'(\delta)}{F(\delta)}\varepsilon\cos(\omega_s t - \varphi_0)\right] = U_0\left[1 + \frac{U_m}{U_0}\cos(\omega_s t - \varphi_0)\right]$$
$$= U_0 + U_m\cos(\omega_s t - \varphi_0) \qquad (9-9)$$

式中:$U_0 = kF^2(\delta)$ 为天线轴线对准目标时收到的信号电压振幅,$U_m = -2k\varepsilon F(\delta)F'(\delta)$ 定义为扫描过程中的振幅峰值。式(9-9)表明,对脉冲雷达来讲,当目标处于天线轴线方向时,$\varepsilon = 0$,收到的回波是包络为等幅的脉冲串。如果 $\varepsilon \neq 0$,收到的回波是包络振幅受调制的正弦脉冲串,其调制频率等于天线锥扫频率 ω_s,而调制深度仿照红外调制盘的定义可以写为

$$M = \frac{|U_m - (-U_m)|}{2U_0} = \frac{2|U_m|}{2U_0} = 2\frac{F'(\delta)}{F(\delta)}\varepsilon \qquad (9-10)$$

可见调制深度正比于目标偏离等信号轴的误差角度 ε。

定义测角率 $\eta = \frac{2F'(\delta)}{F(\delta)} = \frac{M}{\varepsilon}$ 为单位误差角产生的调制度,它表征角度测量系统的灵敏度。误差信号 $u_c = U_m\cos(\omega_s t - \varphi_0)$ 的振幅 U_m 表示目标偏离等信号轴的大小,而初相 φ_0 则表示目标偏离的方向。

跟踪雷达中通常有方位角和高低角两个角度跟踪系统,因而要将误差信号 u_c 分解为方位和高低角误差两部分,以控制两个独立的跟踪支路。其数学表达式为

$$u_c = U_m\cos(\omega_s t - \varphi_0) = U_m\cos(\omega_s t)\cos\varphi_0 - U_m\sin(\omega_s t)\sin\varphi_0 \qquad (9-11)$$

在圆锥扫描体制中,波束偏角 δ 的选择对制导精度的影响很大。增大偏角 δ 时,会引起此

处方向图斜率 $F'(\delta)$ 增大,从而使测角率 η 加大,有利于提高跟踪性能;但另一方面,随着偏角 δ 增大,波束照射到目标的功率减小,从而会降低回波信噪比。因此对波束偏角 δ 的选择必须综合考虑,通常可选 $\delta = 0.3\theta_{0.5}$ 左右较合适,其中 $\theta_{0.5}$ 为半功率波束宽度。

9.1.3 雷达导引头单脉冲测角法

圆锥扫描法属于顺序波瓣法,由于扫描过程需要一定时间,因此回波信号仍然会受到目标机动和随机起伏影响。单脉冲测角法属于同时波瓣法,即在一个测角平面内,同时发射两个方向图完全相同的雷达波束,两个波束分别向外偏开一个小角度,且波束部分重叠,其交叠中线方向即为等信号轴。两个接收天线同时接收回波信号并进行比较,就可以测量出目标在这个平面上的角误差信号。由于两个波束同时接收回波,故单脉冲测角获得目标角误差信息的时间很短。理论上只要分析一个回波脉冲就可以确定角误差,因此被称为单脉冲测角技术。这种方法的测角精度高于圆锥扫描方法,根据计算角误差信号的方法不同,单脉冲雷达的种类很多,这里只介绍常用的振幅和差式单脉冲测角方式。

如图 9-4(a) 所示,振幅和差式单脉冲雷达利用两个收发机同时发出波束并同时接收,将两个信号进行和、差处理后可以得到和信号与差信号。图 9-4(b) 为接收信号的和信号,图 9-4(c) 为接收信号的差信号,其中差信号即为该角平面内的角误差信号。

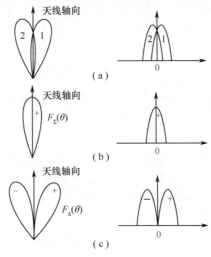

图 9-4 振幅和差式单脉冲雷达波束图

由图 9-4(a) 可以看出:若目标处在天线轴线方向(即等信号轴),此时目标偏离等信号轴的偏角 $\varepsilon = 0$,则两波束收到的回波信号振幅相同,差信号等于零。当目标偏离等信号轴的偏角 $\varepsilon \neq 0$ 时,目标接收的照射功率为两个照射波束功率的矢量和,然后照射功率通过反射截面积等效向全空间均匀辐射。由于两个天线接收的功率与目标偏离等信号轴的夹角有关,因此两个偏置的接收天线接收到的同一个目标回波能量不同,能量差信号输出振幅与 ε 成正比而其符号(相位)则由偏角的方向决定。能和信号可用作目标检测和距离跟踪,还可用作角误差信号的相位基准。

假定两个波束的方向性函数完全相同均为 $F(\theta)$,两个接收机接收到的信号电压振幅分别为 E_1、E_2,并假设到达和差比较器时保持振幅不变。两波束相对天线轴线的偏角为 δ,则对于偏角 θ 方向的目标,其和信号的振幅为

$$E_\Sigma = |E_\Sigma| = E_1 + E_2 = kF_\Sigma(\theta)F_\Sigma(\delta-\theta) + kF_\Sigma(\theta)F_\Sigma(\delta+\theta)$$
$$= kF_\Sigma(\theta)[F(\delta-\theta) + F(\delta+\theta)]$$
$$= kF_\Sigma^2(\theta) \tag{9-12}$$

式中:$F_\Sigma(\theta) = F(\delta-\theta) + F(\delta+\theta)$为接收到和波束方向性函数,其本质是照射到目标上的发射和波束能量在全空间均匀辐射;k为比例系数,它与雷达参数、目标距离、目标特性等因素有关。

如果将两个接收的信号反相相加,输出差信号记为E_Δ。不妨设两个接收机接收的信号振幅为E_1、E_2,但两者的相位相反,则差信号的振幅为

$$E_\Delta = |E_\Delta| = E_1 - E_2 \tag{9-13}$$

现假定目标的偏角为ε,则差信号振幅为$E_\Delta = kF_\Sigma(\varepsilon)F_\Delta(\varepsilon)$。如果导引头工作在跟踪状态,则目标偏离电轴的夹角$\varepsilon$很小,将$E_\Delta$在$\varepsilon=0$处泰勒级数展开并忽略高阶项,则

$$E_\Delta = kF_\Sigma(0)F_\Delta(0) + k[F'_\Sigma(0)F_\Delta(0) + F_\Sigma(0)F'_\Delta(0)]\varepsilon \tag{9-14}$$

考虑到在等信号轴处的$F_\Delta(0) = 0$,且ε很小时$F_\Sigma(\varepsilon) \approx F_\Sigma(0)$,则式(9-14)可以写为

$$E_\Delta = k[F_\Sigma(0)F'_\Delta(0)]\varepsilon \approx kF_\Sigma(\varepsilon)F'_\Delta(0)\varepsilon$$

可以看出,在一定的误差角范围内,差信号的振幅E_Δ与误差角ε成正比。同样定义测角率$\eta = F'_\Delta(0)/F_\Sigma(\varepsilon)$,则上式可以写为

$$E_\Delta \approx kF_\Sigma(\varepsilon)F'_\Delta(0)\varepsilon = kF_\Sigma(\varepsilon)F_\Sigma(\varepsilon)\frac{F'_\Delta(0)}{F_\Sigma(\varepsilon)}\varepsilon = kF_\Sigma^2(\varepsilon)\eta\varepsilon$$

由于E_Δ的相位(符号)与E_1和E_2中的强者相同,输出差信号的振幅大小表征了目标误差角ε的大小,其相位表征目标偏离天线轴线的方向。

和差比较器可以做到使和信号E_Σ的相位与E_1、E_2之一相同。由于E_Σ的相位与目标偏向无关,所以用和信号E_Σ的相位为基准,通过与差信号E_Δ的相位作比较,就能确定目标的偏离角度。总之,振幅和差单脉冲雷达依靠和差比较器的作用得到和、差波束,差波束用于测角,和波束作为相位比较基准可用于发射、观察和测距。

9.2 雷达导引头测距

测距功能是雷达导引头相比红外导引头的重要优势,这是因为弹目相对距离信息的获知能有效提高制导系统的精度。本节主要介绍在雷达导引头中常用的脉冲测距法和调频测距法。

9.2.1 雷达导引头脉冲测距法

对于使用脉冲波形的雷达导引头来说,其回波信号是滞后于发射脉冲的回波脉冲。辐射的电磁波遇到目标后会产生反射,其滞后于发射脉冲的时间记为t_R,称为回波到达时间。一般情况下t_R通常是很小的,将光速$c = 3 \times 10^5 \text{km/s}$的值代入距离公式后得到相对距离公式如下:

$$R = \frac{1}{2}ct_R = 0.15t_R \tag{9-15}$$

式中：回波到达时间 t_R 的单位为 μs，距离 R 单位为 km。可以看出，测距的计时单位是微秒，测量这样量级的时间需要采用快速计时的方法。

回波到达时间 t_R 通常有两种定义测量方法：一种是以目标回波脉冲的前沿时刻作为回波到达时刻；另一种是以回波脉冲的中心（或最大值）时刻作为回波到达时刻。对于常见的点目标而言，两种定义所得的测量结果只相差一个固定值（约为 $\tau/2$），可以通过距离校零予以消除。对于脉冲前沿的方法而言，实际上回波信号不是理想矩形脉冲而近似为钟形，因此可将回波信号与一比较电平相比较，把回波信号穿越比较电平的时刻作为其前沿。脉冲前沿方法的缺点是容易受回波大小及噪声的影响，比较电平不稳也会引起误差。

自动距离跟踪系统通常采用回波脉冲中心作为到达时刻，其原理方框图如图 9-5 所示。由包络检波输出的回波信号分为两路，一路与门限电平在比较器里作比较，输出宽度为 τ 的矩形脉冲，该脉冲作为和支路的输出；另一路由微分电路和过零点检测器组成，当微分器输出经过零值时便产生一个窄脉冲，该脉冲时刻恰好对应回波脉冲信号的最大值，通常也是回波脉冲的中心。这个窄脉冲相对于等效发射脉冲的迟延时间可以用高速计数器或其他设备测得，并可转换成距离数据输出。

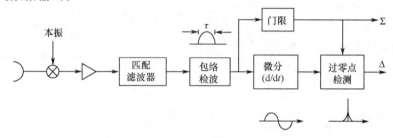

图 9-5 回波脉冲中心估计

9.2.2 雷达导引头调频测距法

脉冲测距法原理简单，但是当雷达脉冲往返时间 t_R 小于脉冲宽度 τ 时将无法测距，此外时间测量误差会降低距离测量精度。为了解决脉冲测距法的不足，人们提出了调频测距法，其可以用于连续波雷达，也可以用于脉冲雷达。本节将分别讨论连续波和脉冲波工作条件下调频测距的原理。

1. 调频连续波测距

调频连续波雷达的组成方框图如图 9-6 所示。发射机产生连续高频等幅波，其频率在时间上按三角形规律或正弦规律变化，目标回波和发射机直接耦合过来的信号相加后传输到接

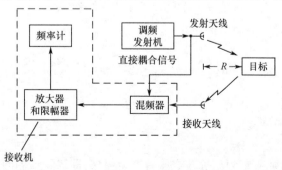

图 9-6 调频连续波雷达方框图

收机混频器内。在雷达波往返的时间内,发射机频率相比回波频率发生了变化,因此在混频器输出端会出现差频电压。该电压信号的频率与目标距离有关,可以通过频率计测量频率差换算出目标距离。

调频连续波雷达的优点是能测量近距离目标,一般可测到数米,而且测量精度较高;另外雷达电路简单,系统体积小、重量轻,普遍应用于飞机高度表及微波引信等场合。但是,连续波雷达不能像脉冲雷达那样可以分时共用天线收发,因此只能采用发射天线和接收天线分离的工作方式。此外由于接收机无法区分多目标信号,所以调频连续波雷达多用于单一目标的测距。

目前常见的调频连续波雷达主要采用三角波调制和正弦波调制两种方式,这里只简单介绍正弦调制方式的原理。用正弦波对连续载频进行调频时,发射信号可表示为

$$u_t = U_t \sin\left(2\pi f_0 t + \frac{\Delta f}{2f_m}\sin 2\pi f_m t\right) \quad (9-16)$$

发射频率 f_t 为

$$f_t = \frac{\mathrm{d}\varphi_t}{\mathrm{d}t} \cdot \frac{1}{2\pi} = f_0 + \frac{\Delta f}{2}\cos 2\pi f_m t \quad (9-17)$$

回波电压 u_r 可表示为

$$u_r = U_r \sin\left[2\pi f_0(t - t_R) + \frac{\Delta f}{2f_m}\sin 2\pi f_m(t - t_R)\right] \quad (9-18)$$

式中:f_m 为调制频率,Δf 为频率偏移量,如图 9-7 所示。

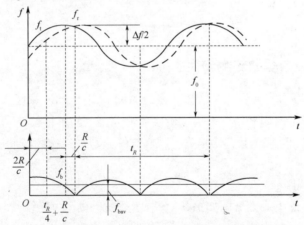

图 9-7 调频雷达发射波按正弦规律调频

接收信号与发射信号在混频器中作外差,取其差频电压为

$$u_b = kU_t U_r \sin\left\{\frac{\Delta f}{f_m}\sin\pi f_m t_R \cdot \cos\left[2\pi f_m\left(t - \frac{t_R}{2}\right) + 2\pi f_0 t_R\right]\right\} \quad (9-19)$$

一般情况下均满足 $t_R \ll 1/f_m$,则 $\sin\pi f_m t_R \approx \pi f_m t_R$,于是差频 $|f_b| = |f_t - f_r|$ 值和目标距离 R 成比例且随时间作余弦变化。

2. 脉冲调频测距

脉冲法测距时,脉冲重复频率过高会使得测距模糊,即远距离的回波脉冲与下一时刻近距离的回波脉冲发生重叠。为了解决脉冲法的距离模糊,必须对周期发射的脉冲信号加上某些

辨别标记,调频脉冲串就是一种给发射脉冲增加标记的方法。

脉冲调频时的发射信号频率如图9-8(a)中实线所示,共分为 A,B,C 三段,分别采用正斜率调频、负斜率调频和恒定频率发射。由于调频周期 T 远大于雷达重复周期 T_r,故在每个调频段均包含多个脉冲。图9-8(a)虚线所示为回波信号无多普勒频移时的频率变化,它相对于发射信号有固定延迟 t_d,即将发射信号的调频曲线向右平移 t_d 即可。当回波信号还有多普勒频移时,其回波频率如图9-8(b)中点划线所示(图中多普勒频移 f_d 为正值),即将虚线向上平移 f_d 得到。接收机混频器输入为连续振荡的发射信号和回波脉冲串,在其输出端可得到收发信号的差频信号。

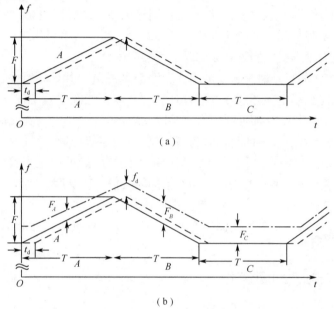

图9-8 脉冲调频测距信号频率调制原理

设发射信号的调频斜率为 $\mu = F/T$,如图9-8(b)所示。A,B,C 各段收发信号间的差频分别为

$$\begin{cases} F_A = f_d - \mu t_d = \dfrac{2v_r}{\lambda} - \mu \dfrac{2R}{c} \\ F_B = f_d + \mu t_d = \dfrac{2v_r}{\lambda} + \mu \dfrac{2R}{c} \\ F_C = f_d = \dfrac{2v_r}{\lambda} \end{cases} \qquad (9-20)$$

由上式可得

$$F_B - F_A = 4\mu \dfrac{R}{c} \qquad (9-21)$$

即

$$R = \dfrac{F_B - F_A}{4\mu} c \qquad (9-22)$$

$$v_r = \dfrac{\lambda F_c}{2} \qquad (9-23)$$

当发射信号的频率经历了 A,B,C 三段变化后,目标回波就对应三串不同中心频率的脉冲。这两个信号经过接收机混频后可分别得到差频 F_A、F_B 和 F_C,然后按式(9-22)和式(9-23)即可求得目标的径向距离 R 和径向速度 v_r。

用脉冲调频法时,选取较大的调频周期 T 可保证测距的单值性。这种测距方法的缺点是测量精度较差,因为发射信号的调频线性不容易保证,同时频率测量也不能十分精准。

9.3 雷达导引头测速

雷达导引头的测速功能主要是为了满足某些制导律和运动目标检测的需求。对于传统的多数经典制导律来说,弹目相对径向速度并不是必需的。然而对于现代制导律而言,它往往是不可或缺的信息,它有助于提高制导精度同时降低需用过载。

雷达导引头所探测的目标通常处于地面或者海面等复杂的背景环境中,背景会反射雷达波形成背景杂波;同时战场空间还存在着敌方各种有源或者无源雷达干扰。这些杂波和干扰都会降低目标回波的信噪比,从而使得导引头难以发现目标。

考虑到雷达制导导弹所攻击的目标多为诸如飞机、舰船、车辆等运动目标,而运动目标和固定背景之间的运动速度不同。那么由于运动速度不同所引起的回波多普勒频移不相等,所以导引头可以从频率上区分不同速度目标和背景的回波信号。这就可以改善在杂波背景下检测运动目标的能力,并且提高了雷达的抗干扰性能。

现代雷达导引头大多采用多普勒测速方式,本节主要对连续波雷达和脉冲雷达的多普勒测速原理进行简要介绍。

9.3.1 连续波多普勒测速法

连续波雷达发射的信号可表示为

$$s(t) = A\cos(\omega_0 t + \varphi) \tag{9-24}$$

式中:ω_0 为发射角频率;φ 为初相;A 为振幅。在雷达发射站处接收到由目标反射的回波信号 $s_r(t)$ 为

$$s_r(t) = ks(t - t_R) = kA\cos[\omega_0(t - t_R) + \varphi] \tag{9-25}$$

式中:$t_R = 2R/c$ 为回波滞后于发射信号的时间,R 为目标和雷达相对距离;c 为电磁波传播速度,在真空中等于光速;k 为回波的衰减系数。

如果目标固定不动,则 R 为常数。回波与发射信号之间有固定相位差

$$\omega_0 t_R = f_0 \cdot 2\pi \cdot 2R/c = (2\pi/\lambda)2R \tag{9-26}$$

其是电磁波往返于雷达与目标之间所产生的相位滞后。

当目标与雷达站之间有相对运动时,距离 R 随时间变化。设目标相对雷达匀速运动,则在时间 t 时刻,目标与雷达间的距离 $R(t)$ 为

$$R(t) = R_0 - v_r t \tag{9-27}$$

式中:R_0 为 $t = 0$ 时的距离;v_r 为目标相对雷达的径向运动速度。

式(9-25)表明,在 t 时刻接收到的波形 $s_r(t)$ 上的某点,是在 $t - t_R$ 时刻发射的。通常雷达和目标间的相对运动速度 v_r 远小于电磁波速度 c,故时延 t_R 可近似写为

$$t_R = \frac{2R(t)}{c} = \frac{2}{c}(R_0 - v_r t) \qquad (9-28)$$

回波信号比起发射信号来，高频相位差可表示为

$$\varphi = -\omega_0 t_R = -\omega_0 \frac{2}{c}(R_0 - v_r t) = -2\pi \frac{2}{\lambda}(R_0 - v_r t) \qquad (9-29)$$

是时间 t 的函数，在径向速度 v_r 为常数时，产生频率差为

$$f_d = \frac{1}{2\pi}\frac{d\varphi}{dt} = \frac{2}{\lambda}v_r \qquad (9-30)$$

式(9-30)即为多普勒频率，它正比于相对运动的速度而反比于工作波长 λ。当目标飞向雷达站时，多普勒频率为正值，接收信号频率高于发射信号频率，而当目标背离雷达站飞行时，多普勒频率为负值，接收信号频率低于发射信号频率。

多普勒频率可以直观地解释为：振荡源发射的电磁波以恒速 c 传播，如果接收者相对于振荡源是不动的，则接收的信号频率与本振源频率相等。如果振荡源与接收者之间有相对接近的运动，则接收到信号的频率比本振频率高；当二者作背向运动时，结果相反。

在多数情况下，多普勒频率处于音频范围。例如当 $\lambda=10\text{cm}$，$v_r=300\text{m/s}$ 时，求得 $f_d=6\text{kHz}$。此时的雷达工作频率 $f_0=3000\text{MHz}$，两者相差的百分比是很小的。因此常采用差拍方法从接收信号中提取多普勒频率。

为取出收发信号频率的差频，可在接收机检波器输入端引入发射信号作为基准电压，在检波器输出端即可得到收发频率的差频电压，即多普勒频率电压。这个基准电压通常称为相参电压，而完成差频比较的检波器称为相干检波器。相干检波器就是一种相位检波器，在其输入端除了加基准电压外，还有需要鉴别其差频率或相对相位的信号电压。

9.3.2 脉冲多普勒测速法

对于脉冲方式工作的雷达导引头，运动目标回波脉冲信号中会产生一个附加的多普勒频率分量，与连续波方式不同的是目标回波仅在脉冲宽度时间内周期性出现。

与连续波雷达的工作情况相比：发射信号按一定的脉冲宽度 τ 和重复周期 T_r 工作。由连续振荡器取出的电压作为接收机相位检波器的基准电压，基准电压在每一重复周期均和发射信号有相同的起始相位，因而是相参的。

相位检波器输入端信号有两个：连续的基准电压 u_k，$u_k = U_k \sin(\omega_0 t + \varphi_0')$，其频率和起始相位均与发射信号相同；回波信号 u_r，$u_r = U_r \sin[\omega_0(t-t_R) + \varphi_0']$，当雷达为脉冲工作时，回波信号是脉冲电压，只在信号来到期间即 $t_R \le t \le t_R + \tau$ 时才存在，其他时间只有基准电压 U_k 加在相位检波器上。经过检波器的输出信号为

$$u = K_d U_k(1 + m\cos\varphi) = U_0(1 + m\cos\varphi) \qquad (9-31)$$

式中：U_0 为直流分量，为连续振荡的基准电压经检波后的输出，而 $U_0 m\cos\varphi$ 则代表检波后的信号分量。在脉冲雷达中，回波信号是按一定重复周期出现的脉冲，因此，$U_0 m\cos\varphi$ 表示相位检波器输出回波信号的包络。对于固定目标来讲，相位差 φ 是常数

$$\varphi = \omega_0 t_R = \omega_0 \frac{2R_0}{c} \qquad (9-32)$$

合成矢量的幅度不变化，检波后隔去直流分量可得到等幅脉冲输出。对运动目标回波而

言,相位差随时间 t 改变,其变化情况由目标径向运动速度 v_r 及雷达工作波长 λ 决定,则

$$\varphi = \omega_0 t_R = \omega_0 \frac{2R(t)}{c} = \frac{2\pi}{\lambda} 2(R_0 - v_r t) \qquad (9-33)$$

合成矢量为基准电压 U_k 以及回波信号相加,经检波及隔去直流分量后得到脉冲信号的包络为

$$U_0 m \cos\varphi = U_0 m \cos\varphi \left(\frac{2\omega_0}{c} R_0 - \omega_d t \right)_r = U_0 m \cos(\omega_d t - \varphi_0) \qquad (9-34)$$

即回波脉冲的包络调制频率为多普勒频率。这相当于连续波工作时的取样状态,在脉冲工作状态时,回波信号按脉冲重复周期依次出现,信号出现时即可对多普勒频率取样输出。

9.4 雷达导引头天线波束扫描方法

导引头发射出的雷达波束是具有方向性的,其通常由主波束和旁瓣波束构成。波束的覆盖范围是有限的,为了能够对空间一定范围内的区域进行扫描,雷达导引头通常对波束施加一定的扫描方式依次照射指定空域,以进行目标探测和状态测量。实现波束扫描的基本方法有机械式扫描和电扫描两种。

1. 机械扫描

机械扫描方式是利用整个天线系统或某一部分的机械运动来实现波束扫描,例如环视雷达和跟踪雷达就通常采用整个天线系统转动的方法。图 9-9 是馈源不动,反射体相对于馈源往复运动实现波束扇扫的例子。不难看出,波束偏转的角度为反射体旋转角度的两倍。图 9-10 为风琴管式馈源,由一个输入喇叭和一排等长波导组成,波导输出口按直线排列,作为抛物面反射体的一排辐射源。当输入喇叭转动依次激励各波导时,对应波导的输出也依次以不同的角度照射反射体,形成波束扫描。这等效于反射体不动,馈源摆动实现波束扇扫。

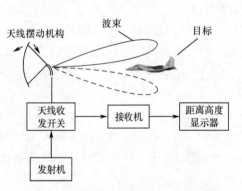

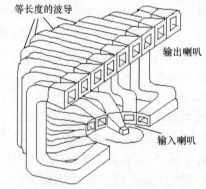

图 9-9 馈源不动反射体动的机械扫描　　图 9-10 风琴管式扫描器示意图

机械扫描的优点是结构简单,它的主要缺点是机械运动惯性大,扫描速度低,并且采用高增益极窄波束时天线口径过大。因此现代雷达导引头很少使用机械式扫描,而多采用电扫描方式。

2. 电扫描

电扫描是天线反射体和馈源等不做机械运动,而波束指向采用电控方式。由于这种方式无机械惯性限制,扫描速度和灵活度大大提高,所以特别适用于要求波束快速扫描的雷达导引

头。电扫描的主要缺点是:扫描过程中波束宽度将展宽,因而天线增益会减小,扫描角度范围有一定限制;此外天线系统的造价较高,结构比较复杂。

根据实现技术不同,电扫描可分为相位扫描法、频率扫描法、时间延迟扫描法等。这里仅介绍目前最常用的相位扫描法,相控阵雷达所使用的就是这种方法。相位扫描法是指在阵列天线上通过控制移相器相移量的方法来改变各阵元的激励相位,从而实现波束的电扫描。

图 9-11 所示为由 N 个阵元组成的一维直线移相器天线阵,阵元间距为 d。为简化分析,假定每个阵元是无方向性的点辐射源,并且所有阵元的馈线输入端都是等幅同相馈电,各移相器的相移量分别为 $0,\varphi,2\varphi,\cdots,(N-1)\varphi$,即相邻阵元激励电流之间的相位差为 φ。

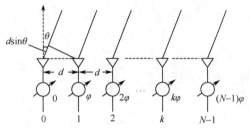

图 9-11 N 元直线移相器天线

考虑偏离法线 θ 方向远区某点的场强,应为各阵元在该点的辐射场的矢量和

$$E(\theta) = E_0 + E_1 + \cdots + E_i + \cdots + E_{N-1} = \sum_{k=0}^{N-1} E_k \tag{9-35}$$

由于等幅馈电且忽略各阵元到该点距离上的微小差别对振幅的影响,因此可认为各阵元在该点辐射场的振幅相等,用 E 表示。若以零号阵元辐射场 E_0 的相位为基准,则

$$E(\theta) = E \sum_{k=0}^{N-1} e^{jk(\psi-\varphi)} \tag{9-36}$$

式中:$\psi = \frac{2\pi}{\lambda} d\sin\theta$,是由于波程差引起的相邻阵元辐射场的相位差;$\varphi$ 为相邻阵元激励电流相位差;$k\psi$ 为由波程差引起的 E_k 对 E_0 的相位超前;$k\varphi$ 为由激励电流相位差引起的 E_k 对 E_0 的相位滞后。

任一阵元辐射场与前一阵元辐射场之间的相位差为 $\psi-\varphi$。按等比级数求和并运用欧拉公式,式(9-36)化简为

$$E(\theta) = E \frac{\sin\left[\frac{N}{2}(\psi-\varphi)\right]}{\sin\left[\frac{1}{2}(\psi-\varphi)\right]} e^{j\left[\frac{N-1}{2}(\psi-\varphi)\right]} \tag{9-37}$$

由式(9-36)容易看出,当 $\varphi = \psi$ 时,各分量同相相加,场强幅值最大。故归一化方向性函数为

$$F(\theta) = \frac{|E(\theta)|}{|E(\theta)|_{\max}} = \left| \frac{1}{N} \frac{\sin\left[\frac{N}{2}\left(\frac{2\pi}{\lambda}d\sin\theta - \varphi\right)\right]}{\sin\left[\frac{1}{2}\left(\frac{2\pi}{\lambda}d\sin\theta - \varphi\right)\right]} \right| \tag{9-38}$$

$\varphi = 0$ 时,也就是各阵元等幅同相馈电时,由上式可知,当 $\theta = 0, F(\theta) = 1$,即方向图最大值在阵列法线方向。若 $\varphi \neq 0$,则方向图最大值方向(波束指向)就要偏移,偏移角 θ_0 由移相器的相移

量 φ 决定,其关系式为:$\theta = \theta_0$ 时,应有 $F(\theta_0) = 1$,由式(9-38)可知应满足

$$\varphi = \psi = \frac{2\pi}{\lambda} d\sin\theta_0 \qquad (9-39)$$

式(9-39)表明,在 θ_0 方向,各阵元的辐射场之间,由于波程差引起的相位差正好与移相器引入的相位差相抵消,导致各分量同相相加获得最大值。显然,改变 φ 值,为满足式(9-39),就可改变波束指向角 θ_0,从而形成波束扫描。

相位扫描的原理也可以用图9-12来解释,图中 MM' 线上各点电磁波的相位是相同的,称为同相波前。方向图最大值方向与同相波前垂直(该方向上各辐射分量同相相加),因此控制移相器的相移量,改变 φ 值可以使同相波前倾斜,从而改变波束指向,达到波束扫描的目的。根据天线收发互易原理,上述天线用作接收时,以上结论仍然成立。

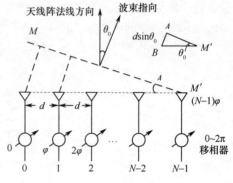

图9-12 一维相扫天线简图

使用相位扫描的相控阵雷达由于没有传统机械扫描雷达笨重的机械转动装置,因此在雷达扫描速度和动态特性上得以提高,并且其体积小易于在导引头上安装。但是其缺点是当 θ_0 过大时会出现所谓的"栅瓣",从而降低雷达功率的利用率,所以相控阵雷达的扫描角度范围不能太大。

9.5 雷达导引头测量精度的影响因素

雷达导引头作为导弹制导系统的重要组成部分,其重要功能就是精确测量目标相对于导弹的视线角、视线角速度、径向距离和径向速度等参数。对于高分辨导引头来说还要能够测量目标自身性质及其变化参数,如目标尺寸、目标形状、目标材料的物理特性、目标自身内部运动情况,甚至目标细微结构等。本节主要对影响雷达导引头测量精度的因素进行简要分析。

9.5.1 雷达导引头误差表示形式

雷达导引头的测量性能是以在规定条件下输出数据的精度来表征的,而精度通常用雷达输出数据的误差大小表示。一个给定的测量误差通常定义为测量设备的指示值与被测量量的真实值之间的偏差,即

$$X = U_{测量} - U_{真实} \qquad (9-40)$$

误差分析的目的是提供一种关于误差性质和变化规律的描述,以便在不同条件下估计其幅度大小,从而不必进行所有可能条件组合下的试验测试。误差通常会随测量时间、空间、测量及测量环境、条件的不同而变化。

通常情况下,测量误差可表示成时间或目标坐标的随机函数。从被测量参数的观点来看,雷达测量误差包括角度误差、多普勒误差、距离误差和RCS误差。从时变(相关函数)观点来看,又分为系统(偏置)误差和随机(慢速或快速)误差。

1. 系统误差与随机误差

系统(偏置)误差是指那些随测量时间变化其幅度大小保持恒定或按某种规律缓慢变化

的误差。这种误差在某种程度上有可预测性,因此在测量前或测量后应用合适的校准和补偿技术可以进行部分修正。

随机(噪声)误差是指那些随测量时间变化其幅度大小无规律或快速变化的误差。这种误差不能通过校准补偿修正,但可以通过滤波来减小。

2. 均方根误差

均方根误差是一个时间随机函数误差方差的平方根值,是一种误差量的表示形式。如果误差的各个分量相互独立,则它可以表示为所有独立误差分量(包括偏置误差)的平方和的平方根。对于具有相互独立的误差 x 的多个数据点($i=1,2,\cdots,n$),其均方根误差为

$$x_{\text{rms}} = \sqrt{\frac{1}{n}\sum_{i=1}^{n}x_i^2} = \sqrt{\bar{x}^2 + \frac{1}{n}\sum_{i=1}^{n}(x_i-\bar{x})^2} \qquad (9-41)$$

式中:$\bar{x}$ 为总偏置(系统)误差,$x_i - \bar{x}$ 为第 i 个数据点的随机误差。

9.5.2 雷达导引头测角精度的影响因素

雷达的测角性能可以用测角范围、测角速度、测角精度、角分辨力等指标来衡量。其中测角精度用测角误差的大小来表示,它包括雷达系统本身调校不良引起的系统误差和由噪声及各种起伏因素引起的随机误差。其中系统误差可以通过优化雷达设计、加工、装备和调整使用过程等措施来减少,而随机误差是各种噪声分量作用于系统而产生的,它对跟踪雷达的测角精度有很大影响。随机误差的噪声来源很多,在这里只简单讨论接收机内部噪声、目标振幅起伏和目标角噪声等方面产生的误差。

1. 接收机内部热噪声引起的角跟踪误差

由于接收机内部热噪声的存在,即使天线轴对准了目标,相位鉴别器仍会有输出,此电压信号通过伺服系统作用会使天线摆动,出现误差角,这个误差角又会产生有用的误差信号,使天线对准目标,直到误差信号功率与噪声功率达到平衡为止,这个偏角就是热噪声引起的测量误差。因此,热噪声的存在限制了雷达角跟踪精度的提高。

2. 目标振幅起伏引起的角跟踪误差

复杂目标的反射信号可以看成目标的各反射单元反射信号干涉的结果,即总的反射信号是各反射单元反射信号的矢量和。由于在飞行过程中目标姿态不断变化,目标各反射单元的反射信号相位会随机变化,因而合成的总反射信号振幅会随机起伏,通常把反射信号振幅随机起伏称为振幅随机起伏噪声。目标振幅起伏噪声的频谱宽度约从零赫兹到几十赫兹甚至几百赫兹,其频谱宽度和频谱形状同飞机类型、运动姿态有关,若目标是螺旋桨飞机,则频谱中还有明显的螺旋桨旋转频率成分。

振幅起伏噪声的慢变化分量(低频振幅起伏噪声)进入雷达伺服系统的通频带内,对圆锥扫描体制和单脉冲体制都有影响,当采用自动增益控制时,这种影响可减小。尤其是对于单脉冲体制,自动增益控制系统采用了高增益放大器,且控制回路的带宽可以比较宽,因而能完全抑制这类振幅起伏。对圆锥扫描系统,由于自动增益控制电路不影响锥扫频率上的调制分量,从而在带宽上受到限制,这样就会部分地受到慢变化的影响造成角跟踪误差。

振幅起伏噪声的快变化分量对单脉冲系统没有影响,因为单脉冲系统的角误差信号是在同一个脉冲内获得的。它对圆锥扫描测角系统有影响,会产生测角误差,因为圆锥扫描系统必须经过一个圆锥扫描周期才能获得角误差信号,即使天线轴对准了目标,当天线波束由一个位

置旋转到另一位置时,由于目标振幅起伏,回波信号振幅也会变化,有误差信号输出,使天线轴偏离目标产生一误差角。该误差角又会引起误差电压,直到有用误差信号功率与目标振幅起伏噪声功率相平衡时天线才会稳定。

3. 目标角噪声引起的误差

形状复杂的目标可以看成由大量"点反射单元"组成,每一单元都会反射雷达电波,总的回波是各单元反射电波的矢量和,并等效为由一个反射点所反射,该点即为目标的等效反射中心,又称视在中心。雷达对目标进行跟踪也就是对其反射中心进行跟踪。当目标运动时,特别是运动姿态变化时,视在方向不断变化,等效反射中心也不断变化,这种变化是随机的,故称为目标角噪声,也称为角闪烁,它会使雷达天线抖动,产生跟踪误差。

如图9-13所示,若目标含有两个反射单元A和B,总的回波信号是A和B反射信号的合成。若A和B的反射信号幅度及相位相同,则雷达跟踪轴对准A、B连线的中点O时,误差信号等于零,此时目标的等效反射中心在O点。如果A、B的反射相位相同,但B点的反射强度比A的大,则雷达必须要跟踪到靠近B点时误差才等于零,因而等效反射中心移向靠近B点的一侧。反之则等效反射中心移向靠近A点一侧,如果A、B点反射信号相位还有差别,则随着相位差的大小不同会起到减小或加大等效反射中心偏移程度的作用。复杂目标含有大量的反射单元,情况十分复杂,但其等效反射中心的物理本质和只含两个反射单元的目标是一样的。

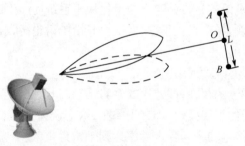

图9-13 两个反射单元的等效反射中心

9.5.3 雷达导引头测距精度的影响因素

雷达在测量目标距离时,不可避免地会产生误差,对测距公式全微分可得到精度影响公式为

$$\mathrm{d}R = \frac{\partial R}{\partial c}\mathrm{d}c + \frac{\partial R}{\partial t_R}\mathrm{d}t_R = \frac{R}{c}\mathrm{d}c + \frac{c}{2}\mathrm{d}t_R \tag{9-42}$$

用增量代替微分,可得到测距误差为

$$\Delta R = \frac{R}{c}\Delta c + \frac{c}{2}\Delta t_R \tag{9-43}$$

式中:Δc为电波传播速度平均值的误差;Δt_R为测量目标回波延迟时间的误差。由式(9-43)可看出,测距误差由电波传播速度c的变化Δc以及测时误差Δt_R两部分组成。

测距误差与测角误差类似,按其性质可以分为系统误差和随机误差两类。系统误差是指在测距时,系统各部分对信号的固定延时所造成的误差,系统误差以多次测量的平均值与被测距离真实值之差来表示。从理论上讲,系统误差在校准雷达时可以补偿掉,实际中很难完全补偿,因此在雷达的技术参数中,常给出允许的系统误差范围。

随机误差是指因某种偶然因素引起的测距误差,又称偶然误差。凡属设备本身工作不稳定性造成的随机误差称为设备误差,如接收时间滞后的不稳定性、各部分回路参数偶然变化、晶体振荡器频率不稳定以及读数误差等。凡属系统以外的各种偶然因素引起的误差称为外界误差,如电波传播速度的偶然变化、电波在大气中传播时产生折射以及目标反射中心的随机变化等。随机误差一般不能补偿掉,因为它在多次测量中所得的距离值不是固定的而是随机的。因此,随机误差是衡量测距精度的主要指标。下面对几种主要的随机误差作简单的说明。

1. 电波传播速度变化产生的误差

如果大气是均匀的,则电磁波在大气中的传播是等速直线,此时测距式(9-15)中的 c 值可认为是常数。但实际上大气层的分布是不均匀的且随时间、地点而变化。大气密度、湿度、温度等参数的随机变化,导致大气传播介质的磁导系数和介电常数也发生相应的改变,因而电波传播速度 c 不是常量而是一个随机变量。由式(9-43)可知,由于电波传播速度的随机误差而引起的相对测距误差为

$$\frac{\Delta R}{R} = \frac{\Delta c}{c} \tag{9-44}$$

随着距离 R 的增大,由电波速度的随机变化所引起的测距误差 ΔR 也增大。大气温度、气压及湿度的起伏变化所引起的传播速度变化为 $\Delta c/c$,若用平均值 c 作为测距计算的标准常数,则所得测距精度亦为同样量级,例如 $R = 60\text{km}$ 时,$\Delta R = 0.6\text{m}$ 的数量级,对常规雷达来讲可以忽略。

2. 因大气折射引起的误差

当电波在大气中传播时,由于大气介质分布不均匀将造成电波折射,因此电波传播的路径不是直线而是弯曲的轨迹。在正折射时电波传播途径为一向下弯曲的弧线。

由图 9-14 可看出,虽然目标的真实距离是 R_0,但因电波按照弯曲弧线传播,故所测得的回波延迟时间 $t_R = 2R/c$,这就产生一个测距误差(同时还有测仰角的误差 $\Delta\beta$)

$$\Delta R = R - R_0 \tag{9-45}$$

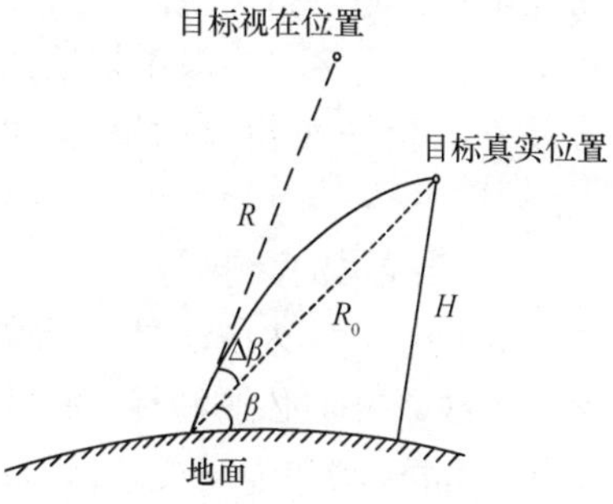

图 9-14 大气层中电波的折射

ΔR 的大小和大气层对电波的折射率有直接关系。如果知道了折射率和高度的关系,就可以计算出不同高度和距离的目标由于大气折射所产生的距离误差,从而给测量值以必要的修正。当目标距离越远、高度越高时,由折射所引起的测距误差 ΔR 也越大。例如在一般大气条件下,当目标距离为 100km,仰角为 0.1rad 时,距离误差为 16m 的量级。

上述两种误差都是由雷达外部因素造成的,故称为外界误差,无论采用什么测距方法都无法避免这些外部误差。

9.5.4 其他影响雷达导引头测量精度的因素

在实际中影响雷达导引头测量精度的原因还有很多,这里只对常见的多路径效应和天线罩折射等因素进行简要介绍。

1. 多路径误差

在低仰角跟踪时,雷达对目标的照射及反射回波经过两个路径,一个是目标与雷达之间的直接路径,另一个是通过地面反射的路径。这样相当于雷达对两个目标进行照射和反射,一个是真实目标,另一个是等效于地面下的镜像目标,从而造成了对真实目标的跟踪误差,如图9-15所示。当雷达仰角足够低时,将会严重影响对目标的测量精度。

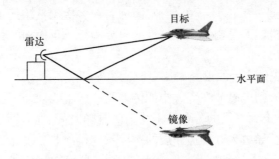

图9-15 雷达测量多路径问题的原理图

多路径效应的影响程度主要取决于天线波瓣图的"擦地"程度,按照仰角的高低,大致可分为三个区域:

(1) 副瓣区。雷达仰角在天线波瓣的近副瓣(接近主瓣的副瓣)照射地面时,其多路径的影响程度与副瓣电平大小有关。对于高精度测量雷达,通常在仰角低于6倍波束宽度以下时,多路径的影响就会开始逐渐变得显著。

(2) 主瓣区。当雷达波束仰角低于0.8倍波束宽度时,雷达主波束部分"打地",此时多路径影响开始变得严重。

(3) 水平区。当波束擦地角接近零,且地面为镜面反射时,目标的直接回波信号与镜像信号差不多相等而相位相反,因此组合信号变得非常小,这样会降低信噪比使测量精度快速下降。

2. 天线罩的影响

天线罩是雷达自动寻的导弹保护导引头天线的部件,它位于导弹的最前部,具有流线形状。天线罩要求必须具有良好的电磁透过性,同时其作为弹体的一部分又要求符合导弹的气动外形和静、动热强度要求,以及在雨、雪、沙尘等环境条件下材料物理性能的稳定性,以可靠地保护弹内设备的正常工作。

导弹的天线罩一般用具有良好强度的非金属材料按特殊的工艺制成,例如有机复合材料、玻璃钢、微晶玻璃、石英陶瓷等。除了天线罩的介质本体外,有的还有雨蚀头、表面涂层、隔热层等设计。

天线罩用能够透过电磁波的材料制成,但是为了保证其强度,一般都有一定的厚度。这必然会对电磁波的传输产生一些影响:首先其会对电磁波造成一定衰减而影响导引头的作用距离;其次电磁波通过天线罩时的反射和折射会使天线波束场分布产生畸变,引起波束变宽、副瓣增大、信号方向偏移等问题。图9-16给出了天线罩对电磁波折射的

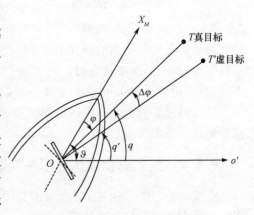

图9-16 天线罩的折射特性

角度与入射方向和弹轴夹角之间的关系。

在采用比例导引律时,天线罩的折射会引起弹目视线角速度的测量误差。另一方面,由于导弹围绕其质心的角运动通过天线罩产生的寄生渠道会被耦合到控制回路中去,这种耦合在一定条件下会破坏导弹控制回路的稳定性。

3. 伺服噪声

由于雷达导引头通常需要采用角度伺服机构构成稳定跟踪平台,因此伺服和传动系统中所产生的随机误差也会影响雷达导引头的测量精度,这些误差被统称为伺服系统噪声。常见的伺服噪声产生的原因包括:

(1) 电路或元件的噪声(干扰)。例如,电路噪声、调制频率波剩余、电动机打火、轴承间隙、齿轮传动误差等。

(2) 电路、元件或外部条件的不稳定。例如,电源电压不稳、功率放大器不稳、反馈的变化、零点漂移、速度变化引起某些参数的变化、负载变化及这些不稳定变化的因素相互间的影响。这些都是属于慢变化,但相互组合后不但有低频,也会有较高的频率成分。

(3) 电路或元件的非线性。包括电路的非线性、功率放大和电动机特性的非线性、齿隙和摩擦、机械结构的弹性变形等。当动态变化或存在噪声时,非线性引起的效应比较复杂。例如,由于摩擦力矩的存在,在慢转时会出现抖动现象(即爬行现象);当输入信号或负载力矩变化时,某些非线性环节(如齿隙等)也会产生随机误差;与此相类似,当存在输入噪声时,某些非线性环节也会使噪声加大。一般认为噪声经过非线性系统会减小随机误差而加大系统误差,实际并非都是如此,在有些情况下正好相反,如慢转时的爬行误差。

综上所述,伺服噪声来源很多,特别是它们在系统中同时出现,相互作用,关系复杂,很难用解析的方法估算。因此必须进行实际的测试,才能获得定量的数据。

思 考 题

(1) 简述雷达测角的方法和基本原理。
(2) 请简要说明雷达圆锥扫描的基本原理。
(3) 简述雷达相位测角的原理和角度模糊的排除方法。
(4) 简述单脉冲雷达测角的原理。
(5) 设目标相对雷达站以匀速 v_r 运动,t 时刻相对距离 $R(t)=R_0-v_r t$,R_0 为初始距离,求此刻的多普勒频移 f_d。
(6) 天线波束有几种扫描方法,它们有何优缺点?
(7) 描述导引头误差的表现形式和各项的含义。
(8) 请简要概述影响雷达测量精度的主要因素。

第10章 雷达制导系统

无线电波波段与光学波段相比具有如下的优点:①无线电波在大气中传播损耗与光波相比要小得多,因此探测距离更远;②无线电波不受昼夜和气象条件的限制,能够全天候和全天时使用;③无线电雷达波束较光学波束宽,能够实现大范围的搜索。当然采用无线电波段的雷达制导系统也有其缺点:①雷达制导精度不如光学制导高;②无线电波段更容易受到电磁干扰。但总体来说,远距离探测能力使得雷达制导已成为现代制导系统中远距离制导的主要手段。

雷达制导系统按照制导指令是否在导弹上产生可以分为无线电遥控制导和雷达自动寻的制导两种类型。

无线电遥控制导是指雷达和制导指令形成装置位于制导站或者其他载体上,制导站发射雷达波束测量目标和导弹信息,并由制导站产生制导指令遥控导弹飞行的制导方式。这种制导方式又可分为无线电指令遥控制导和无线电波束制导。无线电遥控制导虽然结构简单、成本较低,但其使用条件限制较多,不如雷达自动寻的制导方式应用广泛。

雷达自动寻的制导是由弹上雷达导引头接收目标反射或者发射的无线电波,测量弹目相对位置并产生制导指令控制导弹飞向目标。雷达自动寻的制导按发射源可分为主动式、半主动式和被动式;按测角工作体制可分为扫描式(圆锥扫描、扇形扫描、变换波瓣等)、单脉冲式(幅度法单脉冲、相位法单脉冲、幅度—相位法单脉冲等)和相控阵天线方式。按工作波形分为连续波、脉冲波和脉冲多普勒等。

随着雷达制导对抗干扰和目标识别要求的提高,雷达成像制导也成为当今雷达制导的重要发展方向。本章将主要对无线电遥控制导系统、雷达自动寻的制导系统和雷达成像制导系统的原理进行介绍。

10.1 无线电遥控制导系统

无线电遥控制导是指由制导站(地面站或载机等)向导弹发出无线电制导信息,将导弹引向目标的一种制导技术。无线电遥控制导系统主要由目标和导弹观测跟踪装置、制导指令形成装置、指令传输系统和弹上制导设备等组成。

无线电遥控制导方式的优点是作用距离较远,受天气条件影响小,导弹上设备简单、成本低廉并且有较高的制导精度。其缺点是制导精度随导弹与制导站的距离增加而降低,同时系统易受外界无线电的干扰,所以这种制导方法主要应用于地空导弹、少量空空导弹和飞航导弹。无线电遥控制导主要分为无线电指令遥控制导及无线电波束遥控制导两大类,下面将简要介绍这两大类的原理和特点。

10.1.1 无线电指令遥控制导系统

无线电指令遥控制导常用于地空导弹制导系统中,其制导设备包括地面制导站和弹上制导设备两大部分(图10-1)。地面制导站包括目标/导弹测量跟踪雷达,制导指令形成装置及指令发送装置等;弹上制导设备有指令接收装置和控制系统等。

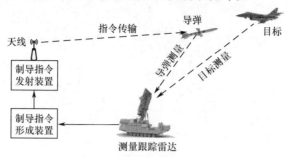

图10-1 无线电指令遥控制导系统

无线电指令遥控制导主要是利用无线电信道,把制导指令从制导站发送到导弹。导弹的接收装置接到制导指令后按一定的控制规律控制导弹飞行。无线电指令遥控制导多用于中远程防空导弹,下面就以无线电指令遥控制导的防空导弹为例介绍它的工作过程。

(1) 搜索与确定目标。地面预警或搜索雷达探测到敌方来袭空中目标,经过敌我识别和类型判读后确定攻击目标,并将探测到的目标位置参数传送给武器系统的跟踪瞄准雷达。

(2) 瞄准和跟踪目标。跟踪瞄准雷达根据搜索雷达给出的目标位置参数发现和锁定目标,并连续精确测量目标的位置坐标和运动参数(高低角 ε_m、方位角 β_m、斜距 r_m 和径向速度 $\dot{r}_m$),同时尽量确保雷达天线轴瞄准目标。

(3) 跟踪与指令形成。防空导弹择机发射后,跟踪瞄准雷达连续测量导弹坐标(高低角 ε_d、方位角 β_d 及斜距 r_d)和目标的位置运动信息,制导站根据两者位置和运动差异按照一定导引律形成相应制导指令。

(4) 指令收发与导弹控制。制导指令通过制导站的数据发送设备传送到导弹,导弹上接收设备收到制导指令后交给弹上控制系统,控制系统控制导弹飞向目标。

实际中,根据目标测量方法和弹目相对位置测量方法不同,无线电指令遥控制导系统又可以细分为雷达跟踪指令制导系统和TVM(Target Via Missile)指令制导系统两种形式。两者的最大区别是:雷达跟踪指令制导系统中,目标的坐标参数是由制导站跟踪雷达直接测量;TVM指令制导系统中,目标的坐标参数是由弹上雷达导引头测量后并发送给制导站,制导站根据测量数据形成制导指令后再发送给导弹控制系统执行。下面具体介绍这两种无线电指令遥控制导形式。

1. 雷达跟踪指令制导系统

雷达跟踪指令制导系统可分为双雷达跟踪指令制导系统和单雷达跟踪指令制导系统。在双雷达跟踪指令制导系统中,目标和导弹的跟踪测量分别由两部雷达同时完成。目标跟踪雷达不断跟踪目标,通过目标的反射信号测量目标的坐标和运动信息;导弹跟踪雷达用来跟踪和测量己方导弹的位置坐标。制导站根据导弹与目标的相对位置和运动关系按照一定导引规律形成制导指令,并经过指令发送设备加密传送给导弹,控制导弹飞向目标,如图10-2所示。

单雷达跟踪指令制导系统中使用一部测量跟踪雷达对目标进行跟踪测量,而且导弹上装有应答机。导弹飞行过程中,制导站不断地向导弹发射询问信号,弹上应答机不断地向制导雷达发射应答信号,测量跟踪雷达根据应答信号跟踪导弹和测量导弹坐标数据。若要求制导站同时导引多枚导弹攻击同一目标,则制导站就需要多路相互独立的导弹应答机信道。单雷达

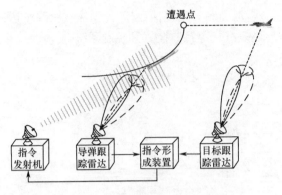

图10-2 双雷达跟踪指令制导系统

跟踪指令制导系统的优点在于制导站减少了一部跟踪测量雷达,便于武器系统的集成和快速部署;并且一套发射系统通过应答机编码可以同时控制多发导弹。它的缺点是导弹上必须装有应答机,容易被敌方发现和干扰。

以上两种雷达跟踪指令制导系统中目标的测量都由制导站雷达测量完成,当目标距离越远时,相同的雷达测角精度会引起越大的位置测量误差,因此雷达跟踪指令制导系统不能用于远程防空导弹。

2. TVM指令制导系统

为了解决雷达跟踪指令制导系统的探测精度随距离增加而下降的缺点,TVM指令制导系统对此进行了改进。TVM是英文Target Via Missile的缩写,意为"经导弹跟踪"或"目标信息经由导弹传送"。TVM制导方式的目标照射仍然由功率较大的地面或车载照射雷达实施,但是目标的雷达回波由导弹前端的雷达导引头接收。由于导弹与目标的距离不断减小,因此导弹雷达导引头的测量精度会不断提高。导弹上的雷达导引头将测量的目标数据通过下行无线数据链送到地面制导站;制导站同时向导弹发射跟踪波束,测量导弹的位置坐标数据。最后制导站根据导弹和目标的相对位置和运动信息形成制导指令,并将指令经过上行无线数据链传送给导弹,从而控制导弹飞向目标,其工作原理如图10-3所示。

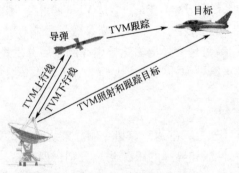

图10-3 TVM指令制导系统

由于目标的雷达反射回波由弹上雷达导引头测量,TVM制导系统的显著优点是适合远距离防空。其缺点是导弹成本较高,弹上设备复杂。美国"爱国者"地空导弹的末段制导过程即采用了TVM制导方式。需要特别说明的是:TVM制导方式与雷达半主动制导非常相似,都是采用弹上雷达导引头测量目标运动信息,但是其本质区别在于TVM制导方式的制导指令是在制导站上形成,而雷达半主动制导是在导弹上形成。爱国者导弹的TVM制导方式包括6个基本的工作步骤：

（1）目标搜索与截获：根据预警系统的提示，"爱国者"采用一部多功能的地面雷达（即相控阵雷达）完成指定空域内敌方来袭目标的搜索与截获。

（2）目标跟踪和照射：发现和截获目标后，立即朝目标方向发射一枚或多枚"爱国者"导弹。导弹发射后，地面雷达继续发射电磁波信号并接收目标反射的回波，保持对目标的跟踪和照射。目标的一部分反射回波被"爱国者"导弹上的接收天线接收。

（3）目标信息经由导弹传送："爱国者"导弹导引头接收到目标的回波信号后并不处理，而将其传到地面处理中心以提取目标的参数。从导弹的接收信号中可以提取如下参数：目标的多普勒频率（速度）、目标相对导弹的俯仰角、方位角及其变化速率等。

（4）目标信息的接收：地面多功能雷达中，除了主天线阵（用于目标照射和跟踪）外，还有一个 TVM 天线阵用于接收导弹传送的目标信号。TVM 天线阵的口径比较小，波束较宽，为减少对主阵的干扰其工作频率与主阵工作频率不同，但两者基本上在 C 波段（4000～8000MHz）内工作。

（5）地面信息处理：地面信息处理中心使用高速、高精度的计算机系统进行信号处理，提取目标的参数。

（6）制导指令的形成、发送和接收：地面信息处理中心获得目标参数后，形成制导指令并发送到导弹上的制导指令接收机，从而控制导弹飞向目标。

10.1.2 无线电波束遥控制导系统

无线电波束遥控制导系统中，制导站发出一束导引波束，波束的中心线始终对准目标。导弹飞行时，制导系统测量导弹在波束中的位置偏差并形成导引指令，保证导弹尽可能沿着波束中心飞行（图10-4）。

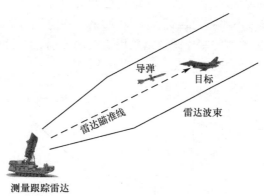

图 10-4　无线电波束遥控制导系统

无线电波束遥控制导系统本质上与激光驾束制导系统的原理基本相同，区别在于它使用雷达波束作为介质，因此作用距离要比激光驾束制导远，但随着作用距离增加精度也会下降。

无线电波束遥控制导可以分为单雷达波束遥控制导和双雷达波束遥控制导。

1. 单雷达波束遥控制导系统

单雷达波束遥控制导系统使用一部制导雷达同时完成目标跟踪和导弹导引的工作，如图10-5所示。在制导过程中，制导雷达照射目标并接收雷达回波，同时控制雷达角度伺服系统转动确保天线电轴瞄准和跟踪目标。导弹要求在雷达照射波束中飞行，并通过解算获得导弹与波束中心线的位置偏差,从而控制导弹始终沿波束中心线飞行。

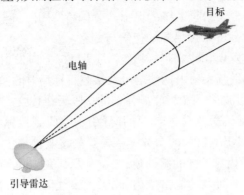

图 10-5 单雷达波束制导

雷达导引波束的半径随着距离的增加会逐渐增大,这就使得远距离工作时的波束制导精度下降。为了提高远距离的波束制导精度,通常要求波束宽度尽量减小,但采用较窄的波束制导时,导弹发射后进入雷达窄波束的难度就大大增加。同时若目标作剧烈机动,可能会导致波束快速移动而使导弹飞出波束。为了解决这一矛盾,目前的改进方法是让一部雷达围绕同一个瞄准中心线先后产生宽波束和窄波束,飞行前期产生宽波束用来导引导弹进入波束,飞行后期产生窄波束用于实现精确波束制导。

单雷达波束遥控制导的优点是采用一部雷达完成制导,设备比较简单。它的缺点是这种波束制导系统受到波束宽度限制只能采用三点法导引,弹道比较弯曲且不能攻击高机动目标。为了避免三点法导引的不足,人们又提出了双雷达波束遥控制导。

2. 双雷达波束遥控制导系统

双雷达波束遥控制导系统采用两部制导雷达分别对目标和导弹进行测量跟踪和波束制导。由于制导波束的瞄准线不再指向目标,导弹在波束中心线飞行时将不再与雷达和目标的瞄准线共线,因此双雷达波束遥控制导既可以采用三点法导引,也可以采用前置角法导引,工作原理如图 10-6 所示。

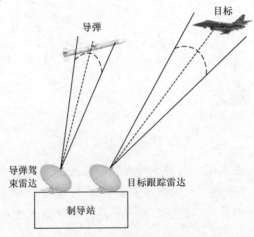

图 10-6 双雷达波束遥控制导

双雷达波束遥控制导系统的优点在于导引方法比较灵活,可以通过预测命中点的制导方法来攻击高速目标,但这要求制导雷达必须具有测距能力,设备较单雷达制导复杂。

不论单雷达波束遥控制导,还是双雷达波束遥控制导,都需要导弹在制导波束中沿着中心线飞行,因此如何获取导弹在波束中相对中心线的位置偏差成为无线电波束遥控制导的关键技术。导弹解算自身在波束中位置偏差的方法与雷达的工作体制有很大关系,这里仅以采用脉冲体制的圆锥扫描雷达为例,来说明导弹获取偏差信号的原理。

在圆锥扫描的雷达波束制导系统中,偏差信号表示导弹偏离导引雷达等强度信号线(即中心线)的角度。导弹在波束中飞行且波束做圆锥扫描时,弹上接收机输出信号的情况,如图10-7所示。

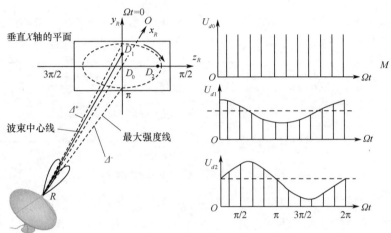

图10-7　圆锥扫描雷达波束制导时弹上收到的信号

当导弹在旋转波束的中轴位置 D_0 点(即等强信号线上)时,无论波束旋转到哪一个位置,弹上接收机输出信号的强度总是相等的,信号的幅值与波束转过的角度(此角度以 Oy_R 轴为起点)无关,其输出的等幅脉冲序列如图10-7中的 U_{d0} 所示。

当导弹在 y_R 轴上方 D_1 点时,如果扫描波束处于 y_R 轴上方(此时的相角 φ 为0或 2π)弹上接收的输出信号最强,其值与导弹偏离等强信号线的偏差角 Δ^+ 成正比;当波束沿顺时针方向转到 y_R 轴下方时(此时的相角 φ 为 π 或 $-\pi$),弹上接收机的输出信号最弱,其值与导弹偏离等强信号线的偏差角 Δ^- 成反比。在波束旋转一周的过程中,弹上接收机输出信号的强度变化情况如图10-7中的 U_{d1} 所示。如果导弹位于 z_R 轴正方向 D_2 点,且偏离中心线程度大于 D_1 点,则其输出脉冲序列的波形幅值和相位都与 D_1 点不同,如图10-7中的 U_{d2} 所示。

由此可见,当导弹偏离波束等强信号线时,弹上接收机的输出信号为调幅脉冲信号。调制信号的频率等于波束的旋转频率,调制深度与导弹偏离等强信号线的偏差角成正比,调制信号的相位取决于导弹偏离等强信号线的方位角。

弹上接收机输出信号的调幅信号脉冲包络可表示为

$$U_M(t) = u_{M\Delta}[1 + M\cos(\Omega t - \varphi)] \quad (10-1)$$

式中:$u_{M\Delta}$ 为未调制脉冲的幅度;M 为调制深度;φ 为导弹偏离方位角,即导弹与等强信号线的连线与 y_R 轴的夹角。

在偏差角不大的情况下,调制深度的数值与导弹相对于等强信号线的偏差角 Δ 成正比,如图10-8所示。

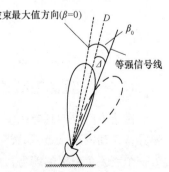

图10-8　调制深度与偏差角的关系图

$$M = \xi_M \Delta \tag{10-2}$$

式中:ξ_M 为比例系数,称为灵敏度。

因此,弹上接收机输出的低频(脉冲信号的包络)信号就是导弹的偏差信号,低频信号的调制深度与导弹飞行角偏差成正比,相位与导弹偏离等强信号线的方位相对应。

10.2 雷达自动寻的制导系统

雷达自动寻的制导系统与无线电遥控制导系统的根本区别在于制导指令在导弹上形成,而不是在制导站上。雷达自动寻的制导系统的基本组成,如图 10 – 9 所示。

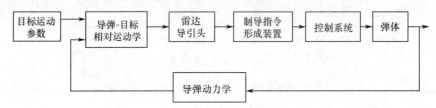

图 10 – 9 雷达自动寻的制导系统基本组成

雷达自动寻的制导系统一般由雷达导引头、制导指令形成装置、控制系统(自动驾驶仪)及弹体等部分组成。在雷达自动寻的制导过程中,雷达导引头不断跟踪和测量弹目相对运动关系,并按照导引律形成制导指令,制导指令送入控制系统后控制导弹改变飞行方向。

雷达自动寻的制导系统工作时,需要接收目标辐射或反射的无线电波。这种无线电波可能是由弹上雷达照射目标后反射的,也可能是由第三方雷达照射目标反射的,或者由目标自身主动发射的。根据辐射来源的位置不同,雷达自动寻的制导系统可分为主动寻的制导系统、半主动寻的制导系统和被动寻的制导系统三种,如图 10 – 10 所示。本节将对这三种雷达自寻的制导方式的原理进行介绍。

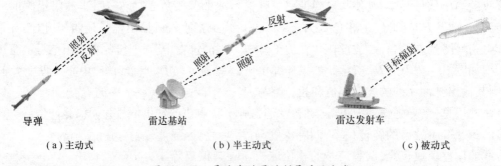

图 10 – 10 雷达自动寻的制导系统分类

10.2.1 雷达主动寻的制导系统

雷达主动寻的制导系统由于在导引头(图 10 – 11)上安装有雷达照射和接收设备,因此导弹具备自动发现、识别和跟踪目标的能力,可实现"发射后不管"。同时可实现多发弹同时攻击一个或多个目标的能力,且制导精度不会随距离增加而变差。

雷达主动寻的制导系统的缺点是:由于弹上设备体积、质量和功率受到限制,因此弹载雷达发射机功率较小,作用距离较近,且易受噪声干扰机的影响。同时导引头安装发射机

图 10-11　雷达主动寻的导引头

和接收机，这使得导引头结构复杂、造价昂贵，而且为了实现收发天线的共用必须采取收发隔离措施。

雷达主动寻的制导系统在早期主要采用圆锥扫描或隐蔽圆锥扫描（即发射波束不扫，仅接收波束作锥扫，有时被称为假单脉冲）；后期几乎全部采用了跟踪精度高，又能对付角度倒相欺骗的单脉冲体制。目前采用的单脉冲主动寻的制导雷达主要有以下几种工作方式：

（1）固定频率工作方式。固定频率工作方式的发射频率是固定的，其数值可以在生产厂内装定或设定，也可以在使用时设定。导弹一旦发射以后，弹上频率不能改变。这种方式技术简单且易受干扰，目前已基本不用。

（2）频率分集工作方式。频率分集工作方式采用两部发射机和两部接收机，其工作频率为两个固定值。每个脉冲周期内同时或依次发射两个高频脉冲，接收时同时或依次接收两个回波脉冲。这种工作方式可以改善慢变起伏目标捕捉概率低的问题，同时能提高抗地海杂波的能力。

（3）频率捷变工作方式。频率捷变工作方式是目前新型雷达主动寻的制导常采用的一种工作体制。它使用雷达工作频率在不同频点之间随机跳动的发射机，接收机的工作频点也随之一起变动。这种捷变频雷达能够改善大目标角闪烁效应引起的跟踪误差，消除海杂波的相关性，减小天线罩引起的瞄准误差，消除多部同频段雷达之间的相互干扰，以及提高抗干扰能力。

雷达主动寻的制导导弹的典型代表是法国的"飞鱼"反舰导弹（图 10-12）。它拥有舰射、潜射、空射等多种不同的发射方式。除了潜射型版本外，"飞鱼"导弹可以在距离海面不到 5m 的高度上亚声速掠海飞行。

"飞鱼"反舰导弹在发射前需要 60s 启动准备时间，主要是预热导引头的磁控管，输入目标和发射载体的位置、运动参数，同时可以预设雷达搜索角度、雷达开启距离、终端飞行高度以及引信模式等。导弹发射 2s 后会先进入 30~70m 的最高高度飞行，然后在巡航阶段以距离海面 9~15m 高度上水平飞行。在距离目标 12~15km 时，导弹飞行高度会下降到 2.5~8m 的范围内掠海飞行，同时弹上主动雷达开机搜索目标。

"飞鱼"反舰导弹是经历过多次实战考验的雷达主动寻的制导导弹，特别是在 1982 年英阿马岛海战中击沉了英国皇家海军的"谢菲尔德"号驱逐舰使其一举成名。1982 年 5 月 4 日，两架阿根廷海军航空队的法制超级军旗式攻击机在距离英国舰队 20km 远处发射了两枚空射型的 AM-39"飞鱼"反舰导弹。这两枚导弹在靠近舰队 10km 处启动雷达搜寻锁定了"谢菲尔德"号驱逐舰，随后以 0.9Ma 的速度超低空掠海飞行，其中一枚击中"谢菲尔德"号舰身中部离吃水线仅有 1.8m 高的位置。虽然该枚"飞鱼"导弹本身并没有引爆成功，但导弹所携带的

图 10-12 "飞鱼"反舰导弹

固态燃料却引发大火,最终导致"谢菲尔德"号沉没。"飞鱼"导弹的超低空掠海飞行能力使得导弹的雷达回波淹没在海面杂波中,因此在整个攻击过程中"谢菲尔德"号驱逐舰的警戒雷达都未发现来袭的飞鱼导弹。"谢菲尔德"号是英国当时最为先进的导弹驱逐舰,也是自第二次世界大战之后第一艘被击沉的英国军舰,这次战例证明了现代战争中导弹已经成为重要的杀伤性武器。

10.2.2 雷达半主动寻的制导系统

雷达半主动寻的制导系统的雷达发射机装在地面雷达站或其他载体(如飞机、军舰或雷达车)上,雷达发射机向目标发射无线电波,导弹上的接收机接收目标雷达回波,从而测量目标位置及运动参数。雷达半主动制导方式的优点是:①制导精度较高,能够全天候作战,且作用距离较大;②与雷达主动寻的制导系统相比,它减少了弹上的雷达发射机,从而降低弹上设备重量和成本;③在其他载体上安装的照射雷达功率可以很大,因此对目标的作用距离要比主动寻的制导系统远。

雷达半主动寻的制导系统的缺点是:①在整个导弹飞行过程中,需要外部照射雷达持续对目标进行照射,限制了雷达照射载体的机动性,且加大了暴露时间,易受对方反辐射导弹的打击或者电磁干扰;②半主动制导方式不能适应对多个目标同时攻击的要求,这是其使用受限的重要因素。

雷达半主动寻的制导系统的照射波束由具有一定宽度的主波瓣、旁瓣及尾瓣(雷达在天线主瓣波束的周围及相反方向发射较弱的电磁波)等构成。照射波束除了照射目标外,还不可避免地有旁瓣和尾瓣照射到地面或海面背景上。导弹导引头除了接收到目标的反射回波外,还会接收到来自地面或海面的反射回波,即杂波。由于地面或海面受照射的面积一般远远大于目标面积,因此杂波一般将比目标信号高出许多个数量级。导引头上的接收机主要实现两个功能:从强杂波中检测和分离出目标信号;根据接收的目标信号测定目标的方向。为了提高抗地物和海面杂波的能力,半主动雷达制导系统一般采用能获得目标相对运动速度信息的多普勒雷达工作体制。对于感兴趣的目标而言,如果它与导弹的相对速度跟地面或海面等静止背景与导弹的相对速度不一样,这样它们的多普勒频率就不一样,对回波中各种不同频率成分的分量进行分离,即可以检测出目标信号。对于特定的应用而言,杂波的多普勒频率范围是可以预先知道的,在设计上可以使得目标的多普勒频率跳出强杂波区,从而有利于对目标的检测。

图 10-13 所示为脉冲照射雷达使用的弹载半主动导引头的原理图。前部圆锥扫描天线接收目标反射回波并提取角误差信号,后部天线接收雷达直接照射信号,提供距离信息。

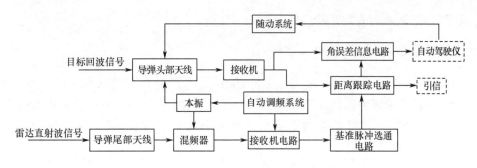

图 10-13 半主动雷达导引头

采用半主动寻的雷达制导系统的导弹,其制导系统是通过接收制导站雷达发射的直波信号和经目标反射的回波信号形成导引信号,从而控制导弹飞向目标的。因此,半主动寻的雷达制导系统主要由地面跟踪照射雷达和弹上半主动式雷达导引头组成。

1. 地面跟踪照射雷达

地面照射雷达可以是连续波雷达、单脉冲雷达或者相控阵雷达。连续波照射雷达在制导过程中发射连续波信号,其主瓣照射目标,旁瓣照射导弹。为了抗干扰和测距,将地面照射的连续波信号调制成含有三种频率的连续波信号,即载波频率、识别频率和测距频率。

2. 弹上半主动式雷达导引头

弹上半主动式雷达导引头多采用连续波多普勒雷达工作方式,这样可利用目标的速度特性搜索、识别和跟踪目标。对于拦截低空和超低空目标的防空导弹,空中的动目标或静目标(漂浮气球等)以及地面背景都是相对运动的目标。因此必须利用目标的速度特性将预定目标和其他目标、地面背景区别开来,这样还可以起到抗多路径效应的作用。

雷达半主动寻的制导导弹的典型代表是"萨姆"-6防空导弹(图 10-14),它是苏联研制的机动式全天候近程防空导弹武器系统,主要用于攻击中、低空亚声速和跨声速飞机。该导弹长 5.85m,射程为 5~25km,射高为 0.06~10km,最大飞行速度为马赫数 2.2。"萨姆"-6防空导弹的制导雷达采用多波段多频率工作,抗干扰能力强。但它采用了大量电子管,体积大、耗电多、维修不便并且操作自动化程度低。

图 10-14 "萨姆"-6防空导弹

在1999年的科索沃战争中,南联盟军队用"萨姆"-6防空导弹成功拦截了3枚"战斧"巡航导弹,并击落一架北约"旋风"式战斗机和一架美国 F-16 战斗机。由于导弹飞行速度较快,被击落的美军 F-16 战斗机上飞行员刚接到导弹来袭告警,还未及采取规避措施就被击中。当然"萨姆"-6 导弹系统的缺点是发射车上没有制导雷达,一旦制导雷达车被击毁,导弹连就变成了"瞎子",从而丧失了战斗能力。

10.2.3 雷达被动寻的制导系统

雷达被动寻的制导系统主要利用目标自身辐射的无线电波确定目标位置并形成制导指令,从而控制导弹飞向辐射源目标。现代战争中自身辐射无线电波的目标以各种雷达为主,因此雷达被动寻的制导导弹又被称为反辐射导弹或者反雷达导弹,其工作原理如图10-15所示。

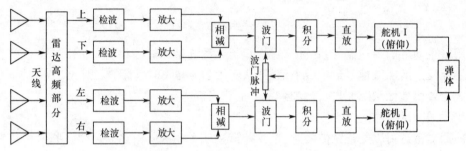

图10-15 雷达被动寻的制导系统工作原理图

雷达被动寻的制导系统的优点在于导弹自身不发射雷达波,也不需要照射雷达对目标进行照射,因而隐蔽性很好,能实现"发射后不管"。对敌方的雷达、通信设备及主动式电子干扰设备等具有很强的打击能力。

雷达被动寻的制导导弹的制导精度取决于工作波长和天线尺寸,由于弹体直径有限,天线不能做得太大,因而这种导弹在攻击较高频段的雷达目标时有较高的精确度,而攻击低频段的雷达目标时精度较低。

雷达被动寻的制导系统的导引头(图10-16)实际上是一部被动雷达接收机,导引头分高频和低频两部分。导引头高频部分将平面四臂螺旋天线所接收的信号加以处理,形成上下、左右两个通道共四个波束信号。若导弹正好对准目标,则两个通道上的四个波束信号强度相等。信号经检波、放大、相减,其输出误差信号均为零。

图10-16 雷达被动寻的导引头

当导弹电轴在上下方向偏离了目标,则上下通道两波束信号不等,形成误差信号。误差信号的大小反映了导弹纵轴与目标连线在垂直平面上的夹角。同理,左右通道两波束形成的误差信号大小反映了水平方向上导弹纵轴与目标连线在水平面上的夹角。两路误差信号分别进行脉冲放大和变换,通过波门电路后进行检波积分变成直流信号,该信号正比于误差角的大小。一般雷达被动寻的制导系统会采用波门控制,其主要目的是抑制和除去地面及多目标信号的干扰,以利于导弹准确地搜索到目标。

雷达被动寻的制导系统于20世纪60年代最先在越南战争中使用,随后50多年来的数场局部战争都表明:采用雷达被动寻的制导的反辐射导弹是压制敌方防空雷达系统十分有效的手段,是确保空中打击力量安全的重要支撑。

第一代被动式反辐射导弹的代表是美国的AGM-45A/B"百舌鸟"导弹,其制导精度差,并且在对方雷达突然关机的情况下,无法找到辐射源位置。第二代反辐射导弹的"百舌鸟"改进型具有记忆功能,在敌方雷达关机时能按照关机前记忆的目标位置攻击,提高了制导精度。第三代反辐射导弹"哈姆"AGM-88(图10-17)以及第四代反辐射导弹"默虹"则均是从射程和速度方面进行了改进,使得打击敌方雷达的能力大为增强。

图10-17 美国"哈姆"反辐射导弹

10.3 雷达成像制导系统

早期制导雷达由于波束分辨率很低,只能将观测对象(如飞机、车辆等)视为"点"目标,从而测定它的位置和运动参数。随着雷达技术的发展,人们通过提高雷达分辨率的方法试图从回波信号中提取更多目标的形状特性,即雷达成像技术。当分辨单元远小于目标的尺寸时,就有可能对目标成像,从而获取目标的形状、大小及其他属性,这显然要比"点"目标获取的有用信息更多。

早期的雷达成像主要利用高分辨距离(HRR)的一维距离像,当距离分辨率达米级甚至亚米级时,对飞机、车辆等一般目标,单次回波已是沿距离分布的一维距离像,它相当于目标三维像以向量的方式在雷达射线上的投影,其分布与目标相对于雷达的径向结构状况有关。然而,一维距离像并不是真正意义上的图像,它只是目标表面强散射点回波的矢量合成。后期发展的合成孔径雷达技术(SAR)将一维"距离"高分辨扩展成多维高分辨,得到目标及其周围背景的二维高分辨图像或平面图像,具有很高的方位分辨能力。SAR成像能很好地解决多目标分辨与识别、诱饵与干扰鉴别等问题,因此成为现在主动雷达导引头的重要发展方向。

10.3.1 一维距离像雷达制导原理

根据雷达目标的辐射和反射特性可知,当雷达波的波长远小于目标尺寸时目标的反射特性呈现为光波的特性,即所谓的光学区。毫米波雷达波长远小于目标的尺寸,因此毫米波雷达主要工作在光学区。在光学区,理论计算和实验测量均表明,目标总的电磁散射可以认为是某些局部位置上的电磁散射的合成,这些局部性的散射源通常被称为散射中心。散射中心与目标表面的物理结构有关,反映了目标的精细结构特性,是光学区雷达目标识别的基础。随着雷达技术和现代信号处理技术的发展,对目标多散射中心进行孤立已经成为可能,这为描述目标精细的结构特性并用于目标识别提供了基础。当雷达带宽足够宽时,雷达距离分辨率远小于目标径向尺寸,采用常规的傅立叶谱分析技术即可得到目标散射中心在目标径向距离上的投影分布,即目标一维距离像。

高分辨成像检测是一种适用于复杂背景中检测目标的方法。毫米波雷达具有较大的带宽,能够实现距离高分辨率。当雷达的距离分辨率远小于目标尺寸时,目标在雷达的径向距离轴上将占据若干个距离分辨单元,形成一维距离像。一维距离像反映了目标的精细几何结构特征,利用它可以实现雷达对目标的精确探测。强地物杂波或海面杂波背景中的静止或慢速目标的探测必须采用高距离分辨技术。由于慢速或静止目标的多普勒频率与地面或海面等静止背景的多普勒频率差别不大,在频谱上目标不能跳出强杂波区,因此利用多普勒频率上的差别很难将它们分开。当采用高距离分辨技术时,雷达电磁波所照射的背景区域内的杂波被分散到不同的距离单元中,与目标不在同一段距离单元的那些背景杂波对目标不起作用。此外,由于分辨单元变窄,即使是那些与目标在同一段距离单元的背景杂波,它们所对应的地面或海面的面积变窄,这样杂波的强度大大减弱就不会覆盖目标回波。

利用一维距离像特征进行目标识别的难点在于距离像的姿态角敏感性,它产生的原因主要有两方面:一是由于目标散射中心本身的位置随方位变化较为敏感;二是由于受距离分辨率的限制,散射中心之间存在相互干涉。要想从距离像中提取雷达目标的绝对不变特征量是比较困难的,但并不排除提取某些具有相对不变性特征量的可能性。

通常目标的散射点模型随视角作缓慢变化,但一维距离像的变化要快得多。一维距离像是三维分布散射点子回波之和,在平面波的条件下,相当于三维子回波以向量和的方式在雷达射线上的投影,即相同距离单元里的子回波作向量相加。雷达对目标视角的微小变化,会使同一距离单元内横向位置不同散射点的径向距离差改变,从而可能使两者子回波的相位差显著变化。以波长3cm为例,若两散射点的横距为10m,当目标转动0.05°时,两者到雷达的径向距离差变化为1cm,它们子回波的相位差改变240°。由此可见,目标一维距离像中尖峰的位置随视角缓慢变化(由于散射点模型缓变),而尖峰的振幅可能是快变的(当相应距离单元中有多个散射点)。图10-18是C波段雷达实测的飞机一维距离像的例子,图中将视角变化约3°

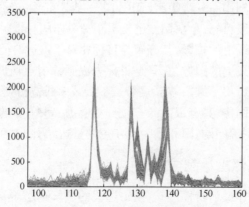

图10-18 飞机回波的一维距离像

的回波重合画在一起。一维距离像随视角变化而具有的峰值位置缓变性和峰值幅度快变性可作为目标特性识别的基础。

对于一维距离像雷达制导技术，它只有"距离"这一个维的高分辨，在很多方面仍存在一定的局限性，如方位上靠得很近的多个目标的分辨和识别、诱饵与干扰的鉴别等问题。解决这些局限的方法是将一维高分辨扩展成多维高分辨，而采用合成孔径雷达得到目标及其周围背景的二维高分辨图像或平面图像就是目前的主要发展方向。

10.3.2 合成孔径雷达制导原理

第二次世界大战结束时，雷达的距离分辨率已达到小于150m，但对于100km处目标的方位线分辨率则大于1500m。20世纪50年代后，距离分辨率的提高可采用复杂的大时宽频宽积信号来得到，而寻找改善角度分辨率（横向分辨率）的新方法却显得十分困难。一般来说角度分辨率是依靠天线产生的窄波束来实现的，例如2°宽度波束在100km处的横向分辨率约为3500m，使方位横向分辨率在100km处达到150m的量级，这需要天线波束宽度为0.086°。而波束宽度越窄，要求天线的有效面积则越大，这时往往要求天线的直径达到上百米，这显然是难以实现的。为了解决天线尺寸过大的问题，人们提出可以用一根长的线阵天线产生窄波束，即发射时线阵的每个阵元同时发射相参信号，接收时由于每个阵元又同时接收信号，从而在馈电系统中叠加形成很窄的接收波束。此外多个振元的同时发射和同时接收并非必须，可以依次让每个振元发射和接收，并把在每个振元上接收的回波信号全部存储起来，然后进行叠加处理，其效果就类似于长线阵同时发收。因此，只要用一个小天线沿着长线阵的轨迹等速移动并辐射相参信号，记录下接收信号并进行适当处理，就能获得一个相当于很长线阵的方位向（横向）高分辨率。人们称这种概念为合成孔径天线。采用这种合成孔径天线技术的雷达被称为合成孔径雷达（SAR），如图10-19所示。

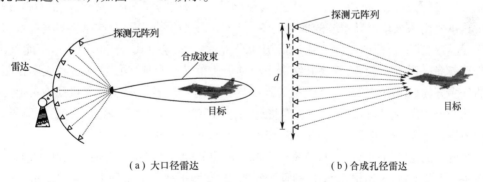

(a) 大口径雷达　　(b) 合成孔径雷达

图10-19　大口径雷达与合成口径雷达的高精度测角

为了提高图像的横向分辨率，就需要加长相干积累时间，也就是要加大前面提到的合成孔径。为了获得米级的分辨率，合成孔径长度一般应为百米的数量级，即飞机要飞行几百米后才能得到所需的分辨率。由于相对于雷达不同方位角的地面固定目标，多普勒值是不同的。对某一地面固定目标，在飞机飞行过程中，由于其视角不断变化，回波多普勒也随之变化。以下面的飞机平台为例说明合成孔径雷达的探测原理。

用飞机平台上的雷达观测固定的地面场景时，可以用多普勒效应来说明其横向高分辨。如图10-20(a)所示与飞机航线平行的一条地面线上，在某一时刻地平线上各点到雷达天线相位中心连线与运动平台速度向量的夹角是不同的，因而具有不同的瞬时多普勒。

为了得到较高的多普勒分辨率，必须有较长的相干积累时间，也就是说飞机要飞一段距离，而在此期间，它对某一点目标的视角是不断变化的。图10-20(b)的上图用直角坐标表示飞行过程中点目标 O 的雷达回波相位变化图，当 O 点位于飞机的正侧方时，目标 O 到雷达的距离最近，设此时回波相位为零，而在此前后的相应距离要长一些，即回波相位要加大，如图10-20(b)的上图所示。不难从距离变化计算出相位变化的表示式，它近似为抛物线。上述相位变化的时间导数即多普勒，如图10-20(b)的下图所示，这时的多普勒近似为线性变化，图中画出了水平线上多个点目标回波的多普勒变化图，它们均近似为线性调频信号，只是时间上有平移。

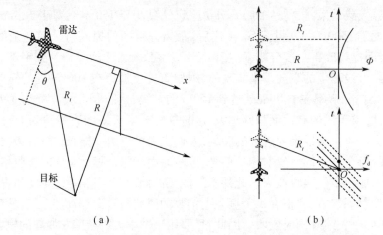

图10-20　SAR成像几何关系以及SAR信号的相位和多普勒图

合成孔径雷达(SAR)具有很高的方位分辨能力，它要求按严格的规律积累回波，通常要求载体做直线飞行，且天线指向不变，一般应与航路垂直，否则需要做运动补偿。目前，弹载合成孔径雷达主要用做景象制导系统的探测设备，它并不直接探测目标，制导系统只是按照景象匹配原理，间接地获取目标的位置信息，并形成制导指令。虽然弹载合成孔径雷达不能直接"寻的"，但仍然是一种导引装置，故将其纳入主动导引头范畴。合成孔径技术已经应用在了军事领域的许多方面，美国的Block-4型战斧巡航导弹利用GPS接收机接收飞机和卫星上的合成孔径雷达产生的图像，与实时获得的电视图像通过数字式图像匹配区域校正进行中制导，利用红外成像进行末制导可达到圆概率误差(CEP)小于5m的精度。

SAR的特征是在雷达移动而被测物(如地面)固定时能获得被测物的清晰图像(图10-21)。20世纪60年代开始，人们根据SAR的理论和实践，发展了在一定条件下雷达固定而目标物体运动时获得目标清晰图像的理论和方法，这种工作方式常称为逆合成孔径雷达(ISAR)，它对目标识别等方面具有重要意义。20世纪70年代，随着雷达成像理论的进一步发展以及大规模集成电路和大容量高速电子计算机的问世，使微波成像雷达成为可能。当然，SAR和ISAR均属成像雷达范畴，它们的基本原理是一致的，而具体的工作方式、影响性能的各种因素及信息处理和获得图像的方法则有所不同。

合成孔径雷达是末制导雷达技术的发展趋势，它在理论层面已趋于成熟。但从目前应用层面来说，导引头使用合成孔径技术获得目标与背景的二维图像还是比较困难。其主要原因是数据运算量太大，导引头的数字信号处理电路的运算速度跟不上，所以合成孔径成像导引头的研究工作还在继续发展。

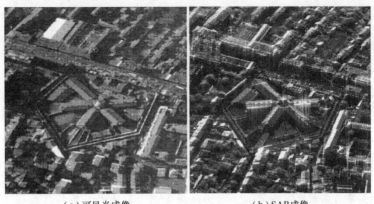

(a) 可见光成像　　　　　　(b) SAR成像

图 10-21　可见光成像与 SAR 成像对比

思 考 题

(1) 雷达制导与光学制导相比有何优缺点?
(2) 以防空导弹为例,简述无线电指令遥控制导导弹的工作过程。
(3) 单雷达波束与双雷达波束在工作原理上的区别是什么?
(4) 简析圆锥扫描雷达驾束制导弹上接收机输出信号 $U_m(t)$ 的形成过程。
(5) 论述雷达寻的制导方式(主动式、半主动式、被动式)的工作原理及各自特点。
(6) "爱国者"导弹采取了 TVM 制导方式,简要概述它的工作过程。
(7) 简述雷达一维距离像的成像原理和特点。
(8) 简述合成孔径雷达的工作原理。

第四篇　捷联导引头与多模导引头

随着现代常规武器向着小型化和低成本化发展，一些小型便携式导弹和制导弹药也开始使用诸如光学成像的高精度探测导引头。高精度探测导引头对目标信息的测量需要在一定的稳定基准下进行。传统的直接视线稳定导引头采用的陀螺式稳定平台，由于伺服机构体积较大，难以应用于体积小且重量轻的小型便携式导弹和制导弹药中。

本书第 2 章介绍的导引头间接稳定方式（包括全捷联和半捷联）是一种简化的导引头稳定方式，它能为无法使用常规稳定结构的导弹或制导弹药提供稳定方案。间接稳定的本质是将引入导引头光轴的弹体姿态运动测量出来，通过解算再馈入适当的框架控制或者姿态转换矩阵，控制视线向姿态干扰的反向运动，从而抵消或减小由弹体扰动引起的视线运动，使得视线只跟随目标运动，而不受弹体扰动的影响。因此采用间接稳定方式的导引头也称为捷联导引头。

另一方面，任何单一的制导体制都有其不足和弱点，随着现代战争对抗环境的复杂化，传统单模导引头已经难以适应当今战争的需求。为此，人们提出将多种制导系统复合使用，使得各种制导系统之间能够取长补短、相互补充，从而提高对抗恶劣环境的能力和满足多任务的要求。

导引头获取的目标测量信息不可避免会受到弹体抖动、整流罩折射、电子或光学噪声、惯性器件误差等多种因素的干扰，这导致所获取的测量信息并不十分准确。为了提高制导信息的精度，各种滤波方法被引入导引头的信息处理环节，通过构建弹目运动关系和惯导误差模型，能够在不改变硬件配置的情况下有效提高制导精度。

本篇将从捷联导引头、多模复合导引头和导引头信息滤波技术三方面展开介绍。

第 11 章　捷联导引头

采用捷联稳定式导引头的优点是：①减小了导引头体积，降低了研制成本，适合于空间有限的导弹；②可利用导弹自动驾驶仪惯导组合中的高精度陀螺传感器信息获得弹体姿态变化，从而通过解算来稳定视线指向。这样，同一惯性器件既可以用于视线平台的稳定，又可以为飞行控制系统提供弹体姿态信息，不仅节省了硬件成本，也为视线稳定平台与驾驶仪平台的一体化设计提供了可能。

捷联稳定主要分为全捷联稳定与半捷联稳定两种方式。全捷联稳定方式是将惯性测量器件固定于载体上，由解耦算法进行计算，通过数学转换实现姿态隔离。全捷联导引头的优点在于完全取消了平台框架结构，导引头结构非常简单；其缺点是导引头完全固连在弹体上，导引头的成像质量或测量精度受弹体姿态运动影响很大,此外导引头不具备大范围跟踪目标的能力,因此对导引头视场要求较高,同时对弹体的机动性提出限制。

半捷联稳定方式保留了两轴框架结构,它的惯性测量器件捷联安装在弹体上或者与自动驾驶仪的捷联惯导系统复用,通过惯导解算出的姿态干扰角度信息驱动两轴框架运动进行物理解耦。半捷联导引头的优势在于只有导引头探测器部件安装在框架上,框架的载荷小、动态特性高,同时探测器光轴在物理上是真正稳定的,因此导引头成像质量或测量精度相对较高。此外,两轴框架使得导引头具有较大的跟踪能力和跟踪范围,这使其适合跟踪大机动目标。正是由于具备这些优点,半捷联导引头已经成为目前导引头发展的新兴方向。

11.1　全捷联导引头

全捷联导引头测量的目标信息是相对于导弹弹体坐标系的,导弹的姿态变化会直接影响到系统的输出,从而造成较大的跟踪偏差。这样的输出信息无法直接作为制导信号使用,因此必须采用解耦方法实现导引头目标视线的稳定。

利用捷联惯导的解耦方法是直接从导弹的捷联惯导信号中提取出所需要的解耦信号,是一种基于数学补偿的稳定算法。与传统的平台稳定导引头相比,这种方式是采用间接稳定的数学平台替代了实际物理稳定平台,其控制精度取决于数学解耦算法。由于这种方式是直接利用导弹的惯导信号,不必在导引头系统中再配置陀螺部件,可以减小导引头的内部空间需求,也有助于降低成本。但这种方法仅适于安装有捷联惯导的导弹,且无法直接得到比例导引律所需的惯性系视线角速率信息,因此必须通过数学解算方法间接提取。此外,全捷联导引头为了实现对目标的跟踪,通常采用大视场和弹体姿态快速跟踪的方法,这会受到弹体尺寸、硬件成本和弹体控制能力的约束。

全捷联导引头测量弹目视线信息需要利用捷联惯性器件测量信息进行弹体姿态解耦,下面针对解耦解算的过程进行详细介绍。

11.1.1　解耦解算中的坐标系

对于全捷联导引头进行解耦解算时,常用的坐标系除了用到本书第 1 章介绍的弹体坐标系 $Ox_1y_1z_1$(也称本体坐标系或载体坐标系,简记为 b 系),还会用到发射惯性坐标系和位标器坐标系,下面简单介绍这两种坐标系定义。

1. 发射惯性坐标系(简记为 i 系)

惯性器件(陀螺和加速度计)的测量是以惯性坐标系为参考基准的。通常采用发射惯性坐标系作为公共参考坐标系,用 $Ax_iy_iz_i$ 表示。其原点通常在发射点 A 上,Ax_i 轴在水平面内指向目标方向,Ay_i 轴位于铅垂面向上,Az_i 轴与 Ax_i 和 Ay_i 按右手定则确定。正如第 1 章所说,对于近程导弹来说,在忽略地球自转和公转的情况下,地面坐标系 $Axyz$ 就等价于发射惯性坐标系 $Ax_iy_iz_i$。

2. 位标器坐标系(简记为 a 系)

位标器坐标系原点 O_a 位于导引头探测器中心,O_ax_a 轴与导引头光轴或电轴共线且向前为正,O_ay_a 轴为探测器平面纵向且规定向上为正,O_az_a 轴为横向,方向按右手定则确定。

不同坐标系之间坐标转换时常用到方向余弦矩阵,设 a 为欧拉旋转角,定义如下的方向余弦矩阵:

$$C_X(a) = \begin{bmatrix} 1 & 0 & 0 \\ 0 & \cos a & \sin a \\ 0 & -\sin a & \cos a \end{bmatrix} \quad (11-1)$$

$$C_Y(a) = \begin{bmatrix} \cos a & 0 & -\sin a \\ 0 & 1 & 0 \\ \sin a & 0 & \cos a \end{bmatrix} \quad (11-2)$$

$$C_Z(a) = \begin{bmatrix} \cos a & \sin a & 0 \\ -\sin a & \cos a & 0 \\ 0 & 0 & 1 \end{bmatrix} \quad (11-3)$$

根据坐标系转换时旋转顺序的不同,任意两个坐标系之间的转换关系都可以通过这三个姿态旋转矩阵的乘积表示。

11.1.2 捷联惯性器件误差

由于全捷联导引头需要利用捷联于弹体的惯性器件的测量数据进行解耦,而弹体恶劣的动力学环境,包括高过载、强振动、大冲击等都会给惯性器件带来较大的误差。在平台稳定式导引头中,稳定平台隔离了弹体的运动,平台上的惯性器件基本不受动力学环境的影响,因此导引头稳定平台上的惯性器件测量精度要高于捷联惯性器件。为了降低捷联惯导器件测量精度对导引头解耦精度的影响,就需要对捷联惯性器件的误差进行修正。

捷联惯性器件由于工作原理、加工工艺不完善等造成器件自身的误差,一般按照误差模型的不同可以分为:

(1)静态误差:指在线运动条件下惯性器件输出产生的误差,通常也称为与重力加速度g有关的误差。在地球表面的惯性器件总是会受到重力加速度的影响,因而将在重力和线加速度下建立的误差模型统称为静态误差模型。

(2)动态误差:指在角运动条件下惯性器件输出产生的误差,是指与角速度和角加速度有关的误差。由于捷联惯性器件直接承受弹体的角运动,所以捷联惯性器件的动态误差要比稳定平台上惯性器件的动态误差大得多。

(3)随机误差:惯性器件误差中由于电子噪声、热漂移等多种因素造成的误差是随机的,并且有些误差的形成机理还尚不明确,这些不确定性误差一般都统称为随机误差。

在实际使用中,为了修正捷联惯性器件的测量数据,需要对惯性器件的这三种误差进行建模,从而通过前期标定和后期滤波等手段尽量消除这些误差。下面主要针对陀螺和加速度计分别介绍常用的误差数学模型。

1. 陀螺误差模型

陀螺是弹体角运动的测量元件,陀螺误差对姿态角或者角速率的测量有着直接影响。对于常见的角速率陀螺,其静态误差数学模型可写为

$$\omega_{dx1} = K_0 + K_x A_x + K_y A_y + K_z A_z + K_{xx} A_x^2 + K_{yy} A_y^2 + \\ K_{zz} A_z^2 + K_{xy} A_x A_y + K_{yz} A_y A_z + K_{zx} A_z A_x \quad (11-4)$$

式中:K_0 项为角速率零偏项;K_x、K_y 和 K_z 为三轴线加速度对角速率测量误差的影响系数;K_{xx}、

K_{yy} 和 K_{zz} 为三轴线加速度平方对角速率测量误差的影响系数;K_{xy}、K_{yz} 和 K_{zx} 为任意两轴线加速度交叉积对角速率测量误差的影响系数。

角速率陀螺的动态误差数学模型可以写为

$$\omega_{dx2} = D_1 \dot{\omega}_x + D_2 \dot{\omega}_y + D_3 \dot{\omega}_z + D_4 \omega_x + D_5 \omega_y + D_6 \omega_z +$$
$$D_7 \omega_x^2 + D_8 \omega_y^2 + D_9 \omega_z^2 + D_{10} \omega_x \omega_y + D_{11} \omega_y \omega_z + D_{12} \omega_z \omega_x \quad (11-5)$$

式中:D_1、D_2 和 D_3 为三轴角加速率对角速率测量误差的影响系数;D_4、D_5 和 D_6 为三轴角速率刻度因数误差系数;D_7、D_8 和 D_9 为三轴角速率平方对角速率测量误差的影响系数;D_{10}、D_{11} 和 D_{12} 为任意两轴角速率交叉积对角速率测量误差的影响系数。

陀螺的随机误差可以认为由以下三部分构成:

$$\varepsilon = \varepsilon_b + \varepsilon_r + \omega_g \quad (11-6)$$

式中:ε_b 为逐次启动漂移,表现为随机常值漂移,有 $\dot{\varepsilon}_b = 0$;ω_g 为快变漂移,表现为均值为 0 的随机白噪声漂移;ε_r 为慢变漂移,可以用一阶马尔科夫过程描述,其数学模型为

$$\dot{\varepsilon}_r = -\varepsilon_r/T_g + \omega_r \quad (11-7)$$

式中:ω_r 是标准差为 δ_r 的白噪声;T_g 为相关时间。考虑到逐次启动误差对导航精度的影响有限,以及弹上计算机有限的计算能力,陀螺漂移可以简化为 $\varepsilon = \varepsilon_r + \omega_g$,于是有

$$\dot{\varepsilon} = -\frac{1}{T_g}\varepsilon_r + \omega_r + \dot{\omega}_g = -\frac{1}{T_g}\varepsilon_r + \omega \quad (11-8)$$

式中:$\omega = \omega_r + \dot{\omega}_g$ 为陀螺噪声。

2. 加速度计误差模型

加速度计与陀螺误差模型类似,其静态误差数学模型可以写为

$$\Delta A_1 = K_0 + K_x A_x + K_y A_y + K_z A_z + K_{xx} A_x^2 + K_{yy} A_y^2 +$$
$$K_{zz} A_z^2 + K_{xy} A_x A_y + K_{yz} A_y A_z + K_{zx} A_z A_x \quad (11-9)$$

式中:K_0 项为加速度零偏项;K_x、K_y 和 K_z 为三轴线加速度刻度因数误差系数;K_{xx}、K_{yy} 和 K_{zz} 为三轴线加速度平方对加速度测量误差的影响系数;K_{xy}、K_{yz} 和 K_{zx} 为任意两轴线加速度交叉积对加速度测量误差的影响系数。

加速度计的动态误差数学模型可以写为

$$\Delta A_2 = D_1 \dot{\omega}_x + D_2 \dot{\omega}_y + D_3 \dot{\omega}_z + D_4 \omega_x + D_5 \omega_y + D_6 \omega_z +$$
$$D_7 \omega_x^2 + D_8 \omega_y^2 + D_9 \omega_z^2 + D_{10} \omega_x \omega_y + D_{11} \omega_y \omega_z + D_{12} \omega_z \omega_x \quad (11-10)$$

式中:D_1、D_2 和 D_3 为三轴角加速率对加速度测量误差的影响系数;D_4、D_5 和 D_6 为三轴角速率对加速度测量误差的影响系数;D_7、D_8 和 D_9 为三轴角速率平方对加速度测量误差的影响系数;D_{10}、D_{11} 和 D_{12} 为任意两轴角速率交叉积对加速度测量误差的影响系数。

加速度计的随机误差数学模型可以写成

$$\Delta = \Delta_b + \Delta_r + \Delta_a \quad (11-11)$$

式中:Δ_b 为逐次启动零偏;Δ_r 为慢变漂移,也可以用一阶马尔科夫过程描述;Δ_a 为快变噪声,表现为均值为 0 的随机白噪声。由于实际使用中加速度计的慢变漂移对测量精度影响较小,启动零偏可以基本消除,因此通常随机误差数学模型只保留快变噪声项 Δ_a。

实际上,陀螺和加速度计的误差很复杂,若能将所有误差因素都进行建模并修正则会得到很高的精度。但是,一方面惯性器件模型难以精确建模,并且模型参数也存在着不确定性。另一方面,建模中考虑因素越多系统就越复杂,计算量就越大。因此对捷联惯性器件误差的建模需要根据实际情况进行合理的简化和选取,使得在精度和计算量上取得最佳配合。

11.1.3 捷联导引头姿态解耦

捷联导引头的姿态解耦实际上就是对捷联惯性器件的姿态解算,通常可以采用欧拉法、四元数法和旋转矢量法等。相比其他两种方法,四元数法运用比较方便且不存在奇异值,因此本节采用四元数方法进行姿态解算(四元数理论可参见本书附录),这里只给出单子样姿态更新算法。

设 t_k 时刻的弹体坐标系为 $b(k)$,t_{k+1} 时刻的弹体坐标系为 $b(k+1)$,发射惯性坐标系为 i。记 $b(k)$ 至 $b(k+1)$ 的旋转四元数为 $q(h)$,i 至 $b(k)$ 的旋转四元数为 $Q(t_k)$,i 至 $b(k+1)$ 的旋转四元数为 $Q(t_{k+1})$,其中 $h = t_{k+1} - t_k$。在 $k+1$ 时刻,在弹体系中的空间矢量记为 $r^{b(k+1)}$,由弹体系到惯性系的姿态转换矩阵记为 $C_{b(k+1)}^{i}$,则

$$r^i = C_{b(k+1)}^{i} r^{b(k+1)} \tag{11-12}$$

亦即

$$r^i = C_{b(k)}^{i} C_{b(k+1)}^{b(k)} r^{b(k+1)} \tag{11-13}$$

将式(11-12)和式(11-13)的向量坐标变换用四元数乘法表示,于是有

$$r^i = Q(t_{k+1}) \otimes r^{b(k+1)} \otimes Q^*(t_{k+1}) \tag{11-14}$$

$$r^i = Q(t_k) \otimes [q(h) \otimes r^{b(k+1)} \otimes q^*(h)] \otimes Q^*(t_k) \tag{11-15}$$

式中:Q^* 为 Q 的共轭四元数。根据四元数乘法结合律,式(11-15)可写成

$$r^i = [Q(t_k) \otimes q(h)] \otimes r^{b(k+1)} \otimes [Q(t_k) \otimes q(h)]^* \tag{11-16}$$

比较式(11-16)和式(11-14),得

$$Q(t_{k+1}) = Q(t_k) \otimes q(h) \tag{11-17}$$

式中:

$$q(h) = \cos\frac{\Phi}{2} + \frac{\Phi}{\Phi}\sin\frac{\Phi}{2} \tag{11-18}$$

式中:Φ 为 $b(k)$ 至 $b(k+1)$ 的等效旋转矢量,$\Phi = |\Phi|$。

单子样旋转矢量为

$$\Phi(h) = \Delta\theta = \begin{bmatrix} \Delta\theta_x \\ \Delta\theta_y \\ \Delta\theta_z \end{bmatrix} \tag{11-19}$$

如果旋转四元数为 $Q(t_{k+1}) = q_0 + q_1 i + q_2 j + q_3 k$,那么姿态旋转矩阵可以写为

$$C_b^i = \begin{bmatrix} q_0^2 + q_1^2 - q_2^2 - q_3^2 & 2(q_1 q_2 - q_0 q_3) & 2(q_1 q_3 + q_0 q_2) \\ 2(q_1 q_2 + q_0 q_3) & q_0^2 - q_1^2 + q_2^2 - q_3^2 & 2(q_2 q_3 - q_0 q_1) \\ 2(q_1 q_3 - q_0 q_2) & 2(q_2 q_3 + q_0 q_1) & q_0^2 - q_1^2 - q_2^2 + q_3^2 \end{bmatrix}$$

$$= \begin{bmatrix} T_{11} & T_{12} & T_{13} \\ T_{21} & T_{22} & T_{23} \\ T_{31} & T_{32} & T_{33} \end{bmatrix} \qquad (11-20)$$

可由下式计算得到姿态角主值：

$$\begin{cases} \theta_{\pm} = \arcsin(T_{21}) \\ \psi_{\pm} = \arctan\left(-\dfrac{T_{31}}{T_{11}}\right) \\ \gamma_{\pm} = \arctan\left(-\dfrac{T_{23}}{T_{22}}\right) \end{cases} \qquad (11-21)$$

全捷联导引头解耦实际上就是利用姿态转换矩阵 C_b^i 将在弹体系下测量的弹目视线角或角速度转换到发射惯性系下，这样才能被制导系统所使用。

对于全捷联导引头解耦来说，解耦过程完全由数字计算完成，没有任何机械或者电子扫描过程，因此其精度主要取决于弹体姿态角速率或角度的测量精度以及捷联解耦的计算精度。此外导引头与惯性测量器件位置不一致以及弹体的弹性形变也会引起捷联解耦的误差，这两个误差的影响会在下节半捷联导引头解耦精度误差因素分析中加以介绍。

11.2　半捷联导引头

全捷联导引头采用数字平台进行测量基准稳定，使得导引头整体结构非常简单，但是其视线测量信息并不是在真实惯性稳定的状况下测量的，它的测量精度低于具有稳定平台的导引头。为此，人们结合稳定平台导引头和全捷联导引头的优点，提出了半捷联导引头结构。半捷联导引头保留了测量基准转向机构（如机械框架结构或者电子波束转向系统），因此能够实现测量基准的空间真实稳定；同时避免在框架上安装惯性测量器件，大大降低了导引头的复杂度和成本。

半捷联导引头的稳定机构一般多采用机械框架转动结构实现，但这种半捷联导引头跟踪动态特性和精度同样受到机械框架伺服系统的限制，无法快速跟踪目标和精确消除姿态抖动。对于采用主动相控阵的半捷联雷达导引头来说，其可利用相控阵波束具有一定角度范围的扫描能力进行解耦。这种电子波束扫描的精度和动态特性非常高，因此相比框架式半捷联导引头其对高机动目标有更好的去耦能力和跟踪能力。但是相控阵雷达的波束转动角度范围有限，所以人们常把机械框架转动结构和相控阵天线系统结合使用，这样既可以获得较大的转动角度范围，同时还能够实现较高的解耦精度和跟踪能力。图 11-1 就是采用了机械框架转动结构底座的相控阵雷达。

对于利用波束调节稳定的解耦方式，其工作原理与传统的随动导引头类似（图 11-2），只是随动导引头是通过框架轴来隔离弹体的扰动并保持对目标的跟踪，而采用波束调节稳定的解耦方式是通过移相器来改变扫描波束的相位，从而改变扫描电轴的指向，达到稳定电轴和跟踪目标的目的。其用数控部分替代了传统导引头的框架稳定平台，因而系统反应时间更快，工作效率和准确度都有大幅提高。采用此种解耦方式除了需要一般导引头所需的陀螺仪和主机外，还需额外配置移相器以及信号处理器等，因而系统成本会大幅提高，对于某些在生产成本

图 11-1　相控阵雷达导引头

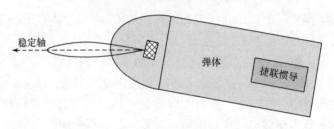

图 11-2　相控阵雷达波束稳定示意图

有严格要求的导弹来说不适合采用此种方法。此外,只有当移相器控制波束偏转的幅度应与弹体运动的幅度近似相等时,这种方法才能达到完全解耦的目的,因而对敏感元器件的精度也提出了很高的要求。

下面以机械框架式光学半捷联导引头为例给出半捷联稳定控制回路的实现原理,如图 11-3 所示。其中,捷联惯性测量单元置于框架基座上直接测量弹体扰动,测得的弹体姿态运动信息送入数字信号处理器;捷联稳定算法计算出转动指令驱动框架伺服系统对弹体运动进行补偿;光学探测器测量弹目视线信息后送给数字信号处理器完成制导信息的提取。

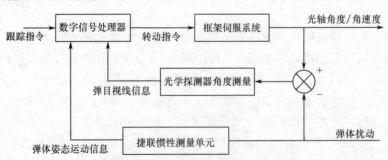

图 11-3　捷联稳定控制原理框图

框架伺服系统可以采用速度环或者位置环反馈结构形式,所以捷联稳定的实现方式也有两种:角度补偿法和角速度补偿法。本节以两自由度框架结构光学半捷联导引头为例,对两种捷联稳定实现方法的原理及可行性进行分析,并分别给出解耦算法。

11.2.1　基于角度补偿的解耦方法

下面分析角度补偿解耦方法的推导过程,设弹体坐标系 b 在惯性坐标系 i 下的三个姿态

角分别为俯仰角 ϑ、偏航角 ψ、滚转角 γ (2-3-1 旋转顺序),光轴在弹体系的扫描顺序假设为先方位 λ_{yb} 后俯仰 λ_{zb}。

1. 稳定模式下的解耦关系推导

在稳定模式下,弹体运动将使得光轴指向矢量 $o\xi$ 旋转,光轴指向机构的作用效果是保持光轴矢量指向在惯性空间稳定。假设在 k 时刻时,光轴 $o\xi$ 已经对准目标,此时光轴在弹体坐标系内的扫描角为 $\lambda_{yb}(k),\lambda_{zb}(k)$,此时姿态角为 $\vartheta(k),\psi(k),\gamma(k)$,如图 11-4 所示,弹体系到惯性系的姿态转换矩阵为

$$C_b^i(k) = [C_i^b(k)]^T$$

$$= \begin{bmatrix} \cos\vartheta\cos\psi & -\cos\psi\sin\vartheta\cos\gamma + \sin\psi\sin\gamma & \cos\psi\sin\vartheta\sin\gamma + \sin\psi\cos\gamma \\ \sin\vartheta & \cos\vartheta\cos\gamma & -\cos\vartheta\sin\gamma \\ -\sin\psi\cos\vartheta & \sin\psi\sin\vartheta\cos\gamma + \cos\psi\sin\gamma & \cos\gamma\cos\psi - \sin\psi\sin\vartheta\sin\gamma \end{bmatrix}$$

(11-22)

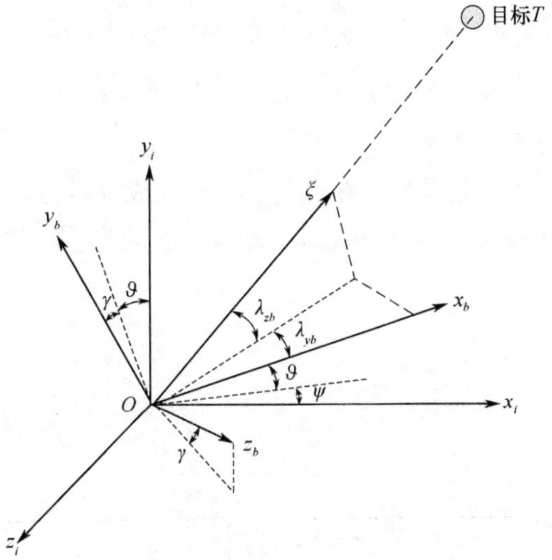

图 11-4 稳定模式下捷联解耦的坐标系关系示意图

此时光轴指向单位矢量 $o\xi$ 在弹体坐标系的表达式为

$$o\xi_b(k) = [\cos(\lambda_{zb}(k))\cos(\lambda_{yb}(k)) \quad \sin(\lambda_{zb}(k)) \quad -\cos(\lambda_{zb}(k))\sin(\lambda_{yb}(k))]$$

(11-23)

将该矢量转至惯性空间的坐标可以写为

$$o\xi_i(k) = C_b^i(k) o\xi_b(k) \tag{11-24}$$

在 $k+1$ 时刻,弹体姿态发生变化,捷联惯导测量出弹体相对惯性坐标系的姿态角为 $\vartheta(k+1),\psi(k+1),\gamma(k+1)$,此时的姿态转移矩阵为 $C_b^i(k+1) = [C_i^b(k+1)]^T$。设此时光轴相对于弹体系的控制转动角分别为 $\lambda_{yb}(k+1),\lambda_{zb}(k+1)$,那么同理可得光轴控制后在弹体系下的单位矢量为

$$o\xi_b(k+1) = \begin{bmatrix} \cos(\lambda_{zb}(k+1))\cos(\lambda_{yb}(k+1)) \\ \sin(\lambda_{zb}(k+1)) \\ -\cos(\lambda_{zb}(k+1))\sin(\lambda_{yb}(k+1)) \end{bmatrix}^T \tag{11-25}$$

转到惯性系下的该矢量表达式：

$$o\boldsymbol{\xi}_i(k+1) = \boldsymbol{C}_b^i(k+1)o\boldsymbol{\xi}_b(k+1) \tag{11-26}$$

解耦的目的就是使得 $k+1$ 时刻的光轴在惯性空间的指向与 k 时刻相同，即满足

$$o\boldsymbol{\xi}_i(k+1) = o\boldsymbol{\xi}_i(k) \tag{11-27}$$

求解式(11-27)即可解算出 $k+1$ 时刻弹体系下光轴转动指令角，解算步骤如下：

$$\boldsymbol{C}_b^i(k+1)o\boldsymbol{\xi}_b(k+1) = \boldsymbol{C}_b^i(k)o\boldsymbol{\xi}_b(k) \tag{11-28}$$

$$o\boldsymbol{\xi}_b(k+1) = [\boldsymbol{C}_b^i(k+1)]^{-1}\boldsymbol{C}_b^i(k)o\boldsymbol{\xi}_b(k) \tag{11-29}$$

通过式(11-29)可以计算出 $o\boldsymbol{\xi}_b(k+1) = [x \ y \ z]$，那么 $\lambda_{yb}(k+1),\lambda_{zb}(k+1)$ 求解方程为

$$\lambda_{zb}(k+1) = \arcsin(y/\sqrt{x^2+y^2+z^2}) \tag{11-30}$$

$$\lambda_{yb}(k+1) = -\arcsin[z/\sqrt{x^2+z^2}] \tag{11-31}$$

2. 跟踪模式下的解耦关系推导

在跟踪模式下（图11-5），假设光轴在惯性空间已完成稳定，此时光轴相对弹体系的指向角为 $\lambda_{yb},\lambda_{zb}$，如果目标相对运动使得弹目视线偏离光轴，则失调角度为偏航方向 $\Delta\lambda_{yb}$ 和俯仰方向 $\Delta\lambda_{zb}$。

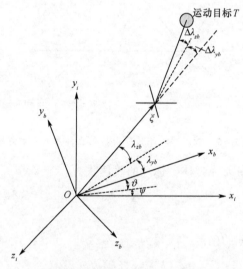

图11-5 跟踪模式下捷联解耦的坐标系关系示意图

那么在位标器坐标系中，假设目标偏离的失调角很小，则目标矢量 $\boldsymbol{\xi T}$ 的在位标器坐标系的表达式为

$$\boldsymbol{\xi T}_\xi = \begin{bmatrix} \cos(\Delta\lambda_{zb})\cos(\Delta\lambda_{yb}) \\ \sin(\Delta\lambda_{zb}) \\ -\sin(\Delta\lambda_{yb})\cos(\Delta\lambda_{zb}) \end{bmatrix} \approx \begin{bmatrix} 1 \\ \Delta\lambda_{zb} \\ -\Delta\lambda_{yb} \end{bmatrix} \tag{11-32}$$

那么 $\boldsymbol{\xi T}$ 在弹体坐标系下表达式为

$$\xi T_b = \left[\begin{bmatrix} \cos(\lambda_{zb}) & \sin(\lambda_{zb}) & 0 \\ -\sin(\lambda_{zb}) & \cos(\lambda_{zb}) & 0 \\ 0 & 0 & 1 \end{bmatrix} \begin{bmatrix} \cos(\lambda_{yb}) & 0 & -\sin(\lambda_{yb}) \\ 0 & 1 & 0 \\ \sin(\lambda_{yb}) & 0 & \cos(\lambda_{yb}) \end{bmatrix} \right]^T \begin{bmatrix} 1 \\ \Delta\lambda_{zb} \\ -\Delta\lambda_{yb} \end{bmatrix}$$

$$= \begin{bmatrix} \cos(\lambda_{yb})[\cos(\lambda_{zb}) - \Delta\lambda_{zb}\sin(\lambda_{zb})] - \Delta\lambda_{yb}\sin(\lambda_{yb}) \\ \sin(\lambda_{zb}) + \Delta\lambda_{zb}\cos(\lambda_{zb}) \\ \sin(\lambda_{yb})[-\cos(\lambda_{zb}) + \Delta\lambda_{zb}\sin(\lambda_{zb})] - \Delta\lambda_{yb}\cos(\lambda_{yb}) \end{bmatrix} = \begin{bmatrix} a_1 \\ a_2 \\ a_3 \end{bmatrix} \quad (11-33)$$

因此可以得到光轴在弹体系内新的指令角度为

$$\lambda'_{yb} = \arctan\left(-\frac{a_3}{a_1}\right) \quad (11-34)$$

$$\lambda'_{zb} = \arctan\left(\frac{a_2}{\sqrt{a_1^2 + a_3^2}}\right) \quad (11-35)$$

实际上如果稳定时光轴的指向角 λ_{yb}、λ_{zb} 不大，且精度要求不高时，波束跟踪新的指令角可以简化为

$$\lambda'_{yb} = \lambda_{yb} + \Delta\lambda_{yb} \quad (11-36)$$

$$\lambda'_{zb} = \lambda_{zb} + \Delta\lambda_{zb} \quad (11-37)$$

11.2.2 基于角速度补偿的解耦方法

一般来说，稳定机械框架的反馈形式为位置反馈，即角度反馈，通过角度补偿的解耦方法能够保证光轴指向在空间指向的不变。对于诸如比例导引律需要导引头输出视线角速率，此时其对光轴角速度的稳定要求更高。这种情况下半捷联解耦需要从捷联惯组中获取弹体姿态角速度的变化，并形成框架的角速率修正指令，从而保证光轴在惯性空间上的角速度为零。

基于角速度补偿的解耦方法就是针对弹体干扰角速度进行补偿方稳定的方法。弹体坐标系与位标器坐标系变换关系如图 11-6 所示，$Ox_bx_bz_b$ 为弹体坐标系；$Ox_ax_ax_a$ 为位标器坐标系；ω_{ax}、ω_{ay}、ω_{az} 为惯性空间光轴角速度。光轴平台为两自由度框架结构，设转动顺序为先方位（绕 y_b 轴）后俯仰（绕 z_a 轴），光轴的方位角和俯仰角分别用 λ_y、λ_z 表示，则 $\dot\lambda_y$、$\dot\lambda_z$ 分别表示框架的方位跟踪角速度和俯仰跟踪角速度。

在稳定状态下，弹体运动对光轴指向的影响就是弹体运动在位标器坐标系上的投影。设捷联惯性测量单元测得弹体的角速率为 ω_{bx}、ω_{by}、ω_{bz}，则弹体角速率在位标器坐标系 $O_ax_ay_az_a$ 中的投影 ω_{abx}、ω_{aby}、ω_{abz} 分别为

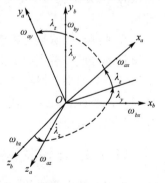

图 11-6 弹体坐标系与位标器坐标系

$$\begin{cases} \omega_{abx} = \omega_{bx}\cos\lambda_z\cos\lambda_y + \omega_{by}\sin\lambda_z - \omega_{bz}\cos\lambda_z\sin\lambda_y \\ \omega_{aby} = -\omega_{bx}\sin\lambda_z\cos\lambda_y + \omega_{by}\cos\lambda_z + \omega_{bz}\sin\lambda_z\sin\lambda_y \\ \omega_{abz} = \omega_{bx}\sin\lambda_y + \omega_{bz}\cos\lambda_y \end{cases} \quad (11-38)$$

而伺服框架跟踪角速度 $\dot\lambda_y$、$\dot\lambda_z$ 在位标器坐标系中的投影 ω_{asx}、ω_{asy}、ω_{asz} 分别为

$$\begin{cases} \omega_{asx} = \dot\lambda_y \sin\lambda_z \\ \omega_{asy} = \dot\lambda_y \cos\lambda_z \\ \omega_{asz} = \dot\lambda_z \end{cases} \quad (11-39)$$

于是可得光轴惯性空间角速度分别为

$$\begin{cases} \omega_{ax} = \omega_{abx} + \omega_{asx} \\ \omega_{ay} = \omega_{aby} + \omega_{asy} \\ \omega_{az} = \omega_{abz} + \omega_{asz} \end{cases} \quad (11-40)$$

当目标不动时,要隔离弹体角速度对光轴在惯性空间指向的影响,本质上要求光轴在惯性空间的角速率 ω_{ax}、ω_{ay}、ω_{az} 应均为 0,因此对于两轴稳定平台应满足

$$\begin{cases} \omega_{asy} = -\omega_{aby} \\ \omega_{asz} = -\omega_{abz} \end{cases} \quad (11-41)$$

考虑到上述关系,由式(11-39)得到两轴框架实时补偿角速率指令为

$$\begin{cases} \dot\lambda_y = -\omega_{aby}/\cos\lambda_z \\ \dot\lambda_z = -\omega_{abz} \end{cases} \quad (11-42)$$

可见 ω_{abz} 直接输至俯仰跟踪系统进行补偿,但对 ω_{aby} 来说,必须引入正割补偿后才能输至方位跟踪系统进行补偿,否则当俯仰角较大时会造成很大误差。由式(11-42)也可以看出,采取两轴补偿后,光轴还具有绕自身纵轴(即 x_a 轴)转动的角速度 ω_{ax},因此两轴稳定平台的光轴有绕自身纵轴旋转的趋势,这是两轴稳定平台固有的问题。考虑到一般弹体滚转稳定,滚转角度很小,光轴转角也不大,这种旋转基本不会改变视轴的指向,因此只考虑光轴的两轴稳定即可。

角速度补偿法是角速率陀螺稳定平台的一种替代方法,即用弹体角速率与伺服框架角速率测量的合成来替代原来由框架速率陀螺完成的测速功能,这种方案算法简单,而且可以直接提取视线角速率。但在具体实现过程中,如何完成光轴的偏航和俯仰跟踪角速率反馈是个难题,这一般可以通过测速电动机或数值微分来获得。但在测量噪声较大的情况下,这将给框架速度环引入微分噪声。

11.2.3 半捷联导引头的解耦算法

导引头解耦算法的目标是测量出弹目视线相对于发射惯性系的夹角或角速度,即弹目视线角或角速度。但是捷联导引头所测量的信息是基于位标器坐标系下的,因此在解耦时需要将位标器坐标系下测量值转到弹体系,然后再转换到惯性系中。下面就以角度补偿解耦算法为例叙述半捷联导引头的解耦算法流程:

1. 捷联惯组的姿态和位置解算

捷联惯组根据陀螺输出的角速率以及加表输出的加速度,在每个解算周期内进行四元数姿态解算和位置解算。姿态解算可以获知当前时刻飞行器在惯性坐标系的姿态角 ψ',ϑ',γ'

和一个解算周期姿态角变化值 $\Delta\psi'(T),\Delta\vartheta'(T),\Delta\gamma'(T)$。捷联惯组解算的过程会包含惯性器件的测量和采样误差、载体高动态机动引入的算法误差等（主要是圆锥误差），其与真值的关系为

$$\begin{aligned}\psi' &= \psi + \delta\psi \\ \vartheta' &= \vartheta + \delta\vartheta \\ \gamma' &= \gamma + \delta\gamma\end{aligned} \quad (11-43)$$

$$\begin{aligned}\Delta\psi'(T) &= \Delta\psi(T) + \delta\Delta\psi(T) \\ \Delta\vartheta'(T) &= \Delta\vartheta(T) + \delta\Delta\vartheta(T) \\ \Delta\gamma'(T) &= \Delta\gamma(T) + \delta\Delta\gamma(T)\end{aligned} \quad (11-44)$$

2. 半捷联导引头的角度补偿解耦

半捷联导引头的解耦分为稳定和跟踪两个环节执行。在每个控制周期内，假设上个周期内导引头已经名义上精确指向目标。那么在本控制周期内，首先进行视线稳定控制，根据惯组解算的姿态角变化值 $\Delta\psi'(T),\Delta\vartheta'(T),\Delta\gamma'(T)$，导引头解耦根据式(11-30)和式(11-31)计算出理论稳定指令角 $\lambda_{zb}^c,\lambda_{yb}^c$，然后光轴伺服系统根据指令转动实际角度 $\lambda_{zb}^e,\lambda_{yb}^e$ 实现视线稳定。由于光轴伺服系统的动态特性，实际转动角度 $\lambda_{zb}^e,\lambda_{yb}^e$ 与指令转动角度 $\lambda_{zb}^c,\lambda_{yb}^c$ 有误差。

稳定阶段完成后，导引头光轴基本对准原指向位置，此时由于弹目的相对运动及解耦误差，会使得目标偏离波束中心；于是需要进行跟踪控制，位标器通过测量目标偏离光轴中心的失调角产生跟踪控制指令 $\lambda_{yb}^c{}'$ 和 $\lambda_{zb}^c{}'$ 进行跟踪控制，最终实现对目标的锁定跟踪。在跟踪控制过程中将引入光轴伺服机构的静态误差、光轴测量误差等，因此跟踪指令控制后的实际光轴转角为 $\lambda_{yb}^e{}'$ 和 $\lambda_{zb}^e{}'$。跟踪过程结束后，导引头光轴可以基本对准目标，这时通过光轴指向伺服系统的角度反馈可以获得光轴中心指向（即弹目视线连线）相对于弹体坐标系的两个指向角。

至此，导引头光轴稳定跟踪目标的弹目视线角度（相对于弹体系）已经获取，接着再通过捷联惯组计算的姿态矩阵转换到发射惯性坐标系的弹目视线角，从而为后期的弹目视线角速率提取提供测量数据。

3. 利用卡尔曼滤波方式解耦

所谓状态估计就是对目标过去、现在、未来的运动状态分别进行平滑、滤波和预测。捷联导引头的主要问题是隔离弹体的姿态扰动以及提取相对于惯性空间的视线角或角速率，采用卡尔曼滤波的方法来估计目标的视线角速率，通过增大过程噪声和观测噪声的系统方差阵，可以将许多在实际建模仿真时未考虑的误差项包含进来，从而使系统的仿真算法更加简单和贴近实际。当导弹采用比例导引法飞行时，可直接得到相对于惯性空间的视线角速率，同时还能估计出跟踪角误差和目标加速度的滤波值，进而通过这些变量可以实现对导引头测量基准的精确控制。

采用卡尔曼滤波解耦实质上是一种递推的无偏线性最小方差估计算法，这种解耦方法的抗干扰能力较强、实时性好，而且在仿真时通过增大系统噪声的方差阵，可以将弹体变形以及光轴罩折射率等许多小的干扰因素都考虑进来，从而提高系统的跟踪精度。但卡尔曼滤波需要给定合理仿真初值才能够快速收敛迭代出以后各个时刻的值，因此这种方法需要有一定的先验知识，并且只有在选取合适初始值的情况下，才能有效估计出相对于惯性空间并且隔离弹体扰动的测量值。关于利用卡尔曼滤波进行视线角信息估计的方法将在本书的第十二章介绍。

11.2.4 影响半捷联导引头解耦精度的因素

在半捷联导引头的解算时，采用欧拉姿态转换矩阵的前提是两个坐标系的原点重合，同时

假设弹体为刚体,这样导引头的实际姿态变化与弹体姿态变化相同。在实际中,这些前提并不能理想地满足,例如导引头与弹体质心不重合,且弹体具有一定弹性形变,同时伺服机构的动态特性等都会对导引头的解耦产生一定影响。下面将分别简单分析这些因素带来的影响。

1. 导引头位标器坐标系原点与弹体坐标系原点位置差的影响

如图 11-7 所示,导引头探测器坐标原点 O_a 与弹体坐标系质心 O 存在距离差为 l。弹体惯组通常安装在质心附近,可以测量出弹体的姿态角 θ(相对弹目连线惯性系),而导引头测量弹目视线角 θ' 为

$$\theta' = \theta + \arcsin[(l\sin\theta)/R] \approx \theta + (l\sin\theta)/R \qquad (11-45)$$

可见由于坐标系原点差异造成的导引头视线角误差 $\delta\theta \approx (l\sin\theta)/R$,它随着相对距离减小和弹体相对弹目视线的姿态角增大而增大。

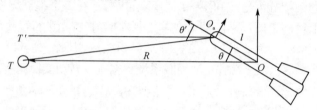

图 11-7 俯仰平面内导引头与弹体质心距离差影响示意图

2. 导引头位标器坐标系与弹体坐标系弹性形变的影响

在前面的推导中,假设弹体是理想刚体,而在实际中这种细长结构在外力的作用下总会发生微小的形变(即弹性形变),它也会引起导引头弹目视线角的测量误差,如图 11-8 所示。

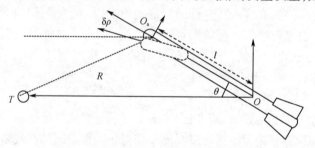

图 11-8 俯仰平面内导引头与弹体质心弹性形变影响示意图

这种弹性形变引起的角度误差 $\delta\rho \approx d_{\text{flex}}/l$,$d_{\text{flex}}$ 是导引头相对质心的弹体最大横向位移,这由弹体的机械结构和弹体受到的外作用力共同决定,它的物理特性为阻尼振荡模式。

3. 导引头机电伺服系统误差对解耦的影响

理论上,如果捷联惯导系统能够精确测量出弹体姿态的变化,同时导引头解耦指令能够被精确执行,导引头测量基准将始终指向稳定方向。实际中,半捷联导引头的转角伺服机构可能是机械框架式或者电子波束调节。电子波束调节动态特性和控制精度较高,可以近似认为不存在动态误差。机械框架式伺服系统受到驱动电动机、角度传感器、负载转动惯量和控制算法等因素的影响,会存在动态误差和静态误差。一般情况下可以将其等效为二阶环节

$$G(s) = \frac{1}{T^2 s^2 + 2\xi T s + 1} \qquad (11-46)$$

式中:T 为时间常数;ξ 为阻尼系数。由于机械框架伺服系统动态特性相对较差,因此解耦周

期内控制指令的执行误差相对较大,这会影响解耦和弹目视线提取精度。此外,框架伺服系统安装在导引头上,当弹体姿态晃动时杆臂效应也会对框架伺服系统增加额外的干扰力矩和耦合力矩,从而影响伺服系统的精度和动态特性。

思 考 题

(1) 与传统的导引头相比,捷联导引头有什么不同及优缺点?
(2) 简述捷联导引头的分类和特点。
(3) 捷联惯性器件的主要误差有哪些?写出一般的误差数学模型。
(4) 利用四元数法推导捷联惯导的姿态更新公式。
(5) 简述半捷联导引头的优缺点。
(6) 推导半捷联式导引头基于角度补偿的解耦关系。
(7) 推导半捷联式导引头基于角速度补偿的解耦关系。
(8) 影响半捷联导引头解耦精度的因素有哪些?

第 12 章　多模导引头

随着现代战争中双方攻防技术的不断升级,传统的单一模式的导引头已无法适应当今复杂和恶劣的战场对抗环境。因此将多种探测模式结合起来的多模导引头已经成为当今武器的主要发展方向。

目前世界上多模导引头中应用最多的是双模复合寻的导引头,其主要原因是:双模复合既可实现性能互补,又能保证导引头体积、质量和结构简便适用;双模复合寻的系统的能量接收器在导弹上容易安装,共孔径结构也容易设计和实现;双模复合的逻辑控制关系简单,在技术上容易实现;双模复合的信号处理和数据融合系统的软硬件设备量少,容易优化。目前世界上已经装备或研制的双模导引头导弹型号如表 12-1 所列。

表 12-1　双模复合制导武器一览表

型 号	导弹类型	复合方式	国家(地区)
毒刺(Stinger Post)	地/空	红外/紫外双色	美国
爱国者 PAC-3	地/空	主动雷达/半主动雷达	
标准 Block IV	地/空	半主动微波/红外	
RAM(RIM-116A)	舰/空	被动微波/红外	
SLAM	舰/空	微波/红外	
捕鲸叉改型 AGM-84E	空/地	主动雷达/红外成像+GPS	
哈姆 Block IV/3B	空/地	被动微波/红外	
海麻雀 AIM-7R	舰/空	主动雷达/红外	
SADARM	反装甲弹药	毫米波辐射计/红外	
战斧 Block IV	巡航导弹	红外成像/GPS+INS	
铜斑蛇-2	制导炮弹	红外成像/激光	
海鸥	反舰	红外成像/激光雷达	
ALFS	制导弹药	红外/毫米波	
SA-13	地/空	红外双色	俄罗斯
SA-N-8	舰/空	微波/红外	
3M-80E	舰/舰	主动雷达/被动雷达	
AAM	空/空	半主动微波/主动微波	
CED	反装甲炮弹	红外/毫米波成像	法国
西北风	地/空	红外/紫外双色	
TACED	反坦克炮弹	红外/毫米波	

(续)

型 号	导弹类型	复合方式	国家(地区)
ARMIGER	反辐射	被动雷达/红外	德国
SMART-155	灵巧弹药	红外/毫米波	德国
ZEPL	制导炮弹	红外/毫米波	德国
EPHRAM	制导炮弹	红外/毫米波	德国
RAM	舰/空	被动雷达/红外	美德丹联合
GRIFFIN(鹰头狮)	迫击炮弹	红外/毫米波	英法意瑞典
RBS-90	地/空	红外/激光雷达	瑞典
RBS15Mk3	反舰	LPI微波雷达/红外成像	瑞典
S225X	空/空	微波雷达/红外	英国

在双模复合制导模式中,毫米波与红外复合制导优势明显、复合结构简单,逐步成为双模复合制导中的重点研究对象。毫米波制导作用距离大于红外制导,在较远距离上由主动毫米波制导完成目标搜索和识别的任务。在距离较近后,毫米波随着距离缩小目标闪烁效应增强,制导精度下降;但此时红外制导开始工作,红外制导没有闪烁和反射效应,制导精度很高,特别是红外成像制导具有目标成像识别能力,抗干扰和智能识别能力进一步增强。另一方面,目前隐身材料无法对毫米波和红外同时隐身,这就大大增强了复合制导系统的反隐身能力。正是由于这些优点,世界各国都大力开展了毫米波与红外复合制导的研究。

从20世纪90年代至今,多个国家都研制了毫米波与红外复合制导的武器,典型型号主要有:美国研制的"铜斑蛇"2型制导炮弹,用红外/毫米波制导代替激光半主动制导;美国"萨达姆"(SADARM)155mm末敏炮弹,将一个94GHz的毫米波雷达与一个中波(3~5μm)成像红外敏感器以共瞄准线结构组合在一起。德国"灵巧"(SMART)155mm末敏炮弹、"苍鹰"反坦克导弹、"ZEPL"和"EPHRAM"制导炮弹等均采用红外/毫米波复合制导。英国、法国、意大利、瑞典联合研制的120mm末制导迫击炮弹"鹰头狮"(Griffin)采用红外/毫米波制导方式。法德联合成功研制一种对陆攻击导弹用的双模导引头"Astrid",由共孔径的MMW(94GHz)和IR复合而成。还有瑞典研制的"ROSS"式155mm智能炮弹和德国的"EPHARM"155mm末制导炮弹均采用红外/毫米波双模复合制导。

本章将主要介绍多模复合的原则和形式以及信息融合算法,同时重点针对毫米波和红外成像双模复合导引头的一般设计方法进行讲述,最后针对多模导引头的信息滤波原理进行简要介绍。

12.1 多模导引头的复合原则和常见形式

12.1.1 多模导引头的复合原则

多模复合导引头利用同一目标的两种以上的目标特性进行探测和制导,这样获得的目标多种特征信息可充分发挥各自优势,从而解决单模导引头在复杂环境下的目标探测和抗干扰难题。

但是多模复合不是简单意义上单模的任意相加,多模复合的前提要考虑攻击目标的辐射特性和作战环境的各种干扰,然后根据可实现性选择出较优化的复合方案。从技术角度出发,多模复合方案优化应有如下的复合原则可以遵循。

(1) 参与复合的多种模式之间的工作频率相差越大越好。多模复合所使用的频率和频谱宽度主要依据探测目标的特征信息和抗干扰的性能确定。参与复合模式的工作频率在频谱上相差越大，敌方的干扰手段就越难以电磁压制。

(2) 参与复合的模式之间的制导方式应尽量不同，特别是工作波段相近或一致时，应采用不同体制进行复合，如主动/被动复合、主动/半主动复合、被动/半主动复合等。

(3) 参与复合的模式之间的探测器口径应能兼容，便于实现共孔径复合结构，从而减小导引头尺寸和重量。

(4) 参与复合的各模式在探测功能和抗干扰功能上应互补，这样能提高导弹在恶劣作战环境中的目标识别和适应能力。

(5) 参与复合的各模式的器件、组件、电路要实现固态化、小型化和集成化，以满足复合后导弹空间、体积和重量的要求。

当然，这些复合原则是在一定的相互约束关系和实际限制条件下进行合理选取，不能过分和片面地强调某种原则。例如红外和可见光复合时，共口径设计会遇到能够同时透过红外和可见光的光学材料稀少的情况。

12.1.2 多模导引头的常见形式

目前在导弹中常用的几种多模复合导引头形式主要有以下几种：

1. 双模（双色）光学复合制导

双模（双色）复合制导主要是利用两个不同光谱段的目标辐射或反射信息进行复合制导，从而提高制导系统的目标识别和抗干扰能力。常见的具体复合形式有：红外双色、红外/紫外和激光/红外等方式。这些方式都是利用目标在不同的波段的辐射特性来区分目标和干扰，同时提高反隐身能力。这些制导方式主要应用于防空导弹或空空导弹中，例如美国的"毒刺"-POST，瑞典的"RBS-90"和俄罗斯的"萨姆"-13等。

2. （微波）雷达/红外复合制导

（微波）雷达/红外复合制导主要利用（微波）雷达作用距离远和全天候作战能力，以及红外成像的分辨率好、制导精度高等特点，相互弥补弱点、相互发挥优势，是一种比较好的复合制导方式。这类导弹目前多用于反舰、反辐射和防空导弹中。例如美国的 AGM-88C "哈姆" 反辐射导弹和 AGM-84E "斯拉姆" 空面导弹。作战过程中在远距离上使用（微波）雷达制导，在较近距离时采用红外成像制导以提高末制导精度。

3. 红外/毫米波复合制导

红外与毫米波复合制导由于其优势明显、复合结构简单，已经成为当今较为主流和成熟的复合制导方式。这种复合制导方式主要有以下几种优势：

1) 抗恶劣环境能力强

红外成像利用目标与背景的温度差异进行探测，当目标与背景在干燥大气下受到强烈太阳辐射时，两者的温度差异很小，红外成像会出现无法分辨目标和背景的情况。毫米波探测是利用目标反射毫米波信号较强的特点来区分目标和背景，当目标处于冻结的冰雪环境时，会出现背景环境的回波信号也很强的情况，从而使毫米波无法探测到目标。由于这两种环境几乎不会同时发生，因此红外与毫米波复合制导具有抵抗恶劣环境的能力。

2) 提高了目标探测与识别能力

红外成像制导具有较高的角分辨率，它能利用目标的空间特征（如尺寸、形状和几何外形)截获目标,可以克服主动毫米波近距离时的角闪烁漂移现象;主动毫米波制导则可以提供目标的距离信息和多普勒特征信号,从目标反射回波中提取频谱、幅度等信息,弥补红外探测器在探测距离和目标识别方面的不足。这两种探测系统进行复合,能够丰富目标的探测信息,提高对目标的探测和识别能力。

3) 提高了作用距离和制导精度

毫米波对于大气的穿透能力优于红外线,因此毫米波制导的作用距离理论上大于红外成像制导,但毫米波制导的精度较低,特别是距离较近时会出现"闪烁"效应。相比之下,红外制导的作用距离较近,但是制导精度高,特别是没有闪烁和反射效应,因此复合制导在距离上构成了互补。在较远距离上采用主动毫米波完成目标搜索和识别,当距离较近后,毫米波闪烁效应增强,而红外成像制导的精度提高,制导方式逐步转为红外成像制导。另一方面,采用脉冲多普勒体制的毫米波导引头可有效地从地杂波中提取远距离运动目标的信息,使得作用距离大大增加。

4) 抗干扰和反隐身能力增强

主动毫米波制导容易受到敌方电子干扰和电子欺骗,但是红外成像不受电子干扰的影响;而且红外成像对于红外干扰本身就具有一定的抵抗能力,加之毫米波信息的配合,敌方就很难对红外成像制导实现有效干扰。另一方面,红外线和毫米波的谱段相差较远,很难同时对这两个波段进行干扰。而对于隐身技术,目前世界上还没有一种隐身材料对毫米波和红外能够同时隐身,这就大大增加了复合制导系统的反隐身能力。

12.2 多模导引头的信息融合

多模导引头采用不同频段或者不同体制的传感器对目标进行探测,通常这些传感器所获取的目标信息在形式和属性上不完全相同。因此如何将多模传感器所获取的异类信息有效利用,即所谓的信息融合,就成为多模导引头在形成制导指令前必须进行的重要工作。

信息融合是一个研究范围很广阔的专业方向,本节仅对多模导引头中多传感器的数据融合结构和融合算法进行简要的介绍。

12.2.1 多模导引头的数据融合结构

信息融合处理的主要目的是降低系统虚警率、改善复杂背景下目标的检测性能、提高系统的容错性和对目标的跟踪精度。多传感器信息融合系统(图12-1)与单传感器系统相比最大的优点是:增加了对目标的测量维数,提高了置信度;扩展了空间和时间的覆盖;提高了系统的容错性和稳定性;降低了对单个传感器的性能要求;提高了系统对环境的适应能力。

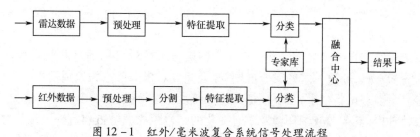

图12-1 红外/毫米波复合系统信号处理流程

数据融合的结构可分为集中式、分布式以及混合式：

（1）集中式融合是指所有传感器量测信息都送到一个中心节点进行融合处理，也称为中心式融合（centralized fusion）或量测融合（measurement fusion），其结构如图12-2所示。中心式融合结构可以利用所有传感器的原始量测信息，因而没有任何数据损失，得到的融合效果也是最优的。然而这种结构的数据处理均在融合中心，对通信和计算能力要求很高，实现起来较为困难，而且系统生存能力较差。

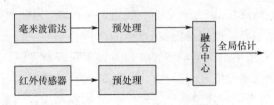

图12-2 集中式融合结构

（2）分布式融合（distributed fusion）中，各传感器先对自己的量测数据进行预处理得到局部估计，然后把估计结果送入融合中心形成全局估计，这样可以得到比单个传感器更好的精度，其结构如图12-3所示。这种结构对通信要求低，系统生存能力较强，在工程上易于实现，系统的造价低，因而成为信息融合领域的研究热点。

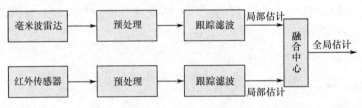

图12-3 分布式融合结构

（3）混合式处理是把集中式处理与分布式处理进行不同的组合，从而发挥两种结构的各自优势。

数据融合通常分为像素（数据）级融合、特征级融合和决策级融合。不同级别的融合体现融合之前传感器数据被处理的程度。一个给定的数据融合系统，可能涉及所有三个级别数据的输入。融合处理算法通常有：统计模式识别法、贝叶斯估计法、多贝叶斯法、S-D显示推理法、模糊逻辑法、产生式规则法。

对于多数毫米波雷达制导系统来说，其在数据级上的信息可认为是目标的反射回波信号的综合，很难表示目标的成像信息。红外成像传感器在数据级上的信息表示为其响应波段内目标的灰度分布，两者在数据级上不满足互补性和可比性的融合处理的基本条件，因此不宜在数据级上进行融合。毫米波雷达与红外成像传感器在特征级上的信息除了距离信息外，基本上相同，两者在决策级上所表征的信息都是视线角速率目标跟踪信息，因此信息融合可以在特征层上和决策层上进行。

融合系统接收来自毫米波前端和红外成像前端分系统的目标信息和状态参数，结合各自系统的工作先验信息，通过一定的融合准则，综合完成对攻击目标的识别及参数预估。这些先验信息大多来自静态试验结果，且要依据具体系统性能进行优化。

在融合处理中，复杂的战场环境及实时变化的弹目距离都是影响目标识别的主要因素，所以首先要建立模型库及环境库，在此基础上融合系统根据这些因素的变化实时给出复合的策略。这里需考虑到如下两个因素的影响：一是弹目距离的变化对目标特征的影响，如对红外目标面积、周长等特征量的影响，对毫米波一维距离像的影响，对信噪比的影响，以及对毫米波和红外的综合影响。另一个是环境因素对目标识别的影响，如天气(晴天、雨)、雾(有、无)，温度，环境(沙地、树林、草地等)的影响。

融合系统的工作流程大致分为 5 个步骤，其功能详述如下：

（1）目标位置参数的时空校准。根据各传感器前端的信息获取时间及对应的空间关系，对目标位置参数进行校准，其中包括必要的坐标变换及量纲统一等。通常红外预处理器和毫米波预处理器送来的俯仰及方位信息周期存在较大差别，所以不能简单地对前端信息进行比较，应采用坐标补偿和时间对齐算法，以完成目标位置参数的时空一致化工作。

（2）依据来自各探测器的目标位置参数，完成在同一坐标系内的位置比较，即以一定的准则判别是否为同一目标。若是同一目标则进行后续第 5 步工作，若不是同一目标，则继续后面第 3、4 步的特征级信息复合过程。

（3）进行目标特征级信息处理。根据一定的算法，进行各探测器前端的局部判决；结合红外特征量和毫米波特征量，依据预置门限进行目标识别，关键是利用毫米波探测系统给出的弹目距离信息对红外目标特性做归一化处理。

（4）基于各探测器的局部判决，完成对目标的最终综合判决。

（5）对决策出的目标进行位置参数预估，通过滤波方法对各探测器信息融合估计。

12.2.2 多模导引头的信息融合算法

多模导引头采用的信息融合结构不同，所获得的信息量和属性不同，因此其信息融合算法也不同，本节介绍几种最常见的融合算法。

1. 并行集中式信息融合算法

在目标探测和跟踪系统中，目标运动方程一般可以表示为

$$x_{k+1} = \boldsymbol{\Phi}_k x_k + \boldsymbol{\Gamma}_k w_k \tag{12-1}$$

式中：$x_k \in \boldsymbol{R}^n$ 为 k 时刻的目标运动状态向量；$\boldsymbol{\Phi}_k \in \boldsymbol{R}^{n \times n}$ 为系统的状态转移矩阵；$\boldsymbol{\Gamma}_k \in \boldsymbol{R}^{n \times r}$ 为过程噪声矩阵。

假设 $w_k \in \boldsymbol{R}^r$ 是均值为零的白噪声序列，目标运动的初始状态 x_0 是均值为 $\bar{x}_0$，协方差阵为 $\boldsymbol{P}_0$ 的随机向量，且

$$\text{cov}(w_k, w_j) = \boldsymbol{Q}_k \delta_{kj}, \boldsymbol{Q}_k \geq \boldsymbol{0} \tag{12-2}$$

$$\text{cov}(x_0, w_k) = \boldsymbol{0} \tag{12-3}$$

式中：δ_{kj} 为 Kronecker delta 函数，即

$$\delta_{kj} = \begin{cases} 1 & (k=j) \\ 0 & (k \neq j) \end{cases} \tag{12-4}$$

假设有 N 个传感器对式(12-1)描述的同一运动目标进行独立量测，相应的量测方程为

$$z_{k+1}^i = \boldsymbol{H}_{k+1}^i x_{k+1}^i + v_{k+1}^i, i = 1, 2, \cdots, N \tag{12-5}$$

式中：$z_{k+1}^i \in \boldsymbol{R}^m$ 为第 i 个传感器在 $k+1$ 时刻的量测值；$\boldsymbol{H}_{k+1}^i \in \boldsymbol{R}^{m \times n}$ 为第 i 个传感器在 $k+1$ 时刻的量测矩阵；$v_{k+1}^i \in \boldsymbol{R}^m$ 为第 i 个传感器在 $k+1$ 时刻的量测噪声，假设是均值为零的白噪声序列，且

$$\text{cov}[\boldsymbol{v}_{k+1}^i,\boldsymbol{v}_{j+1}^i]=\boldsymbol{R}_{k+1}^i\delta_{kj} \tag{12-6}$$

$$\text{cov}[\boldsymbol{w}_j,\boldsymbol{v}_k^i]=\boldsymbol{0},\ \text{cov}(\boldsymbol{x}_0,\boldsymbol{v}_k^i)=\boldsymbol{0} \tag{12-7}$$

另外,假设不同传感器在同一时刻的量测噪声不相关,各传感器在不同时刻的量测噪声也不相关。常见的集中式融合算法有并行滤波、贯序滤波和数据压缩滤波,在上述假设条件下,三种方法具有相同的估计精度。下面以并行滤波为例进行介绍。

令

$$\begin{cases}\boldsymbol{z}_{k+1}=[(\boldsymbol{z}_{k+1}^1)^{\text{T}},(\boldsymbol{z}_{k+1}^2)^{\text{T}},\cdots,(\boldsymbol{z}_{k+1}^N)^{\text{T}}]^{\text{T}}\\ \boldsymbol{H}_{k+1}=[(\boldsymbol{H}_{k+1}^1)^{\text{T}},(\boldsymbol{H}_{k+1}^2)^{\text{T}},\cdots,(\boldsymbol{H}_{k+1}^N)^{\text{T}}]^{\text{T}}\\ \boldsymbol{v}_{k+1}=[(\boldsymbol{v}_{k+1}^1)^{\text{T}},(\boldsymbol{v}_{k+1}^2)^{\text{T}},\cdots,(\boldsymbol{v}_{k+1}^N)^{\text{T}}]^{\text{T}}\end{cases} \tag{12-8}$$

于是可以得到广义量测方程

$$\boldsymbol{z}_{k+1}=\boldsymbol{H}_{k+1}\boldsymbol{x}_{k+1}+\boldsymbol{v}_{k+1} \tag{12-9}$$

由式(12-6)和(12-7)可知

$$\begin{cases}E(\boldsymbol{v}_{k+1})=\boldsymbol{0}\\ \boldsymbol{R}_{k+1}=\text{cov}(\boldsymbol{v}_{k+1},\boldsymbol{v}_{k+1})=\text{diag}[\boldsymbol{R}_{k+1}^1,\boldsymbol{R}_{k+1}^2,\cdots,\boldsymbol{R}_{k+1}^N]\\ \text{cov}(\boldsymbol{x}_0,\boldsymbol{v}_k)=\boldsymbol{0},\ \text{cov}(\boldsymbol{w}_j,\boldsymbol{v}_k)=\boldsymbol{0}\end{cases} \tag{12-10}$$

假设融合中心在 k 时刻对目标的状态估计为 $\hat{\boldsymbol{x}}_{k|k}$,相应的误差协方差阵为 $\boldsymbol{P}_{k|k}$,则

$$\hat{\boldsymbol{x}}_{k+1|k}=\boldsymbol{\Phi}_k\hat{\boldsymbol{x}}_{k|k} \tag{12-11}$$

$$\boldsymbol{P}_{k+1|k}=\boldsymbol{\Phi}_k\boldsymbol{P}_{k|k}\boldsymbol{\Phi}_k^{\text{T}}+\boldsymbol{\Gamma}_k\boldsymbol{Q}_k\boldsymbol{\Gamma}_k^{\text{T}} \tag{12-12}$$

$$\hat{\boldsymbol{x}}_{k+1|k+1}=\hat{\boldsymbol{x}}_{k|k+1}+\boldsymbol{K}_{k+1}(\boldsymbol{z}_{k+1}-\boldsymbol{H}_{k+1}\hat{\boldsymbol{x}}_{k+1|k}) \tag{12-13}$$

$$\boldsymbol{K}_{k+1}=\boldsymbol{P}_{k+1|k+1}\boldsymbol{H}_{k+1}^{\text{T}}\boldsymbol{R}_{k+1}^{-1} \tag{12-14}$$

$$\boldsymbol{P}_{k+1|k+1}^{-1}=\boldsymbol{P}_{k+1|k}^{-1}+\boldsymbol{H}_{k+1}^{\text{T}}\boldsymbol{R}_{k+1}^{-1}\boldsymbol{H}_{k+1} \tag{12-15}$$

由式(12-10)知

$$\boldsymbol{R}_{k+1}^{-1}=\text{diag}[(\boldsymbol{R}_{k+1}^1)^{-1},(\boldsymbol{R}_{k+1}^2)^{-1},\cdots,(\boldsymbol{R}_{k+1}^N)^{-1}] \tag{12-16}$$

将式(12-16)代入式(12-14)可得

$$\boldsymbol{K}_{k+1}=\boldsymbol{P}_{k+1|k+1}[(\boldsymbol{H}_{k+1}^1)^{\text{T}}\boldsymbol{R}_{k+1}^1)^{-1},(\boldsymbol{H}_{k+1}^2)^{\text{T}}(\boldsymbol{R}_{k+1}^2)^{-1},\cdots,(\boldsymbol{H}_{k+1}^N)^{\text{T}}(\boldsymbol{R}_{k+1}^N)^{-1}] \tag{12-17}$$

进一步将式(12-14)代入式(12-13)可得

$$\hat{\boldsymbol{x}}_{k+1|k+1}=\hat{\boldsymbol{x}}_{k|k+1}+\boldsymbol{P}_{k+1|k+1}\sum_{i=1}^N(\boldsymbol{H}_{k+1}^i)^{\text{T}}(\boldsymbol{R}_{k+1}^i)^{-1}(\boldsymbol{z}_{k+1}^i-\boldsymbol{H}_{k+1}^i\hat{\boldsymbol{x}}_{k+1|k}) \tag{12-18}$$

将式(12-8)代入式(12-15)可得

$$\boldsymbol{P}_{k+1|k+1}^{-1}=\boldsymbol{P}_{k+1|k}^{-1}+\sum_{i=1}^N\boldsymbol{H}_{k+1}^{\text{T}}\boldsymbol{R}_{k+1}^{-1}\boldsymbol{H}_{k+1} \tag{12-19}$$

由此,式(12-11)、式(12-12)、式(12-17)、式(12-18)和式(12-19)构成了并行滤波方式下集中式融合算法的递推方程。

2. 简单凸组合融合算法

简单凸组合(simple Covariance Convex)融合算法是最早提出来的分布式融合算法。假设所有 N 个传感器的估计误差互不相关,则融合方程为

$$\hat{x}_{k|k}^{i} = (P_{k|k})^{-1} \sum_{i=1}^{N} (P_{k|k}^{i})^{-1} \hat{x}_{k|k}^{i} \qquad (12-20)$$

其中,
$$(P_{k|k})^{-1} = \sum_{i=1}^{N} (P_{k|k}^{i})^{-1} \qquad (12-21)$$

由于这种方法非常简单,实现起来非常容易,所以得到了广泛的应用。当不存在过程噪声,且各传感器在初始时刻的估计误差也不相关时,简单凸组合融合算法能够得到与集中式融合算法相同的优化结果。然而,当各传感器的局部估计误差相关时,它是次优的。但是在过程噪声较小的情况下,利用该算法也可以得到满意的结果。在一般的复合制导中,简单凸组合算法是比较实用的一种算法。

3. 协方差交叉算法

在复杂的分布式系统中,要得到各局部估计的相关性信息十分困难,为此人们提出了一种可以在估计相关性未知的情况下得到一致性估计的协方差交叉(Covariance Intersection, CI)算法。CI 算法是基于信息空间上的均值和协方差凸组合的一种数据融合算法。对于任意一个协方差阵 P,其协方差椭球为满足条件 $x^T P^{-1} x = c$ 的所有点构成的轨迹,其中 c 为一常数。如果画出 P^i、P^j 和 P 的协方差椭球(图 12-4),则对任意的 P^{ij},P 总落在 P^i 和 P^j 的交叉区域。交叉区域可以用协方差的凸组合来描述,协方差交叉算法如下

$$(P)^{-1} = \omega(P^i)^{-1} + (1-\omega)(P^j)^{-1} \qquad (12-22)$$

$$(P)^{-1}\hat{x} = \omega(P^i)^{-1}x^i + (1-\omega)(P^j)^{-1}x^j \qquad (12-23)$$

估计的最优性由 ω 决定。ω 可以通过最优化 P 的某一范数得到,该范数可以是 P 的迹或者行列式。行列式不受状态变量单位的影响,又可以充分利用 P 所有元素的信息,所以采用行列式会更好些。当然权值系数 ω 必须在线更新,否则会引起滤波的发散。

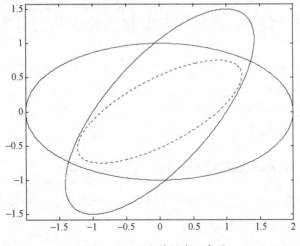

图 12-4 协方差椭球示意图

4. 信息矩阵融合算法

信息矩阵(Information Matrix, IM)融合算法可避免由于共同的先验估计引起的局部估计

和全局估计的相关性。在各传感器量测噪声相互独立,不存在过程噪声,则不带反馈的全局最优的融合方程为

$$\boldsymbol{P}_{k|k}^{-1}\hat{\boldsymbol{x}}_{k|k} = \boldsymbol{P}_{k|k-1}^{-1}\hat{\boldsymbol{x}}_{k|k-1} + \sum_{i=1}^{N} \left[(\boldsymbol{P}_{k|k}^{i})^{-1}\hat{\boldsymbol{x}}_{k|k}^{i} - (\boldsymbol{P}_{k|k-1}^{i})^{-1}\hat{\boldsymbol{x}}_{k|k-1}^{i} \right] \quad (12-24)$$

融合中心的协方差更新方程为

$$\boldsymbol{P}_{k|k}^{-1} = \boldsymbol{P}_{k|k-1}^{-1} + \sum_{i=1}^{N} \left[(\boldsymbol{P}_{k|k}^{i})^{-1} - (\boldsymbol{P}_{k|k-1}^{i})^{-1} \right] \quad (12-25)$$

该算法是集中式融合算法通过矩阵变换得到的,所以也是最优的。

全反馈时,各局部传感器的一步预测要修改为

$$\check{\boldsymbol{x}}_{k|k-1}^{i} = \boldsymbol{\Phi}_{k-1}\check{\boldsymbol{x}}_{k-1|k-1} \quad (12-26)$$

$$\hat{\boldsymbol{P}}_{k|k-1}^{i} = \hat{\boldsymbol{P}}_{k|k-1} \quad (12-27)$$

部分反馈时则有

$$\check{\boldsymbol{x}}_{k|k-1}^{i} = \check{\boldsymbol{x}}_{k|k-1} \quad (12-28)$$

全反馈的融合结果为

$$\hat{\boldsymbol{P}}_{k|k}^{-1}\check{\boldsymbol{x}}_{k|k} = \sum_{i=1}^{N} (\hat{\boldsymbol{P}}_{k|k}^{i})^{-1}\check{\boldsymbol{x}}_{k|k}^{i} - (N-1)\hat{\boldsymbol{P}}_{k|k-1}^{-1}\check{\boldsymbol{x}}_{k|k-1} \quad (12-29)$$

相应的误差协方差阵为

$$\hat{\boldsymbol{P}}_{k|k}^{-1} = \sum_{i=1}^{N} (\hat{\boldsymbol{P}}_{k|k}^{i})^{-1} - (N-1)\hat{\boldsymbol{P}}_{k|k-1}^{-1} \quad (12-30)$$

式中:上标"ˇ"为有反馈的向量或矩阵。通过严格证明得到以下结论:在各传感器量测噪声相互独立,且不存在过程噪声,传感器与融合中心全速率通信时,有反馈的融合公式和无反馈的融合公式一样,它精确的等价于集中式的融合公式。

12.3 红外/毫米波成像双模导引头设计方法

毫米波与红外成像复合制导技术作为一项非常具有潜力的复合制导方式已经被国内外所广泛研究。目前许多国家都已对现役导弹进行红外/毫米波成像复合制导方式的改造和升级。我国近10年来也开展了基于红外成像与毫米波主动制导的双模复合导引头研制。本章将以空地导弹为例介绍红外/毫米波成像复合导引头的一般设计方法。

12.3.1 红外/毫米波成像复合制导系统总体结构

红外/毫米波成像复合制导系统的总体结构一般可以分为分孔径复合和共孔径复合两种方式,下面将对这两种复合方式进行分析:

1. 分孔径复合

分孔径复合方式也称为共瞄准线式或平行并列结构式,它的特点是把两个传感器的视线(场)分开,瞄准线保持平行,这种结构制作比较容易。在信息处理上,这种复合方式是将红外光学系统和毫米波天线独立获取的红外和毫米波信息在数据处理部分进行复合处理。

这种分孔径复合具有下列优缺点:
(1) 光学系统和天线安装位置不同,红外和毫米波相互不影响。
(2) 红外和毫米波系统各需要一套扫描机构,导致结构复杂。
(3) 在探测同一目标时,红外和毫米波系统各有一套坐标系统,在融合两种量测信息参数时需要校准,且存在校准误差。
(4) 体积大,质量重,成本高。毫米波和红外传感器都拥有各自的扫描结构和稳定结构,其结构的体积尺寸比较大,只能适用于弹径较大的导弹。

2. 共孔径复合

红外/毫米波共孔径复合是将红外光学系统和毫米波天线设计成共口径的统一体。它发射电磁能量,同时兼接收红外和毫米波能量,并把红外和毫米波能量分离,然后再分别传输至红外探测器和毫米波接收机。这种复合方式具有下列显著的优缺点:
(1) 探测精度高。在红外/毫米波复合传感器中,光轴与电轴重合,当复合系统探测同一目标时,两个系统坐标一致,无需校准,避免了校准误差,提高了精度。
(2) 体积小,质量轻,成本低。
(3) 制作难度较大,尤其是头罩要能透过两个特定的波带。

红外/毫米波复合导引头在共孔径体制上可有四种形式:卡赛格伦光学系统/抛物面天线复合系统;卡赛格伦光学系统/卡赛格伦天线复合系统;卡赛格伦光学系统/单脉冲阵列天线复合系统;卡赛格伦光学系统/相控阵天线复合系统。其结构示意图如图12-5至图12-8所示。

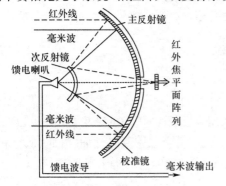

图12-5 卡赛格伦光学系统/
抛物面天线复合系统

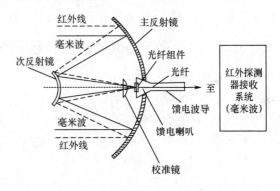

图12-6 卡赛格伦光学系统/
卡赛格伦天线复合系统

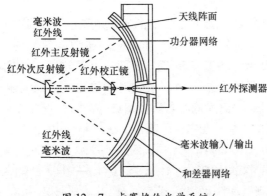

图12-7 卡赛格伦光学系统/
单脉冲阵列天线复合系统

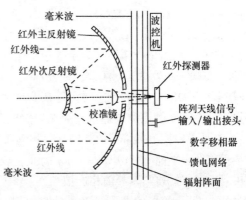

图12-8 卡赛格伦光学系统/
相控阵天线复合系统

对于毫米波探测可以是圆锥扫描方式、单脉冲方式和相控阵方式;对于红外成像可以是多元线阵串扫方案、并扫方案,也可以用焦平面阵列凝视成像。具体采取什么样的复合方案要从拦截目标的特性、系统作战指标、系统技术参数、技术实现可行性和效费比等诸多方面综合考虑和论证。

目前国际上主要采用的都是共孔径复合方式,考虑到毫米波可以进行双平面扫描方式,因此多采用卡赛格伦光学系统/抛物面天线复合系统和卡赛格伦光学系统/单脉冲阵列天线复合系统。

卡赛格伦光学系统/抛物面天线复合系统对于毫米波系统是一种前馈源形式,这种方式将毫米波收发器安装在抛物面反射镜的焦点,红外线经次双曲面反射镜进入焦平面探测器,这种方式只需要次反射镜具有反射红外线,透射毫米波的能力即可。这种方式将毫米波收发器与红外成像探测器分开安装,因此相互干扰较小。同时这种方式非常适合毫米波圆锥扫描方式,因此多用于圆锥扫描测角的导引头中。但这种方式的缺点也很明显:其主镜和次镜是由陀螺稳定,前置的毫米波收发器件会增加陀螺的负担从而降低陀螺的进动性;另一方面毫米波的趋肤效应(高频电磁波在导体表面传输的现象)严重,对于馈源到天线的这段连接波导损耗是十分可观的;此外毫米波收发器的前置也遮挡了光学系统的接收孔径,会影响探测距离和成像质量。

卡赛格伦光学系统/单脉冲阵列天线复合系统是一种后馈源形式,这种方式只在主反射镜面焦点处安装一个红外次反射镜,因此对于光学孔径的遮挡量很小;另外由于毫米波天线后置,因此陀螺的负担较轻,动态性能较好,但是这种方式要求毫米波天线为脉冲阵列天线。

12.3.2 红外/毫米波成像复合制导子系统

1. 红外成像制导子系统的配置分析

红外成像系统的配置需要考虑具体任务应用过程中目标、背景及干扰特性。常见空地导弹攻击的目标包括地面各种机动目标和固定目标,如坦克、装甲车辆、导弹发射装置、工事、碉堡、通信站等;同时也包括海面小型舰艇和低空低速飞机等。背景主要是地面、海面、低空和地表植被、建筑以及岛屿等;干扰是指各种具有红外辐射特性的有源干扰(其他建筑、车辆、火焰、红外干扰弹等)和无源干扰(如红外烟雾、伪装等)。其中目标和背景的物理特征是进行红外成像系统设计的重要依据,如目标的辐射特征、目标的形状特征,目标的灰度分布特征、目标图像描绘特征、序列特征和背景的热辐射、散射特征等。

1) 工作波段和探测器面阵的选择

由于目标的红外辐射波长与物体的自身温度有关,温度越低辐射的波长越长。红外线在大气中主要存在着三个窗口:对于 $1 \sim 2.7 \mu m$、$3 \sim 5 \mu m$ 和 $8 \sim 14 \mu m$,其对应的典型温度大约是 1500K、900K 和 300K。对于攻击地面固定目标,如碉堡和工事等,由于其没有明显热源,因此温度基本在 300K 左右,因此想要在复杂的地面环境中分辨目标,就必须使用 $8 \sim 14 \mu m$ 的探测器。但是 $8 \sim 14 \mu m$ 的探测器通常需要制冷,并且要做成大面阵探测器比较困难,成本相对较高。

红外成像探测器常见的类型有微测辐射计式的非制冷焦平面阵列(UFPA),热释电式的UFPA 和红外焦平面阵列(IRFPA)等。特别是使用 HgCdTe 的 IRFPA 构成的红外 CCD 器件,可以响应 $8 \sim 14 \mu m$ 的波段,其峰值相应波长 $\lambda_p = 10.6 \mu m$,探测率 $D^* = (1 \sim 6) \times 10^{10} cm \cdot Hz^{1/2} \cdot W^{-1}$,例如国内目前较好的非制冷红外成像机芯的探测器面阵可以达到 512×512,响应波段为 $8 \sim 14 \mu m$,探测器像元尺寸为 $45 \sim 50 \mu m$,热响应时间约 4ms,噪声等效温差 NETD $\leq 0.1K$。

2) 空间分辨率

制导精度一定程度取决于红外成像系统的空间分辨率,通常提高红外成像系统的空间分辨率需要增加通光孔径的尺寸。红外成像器件的空间分辨率可以表达为张角

$$\omega = \frac{d}{f} \qquad (12-31)$$

式中:d 为点像素探测器线度(直径)尺寸;f 为光学系统的有效焦长。

根据光学衍射原理可知,可区分两点间的最小光斑尺寸为

$$\alpha = 2.44\lambda f/D_0 \qquad (12-32)$$

式中:α 为最小光斑的直径;λ 为工作波长;D_0 为红外成像光学系统的通光孔径。若令 $\alpha = d$,则公式整理后可以得

$$\omega D_0 = 2.44\lambda \qquad (12-33)$$

如果工作波长选取 $\lambda = 10.6\mu m$,探测器面阵像元尺寸为 $50 \times 50\mu m$,且空间分辨率为 $\omega = 0.3 mrad$,也就是说在 10km 处可以分辨间隔为 3m 的两个点,那么光学通光孔径应取 $D_0 = 86.2mm$,有效焦距 $f = 166.7mm$;如果 $\omega = 0.2mrad$,则光学通光孔径为 $D_0 = 129.3mm$,$f = 250.1mm$。然而,通光孔径不能任意增加,这一方面会增加成像系统的成本和尺寸,同时也受到光学系统 F 数的限制。所以空间分辨率和通光孔径两者是折中处理的,一般导引头系统中 $D_0 = 50 \sim 150mm$,$\omega = 0.1 \sim 0.3 mrad$。

3) 空间总视场与探测器阵列大小

对于导引系统来说采用较大的视场有利于对目标的搜索、捕获、识别和跟踪,并可简化结构,提高可靠性。但是总视场的大小不仅取决于探测器阵列的大小,同时还影响着温度分辨率等参数。现代红外成像系统多采用凝视焦平面阵列(FPA),因此为了获得较大的视场需要增大凝视焦平面阵列的尺寸。但大面积的长波探测器面积(如 HgCdTe)会带来制冷问题,同时对器件的制作工艺提出了更高要求。

美国"海尔法"红外成像制导导弹的通光孔径为 $D_0 = 177.8mm$,有效焦距为 $f = 208mm$,当视场为 $2° \times 2°$ 时,探测器元数为 128×128,探测器尺寸为 $52 \times 52\mu m$;美国"幼畜"(AGM-65D/F)红外成像制导空地导弹的通光孔径为 $D_0 = 100mm$,有效焦距 $f = 178mm$,视场为 $2.5° \times 1.5°$ 时,探测器元数为 4×4,探测器尺寸为 $50 \times 50\mu m$,其采用光机扫描方式。

假设某型空地导弹攻击的目标为地面小型目标,空间分辨率要求较低,如果选择空间分辨率为 $\omega = 0.2mrad$,探测器元数为 128×128,则视场约为 $1.5° \times 1.5°$,则红外导引头的瞬间视场在 10km 距离时可探测约 $250 \times 250m$ 的区域,这对于攻击小型目标是足够的。如果使用 256×256 元的探测器,使视场达到 $3° \times 3°$,则在 10km 远处的瞬时视场可探测 $500 \times 500m$ 的区域。但是探测器元数的增加会使得成本成几何级数增加,因此合理的选择探测器元数取决于多方面的因素。

4) 探测距离与成像距离

探测距离(R_d):当被测目标尺寸在某一距离上远小于系统瞬时视场时,只要其辐射能量大到足以激发探测器使其具有一定的信噪比时,系统就能够探测到目标的存在。其公式为

$$R_d = \left[\frac{\pi}{4} \frac{JD^* D_0 \tau_a \overline{\tau_0}}{f'/D(\omega\Delta f_e)^{1/2}(V_S/V_N)}\right]^{1/2} \qquad (12-34)$$

式中:J 为目标辐射强度;D^* 为探测率;τ_a 为大气透过率;D_0 为光学接收孔径;$\overline{\tau_0}$ 为光学系统透过率;f' 为光学系统焦距;Δf_e 为噪声等效带宽;V_S/V_N 是信号电压与噪声电压的比值。

成像距离是指在这个距离上,红外系统能获得满足某种分辨性能要求的目标温度分布图(即热图像)。此时目标已不是点源,而是"扩展源"。在成像制导导弹中,成像距离可以近似写为

$$R_i = \frac{\ln\dfrac{\Delta T_B}{(\text{MRTD})_0 \sqrt{\dfrac{7}{\varepsilon}}}}{\beta_{\text{atm}} + \dfrac{1}{2}\left(\dfrac{n_r}{A_{T\min}}\right)^{\frac{1}{2}}} \tag{12-35}$$

式中:ΔT_B 为目标与背景间的温差;β_{atm} 为大气消光系数,表示单位距离上的大气衰减;F 数 $F = f'/D$;ε 为目标矩形轮廓中单个分辨条带的长宽比;MRTD 为最小可分辨温差;$A_{T\min}$ 是在光学系统作用方向上目标可能的最小面积,n_r 为扫描线数。

5)取像速率

扫描完视场每个像元所用的时间称为帧时,帧时的倒数称为系统的帧频,即系统的取像速率。工程上把帧频大于 15 帧/s 的系统称为实时显示系统。红外导引头必须实时显示,其帧频最终取决于导弹和目标的相对速度。对于攻击运动装甲目标的反坦克导弹的帧频通常为 20~30 帧/s。另一方面取像速度的上限受到红外成像探测器面阵的响应时间限制,目前国内商品级的探测器帧频一般为 25~30 帧/s。

2. 毫米波制导子系统的配置分析

毫米波制导系统配置参数可以根据雷达基本方程和常规雷达设计方法进行保守设计,常考虑以下参数的设计。

1)雷达基本作用方程

对于通常的导弹制导雷达,其雷达基本方程为

$$P_r = \frac{P_t G^2 \lambda^2 \sigma}{(4\pi)^3 R^4} \tag{12-36}$$

式中:P_t 为雷达脉冲发射功率;P_r 为雷达接收功率;λ 为雷达工作波长;σ 为目标的雷达截面积;G 为天线增益;R 为目标与雷达间距离。天线增益 G 可以表述为

$$G = \frac{4\pi A_e}{\lambda^2} \tag{12-37}$$

式中:A_e 为天线的有效孔径(面积)。

2)雷达最大作用距离

末制导雷达的作用距离是雷达的重要战术性能指标,它决定了末制导雷达能在多大的距离上捕捉到目标。通常雷达的最大作用距离可以表示为

$$R_{\max} = \left[\frac{P_t G^2 \lambda^2 \sigma F_A^4}{(4\pi)^3 D N_F k T_0 B_n L}\right]^{\frac{1}{4}} \tag{12-38}$$

式中:F_A 是雷达天线到目标的方向图传播因子;L 为雷达能量传输的总损耗;N_F 为接收机噪声系数;T_0 为绝对参考温度($T_0 = 290K$);k 为玻耳兹曼常数($k = 1.38 \times 10^{-23}$ J/K);B_n 为接收机等效噪声带宽;D 为在一定的捕捉目标概率条件下,检测目标所需的信号噪声比(通常称为识

别系数)。在实际中经常将信噪比等于 1 时的距离作为雷达最大作用距离的估量,成为标称距离 R_0。

$$R_0 = \left[\frac{P_t G^2 \lambda^2 \sigma F_A^4}{(4\pi)^3 N_F k T_0 B_n L}\right]^{\frac{1}{4}} \quad (12-39)$$

显然 $R_{\max} = R_0/D^{0.25}$,识别系数 D 影响雷达的作用距离。由雷达方程可见,末制导雷达的作用距离与雷达工作的波长、天线尺寸,电磁波衰减和目标的雷达截面等多种因素有关。

3) 雷达工作波长的选取

毫米波工作波长选择时主要考虑:雷达最大作用距离、距离分辨率、角度分辨率、恶劣气象条件下的衰减、雷达体积质量和抗干扰性能等因素。下面就主要因素进行分析:

(1) 气象条件下的衰减。

地球表面大气层中含有水蒸气、氧气、云、雾、雨、雪等,这些物质在电磁波的传播过程中会引起能量的衰减和气象干扰。其中在毫米波频段氧气的吸收主要集中在 60GHz 和 119GHz 频率附近;水蒸气的衰减和水蒸气的含量、温度、压力有关,其强吸收点为 22GHz、183GHz 和 320GHz。一般在毫米波段存在的大气窗口有 35GHz($\lambda = 8.5$mm)、94GHz($\lambda = 3.2$mm)、140GHz($\lambda = 2.1$mm) 和 220GHz($\lambda = 1.4$mm)。一般说来,波长越短的毫米波在大气中的衰减和损耗就越大,但是分辨率就越高。

(2) 天线尺寸和天线波束的影响。

工作波长的选择与天线尺寸和天线的波瓣宽度有关,对于针状波束,天线增益和工作波长满足如下关系:

$$G = \frac{4\pi}{\theta} = \frac{4\pi A_e}{\lambda^2} \quad (12-40)$$

式中:θ 为天线的波束宽度。通常假设 $A_e = 0.7A$,A 为天线面积,当增益 G 或波束宽度 θ 一定时,天线面积与波长的平方成正比。在弹体口径受到限制,天线的尺寸也受到限制。

(3) 空间角度分辨率的限制。

雷达的波束宽度越窄,对于目标的角度分辨率就越高,而只有目标之间的夹角大于分辨率角度时才能被区分出来。雷达的俯仰和方位波束宽度与波长的关系为

$$\theta_\alpha \theta_\beta = \frac{41253\lambda^2}{4\pi A_e} \quad (12-41)$$

式中:θ_α,θ_β 分别为方位波束宽度和俯仰波束宽度。可以看出波长越短,空间角分辨率就越高。

4) 雷达脉冲宽度的选取

毫米波雷达的脉冲宽度 τ 对系统的测距精度和距离分辨率都有很大影响,窄的脉冲宽度具有高的距离分辨率和高的测距精度,但其需要加宽接收机的通带宽度,这样就会增加接收机的噪声。这里仅对几个主要问题进行考虑:

(1) 脉冲宽度与雷达最小距离分辨率的关系。

雷达的最小距离分辨率是指雷达区分同一方向上两个距离不同目标的分辨能力,其最小分辨距离 d 可以表述为

$$d = \frac{c\tau}{2} \quad (12-42)$$

可以看出脉冲宽度 τ 越小,雷达的距离分辨率越高。如果结合空间角度分辨率,那么可以用最

小分辨体积 V 来描述雷达的空间分辨率

$$V = \frac{c\tau}{2} \cdot \frac{\pi R^2 \theta_\alpha \theta_\beta}{4} \qquad (12-43)$$

只有当两个目标不在一个最小分辨体积内,才能被雷达所分辨。如果保证脉冲宽度 τ 内的高频振荡次数一定,那么脉冲宽度 τ 与波长 λ 成正比。

(2) 脉冲宽度与雷达最大作用距离的关系。

根据雷达的最大作用距离方程

$$R_{\max} = \left[\frac{P_t G^2 \lambda^2 \sigma F_A^4}{(4\pi)^3 D N_F k T_0 B_n L} \right]^{\frac{1}{4}} \qquad (12-44)$$

若接收机选择最佳通频带 $B_n = 1.3/\tau$,在其他条件不变的情况下有

$$R_{\max} \propto (P_t \tau)^{\frac{1}{4}} \qquad (12-45)$$

可以看出最大作用距离与脉冲能量的四次方成正比,故在距离分辨率允许的条件下,应选择较宽的脉冲 τ。

(3) 脉冲宽度与雷达最小作用距离的关系。

最小作用距离是指目标可以被雷达侦测到的最小距离,它与脉冲宽度的关系是

$$R_{\min} = \frac{c\tau}{2} + \Delta R \qquad (12-46)$$

式中:ΔR 为接收机恢复时间所决定的最小距离。在单脉冲雷达中,恢复时间不仅要考虑幅度恢复时间还要考虑相位恢复时间。为了使得导弹的攻击范围增大,通常需要减小脉冲宽度。

5) 雷达重复频率的选取

雷达重复频率的选取主要考虑雷达测量的单值性和发射机的条件,简要叙述如下:

(1) 雷达测量的单值性。

制导雷达的重复频率的最大值受到其最大作用距离的限制。要保证雷达测距的单值性,就要求最远距离的目标回波返回后,才能发射下一个脉冲,即

$$F_{r\max} < \frac{c}{2R_{\max}} \qquad (12-47)$$

(2) 发射机条件。

对于发射机来说其脉冲的平均功率有一定的限值,脉冲功率与平均功率的关系为 $P = P_t F_r \tau$,其中 P_t 为脉冲发射功率,F_r 为脉冲重复频率。若发射机选定,那么发射的脉冲频率只受到最大平均功率的限制。

6) 制导雷达的精度

寻的制导雷达需要输出目标与导弹的相对位置,因此目标测量精度就成为一个重要指标。影响末制导雷达跟踪精度的因素主要为各种随机误差,通常由各种噪声分量作用于系统而产生的。它使得雷达在跟踪的过程中产生天线轴线颤抖和距离跟踪波门的抖动,影响末制导雷达的角跟踪精度和距离跟踪精度。在此对主要因素进行分析。

(1) 接收机内部热噪声引起的角跟踪误差。

由于接收机内部热噪声的存在,即使天线对准了目标,相位检波器仍有输出。此信号驱动伺服系统会使天线摆动出现误差角,该误差角又产生一个有用的误差信号使天线偏转,直到误

差信号功率与噪声功率平衡为止,这时的偏角就是热噪声引起的测量误差。

对于单脉冲系统由热噪声引起的角跟踪误差的均方根值为

$$\sigma_{\mathrm{t}} = \frac{\theta_{0.5}}{K_{\mathrm{m}}\sqrt{B\tau(S/N)(F_{\mathrm{r}}/B_{\mathrm{n}})}} \quad (12-48)$$

式中:$\theta_{0.5}$为天线波束半功率宽度;K_{m}为单脉冲天线方向图的误差斜率;S/N为接收机线性输出端的信噪比;B为伺服系统的带宽;F_{r}为脉冲重复频率。

(2) 目标角噪声引起的角跟踪误差。

通常雷达所跟踪的大型目标可以看成由大量雷达点反射单元组成,每个单元都反射雷达波,总回波是各单元反射电波的矢量和,并等效为由一个反射中心点所反射。这个中心点被称为视在中心,雷达实际上在跟踪这个目标的视在中心。当目标相对运动或姿态变化时,等效反射中心发生随机变化,这称为目标的角闪烁。目标的角闪烁引起的噪声使得雷达天线抖动,并形成跟踪误差。

角闪烁引起的角噪声数值通常以目标视在中心偏离目标中心的长度位移来表示。一般飞机和舰船所引起的角噪声均方根值约为$\sigma_{\mathrm{ang}}\approx(0.1\sim0.3)L$,其中$L$为目标垂直于波束方向的最大尺寸。

角噪声的频谱取决于目标尺寸、散射源的分布、雷达频率以及目标视线角的变化速度,其功率分布可以近似认为是三角分布,其最高频率为

$$f_{\max} = \frac{2\omega_{\mathrm{a}}L}{\lambda} \quad (12-49)$$

式中:ω_{a}为视线角的变化速度。

(3) 目标振幅起伏引起的角跟踪误差。

复杂目标的雷达视在中心发生变化的同时,其反射面积也发生变化,称为振幅起伏,振幅起伏噪声的慢变化分量进入雷达伺服系统的频带内会对雷达系统产生影响。但是对于单脉冲雷达来说,接收机的自动增益控制可以将伺服通带内的噪声滤掉,可以不予考虑。

(4) 伺服系统噪声引起的角跟踪误差。

伺服系统中的机械误差和电气元件的漂移也会引起稳定回路的误差,并且这种误差将直接影响天线对目标视线角的测量精度。伺服系统噪声来源很多、关系复杂,很难用计算的方法来估计其影响,通常都采用实际测量的方法确定。

12.4 导引头多源信息滤波原理

导引头能够直接测量目标相对导弹的距离、速度、角度和角速率等信息,但是这些测量信息中都包含有各种噪声的影响。因此导引头的直接测量信息在高精度制导过程中通常不会直接使用,而是通过滤波技术去除噪声以提高精度。

滤波技术是信号处理中的一个重要概念,其可以分为经典滤波和现代滤波。经典滤波的概念是基于傅里叶分析和变换的基础提出的。其思想是基于工程信号可以等效为不同频率的正弦波线性叠加而成。如果只允许一定频率范围内的信号成分通过,而阻止其他频率的信号成分通过,即称为经典滤波器。常见的经典滤波器有低通滤波器、高通滤波器和带通滤波器等。

现代滤波是利用信号的随机性本质,将信号及其噪声看成随机信号,通过利用其统计特征估计出信号本身。常见的现代滤波有维纳(Winner)滤波、卡尔曼(Kalman)滤波、自适应滤波、粒子滤波、小波变化和时间序列分析方法等。

对于制导系统来说,在前期的信息提取部分通常采用各种经典滤波电路降低系统的电子噪声、热噪声和背景噪声等。而在后期运动信息提取过程中,通常会利用导弹自身的运动信息和目标运动先验信息等构建系统方程进行现代滤波,其中最常用的方法就是卡尔曼滤波。本节简要介绍标准卡尔曼滤波和非线性卡尔曼滤波技术。

12.4.1 卡尔曼滤波

对于一个受到随机干扰的线性离散系统:

$$x(k+1) = \Phi(k+1,k)x(k) + G(k+1,k)u(k) + \Gamma(k+1,k)w(k) \quad (12-50)$$

$$z(k) = H(k)x(k) + v(k) \quad (12-51)$$

式中:$x(k)$为n维状态向量;$u(k)$为r维控制向量;$z(k)$为m维观测向量;$\Phi(k+1,k)$为$n \times n$转移矩阵;$G(k+1,k)$为$n \times r$矩阵;$\Gamma(k+1,k)$为$n \times p$矩阵;$H(k)$为$m \times n$矩阵。假定$w(k)$是均值为零的p维白噪声向量序列,$v(k)$是均值为零的m维的白噪声向量序列,若$w(k)$和$v(k)$相互独立,在采样间隔内$w(k)$和$v(k)$都为常值,其统计特性如下:

$$\begin{cases} E[w(k)] = E[v(k)] = \mathbf{0} \\ E[w(k)w^{\mathrm{T}}(j)] = Q_k \delta_{kj} \\ E[v(k)v^{\mathrm{T}}(j)] = R_k \delta_{kj} \\ E[w(k)v^{\mathrm{T}}(j)] = \mathbf{0} \end{cases} \quad (12-52)$$

式中:δ_{kj}为克罗尼克(Kroneker)δ函数,其特性是

$$\delta_{kj} = \begin{cases} 1, & k = j \\ 0, & k \neq j \end{cases} \quad (12-53)$$

Q_k为非负定矩阵;R_k为正定矩阵。Q_k和R_k都是方差阵,状态向量$x(k)$的初始统计特性是给定的,即

$$E[x(0)] = m_0 \quad (12-54)$$

$$E\{[x(0) - m_0][x(0) - m_0]^{\mathrm{T}}\} = P_0 \quad (12-55)$$

给出观测序列$z(0),z(1),\cdots,z(k)$,要求找出$x(j)$的线性最优估计$\hat{x}(j/k)$,使得估值$\hat{x}(j/k)$与$x(j)$之间的误差$\tilde{x}(j/k) = x(j) - \hat{x}(j/k)$的方差和为最小,即

$$E\{[x(j) - \hat{x}(j/k)]^{\mathrm{T}}[x(j) - \hat{x}(j/k)]\} = \min \quad (12-56)$$

也就是要求各状态变量估计误差的方差和为最小。同时要求$\hat{x}(j/k)$是$z(0),z(1),\cdots,z(k)$的线性函数,并且估计是无偏的,即

$$E[\hat{x}(j/k)] = E[x(j)] \quad (12-57)$$

根据j和k的大小关系,离散系统估计问题也可分成三类:

第一类:$j > k$,称为预测(或外推)问题;

第二类:$j = k$,称为滤波问题;

第三类：$j<k$，称为平滑（或内插）问题。

卡尔曼最优滤波问题简述如下：给出观测序列 $z(0),z(1),\cdots,z(k+1)$，要求找出 $x(k+1)$ 的最优线性估计 $\hat{x}(k+1/k+1)$，使得估计误差 $\tilde{x}(k+1/k+1)=x(k+1)-\hat{x}(k+1/k+1)$ 的方差为最小，并且要求估计是无偏的。采用数学归纳法和正交定理推导出最优滤波估计方程，即离散系统卡尔曼滤波方程。卡尔曼最优滤波基本方程组（方块图如图12-9所示），现综合如下：

$$\hat{x}(k+1/k+1)=\hat{x}(k+1/k)+K(k+1)[z(k+1)-H(k+1)\hat{x}(k+1/k)] \quad (12-58)$$

$$\hat{x}(k+1/k)=\boldsymbol{\Phi}(k+1,k)\hat{x}(k/k) \quad (12-59)$$

$$K(k+1)=P(k+1/k)H^{\mathrm{T}}(k+1)[H(k+1)P(k+1/k)H^{\mathrm{T}}(k+1)+R_{k+1}]^{-1}$$
$$(12-60)$$

$$P(k+1/k+1)=P(k+1/k)-P(k+1/k)H^{\mathrm{T}}(k+1)\cdot$$
$$[H(k+1)P(k+1/k)H^{\mathrm{T}}(k+1)+R_{k+1}]^{-1}H(k+1)P(k+1/k)$$
$$(12-61)$$

$$P(k+1/k)=\boldsymbol{\Phi}(k+1,k)P(k/k)\boldsymbol{\Phi}^{\mathrm{T}}(k+1,k)+\boldsymbol{\Gamma}(k+1,k)Q_k\boldsymbol{\Gamma}^{\mathrm{T}}(k+1,k) \quad (12-62)$$

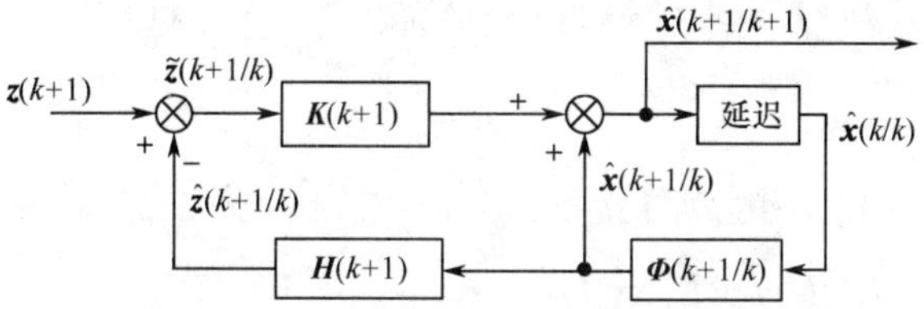

图12-9 离散系统卡尔曼最优滤波方块图

从式(12-60)可分析 R_k 和 Q_{k-1} 对 $K(k)$ 的影响。当 R_k 增大时，观测噪声大，观测值可靠度低，于是加权阵 $K(k)$ 应取得小一些，以减弱观测噪声的影响。所以 $K(k)$ 随 R_k 的增大而减小。当 Q_{k-1} 增大时，意味着第 k 步转移的随机误差大，对状态预测修正应加强，于是 $K(k)$ 应增大。当 Q_{k-1} 增大时，$P(k+1/k)$ 增大，$K(k)$ 也增大，表示对状态预测修正加强。

必须指出，在实际应用卡尔曼滤波算法时，每一步都要求 $P(k+1/k+1)$ 和 $P(k+1/k)$ 是对称的。虽然在理论上是对称的，但是运算过程中的有限字长和舍入误差可能引起 $P(k+1/k+1)$ 和 $P(k+1/k)$ 不对称，从而导致滤波系统的性能严重下降，甚至系统发散。这种情况当 Q_k 比较小时尤其明显。

12.4.2 非线性滤波

卡尔曼滤波要求系统是线性的，但是实际中所研究的问题大多都是非线性的，尽管有些可以近似看成线性系统。这些非线性系统不仅不能用线性微分方程描述，而且其非线性因素还不能忽略。此外，为了更精确得到滤波结果，也必须使用更加精确的非线性模型，因此对非线性系统滤波是必须解决的问题。目前工程中常用的几种非线性滤波方法有扩展卡尔曼滤波（Extended Kalman Filtering, EKF）和 Unscented 卡尔曼滤波（Unscented Kalman Filtering, UKF）。

1. 扩展卡尔曼滤波

扩展卡尔曼滤波（EKF）是将非线性函数 $\varphi(\cdot)$ 围绕标称状态滤波值 $\hat{x}(k/k)$ 进行泰勒展

开,并略去二次及以上项后得到非线性系统的线性化模型。

考虑如下的离散非线性系统方程

$$x(k+1) = \varphi[x(k),k] + \Gamma[x(k),k]w(k) \tag{12-63}$$

$$z(k+1) = h[x(k+1),k+1] + v(k+1) \tag{12-64}$$

式中:$w(k)$ 和 $v(k)$ 都为均值为零的白噪声序列。

由系统状态方程式在 $\hat{x}(k/k)$ 周围展开得到

$$x(k+1) \approx \varphi[\hat{x}(k),k] + \frac{\partial \varphi}{\partial x(k)}\bigg|_{x(k)=\hat{x}(k/k)} [x(k) - \hat{x}(k/k)] + \Gamma[\hat{x}(k/k),k]w(k)$$

$$= \frac{\partial \varphi}{\partial x(k)}\bigg|_{x(k)=\hat{x}(k/k)} x(k) + \left\{ \varphi[\hat{x}(k),k] - \frac{\partial \varphi}{\partial x(k)}\bigg|_{x(k)=\hat{x}(k/k)} \hat{x}(k/k) \right\} +$$

$$\Gamma[\hat{x}(k/k),k]w(k) \tag{12-65}$$

若令

$$\Phi(k+1,k) = \frac{\partial \varphi}{\partial x(k)}\bigg|_{x(k)=\hat{x}(k/k)} \tag{12-66}$$

$$f(k) = \varphi[\hat{x}(k),k] - \frac{\partial \varphi}{\partial x(k)}\bigg|_{x(k)=\hat{x}(k/k)} \hat{x}(k/k) \tag{12-67}$$

则状态方程可写为

$$x(k+1) = \Phi(k+1,k)x(k) + f(k) + \Gamma[\hat{x}(k/k),k]w(k) \tag{12-68}$$

其中状态向量的初始值为 $\hat{x}(0) = E[x(0)] = m_0$。

同基本卡尔曼滤波模型相比,在已经求得前一步滤波值 $\hat{x}(k/k)$ 的条件下,状态方程式(12-68)中增加了非随机的外作用项 $f(k)$。

同理将观测方程的非线性函数 $h(\cdot)$ 围绕预测值 $\hat{x}(k+1/k)$ 进行泰勒展开,忽略二次及以上高阶项后,可得

$$z(k+1)$$
$$= h[\hat{x}(k+1/k),k+1] + \frac{\partial h}{\partial x(k+1)}\bigg|_{x(k+1)=\hat{x}(k+1/k)} [x(k+1) - \hat{x}(k+1/k)] + v(k+1)$$
$$= \frac{\partial h}{\partial x(k+1)}\bigg|_{x(k+1)=\hat{x}(k+1/k)} x(k+1) - \frac{\partial h}{\partial x(k+1)}\bigg|_{x(k+1)=\hat{x}(k+1/k)} \hat{x}(k+1/k) +$$
$$h[\hat{x}(k+1/k),k+1] + v(k+1) \tag{12-69}$$

若令

$$H(k+1) = \frac{\partial h}{\partial x(k+1)}\bigg|_{x(k+1)=\hat{x}(k+1/k)} \tag{12-70}$$

$$y(k+1) = -\frac{\partial h}{\partial x(k+1)}\bigg|_{x(k+1)=\hat{x}(k+1/k)} \hat{x}(k+1/k) + h[\hat{x}(k+1/k),k+1] \tag{12-71}$$

则观测方程为

$$z(k+1) = H(k+1)x(k+1) + y(k+1) + v(k+1) \tag{12-72}$$

综上即可得到具有输入变量的卡尔曼滤波方程

$$\hat{x}(k+1/k+1) = \hat{x}(k+1/k) + K(k+1)[z(k+1) - y(k+1) - H(k+1)\hat{x}(k+1/k)] \quad (12-73)$$

即

$$\hat{x}(k+1/k+1) = \hat{x}(k+1/k) + K(k+1)\{z(k+1) - h[\hat{x}(k+1/k), k+1]\} \quad (12-74)$$

$$K(k+1) = P(k+1/k)H^T(k+1)[H(k+1)P(k+1/k)H^T(k+1) + R_{k+1}]^{-1} \quad (12-75)$$

$$P(k+1/k) = \Phi(k+1,k)P(k/k)\Phi^T(k+1,k) + \Gamma[\hat{x}(k/k),k]Q_k\Gamma^T[\hat{x}(k/k),k] \quad (12-76)$$

$$P(k+1/k+1) = [I - K(k+1)H(k+1)]P(k+1/k) \quad (12-77)$$

滤波初值与滤波误差方差阵的初始值分别为:$\hat{x}(0) = E[x(0)] = m_0$,$P(0) = \text{Var}[x(0)]$。

2. Unscented 卡尔曼滤波

扩展卡尔曼滤波(EKF)由于存在着线性化的过程,并且忽略了二阶以上分量,因此在滤波精度上存在着较大误差。另一方面,对于某些不可微分的非线性函数,往往难以求出其雅可比矩阵,这就限制了 EKF 方法的应用。

为了弥补 EKF 方法的不足,人们希望通过对非线性函数的概率密度分布近似,来代替对非线性函数的近似,这样就可以利用采样逼近的方法来解决非线性问题。1997 年 Juliear 和 Uhlman 提出了一种新的非线性滤波方法——Unscented 卡尔曼滤波(UKF),它是一种递归式贝叶斯估计方法。UKF 不需要对非线性系统的状态方程和观测方程进行线性化,而是利用 Unscented 变换(Unscented Transform,UT)方法来近似非线性函数的概率密度分布,因此 UKF 方法在计算精度上要高于 EKF 方法,并且不需要计算状态转移矩阵的雅可比矩阵,这使其应用范围更加广泛。

设非线性系统的状态方程和观测方程为

$$x(k+1) = \varphi[x(k), w(k), k] \quad (12-78)$$

$$z(k+1) = h[x(k+1), v(k+1), k+1] \quad (12-79)$$

式中:$x(k)$ 为 n 维状态向量,$z(k)$ 为 m 维的观测向量,$w(k)$ 为系统噪声,$v(k)$ 为观测噪声,假设它们是均值为零的高斯白噪声,且互不相关;$\varphi(\cdot)$ 为 n 维向量方程,是 $x(k)$、$w(k)$ 和 k 的非线性函数;$h(\cdot)$ 为 m 维向量方程,是 $x(k+1)$、$v(k+1)$ 和 $k+1$ 的非线性函数。具体算法如下:

(1) 设置初值

$$\begin{aligned} \hat{x}(0) &= E[x(0)] \\ P(0) &= E\{[x(0) - \hat{x}(0)][x(0) - \hat{x}(0)]^T\} \end{aligned} \quad (12-80)$$

(2) 当 $k > 1$ 计算 $2n+1$ 个西格玛点:

$$\begin{aligned} \chi(k-1) = \{&\hat{x}(k-1), \quad \hat{x}(k-1) + [\sqrt{(n+\lambda)P(k-1)}]_i, \\ &\hat{x}(k-1) - [\sqrt{(n+\lambda)P(k-1)}]_i\} \quad (i=1,2,\cdots,n) \end{aligned} \quad (12-81)$$

(3) 时间更新：

$$\begin{aligned}
\boldsymbol{\chi}(k/k-1) &= \boldsymbol{\varphi}[\boldsymbol{\chi}(k-1)] \\
\bar{\hat{\boldsymbol{x}}}(k) &= \sum_{i=0}^{2n} W_i^m \boldsymbol{\chi}_i(k/k-1) \\
\bar{\boldsymbol{P}}(k) &= \sum_{i=0}^{2n} W_i^p [\boldsymbol{\chi}_i(k/k-1) - \bar{\hat{\boldsymbol{x}}}(k)][\boldsymbol{\chi}_i(k/k-1) - \bar{\hat{\boldsymbol{x}}}(k)]^T + \boldsymbol{Q}_k \\
\boldsymbol{z}(k/k-1) &= \boldsymbol{H}[\boldsymbol{\chi}(k/k-1)] \\
\bar{\hat{\boldsymbol{z}}}(k) &= \sum_{i=0}^{2n} W_i^m \boldsymbol{z}_i(k/k-1)
\end{aligned} \quad (12-82)$$

(4) 测量更新：

$$\begin{aligned}
\boldsymbol{P}_{\bar{z}(k)\bar{z}(k)} &= \sum_{i=0}^{2n} W_i^p [\boldsymbol{z}_i(k/k-1) - \bar{\hat{\boldsymbol{z}}}(k)][\boldsymbol{z}_i(k/k-1) - \bar{\hat{\boldsymbol{z}}}(k)]^T + \boldsymbol{R}_k \\
\boldsymbol{P}_{\bar{x}(k)\bar{z}(k)} &= \sum_{i=0}^{2n} W_i^p [\boldsymbol{\chi}_i(k/k-1) - \bar{\hat{\boldsymbol{x}}}(k)][\boldsymbol{z}_i(k/k-1) - \bar{\hat{\boldsymbol{z}}}(k)]^T \\
\boldsymbol{K}(k) &= \boldsymbol{P}_{\bar{x}(k)\bar{z}(k)} \boldsymbol{P}_{\bar{z}(k)\bar{z}(k)}^{-1} \\
\hat{\boldsymbol{x}}(k) &= \bar{\hat{\boldsymbol{x}}}(k) + \boldsymbol{K}(k)[\boldsymbol{z}(k) - \bar{\hat{\boldsymbol{z}}}(k)] \\
\boldsymbol{P}(k) &= \bar{\boldsymbol{P}}(k) - \boldsymbol{K}(k) \boldsymbol{P}_{\bar{z}(k)\bar{z}(k)} \boldsymbol{K}^T(k)
\end{aligned} \quad (12-83)$$

EKF 滤波是通过对非线性方程进行线性化得到线性部分，经过泰勒展开式可以得出这种方法的精度为一阶水平，而 UKF 算法则可以使均值精确到非线性部分泰勒展开式的三阶水平，方差精确到二阶水平，而且引入的误差都在四阶或四阶以上，并可以通过 λ 控制。

综上所述，UKF 方法与 EKF 方法相比其优点是：

(1) 不需要计算雅可比矩阵来对非线性函数作近似变换；
(2) 能处理非可导的非线性函数；
(3) 计算量与 EKF 相当；
(4) 能对所有高斯输入向量的非线性函数进行近似，均值精确到三阶，方差精确到二阶。

12.4.3　导引头信息滤波仿真

导引头信息滤波是基于导弹和目标的相对运动关系和约束关系构建系统状态方程，采用导引头测量信息作为观测量，通过卡尔曼滤波实现对相关状态的精确估计。这种滤波技术的重点在于导弹和目标相对运动关系和约束关系的准确性，对于导弹来说自身位置的运动可以通过惯组测量信息获得，而对于目标的运动只能通过导引头测量信息和目标运动模型进行估计，这种估计往往还是不准确的。

滤波器的作用可以通过一个主动雷达制导的例子进行解释。不失一般性，在铅垂平面内对估计问题建模，如图 12-10 所示，在发射惯性坐标系下，雷达导引头通过解耦计算给出相对惯性系下的弹目视线角 q、相对距离 R 和径向速度 $\dot{R}$；导弹上的捷联惯导给出惯性系下的两个方向比力 a_{xi} 和 a_{yi}，此外可以计算出飞行器受到的引力加速度 g，那么在初始速度和位置已知的情况下即可得到飞行器自身运动状态（直接利用捷联惯导的输出数据）。理论上弹目位置

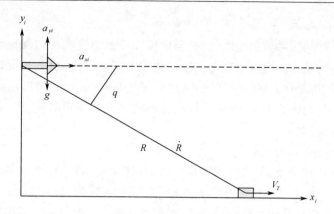

图 12-10　纵向平面内的视线角速率估计原理图

获得后即可唯一确定弹目视线在惯性坐标系下的夹角,而弹目的位置有雷达测量值作为约束,因此就可以根据雷达测量值作为观测值进行滤波。

1. 常见目标机动模型

如果目标的位置和运动状态已知,那么通过上述几何关系可以得到弹目视线角速率的状态约束方程。然而,目标的位置和运动一般事先不可知,只能通过导引头测量获取其运动信息,当然这种信息中包含了噪声,因此为了提高对目标位置和速度的估计精度需要对目标进行精确建模。对于非合作目标来说,导弹不可能完全获知或者预测对方的机动方式,所以目前通常采用特定的运动模型对目标进行描述,如匀速运动模型(CV)、匀加速运动模型(CA)、转弯模型和 Sting 模型等。

1) CV 和 CA 模型

最简单的情况是目标作匀速或匀加速直线运动时,考虑到干扰的作用,目标的运动可以用二阶匀速 CV 模型或者三阶的匀加速 CA 模型来描述:

CV 模型:

$$\begin{bmatrix} \dot{x} \\ \ddot{x} \end{bmatrix} = \begin{bmatrix} 0 & 1 \\ 0 & 0 \end{bmatrix} \begin{bmatrix} x \\ \dot{x} \end{bmatrix} + \begin{bmatrix} 0 \\ 1 \end{bmatrix} w(t) \tag{12-84}$$

CA 模型:

$$\begin{bmatrix} \dot{x} \\ \ddot{x} \\ \dddot{x} \end{bmatrix} = \begin{bmatrix} 0 & 1 & 0 \\ 0 & 0 & 1 \\ 0 & 0 & 0 \end{bmatrix} \begin{bmatrix} x \\ \dot{x} \\ \ddot{x} \end{bmatrix} + \begin{bmatrix} 0 \\ 0 \\ 1 \end{bmatrix} w(t) \tag{12-85}$$

式中:$x,\dot{x}$ 和 $\ddot{x}$ 分别为目标的位置、速度和加速度;$w(t)$ 为均值为零,方差为 σ 的高斯白噪声。

其相应的离散形式为:

离散 CV 模型:

$$\begin{bmatrix} x_{k+1} \\ \dot{x}_{k+1} \end{bmatrix} = \begin{bmatrix} 1 & T \\ 0 & 1 \end{bmatrix} \begin{bmatrix} x_k \\ \dot{x}_k \end{bmatrix} + \begin{bmatrix} T^2/2 \\ T \end{bmatrix} w_k \tag{12-86}$$

离散 CA 模型:

$$\begin{bmatrix} x_{k+1} \\ \dot{x}_{k+1} \\ \ddot{x}_{k+1} \end{bmatrix} = \begin{bmatrix} 1 & T & T^2/2 \\ 0 & 1 & T \\ 0 & 0 & 1 \end{bmatrix} \begin{bmatrix} x_k \\ \dot{x}_k \\ \ddot{x}_k \end{bmatrix} + \begin{bmatrix} T^2/2 \\ T \\ 1 \end{bmatrix} w_k \tag{12-87}$$

式中:T 为采样时间间隔。

通常情况下,目标的机动情况是未知的,当目标作近似匀速或者匀加速直线运动时,上述模型能较好地描述目标运动,因而可以得到很高的跟踪精度;目标机动情况较弱时,可以将机动看作为加速度的随机变化,采用 CA 模型来近似描述目标的运动,可以得到较好的效果;对于强机动目标,模型失配较为严重,上述两种模型不能很好地实现对模型的跟踪,需要和目标机动更为匹配的跟踪模型。

2) 一阶时间相关的 Singer 模型

与上述 CV 和 CA 模型不同,时间相关模型认为目标的机动是时间相关的有色噪声序列,而不是白噪声序列。Singer 在 1970 年首先提出了时间相关模型,称为 Singer 模型。根据平稳随机过程相关函数的对称性和衰减性等特点,设机动加速度的时间相关函数为指数形式为

$$R_a(\tau) = E[a(t)a(t+\tau)] = \sigma_a^2 e^{-\alpha|\tau|} \quad (\alpha \geq 0) \tag{12-88}$$

式中:$a(t)$ 为机动加速度;σ_a^2 为机动加速度方差;α 为机动频率,即机动时间常数 τ_m 的倒数。

方差可以根据机动目标的概率密度函数来计算。这里假设机动加速度的概率密度近似服从均匀分布,机动加速度均值为零。机动加速度的概率密度分布函数如图 12-11 所示,则有

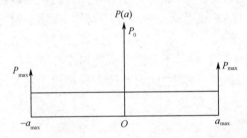

图 12-11 Singer 模型中目标加速度的概率密度函数

$$\sigma_a^2 = \frac{a_{\max}^2}{3}[1 + 4P_{\max} - P_0] \tag{12-89}$$

式中:$a_{\max}$ 为最大机动加速度;$P_{\max}$ 为其发生的概率;P_0 为非机动概率。

对应于式(12-89)的功率谱密度为

$$S_a(\omega) = \frac{2\alpha\sigma_a^2}{\omega^2 + \alpha^2} \tag{12-90}$$

应用 Winner – Kolmogorov 白化程序,有如下的一阶马尔可夫过程

$$\dot{a}(t) = -\alpha a(t) + w(t) \tag{12-91}$$

式中:$w(t)$ 为零均值的白噪声,方差为

$$E[w(t)w(\tau)] = 2\alpha\sigma_a^2\delta(t-\tau) \tag{12-92}$$

由此可得连续时间系统下该模型的状态空间表示式为

$$\begin{bmatrix} \dot{x} \\ \ddot{x} \\ \dddot{x} \end{bmatrix} = \begin{bmatrix} 0 & 1 & 0 \\ 0 & 0 & 1 \\ 0 & 0 & -\alpha \end{bmatrix} \begin{bmatrix} x \\ \dot{x} \\ \ddot{x} \end{bmatrix} + \begin{bmatrix} 0 \\ 0 \\ 1 \end{bmatrix} w(t) \tag{12-93}$$

式(12-91)的离散形式为

$$a_{k+1} = \beta a_k + w_k^a \tag{12-94}$$

式中：w_k^a 为方差为 $\sigma(1-\beta^2)$ 的零均值白噪声序列；$\beta = \mathrm{e}^{-\alpha T}$。设状态变量为 $X_k = [x_k, \dot{x}_k, \ddot{x}_k]^\mathrm{T}$，则有离散时间系统的状态方程为

$$X_{k+1} = \boldsymbol{\Phi}_k X_k + w_k \tag{12-95}$$

式中：状态转移矩阵为

$$\boldsymbol{\Phi}_k = \begin{bmatrix} 1 & T & \dfrac{1}{\alpha^2}(-1 + \alpha T + \mathrm{e}^{-\alpha T}) \\ 0 & 1 & \dfrac{1}{\alpha}(1 - \mathrm{e}^{-\alpha T}) \\ 0 & 0 & \mathrm{e}^{-\alpha T} \end{bmatrix} \tag{12-96}$$

式中：T 为采样时间间隔，噪声 w_k 的方差阵为

$$\boldsymbol{Q}_k = E[w_k w_k^\mathrm{T}] = 2\alpha \sigma_a^2 \begin{bmatrix} q_{11} & q_{12} & q_{13} \\ q_{21} & q_{22} & q_{23} \\ q_{31} & q_{32} & q_{33} \end{bmatrix} \tag{12-97}$$

其中，

$$\begin{aligned} q_{11} &= \dfrac{1}{2\alpha^5}[1 - \mathrm{e}^{-2\alpha T} + 2\alpha T + \dfrac{2\alpha^3 T^3}{3} - 2\alpha^2 T^2 - 4\alpha T\mathrm{e}^{-\alpha T}] \\ q_{12} &= q_{21} = \dfrac{1}{2\alpha^4}[\mathrm{e}^{-2\alpha T} + 1 - 2\mathrm{e}^{-\alpha T} + 2\alpha T\mathrm{e}^{-\alpha T} - 2\alpha T + \alpha^2 T^2] \\ q_{13} &= q_{31} = \dfrac{1}{2\alpha^3}[1 - \mathrm{e}^{-2\alpha T} - 2\alpha T\mathrm{e}^{-\alpha T}] \\ q_{22} &= \dfrac{1}{2\alpha^3}[4\mathrm{e}^{-\alpha T} - 3 - \mathrm{e}^{-2\alpha T} + 2\alpha T] \\ q_{23} &= q_{32} = \dfrac{1}{2\alpha^2}[\mathrm{e}^{-2\alpha T} + 1 - 2\mathrm{e}^{-\alpha T}] \\ q_{33} &= \dfrac{1}{2\alpha}[1 - \mathrm{e}^{-2\alpha T}] \end{aligned} \tag{12-98}$$

当 $\alpha T \ll 1$ 时，方差矩阵可以近似为

$$\boldsymbol{Q}_k = 2\alpha \sigma_a^2 \begin{bmatrix} \dfrac{T^5}{20} & \dfrac{T^5}{8} & \dfrac{T^5}{6} \\ \dfrac{T^4}{8} & \dfrac{T^3}{3} & \dfrac{T^2}{2} \\ \dfrac{T^3}{6} & \dfrac{T^2}{2} & T \end{bmatrix} \tag{12-99}$$

状态转移矩阵近似为

$$\boldsymbol{\Phi}_k = \begin{bmatrix} 1 & T & \dfrac{T^2}{2} \\ 0 & 1 & T \\ 0 & 0 & 1 \end{bmatrix} \qquad (12-100)$$

这时 Singer 模型近似为匀加速模型;当 $\alpha T \to \infty$ 时,Singer 模型近似为匀速模型。因此,当 α 在实数轴连续变化时,就对应于目标从匀速运动到匀加速之间的各种运动状态,这就意味着 Singer 模型具有较大的机动适应性;另外,Singer 模型用有色噪声而非白噪声来描述机动加速度,更加符合实际情况。然而,一阶时间相关的 Singer 模型只适用于匀速和匀加速之间的目标运动,对于较强烈的机动,采用该模型将引起较大的模型误差;此外,由于采用目标机动零均值的假设,仅当目标作匀速直线运动时,动态误差才能最终收敛到零,这是 Singer 方法的严重缺陷。

3)机动目标"当前"统计模型

在具体的战术场合,通常需要考虑目标在当时当地条件下的机动可能性,即机动加速度的"当前"概率密度,因此机动加速度的取值范围可以大大减小。此外在每一瞬时,一种时变的机动加速度概率密度函数只对应于目标"当前"加速度的变换。这就是均值自适应的机动目标"当前"统计模型的基本思想。

该模型本质上是非零均值时间相关模型,其机动加速度的当前概率密度用修正的瑞利分布描述。当目标加速度为正时,概率密度函数为

$$P(a) = \begin{cases} \dfrac{a_{\max}-a}{\mu^2} \exp\left\{-\dfrac{(a_{\max}-a)^2}{2\mu^2}\right\} & (0 < a < a_{\max}) \\ 0 & (a \geqslant a_{\max}) \end{cases} \qquad (12-101)$$

式中:$a_{\max}$ 为已知的目标加速度正上限;a 为目标的随机加速度,μ 为一常数,a 的均值和方差分别为

$$\begin{cases} E[a] = a_{\max} - \sqrt{\dfrac{\pi}{2}}\mu \\ \sigma_a^2 = \dfrac{4-\pi}{2}\mu^2 \end{cases} \qquad (12-102)$$

当目标加速度为负时,概率密度函数为

$$P(a) = \begin{cases} \dfrac{a-a_{-\max}}{\mu^2} \exp\left\{-\dfrac{(a-a_{-\max})^2}{2\mu^2}\right\} & (0 > a > a_{-\max}) \\ 0 & (a \leqslant a_{\max}) \end{cases} \qquad (12-103)$$

式中:$a_{-\max}$ 为已知的目标加速度负下限。a 的均值和方差分别为

$$\begin{cases} E[a] = a_{-\max} - \sqrt{\dfrac{\pi}{2}}\mu \\ \sigma_a^2 = \dfrac{4-\pi}{2}\mu^2 \end{cases} \qquad (12-104)$$

目标当前加速度为零时,概率密度函数为

$$P(a) = \delta(a) \tag{12-105}$$

式中：$\delta(\cdot)$为狄拉克函数。

在"当前"统计模型概念条件下，当目标以某一个加速度机动时，采用零均值模型显然是不合理的，因此，可用机动加速度的非零均值时间相关模型来代替Singer的零均值时间相关模型，即令

$$\dddot{x}(t) = \bar{a} + a(t) \tag{12-106}$$

$$\dot{a}(t) = -\alpha a(t) + w(t) \tag{12-107}$$

式中：$a(t)$为零均值有色加速度噪声；$\bar{a}$为机动加速度均值，在每一采样周期内为常数；α为机动频率；$w(t)$为均值为零，方差为$\sigma^2 = 2\alpha\sigma_a^2$的白噪声，$\sigma_a^2$为目标加速度方差。

设$a_1(t) = a(t) + \bar{a}$，以上两式可写为

$$\dddot{x}(t) = a_1(t) \tag{12-108}$$

$$\dot{a}_1(t) = -\alpha a_1(t) + \alpha\bar{a} + w(t) \tag{12-109}$$

式中：$a_1(t)$为加速度状态变量；$w_1(t)$为均值为$\alpha\bar{a}$的白噪声。

由估计理论可知，加速度状态变量$a_1(t)$的最优估计恰是整个过去观测$Y(t)$的条件均值

$$\dddot{x}(t) = \bar{a} + a(t) \tag{12-110}$$

事实上，如果$\dddot{x}(t)$为系统状态变量分量，那么$\hat{a}_1(t)$就是从卡尔曼滤波所获得的"当前"加速度。利用$\hat{a}_1(t)$代替$a_1(t)$中的均值$\bar{a}$，就可得到状态变量$a_1(t)$的估值和状态噪声$w_1(t)$的均值之间的关系。例如，如果"当前"加速度为正，则$w_1(t)$的方差为

$$\sigma^2 = \frac{2\alpha(4-\pi)}{\pi}(a_{\max} - E[a_1(t)|Y(t)])^2 \tag{12-111}$$

如果"当前"加速度为负，则$w_1(t)$的方差为

$$\sigma^2 = \frac{2\alpha(4-\pi)}{\pi}(a_{-\max} + E[a_1(t)|Y(t)])^2 \tag{12-112}$$

考虑非零加速度均值，一维情况下的离散状态方程为

$$\begin{bmatrix} \dot{x}(t) \\ \ddot{x}(t) \\ \dddot{x}(t) \end{bmatrix} = \begin{bmatrix} 0 & 1 & 0 \\ 0 & 0 & 1 \\ 0 & 0 & -\alpha \end{bmatrix} \begin{bmatrix} x(t) \\ \dot{x}(t) \\ \ddot{x}(t) \end{bmatrix} + \begin{bmatrix} 0 \\ 0 \\ \alpha \end{bmatrix} \bar{a} + \begin{bmatrix} 0 \\ 0 \\ 1 \end{bmatrix} w(t) \tag{12-113}$$

设采样周期为T，则相应的离散状态方程为

$$\boldsymbol{X}_{k+1} = \boldsymbol{\Phi}_k \boldsymbol{X}_k + \boldsymbol{U}_k \bar{a}_k + \boldsymbol{w}_k \tag{12-114}$$

式中：

$$\boldsymbol{X}_k = [x_k \quad \dot{x}_k \quad \ddot{x}_k]^{\mathrm{T}} \tag{12-115}$$

$$\boldsymbol{\Phi}_k = \begin{bmatrix} 1 & T & \frac{1}{\alpha^2}(-1 + \alpha T + \mathrm{e}^{-\alpha T}) \\ 0 & 1 & \frac{1}{\alpha}(1 - \mathrm{e}^{-\alpha T}) \\ 0 & 0 & \mathrm{e}^{-\alpha T} \end{bmatrix} \tag{12-116}$$

$$U_k = \begin{bmatrix} \dfrac{1}{\alpha}\left(-T + \dfrac{\alpha T^2}{2} + \dfrac{1-\mathrm{e}^{-\alpha T}}{\alpha}\right) \\ T - \dfrac{1-\mathrm{e}^{-\alpha T}}{\alpha} \\ 1 - \mathrm{e}^{-\alpha T} \end{bmatrix} \quad (12-117)$$

$$w_k = \int_{kT}^{(k+1)T} \begin{bmatrix} \{-1 + \alpha((k+1)T - \xi) + \exp[-\alpha((k+1)T - \xi)]\}/\alpha^2 \\ \{1 - \exp[-\alpha((k+1)T - \xi)]\}/\alpha \\ \exp[-\alpha((k+1)T - \xi)] \end{bmatrix} w_\xi \mathrm{d}\xi$$
$$(12-118)$$

式中:w_k 为离散时间白噪声序列,并且

$$E[w_k w_{k+j}^\mathrm{T}] = \mathbf{0} \quad (\forall j \neq 0) \quad (12-119)$$

$$Q_k = E[w_k w_k^\mathrm{T}] = 2\alpha\sigma_a^2 \begin{bmatrix} q_{11} & q_{12} & q_{13} \\ q_{21} & q_{22} & q_{23} \\ q_{31} & q_{32} & q_{33} \end{bmatrix} \quad (12-120)$$

式中:q_{ij} 的取值与 Singer 模型相同。

当前统计模型认为目标机动加速度只在当前加速度的邻域内取值,采用了非零均值的时间相关模型,可以自适应地调整过程方差,更加真实反应目标机动强度和范围,在目标机动的情况下可以较好地实现对目标的跟踪估计;但是对于非机动或者弱机动的目标跟踪精度则有所下降。另外,该模型是一种先验模型,对先验知识有一定的要求。

2. 滤波方程建立

尽管导弹所攻击的机动目标如飞机、舰船、车辆或者导弹具有一定的机动能力,但是对于现代导引头的采样频率(通常为 10~100Hz)来说,在较短的时间内目标的机动基本上可以看作是匀速或者匀加速运动,因此在仿真中多采用 CA 或 CV 模型进行描述。

采用了匀加速(CA)模型后,对于目标运动状态方程,取目标在惯性系下三向位置、速度和加速度为状态变量,即

$$X_T(k) = \begin{bmatrix} x_T(k) \\ v_{xT}(k) \\ a_{xT}(k) \\ y_T(k) \\ v_{yT}(k) \\ a_{yT}(k) \\ z_T(k) \\ v_{zT}(k) \\ a_{zT}(k) \end{bmatrix} \quad (12-121)$$

不妨令滤波周期为 ΔT，那么匀加速运动模型的离散状态方程可以写为

$$X_T(k+1) = \boldsymbol{\Phi}_T X_T(k) + W_T(k) \tag{12-122}$$

式中：

$$\boldsymbol{\Phi}_t = \begin{bmatrix} 1 & \Delta T & \dfrac{\Delta T^2}{2} & 0 & 0 & 0 & 0 & 0 & 0 \\ 0 & 1 & \Delta T & 0 & 0 & 0 & 0 & 0 & 0 \\ 0 & 0 & 1 & 0 & 0 & 0 & 0 & 0 & 0 \\ 0 & 0 & 0 & 1 & \Delta T & \dfrac{\Delta T^2}{2} & 0 & 0 & 0 \\ 0 & 0 & 0 & 0 & 1 & \Delta T & 0 & 0 & 0 \\ 0 & 0 & 0 & 0 & 0 & 1 & \Delta T & \dfrac{\Delta T^2}{2} & 0 \\ 0 & 0 & 0 & 0 & 0 & 0 & 1 & \Delta T & \dfrac{\Delta T^2}{2} \\ 0 & 0 & 0 & 0 & 0 & 0 & 0 & 1 & \Delta T \\ 0 & 0 & 0 & 0 & 0 & 0 & 0 & 0 & 1 \end{bmatrix} \tag{12-123}$$

对于观测方程来说，主动雷达导引头可以直接测量弹目的视线角、径向距离和多普勒速度，因此建立观测方程时的观测量包括弹目距离 r、径向速度 $\dot{r}$、视线高低角 q_ε 和视线方位角 q_β，则测量方程为

$$y(k) = H(X_T(k)) + \boldsymbol{\nu}(k) = \begin{bmatrix} r \\ \dot{r} \\ q_\varepsilon \\ q_\beta \end{bmatrix} + \begin{bmatrix} v_r \\ v_{\dot{r}} \\ v_\varepsilon \\ v_\beta \end{bmatrix} \tag{12-124}$$

式中：

$$\Delta x = x_T - x_M \quad \Delta y = y_T - y_M \quad \Delta z = z_T - z_M \tag{12-125}$$

$$\Delta \dot{x} = v_{xT} - v_{xM} \quad \Delta \dot{y} = v_{yT} - v_{yM} \quad \Delta \dot{z} = v_{zT} - v_{zM} \tag{12-126}$$

$$r = \sqrt{\Delta x^2 + \Delta y^2 + \Delta z^2} \tag{12-127}$$

$$\dot{r} = \frac{1}{r}(\Delta x \Delta \dot{x} + \Delta y \Delta \dot{y} + \Delta z \Delta \dot{z}) \tag{12-128}$$

$$q_\beta = -\arctan(\Delta z/\Delta x) \tag{12-129}$$

$$q_\varepsilon = \arcsin(\Delta y/r) \tag{12-130}$$

v_T, v_m 分别为目标（舰船）和飞行器（导弹）在惯性系中绝对速度；$v_r, v_{\dot{r}}, v_\varepsilon, v_\beta$ 是弹目距离，弹目径向速度，视线高低角和方位角的测量噪声。

对式(12-129)、式(12-130)分别求导，得到弹目视线的高低角 q_ε 和视线方位角 q_β 角速率如下式：

$$\dot{q}_\beta = (\Delta \dot{x}\Delta z - \Delta x\Delta \dot{z})(\cos q_\beta/\Delta x)^2 \tag{12-131}$$

$$\dot{q}_\varepsilon = (\Delta \dot{y}r - \Delta y \dot{r})/(r^2\cos q_\varepsilon) \tag{12-132}$$

可见所构建的状态方程均为线性方程,因此只需要使用卡尔曼滤波器进行滤波即可实现导引头信息的高精度滤波。

思 考 题

(1) 为什么双模复合制导是多模复合制导的主要形式?
(2) 多模复合方案有哪些复合原则需要遵循?
(3) 数据融合的结构都有哪些,简要说明其原理和特点。
(4) 常见的数据融合算法有哪些?
(5) 红外/毫米波复合制导的总体结构方式一般可以分为哪几种方式,它们各有什么特点?
(6) 试写出卡尔曼滤波的基本方程。
(7) 简述 EKF 和 UKF 非线性滤波技术的原理。
(8) 请写出几种常见目标机动模型。

第五篇 导引头半实物仿真

导引头是导弹精确制导系统的核心,它对制导精度起着决定性作用。随着现代战争对导弹作战性能要求的不断提高,导引头的结构和复杂性也越来越高。为了确保导引头等重要核心部件的正确性和可靠性,导弹在进行飞行试验之前除了完成大量的数字仿真外,还需要将导引头、惯导等实物引入仿真回路进行半实物仿真验证。半实物仿真能够直接测试导引头等实物部件的性能,同时还能够在接近真实弹目关系的场景中验证整个制导系统的匹配性及动态性能,从而有效降低导弹在实际飞行试验中的风险。

第 13 章 导引头半实物仿真原理

仿真技术是以相似理论、系统理论、信息处理技术和计算技术及其应用领域有关的专业技术为基础,以计算机和各种物理效应设备为工具,利用系统模型对实际的或者设想的系统进行动态试验研究,并借助于专家经验知识、统计数据和信息资料对试验结果进行分析研究,进而做出决策的一门综合性实验技术。

在航空航天领域,仿真技术已经广泛地应用于系统工程的各个研制阶段,用于复现和评价真实系统。作为分析和研究系统运动行为、揭示系统动态过程和运动规律的一种重要手段和方法,系统仿真可以有效地确定仿真对象的使用范围、评价系统性能,为进行实际系统的研究、分析、决策、设计以及对专业人员的培训提供一种实现途径。同时也能提高人们对客观世界内在规律的认识能力,有力地推动以定性分析为主的学科向定量化的方向发展。

通常在工程应用领域中,根据各种航空航天飞行器的特点和研制阶段的不同,可以将系统仿真分为三大类:数学仿真、半实物仿真和人在回路仿真。目前,针对有人驾驶飞行器进行的仿真技术研究主要集中在:利用飞行仿真模拟器复现空中的飞行环境,用于对飞行员进行各种飞行训练,或对飞行器的飞行性能、操纵品质以及机载系统性能等进行分析研究。针对无人驾驶飞行器进行的飞行仿真技术研究主要集中在:通过数学仿真或者半实物仿真技术,对导弹、运载火箭以及航天器等有控飞行器的全弹道飞行性能和制导控制过程等进行分析研究。

对于导弹中关键的导引头及制导控制系统来说,如果导引头及制导控制系统的性能完全由飞行试验来评定,那么会使导弹的研制费用变得非常昂贵,研制进度也会很长;另外,一些边界条件和极端情况在外场试验中往往也无法实现。如果仅采用数学仿真进行验证,虽然研制成本会大大降低,但对于实际中的一些不确定因素和非理想模型的影响将无法反映出来。因此利用实验室中的各种硬件仿真手段对导弹的飞行状态进行模拟,不仅可以验证导引头制导控制系统的正确性,而且也可以将难以建模的实际部分直接进行验证。这样不仅可以节约大量资金,而且也方便对导引头及制导控制系统的数据进行采集和分析,因此导弹的半实物仿真成为导弹研制过程中必不可缺的一环。本章主要介绍导弹的半实物仿真原理与几种常见导引头的半实物仿真。

13.1　导弹的半实物仿真原理

导弹的半实物仿真(Hardware In the Loop Simulation,HILS)是指在仿真试验中接入部分实物的验证过程。它能更加接近实际情况,可大大缩短研制周期和压缩研制经费,目前已经成为航空航天领域必不可缺的研制手段。从系统观点来看,HILS允许在系统中接入部分实物,使得部件能在满足系统整体性能指标的环境中得到检验,因此是一种置信度比较高的仿真手段。

在半实物仿真中,由于有实物的接入,要求仿真时间标尺与实际系统时间标尺必须保证一致。这样才能保证系统仿真结果具有良好的可信度以及保护硬件设备安全,因此实时仿真是半实物仿真的必要前提。在半实物仿真应用中,系统的一切动作都以实时的外部事件为中心,它必须处理很多外部事件的输入数据流,而且要求系统必须在事先设定好的时限内做出响应。一般半实物仿真应具备以下几个重要的特性:

(1) 及时性:外部事件引发的活动必须在预先定义的时限内完成;

(2) 同时性和同时处理:如果多个事件同时发生,必须满足每个事件的时限;

(3) 可预测性:半实物仿真应用要求系统对来自外部输入的反应必须全部是可预测的。

一般来说,半实物仿真系统(图13-1)由5个部分组成:

(1) 仿真设备:如各种目标模拟器、仿真计算机、飞行模拟转台、线加速度模拟器、负载力矩模拟器以及卫星导航信号模拟器等。

(2) 参试部件:如制导控制计算机、陀螺仪、组合导航系统、舵机等。

(3) 各种接口设备:模拟量接口、数字量接口、实时数字通信网络系统等。

(4) 试验控制台:监视控制试验状态进程的装置。包括试验设备、试件状态信号监视系统、设备试件转台控制系统、仿真试验进程控制等。

(5) 支持服务系统:如显示、记录、文档处理等事后处理应用软件。

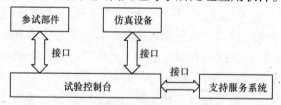

图13-1　半实物仿真系统组成

以上各部分的连接关系如图13-1所示,设计实现一个完整的半实物仿真系统,通常来说要实现四个方面的内容:

(1) 仿真系统软件。它包括系统模型软件、通用软件、专用软件、数据库等。系统模型软件一般由仿真对象数学模型、仿真算法、系统运行流程等组成;通用软件含有计算机操作系统、编程平台、调试运行环境、图形界面开发程序、通用接口通信程序、数据采集与显示等;专用软件包含专用算法、专用通信接口程序;数据库包括数据库开发系统和所建立的各种信息数据库。

(2) 仿真系统硬件。仿真系统硬件主要包括仿真计算机、接口、连接电缆、目标环境模拟设备、信号产生与激励设备、数据采集与记录显示设备、通信指挥监控设备、能源动力系统、系统测试设备及各类辅助设备等。

（3）仿真系统的评估。仿真系统的评估又分为软件评估和硬件评估。软件评估包括仿真方法、仿真程序、指标测试方法等；硬件主要是评估测试设备。仿真系统的评估内容主要包括仿真系统及分系统的指标测试评估，系统的可信性、可靠性、安全性、可维护性等的评估。

（4）仿真系统的校核、验证与确认。一般对建立的仿真系统进行评估之后，还要进行系统仿真试验设计与协调，确定仿真试验过程。通过大系统的仿真试验对仿真系统进行全面的考核，以确定仿真系统是否能满足系统仿真试验要求，是否能够达到系统仿真试验的目的并具有足够的可信度。这部分内容主要以软件工作为主，开展定性与定量的分析。仿真系统在经过验证与确认后，方可由设备管理部门发放合格证，正式投入运行。

针对以上的系统组成以及仿真系统实施内容，可以看出要设计实现一个半实物仿真系统，需要着重解决以下任务及关键技术：

（1）仿真系统的时间一致性要求。根据上文分析可知，半实物仿真必须是实时仿真。也就是说，研究对象的数学模型以及仿真算法等必须在真实的时间尺度下运行，这样才可以确保仿真系统与原型系统之间的相似性，以达到仿真的目的，同时也可以保证设备的安全。

（2）仿真系统的空间一致性要求。在进行飞行器的半实物仿真时，往往需要根据仿真目的、仿真对象的运动特性以及仿真设备的实际工作特性，进行一些空间位置相互关系的解算，这就是所谓的空间一致性要求，这也是属于仿真系统相似方法的一个基本要求。

（3）仿真系统通信。针对半实物仿真系统来说，为了协调完成仿真预期任务，各个实时仿真节点之间必须要进行数据的交互和共享。而实时仿真最基本的要求就是在设定的仿真步长内，完成相应的数据交互以及仿真程序计算任务，这是属于仿真实时性的一个要求。

（4）仿真硬件接口。半实物仿真又称硬件在回路中的仿真，是在数字仿真中引入了相应的物理效应设备和相关参试硬件的一种仿真方式。每个导弹半实物仿真系统都会根据相应的仿真目的，加入一些硬件设备，如制导控制计算机、陀螺仪、组合导航系统、舵机、导引头、各种敏感器等，这样一来就不可避免地存在硬件数据接口的问题。

（5）系统仿真运行推进机制。目前，半实物仿真已经广泛地应用于航空、航天、航海和兵器等领域。而这些领域的典型研究对象有一些共同的特性，如对象组成复杂、运行环境复杂多变。因此，要实现较高相似度的仿真试验，必须建立复杂的数学模型，同时设计高度复杂的物理效应设备以提供环境的模拟。这样看来，大部分的半实物仿真系统都是属于分布式的运行环境，跟传统的单机仿真系统比起来，多节点的仿真系统会带来一个问题：整个系统的仿真推进机制不再由单一仿真计算机的时钟来确定，整个系统的仿真运算也不再仅由单一的定时器来控制。因此，系统仿真运行推进机制也是高性能半实物仿真系统的一个关键技术。

（6）仿真系统可信度评估。如果要用仿真试验最大限度地代替飞行试验，其前提是仿真结果必须可信，这取决于两个方面：其一是描述实际系统的数学模型要准确，其二是基于该数学模型建立的仿真模型要精确。半实物仿真模型包括仿真计算机模型（仿真软件）和为实物（如导引头等）提供的物理环境（力学的、光电的）仿真模型，它们的准确性取决于仿真方法、仿真算法和仿真设备的误差等因素。因此，要保证半实物仿真的正确性和可信性，必须对整个仿真系统进行可信度评估研究。

图 13-2 描述了一个典型的半实物仿真体系的基本组成：光纤实时网络和高速以太网络构成所有系统的数据通信网络。所有子系统均分为实物级和数字级的仿真，当没有实物接入

时采用数学仿真模型代替;仿真的计算推进时钟通过实时仿真系统的高精度时钟广播进行推进。

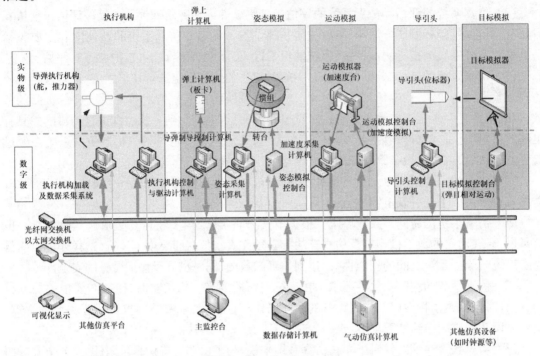

图 13-2 半实物仿真体系基本框图

在导弹的半实物仿真体系中,对于导引头这类部件级系统的测试主要分为标定测试阶段和引入回路仿真阶段。标定测试阶段主要是针对导引头的视线角测量、视线角速率测量、弹目径向距离和径向速度测量进行测试,确定导引头的测量精度。当标定测试完成,导引头的基本测量功能符合要求后,才能将导引头的测量信息引入制导回路构成闭环半实物仿真。从这个层面来说,导引头半实物仿真技术更加侧重于对导引头测量功能的测试和标定。

13.2 红外导引头的半实物仿真

红外导引头的半实物仿真技术主要是利用红外目标模拟装置在导引头视场中模拟目标的视线角或视线角速率变化,以验证导引头对红外目标的测量精度。非成像的红外点目标模拟一般采用红外点源模拟器和准直光管模拟较远处的红外目标辐射,红外点源的位置通过点源模拟器的位置变化模拟,通常使用一维角度转台和二维角度转台实现,也可以使用五轴转台进行模拟。

图 13-3 描述了一种简单的红外点源导引头测试设备,在半圆弧的导轨上安装一个可以沿导轨滑动的红外点源模拟器,其红外辐射通过一个小型准直光管射向圆弧中心。将待测导引头的光心与圆弧中心重合,导引头光轴对准半圆弧导轨的零刻度线。当红外点源模拟器在半圆弧导轨上滑动时,可知导引头光轴的瞬时偏离角度为 ρ,通过红外导引头测量角度 ρ' 即可验证其角度测量精度及动态特性。

图 13-3 中,滑轨上的红外点源发生器只能手动运动,因此这种方法通常只能用于静态角度测试。另外一种红外点源导引头测试方式是将导引头安装在单轴转台上,红外点源模拟器

固定不动,如图 13-4 所示。当转台转动一定角度 ρ 或者按照一定角速率 $\dot{\rho}$ 转动时,通过导引头输出测量值即可实现对红外点源导引头的角度或角速度标定。

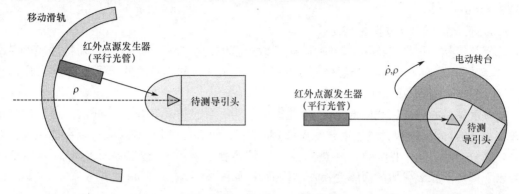

图 13-3　基于红外点源运动的导引头测试设备　　图 13-4　基于固定红外点源的导引头测试设备

以上两种形式的红外导引头测试系统都只能应用于红外点源导引头的测试,其无法模拟复杂的红外图像。如果要对红外成像导引头进行标定和仿真,则需要使用红外成像仿真系统。

红外成像仿真模拟器是红外成像仿真系统的关键组成部分,其主要功能是模拟目标以及背景的红外辐射。目前实现红外成像模拟的方法有两类:热辐射法和可见光—红外图像变换法。

(1)热辐射法:包括直接产生红外辐射和通过温度控制产生红外辐射两种。它们的特点是结构简单、成本低;但其热时间常数大,响应慢,难以形成高帧速的动态图像。另外,由于阵元间热扩散严重,难以获得高分辨率的红外图像。

(2)可见光—红外图像变换法:其基本思路是利用可见光—红外图像变换器,对可见光图像进行波长变换,生成红外图像。这种方法比较先进,技术也比较成熟。

下面介绍几种典型的红外成像仿真系统的组成原理和技术指标。

13.2.1　典型红外成像仿真系统

1. 电阻元阵列技术

由物理学原理可知物体在红外波段的辐射强度取决于其温度的高低。电阻元阵列是指由多个微小电阻元集成于不良导热基片上所形成的热(红外)辐射阵列,这种阵列可以单片集成,也可由多个子阵列集成,这样可以提高图像的空间分辨率。电阻元之间通过内部的集成电路连接,该集成电路可通过调节各电阻元的电流以控制它们的温度,即产生不同的红外辐射强度。这样,整个阵列就构成了一幅动态的红外图像的辐射源,实现了红外目标与背景图像的模拟。

采用电阻元阵列时目标与背景图像的温度范围可调,且容易控制,可生成动态逼真的红外图像。但它的缺点是:实现过程中电路庞杂、工艺要求高、技术难度大。同样原理的红外目标模拟方法还有:微热灯丝阵列技术、发光二极管阵列技术、小型热线圈阵列技术、微化模型技术等。

英国 Soulerby 研究中心研制成功的电阻元阵列,成像面积为 $35mm^2$,在 100×100 基片中可集成一万个薄膜电阻元。它的基片结构根据不同的温度范围、时间常数等参数要求分别进行了高温造型,因此可提供很好的空间分辨率。此外它还采用了分层热控制方法,对应于每个热电阻元,基片中都有一个集成电路二极管基块用于控制电阻元的温度。该电阻元阵列的性能参数为:最高温度可达400℃,时间常数6.5ns,灰度级256,空间分辨率256×256像素,工作波段8~14μm。

2. 二氧化钒(VO_2)薄膜变换技术

二氧化钒是一种具有特殊传输特性(热色效应)的导热材料,它的红外传输特性成迟滞回线形式,如图13-5(a)所示。当温度低于60℃时,二氧化钒的红外透过率很高,而当温度高于60℃时,红外透过率降得很低。

当温度保持在迟滞回线内部时,二氧化钒可作为一种良好的化学存储介质。通过适当聚焦被调制过的热源(一般为电子束或激光束)对二氧化钒表面进行扫描,就可以在薄膜表面存储一帧高分辨率、高清晰度的红外热图像。如果要删去该图像,仅需瞬间使薄膜温度低于60℃以下即可。二氧化钒的薄膜变换器结构原理,如图13-5(b)所示。

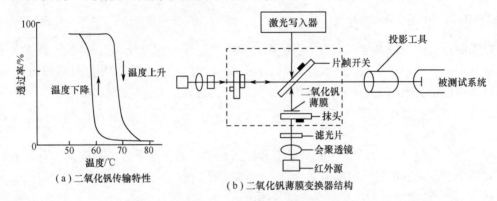

图13-5 二氧化钒传输特性和薄膜变换器结构

为了实现图像的动态变化,必须不断抹去薄膜上的图像,同时写入动态变化的新图像。这种写入和抹去的动态过程可能会引起图像的闪烁,为避免闪烁变换器可采用两个独立的显示臂进行交替工作,并由片帧开关控制它们的交替。

3. 黑体薄膜可见光—红外图像变换技术

黑体薄膜可见光—红外图像变换器主要采用一种特殊的不良导热体做成的薄膜吸收可见光辐射,使其受热后产生所要求的红外波段的辐射。其结构如图13-6所示。将黑体薄膜安装在真空盒内,真空盒的前后分别有透可见光和透红外光的光学窗口,可见光通过透可见光窗口照射在黑体薄膜的镀金层上,能量被吸收后通过另一侧的透红外窗口,产生红外辐射。这样,就可以使可见光图像通过黑体薄膜变换成红外图像。通常,可见光图像可以通过计算机图像生成器或视频磁带等方法产生。

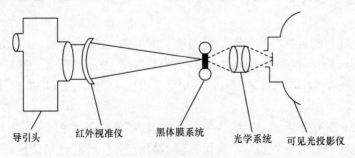

图13-6 黑体薄膜可见光—红外图像变换器结构

4. 液晶光阀可见光—红外图像变换技术

液晶光阀是一种具有双折射效应和扭曲旋光效应的可见光—红外图像变换器件。它主要由光学纤维板、硅光导体、液晶、红外透射窗等部件组成,其结构如图13-7(a)所示。

液晶光阀可见光—红外图像变换器的基本原理是利用液晶光阀的双折射效应和扭曲旋光效应进行波长变换,把可见光波段的图像变换成红外波段。它的结构如图13-7(b)所示。首先由计算机产生可见光图像,可见光图像经过光学纤维板后投射到硅光导体上;硅光导体将可见光图像转换成电压信号,再经液晶反变换成液晶体上的双折射空间图像。从红外源发出的红外辐射被偏振分速器(金属栅)反射到硅—液晶光阀上,液晶使红外辐射得到调制(以偏振旋转的方式),并经红外反射镜反射后再次被液晶旋转扭曲以获得附加调制。同时以光阀面作为焦平面安装—投影物镜,这样,红外图像就如同来自无穷远处。

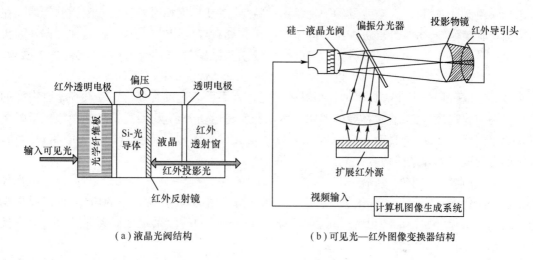

(a)液晶光阀结构　　　　(b)可见光—红外图像变换器结构

图13-7　液晶光阀可见光—红外图像变换器结构

13.2.2　红外成像仿真系统的主要技术指标

由于红外成像仿真系统的工作原理不同,因此其形成的图像特性和质量也各不相同。为了评价不同红外成像仿真系统的优劣,这里给出几个常用的主要技术指标。

1. 空间分辨率(清晰度)

红外成像仿真系统的理想空间分辨率应该是被测导引头空间分辨率的两倍以上。目前国外红外成像仿真系统的空间分辨率可达到256×256像素和512×512像素。

2. 温度范围

该指标通常与被测导引头的工作波段相对应,在 3~5μm 波段,模拟器需要的辐射温度为 300~600℃;在 8~14μm 波段,对应辐射温度范围为 50~90℃。一般说来系统应具有较大的温度范围,以适应实际目标/背景图像的仿真。

3. 动态范围(灰度级)

系统理想的动态范围应该比被测导引头的指标值更宽。目前,国外较典型的指标为128和256两种灰度级。

4. 稳定时间(帧速)

这个指标目前尚无统一认识,但作为最低要求,红外图像必须在信号要求的帧时内作出反应。目前,国外典型的帧速指标主要有25Hz和50Hz两种,部分产品可达200Hz。

5. 图像尺寸

红外成像仿真系统通过一套准直的光学系统把目标/背景图像垂直地投影至被测试导引头上。对于小视场,目标/背景图像尺寸要求不大于2cm;对于大视场,要求图像尺寸不小于12cm。

13.3 电视成像导引头的半实物仿真

电视成像导引头的半实物仿真需要建立逼真的目标—背景环境,通常采用可见光目标模拟器产生运动的目标—背景图像,从而为安装在三轴转台上的电视导引头提供目标模拟。同时还能够模拟真实目标、天空背景和干扰等图像特性,以及目标相对导弹的空间运动特性。在半实物仿真实验中,仿真计算机控制目标模拟器生成具有规定特性的模拟目标,并根据导引头的输出信号控制三轴转台模拟弹体姿态变化,使导引头跟踪模拟目标,完成半实物仿真试验。随后通过对实验数据进行分析,可以对制导装置的设计和性能进行分析和评定。

制导系统仿真要求能够真实地模拟导弹飞行过程中质心运动和姿态运动共6个自由度的运动。在实验室环境下,通常将导弹的质心运动和姿态运动分别模拟:用三轴转台模拟导弹飞行过程中的姿态运动;通过改变目标的相对位置与大小来模拟导弹和目标的质心相对运动。常用的电视成像制导系统仿真方案有以下几种:

(1)采用等比缩小的实物模型。这种方案的特点是:通过采用三维实物目标环境,电视导引头可以像观察真实目标一样根据导弹目标的相对位置采集其各个方位的信息,且可以根据仿真需要设定导弹和目标的相对运动。这种方法仿真效果好,但系统规模大、耗资多,只可模拟单一的目标—背景环境。

(2)采用拍摄的实际影片经投影后模拟目标的运动特性。这种方案的特点是:系统价格便宜、技术难度低,适合于小型实验室仿真。但其模拟目标图像为二维平面图像,图像灵活性差,并且生成的图像质量受到原始影片和投影设备的影响。

(3)采用计算机生成图像,并通过显示器或投影仪进行显示模拟。该方案可以按照需要实时灵活生成三维目标—背景图像,仿真效果较好;此外,可以由软件生成任何目标—背景环境图像,实现简单,经济实用,但其对显示器的亮度、刷新频率等要求较高。

电视导引头主要是根据弹目相对场景不变特征量的提取实现目标识别与跟踪,因此仿真系统中往往要求目标接近真实的三维目标,导引头在不同的观察方向上能够看到不同视角的图像信息。目前国内大多数的仿真实验室均采用计算机生成图像的方法,而将计算机生成的实时目标—背景图像显示到导引头可以大致分为三类:

(1)固定窗口显示。显示窗口固定在某一位置不动,由图像生成部分根据实时仿真数据在窗口的不同位置显示目标,完成弹目标相对位置变化的模拟。由于窗口固定不动,故其窗口尺寸应大于或等于目标的运动视角范围。

(2)窗口随传感器运动。窗口固定在两自由度转台上以导引头光学中心为回转中心,随摄像头的运动角位置的变化转动。由于导引头时刻凝视屏幕中心,所以这种方法需要的屏幕尺寸最小,基本等于摄像头(导引头)视场角范围。

(3)窗口随目标运动。显示窗口固定在两自由度转台上以导引头光学中心为回转中心随目标运动方位角的变化而转动。考虑到目标可能会位于摄像头(导引头)视场边缘,这种情况下窗口尺寸应为摄像头(导引头)视场的两倍。这种方式由于和上一种方式实现上基本相同，但需要的窗口范围较大，所以较少采用。

比较前两种显示方式，第一种方式对显示尺寸和分辨率的要求都较后两种要高，但是其在仿真原理上最接近于导弹的实际飞行，且没有大转动惯量的机械结构和复杂的光学器件，仿真精度较高。第二种方式对显示尺寸的要求较低，且导引头成像质量较好，但要求屏幕能够随导引头光轴运动而转动。图13-8所示为窗口随传感器运动方式的可见光目标模拟器的组成原理。

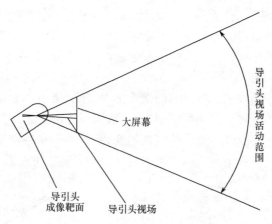

图13-8 大屏幕显示方案原理

该可见光目标模拟器系统由四个部分组成：图像生成系统(图形工作站及相应软件环境)、大屏幕显示设备、姿态模拟系统(三轴转台)和仿真计算机，如图13-9所示。

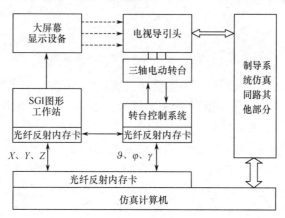

图13-9 电视导引头仿真系统工作原理

该电视导引头仿真系统的基本工作流程是：

(1) 仿真计算机发出初始化指令，图像生成系统(图形工作站)、姿态模拟系统和制导控制仿真的计算软件完成初始化和数据加载。

(2) 仿真计算机在各系统准备完成后开始仿真，其根据初始的弹目相对位置和状态，并依据导弹动力学和运动学方程计算出导弹和目标的位置和姿态数据。

(3) 导弹的姿态数据通过姿态模拟系统(三轴转台)进行模拟，而导弹与目标的相对位置关系通过空间仿射变换计算为大屏幕显示设备中的位置、大小和视角方向。

(4) 图像生成系统根据所解算的仿射目标位置、大小和视角产生所要求的目标图像和背景图像,并通过大屏幕进行显示。

(5) 导引头采集大屏幕上显示的图像并进行处理和解算后形成制导指令,送入仿真计算机的制导控制系统进行数学仿真。

(6) 数学仿真计算出下一时刻的导弹和目标位置及姿态数据,重复上述步骤后驱动姿态模拟和图像生成系统,继续闭环仿真。

13.4 激光半主动导引头的半实物仿真

激光半主动导引头的半实物仿真系统主要包括激光目标模拟系统、激光半主动导引头系统、三轴模拟转台系统和数据采集系统。

激光目标模拟系统用于模拟目标反射的激光信号;激光半主动导引头测量激光反射点与导引头光轴的视线偏差角并输出测量解算角度;三轴模拟转台系统改变导弹的姿态角,在目标激光反射点静止时相当于引起弹目视线偏差角的变化;数据采集系统主要采集导引头输出的信号以及转台系统的真实位置信号。激光半主动导引头半实物仿真原理,如图13-10所示。

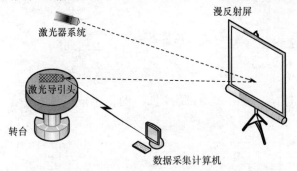

图13-10 实验测试系统组成示意图

根据相似原理,激光制导武器进行半实物仿真实验时,需要给激光半主动导引头提供一个与真实环境相同的目标环境。根据激光半主动制导武器的工作原理,激光目标模拟器的主要功能有三个:一是模拟导引头在实战环境下接收到的激光能量,要求为导引头提供的激光能量应与其在实战环境下接收到的能量一致;二是模拟实战环境下光斑形状变化情况,要求为导引头提供的光斑形状变化应与其在实战环境下"看到"的一致;三是模拟实战环境下光斑的运动情况,要求导引头和模拟光斑运动规律应与实战环境下弹目视线运动规律一致。

第一种方法采用的是激光投影漫反射法来提供导引头工作的光学环境,其模拟原理如图13-11所示。

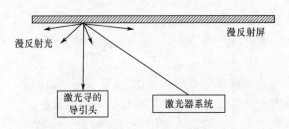

图13-11 激光目标模拟系统的示意图

漫反射屏主要使激光器照射的能量能够均匀地散射到整个半球面,避免镜面反射的发生,从而消除反射屏安装角度对测试的干扰。漫反射屏采用一定大小的金属板,金属板需要表面喷砂以形成漫反射平面,然后在其表面镀金属膜,不仅可以增强激光反射率,同时也可防止反射屏锈蚀。例如,针对 1.06μm 的红外激光,不同金属表面镀膜的反射率如表 13-1 所列。

表 13-1 部分金属膜的 1.06μm 光学特性

材料	吸收深度 δ/mm	反射率 R/%
Ag	12	99
Al	10	94
Au	13	98
Cu	13	98
Ni	15	67
W	23	58

第二种方法是激光直接投影法,它的原理是采用一个半透屏放在激光照射器和导引头之间,控制激光照射器在半透屏上形成目标光斑散射,其结构如图 13-12 所示。与第一种方法相比,该方法实现较为复杂。

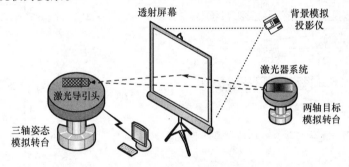

图 13-12 激光直接投影法的半实物仿真方式

间接漫反射法可以模拟比较真实的目标反射激光的特性,但是其入射光线与反射屏之间存在一定夹角,对于目标位置的精确计算会产生误差。激光直接投影法模拟目标位置精度较高,相对位置关系解算简单,但需要激光透射屏。

导引头静态角度测试原理如图 13-13 所示,其中 o 为导引头的光心,ox 为导引头光轴,oM 为弹目视线,视线偏差角度 θ 为弹目视线与光轴的夹角。

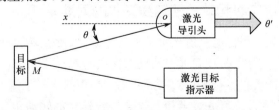

图 13-13 激光半主动导引头的测试标定原理图

为了精确得到弹目视线失调角 θ,实验中将目标点 M 固定,将导引头安装在三轴转台上,O 为三轴转台的三轴交心。通过三轴转台的俯仰或偏航方向转动角度 $\alpha = \theta$,那么相当于改变弹目视线失调角 θ,从而实现对导引头的标定,原理如图 13-14 所示。

理论上,激光半主动导引头的标定和测量原理如上所示,但是在实验过程中由于导引头与

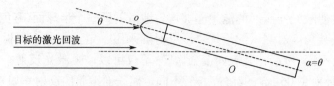

图 13-14 弹目视线偏角与导引头转动角的关系图

转台的安装误差,导引头光心和转台光轴不重合等原因都可能造成实验测量误差。因此在实验过程中需要通过一些调试手段和分析消除这些装配误差。

13.4.1 光学系统轴线和转台内环轴线的对准

从实验的测试原理可知,为了保证转台俯仰或偏航转动的角度与引起的弹目视线失调角相等,必须保证导引头光学轴线和转台的内环轴线相重合。如图 13-15 所示,要使光轴 ox 与转台的内环转轴 OX 重合,就必须减小轴线安装误差角 γ。

为了能够调节导引头光轴与转台内环轴线的偏差,这里介绍一个微调装置,它能够对导引头的安装位置进行微调,它的纵向投影结构如图 13-16 所示。

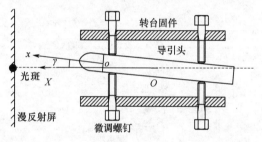

图 13-15 导引头光轴与转台内环轴线调整示意图

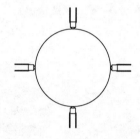

图 13-16 导引头光轴微调装置纵向投影结构图

通过调节微调装置,可以改变导引头光轴相对于转台内环的轴线位置。轴线调整时,可先利用可见光激光器使转台的内环轴线对准光斑,当转台固定时,它的内环轴线将始终对准光斑恒定;然后将可见光激光器换成待测导引头,旋转内环并调节四个方位的微调螺钉,使得导引头的输出信号为零(或最小)时,即两轴基本重合。此处重合的精度取决于导引头的最小可分辨角度和最小可测量角度以及零漂、噪声等。

13.4.2 光学系统中心和转台三轴线交心的对准

由图 13-14 可知,如果目标的反射光束是平行入射的,那么转台转动的角度 α 与视线偏差角 θ 是相等的。然而,实际中漫反射屏上的反射光点与转台三轴交心的距离 L 有限,此时反射光线相对于导引头不能看作平行光;另一方面,由于导引头光学系统的中心不可能与转台的三轴轴线交心重合,即存在着光心安装半径 r,这会导致转台的转动角 α 和视线偏差角 θ 不相等,因此会产生一个误差角 $\delta = \theta - \alpha$,其原理如图 13-17 所示。

如果能够使光心安装半径 $r = 0$,则误差角 $\delta = 0$,因此需要增加一个光心位置调节装置。导引头光心与转台三轴交心是否重合可以通过改变反射点在 OM 轴上的前后位置进行判断,若位置变化时导引头输出信号基本不变,则说明两心重合。为了保证反射点能够严格在 OM 轴上移动,需要使得漫反射屏在一个可调节方向的导轨上移动,其原理结构如图 13-18 所示。

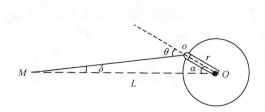

图 13-17　导引头光轴微调装置纵向投影结构图

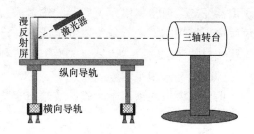

图 13-18　漫反射屏导轨调节装置示意图

实际中,由于制造误差和安装误差的存在使得导引头光轴和转台内环轴线不可能完全重合,其必然存在着误差角 γ。如果将 γ 角投影到俯仰和偏航平面,得到两个分量 γ_x 和 γ_y,这两个分量不仅直接影响着该方向的测量角度,同时还会使得转台的俯仰和偏航转动角度与光轴实际俯仰偏航的角度存在一定的误差。这种误差的几何关系如图 13-19 所示。

在图 13-19 中,ox 为导引头的光轴,OX 为转台的内环轴线,γ_x 为两轴安装的误差角 γ 在侧向平面内的投影。当转台俯仰转动 α 角时,导引头的光轴实际转动 β 角,那么导引头实际测量角度 β 和转台的转角 α 之间有如下关系,即

$$\sin\beta = \sin\alpha\cos\gamma \tag{13-1}$$

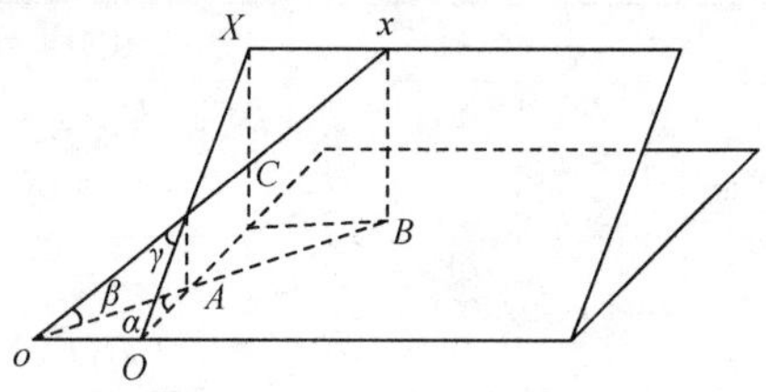

图 13-19　导引头光轴与转台内环轴线偏差引起误差的示意图

这个公式同样适用偏航方向转动的情况,可见由于导引头光轴与转台旋转轴的安装误差角 γ,会影响到最终俯仰和偏航两个方向的标定精度。如果安装误差 γ 可以控制在 $1°$ 之内,那么在旋转角 $\alpha = 8°$ 时两者的角误差约为 $0.0012°$,可见轴线间的误差对实验结果影响主要体现在 γ_x 和 γ_y 对各个方向的直接影响,因此该项误差也需要尽量消除。

13.5　雷达导引头的半实物仿真

雷达导引头半实物仿真系统是在地面实验室环境中构建一个无其他电磁波干扰的纯净环境(通常在雷达暗室中),通过改变目标雷达辐射来源方向、强度、频率和极化等属性模拟不同距离和位置的目标,从而达到对雷达导引头测试和仿真的目的。本节将简要介绍雷达导引头的半实物仿真设备和试验技术方法。

13.5.1　雷达导引头半实物仿真设备

雷达导引头半实物仿真设备一般由目标模拟、环境模拟、载体模拟、测控设备和微波暗室等组成,下面分别简要介绍这些设备的组成和原理。

1. 雷达目标模拟

雷达目标模拟一般是指点目标或多目标的雷达模拟,即模拟一个或多个目标的角度、距离和速度雷达信息,其实现装置可以分为单元模拟器和阵列式模拟器等。

1) 单元模拟器

单元模拟器用一个辐射单元模拟点目标的位置与运动信息。信号能量由回波电平模拟,距离信息由时延模拟,速度信息由多普勒频率模拟。在单元模拟器中,目标的角度信息由角度

模拟器完成。通常将单元模拟器的辐射天线置于可以做方位/俯仰二维运动的伺服系统上,在角度模拟器控制下进行角位置装定或以一定规律运动。单元模拟器可以分为信标式模拟源、雷达式模拟源、信标/雷达复合式模拟源三种类型。

(1) 信标式模拟源。

信标式模拟源适用于实验室或暗室实验。图 13-20 是信标式模拟源的功能框图。

图 13-20 信标式模拟源的功能框图

信标式模拟源适用于各种类型导引头的模拟试验。表 13-2 中给出了不同体制导引头模拟源的基本特点。

表 13-2 不同体制导引头模拟源的基本特点

导引头体制	模拟输出信号	射频基准来源	同步脉冲来源
主动导引头	非相参回波信号 相参回波信号	导引头主振	导引头时钟
半主动导引头	相参回波信号 直波基准信号	模拟源内部基准	—
被动导引头	非相参或相参信号	—	—

主动导引头的信标式模拟源需要主动馈送主振信号,作为产生非相参或相参回波信号的频率基准。此外主动导引头还应向模拟源馈送同步脉冲信号,作为回波脉冲时延的基准。模拟源产生具有多普勒频移和距离时延的相参回波信号。

半主动导引头的相参基准来自照射雷达,作为模拟源只需将模拟源的内部基准作为直波基准信号即可。模拟源输出的直波信号,可以通过电缆馈送到导引头直波接收机,也可以通过天线发送并由导引头直波天线接收。模拟源输出的回波信号是具有多普勒频移的相参信号。

被动导引头的信标式模拟源无需配备射频基准和同步脉冲,模拟源只需在被动导引头的工作频段内,产生具有特定波形参数的射频脉冲信号即可。

(2) 雷达式模拟源。

雷达式模拟源如图 13-21 所示,它适用于外场演示试验。

图 13-21 雷达式模拟源

雷达式模拟源主要用于主动导引头的模拟试验。模拟源接收主动导引头的发射信号,提取时间基准,并锁定其中心谱线;然后进行多普勒频率调制和脉冲位置调制,产生模拟信号,通过天线发射出去。显然,在这个系统中,导引头先发后收,而模拟源先收后发,前者工作在雷达状态,后者工作在"逆雷达"状态。

(3) 信标/雷达复合式模拟源。

为了使模拟源具有通用性,主动导引头的模拟源也可以设计成信标/雷达复合式模拟源。这种模拟源既可以用于实验室模拟试验,也可以用于外场试验。

2) 阵列模拟器

阵列模拟器用辐射阵列模拟点目标的位置与运动信息。目标的角位置和角运动由阵列上按正三角形排列子阵的三个天线辐射信号来模拟,这三个天线辐射信号形成的视在相位中心位置及其位移表征了目标的角位置和角运动。图13-22表示由正三角形子阵组合成的正六边形阵列。

若被模拟的目标处于阵列内的某个三角形 ABC 中,只要控制三个天线 A、B、C 的辐射能量,就可获得目标在此三角形内的精确位置。例如,当三个天线辐射能量相等且相位相同,则目标的视在位置位于三角形的中心;当一个天线不辐射能量,而另外两个天线辐射能量相等且相位相同,则目标的视在位置位于辐射能量的两个天线连线的中心;当两个天线不辐射能量,则目标的视在位置位于辐射能量的那个天线处。

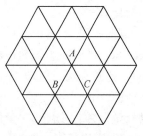

图13-22 正三角形子阵组合成的正六边形阵列

依据给定的目标位置确定相应的子阵位置,同时控制该子阵的三个天线的辐射功率,即可控制目标在子阵内的精确位置。顺序控制不同子阵天线的辐射功率,便可使目标在阵列中以给定的轨迹运动,从而实现对目标角位置和角速度的模拟。

对于目标的距离模拟可以由信号时延模拟,目标径向速度由多普勒频率模拟,目标的振幅闪烁和角闪烁由天线辐射功率电平闪烁模拟。除了用上图所示的均匀布阵的阵列外,还可以采用不均匀布阵的模拟阵列。由于三元组子阵构成的目标模拟器的控制比较简单、方便,目前多数试验室采用三元组子阵构成目标阵列,理论上也可以采用二元组或四元组子阵构成阵列模拟器。

2. 雷达环境模拟

环境模拟装置主要模拟导弹飞行中导引头探测到的杂波环境与电磁干扰。在单元模拟器中,信号、杂波和干扰是一体化模拟的,故称其为 SCJ 模拟源。SCJ 模拟源可以在频域合成,也可以在时域合成。防空导弹连续波半主动导引头和准连续波主动导引头采用单谱线检测和跟踪滤波技术,在频域实施 SCJ 模拟是比较合适的。图13-23是连续波半主动导引头 SCJ 模拟源的简化框图。

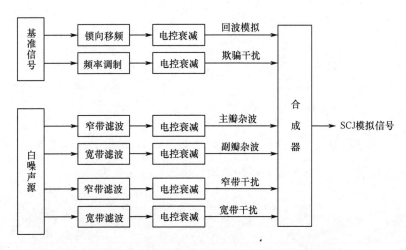

图13-23 连续波半主动导引头 SCJ 模拟源的简化框图

其中,基准信号经锁相移频和电控衰减可模拟回波信号的频移和强度。基准信号经频率调制,可获得频域欺骗干扰。白噪声源经窄带或宽带滤波可提供主瓣杂波、副瓣杂波、窄带干扰和宽带干扰。经合成器综合后,输出 SCJ 模拟信号。应该指出,图 13-23 的模拟器只在频率维上进行模拟。信号、杂波、干扰和导弹的时空关系都折合到频率维上,模拟过程并不直观。然而,对于连续波半主动导引头与高脉冲重复频率(HPRF)体制的主动导引头而言,这种模拟系统仍然具有实用价值。

在阵列模拟器中,将由众多子阵分别模拟目标、杂波和干扰信号并辐射出去,在导引头天线口面处产生期望的 SCJ 模拟信号。这种模拟方法反映了目标、杂波、干扰和导弹的动态时空关系,比较直观。但是,由目标、杂波、干扰和导弹的时空关系建立相应子阵的激励模型是比较复杂的,因此在特定情况下允许做简化处理。例如,在连续波半主动导引头半实物仿真时,可以只做目标、主瓣杂波、镜像杂波和点源干扰的动态模拟。

3. 雷达载体模拟

导引头的载体是导弹,导弹的运动信息由弹道诸元素表征。目标的运动信息由目标运动轨迹诸元素表示,导弹—目标的相对位置与相对运动信息反映在目标模拟信号中。通常目标模拟源中不包含导弹姿态变化对导引头探测的影响。

导弹姿态模拟由试验系统中承载导引头的转台实现,三轴转台是比较常用的导弹姿态模拟装置,它可以模拟导弹的方位、俯仰姿态和滚动情况。

导引头的半实物仿真环境必须反映末制导系统的工作情况,目标、电磁环境和导弹运动状态是仿真系统的三要素。SCJ 模拟系统和三轴转台是模拟末制导三要素的必要设备。

4. 微波暗室技术

微波暗室是实验室试验和半实物仿真试验的试验场所。微波暗室应该提供电磁波的自由传播空间。对微波暗室的基本要求:①模拟源辐射器与导引头天线间的距离足够大,满足远场条件,即在导引头天线口面处的辐射电波可近似为平面波;②在导引头接收天线附近的杂乱反射干扰极小,使导引头天线处于高品质的静区内;③应具有足够的宽度和高度,提供满足要求的视场角,复现目标的空间运动。

阵列模拟器的球面阵与雷达导引头天线之间的位置关系,如图 13-24 所示。

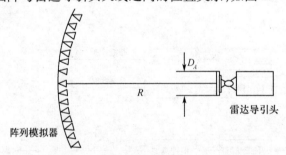

图 13-24 阵列模拟器的球面阵与雷达导引头天线之间的位置关系

满足远场条件的三元子阵组成的阵列模拟系统的尺寸关系为

$$R = 2.771 \frac{D_A d}{\lambda} = 2.684 \frac{D_A^2}{\lambda} \tag{13-2}$$

$$d = 0.99 D_A \tag{13-3}$$

式中:R 为球面阵的球面半径;D_A 为导引头天线口径;d 为阵元间距;λ 为工作波长。根据工作波长和被测导引头天线的最大口径,可确定球面阵半径和阵元间距。

13.5.2 雷达导引头半实物仿真试验

1. 实验室电气试验技术

实验室电气试验有直馈试验和空馈试验两种基本方法。直馈试验将模拟源的输出信号通过电缆直接馈送至导引头接收机的输入端,进行对接试验。空馈试验以导引头天线接收来自模拟源天线的辐射信号的方式进行对接试验,空馈试验可以在微波暗箱中进行,也可以在微波暗室中进行。

1) 直馈试验

雷达导引头直馈试验可以验证导引头天线和伺服系统之外的其他系统的基本功能,是导引头研制调试阶段的重要试验方法。

不同体制的雷达导引头的直馈试验方法略有差异。图 13-25 是半主动导引头直馈试验系统示意图。模拟源通过微波电缆将直波模拟信号直馈至导引头直波接收机的输入端,而三路回波模拟信号(和信号、方位信号和俯仰信号)也通过微波电缆直馈至回波接收机的输入端,于是半主动导引头可进行相参处理,截获回波谱线,实施多普勒跟踪,提取多普勒信息、方位角误差和俯仰角误差信息。在直馈情况下,也可以验证接收机灵敏度、动态范围、抗杂波和抗干扰等功能。

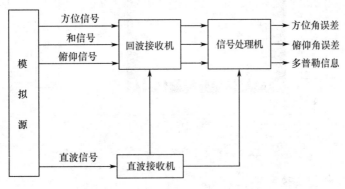

图 13-25 半主动导引头直馈试验系统示意图

主动导引头直馈试验时,导引头应将射频基准和同步脉冲通过电缆馈送给模拟源,而模拟源将模拟回波信号直馈至导引头接收机,进行对接试验。

被动导引头的直馈试验系统更加简单,只需将具有相位差信息的多路模拟信号馈送到接收机的相应输入端口即可。

2) 暗箱试验

实验室暗箱试验利用微波暗箱进行空馈试验,图 13-26 是一种被动/主动复合导引头的暗箱试验系统示意图。微波暗箱呈圆桶形,内壁贴有吸收材料,一端装有模拟源的辐射喇叭,另一端伸入导引头天线。主动模式相参模拟源的相参基准与同步脉冲由主动导引头提供(图 13-26 中未画出),图 13-26 中也未画出测控设备与模拟源之间的控制接口。

3) 暗室试验

利用微波暗室可以进行半主动导引头试验,模拟源的回波模拟信号和直波模拟信号分别以空馈和直馈方式提供给导引头,图 13-27 是半主动导引头的暗室试验系统示意图。微波暗室通常是一个内敷吸收材料的小型实验室,模拟源除了通过天线辐射回波模拟信号外,还通过

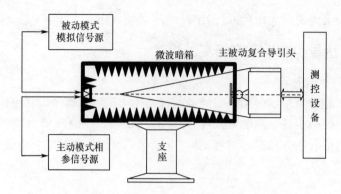

图 13-26 被动/主动复合导引头的暗箱试验系统示意图

微波电缆向导引头提供直波相参基准。

测控设备与导引头、模拟源、辐射喇叭位置控制机构之间都有接口相连。在测控程序控制下运行测试程序,测量导引头的主要功能和技术参数。

主动导引头或被动导引头的暗室试验系统与图 13-27 类似,这里不再累述。

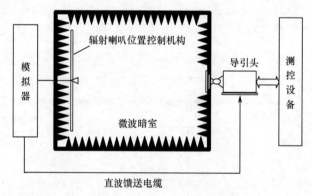

图 13-27 半主动导引头的暗室试验系统示意图

2. 实验室半实物仿真技术

1) 单一频段半实物仿真试验系统

多数半实物仿真试验系统都工作在单一波段,如 X 波段、Ku 波段或 Ka 波段等。图 13-28 为导引头半实物仿真系统示意图,它由微波暗室、天线阵列、SCJ 模拟源、转台、测控系统和数据录取设备组成。

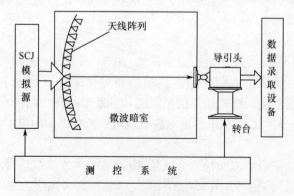

图 13-28 导引头半实物仿真系统示意图

在半实物仿真实验室的工作频段内,可以开展主动导引头、半主动导引头或被动导引头的半实物仿真试验。建设多波段通用的半实物仿真实验室在原理上并不困难,只需设计一个多波段复合阵列和相应的馈电系统即可,一些半实物仿真实验室正在实施这种改进工程。

2) 多模复合半实物仿真试验系统

多模复合半实物仿真试验系统既可以进行微波多波段复合导引头半实物仿真试验,也可以进行微波/红外复合导引头半实物仿真试验。国外从20世纪80年代起开始研究微波/红外复合导引头试验系统,方案之一是采用如图13-29所示的微波/红外复合导引头半实物仿真实验室,其中红外模拟信号经组合器反射至导引头,而微波信号经组合器透射到导引头。

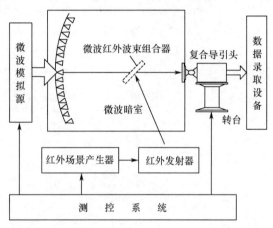

图13-29 微波/红外复合导引头半实物仿真实验室

图13-29为微波/红外复合导引头试验系统,也可以构成微波/激光复合导引头试验系统。

思 考 题

(1) 简述导弹半实物仿真的意义。
(2) 半实物仿真系统由哪几部分组成,各部分的连接关系是怎样的?
(3) 设计实现一个完整的半实物仿真系统,通常来说要实现哪几个方面的内容?
(4) 对红外点源来说,导引头测试有两种形式,请简要叙述其原理。
(5) 实现红外目标与背景图像仿真的方法有几类,具体是什么?
(6) 可见光目标模拟器方案通常有几种,各有什么特点?
(7) 光学系统轴线与转台内环轴线是如何对准的?
(8) 雷达目标模拟方式有哪几种形式,简述其原理。
(9) 列举雷达半实物仿真实验室的几种构建形式。

附　录

附录1　陀螺的定轴性和进动性

在工程上,为了使陀螺转子获得所需要的三个角转动自由度,典型的办法是将陀螺转子支承在由内、外平衡环构成的卡登万向环架中,设计中确保转子质心与支承点重合,所以转子可看作定点转动刚体,如图1所示。图1中,S 为信号器,用于拾取陀螺输出角,T 为力矩器,用于控制转子绕 x 轴和 y 轴的旋转。由于转子、内平衡环、外平衡环与安装座各轴之间都是互相垂直的,所以转子可以处于任意空间位置。工作过程中,转子高速自转产生必要的角动量,内、外平衡环轴是其测量轴。

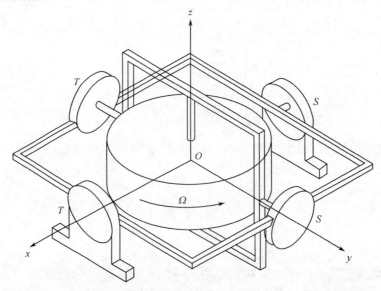

图1　双自由度陀螺结构示意图

为便于分析陀螺运动的基本特性和影响陀螺特性的主要因素,假设陀螺仪制造得十分理想和完美,是一种理想化的陀螺模型,即陀螺符合下列条件:

(1) 陀螺转子为一理想的轴对称旋转体,在自转过程中,转子的对称轴和自转轴完全重合。

(2) 转子的自转角速度很高,且保持常值,所形成的自转角动量远大于非自转角动量。

(3) 陀螺转子及万向支架结构刚度很大,形变微小得可以忽略不计,并且内、外平衡环的转动惯量与转子相比可忽略不计。

(4) 陀螺的自转轴,内、外平衡环轴依次严格保持相互垂直,三轴汇交于一点,陀螺内、外环组件的质心与支点重合,所以不会产生重力力矩和惯性力矩。

(5) 万向支架系统的支撑为理想支撑,不存在摩擦力矩和其他干扰力矩。

此时陀螺转子为绕支点作定点转动的刚体,根据动量矩定理

$$\left.\frac{dH}{dt}\right|_i = M$$

1. 定轴性

当 $M = 0$ 时，H 相对惯性空间保持恒定不变，即转子自转轴指向相对惯性空间恒定不变，这就是陀螺的定轴性。

根据哥氏定理

$$\left.\frac{dH}{dt}\right|_i = \left.\frac{dH}{dt}\right|_e + \omega_{ie} \times H$$

式中：e 为与地球固连的地球坐标系。

当 $M = 0$ 时

$$\left.\frac{dH}{dt}\right|_e = H \times \omega_{ie}$$

式中：$\left.\frac{dH}{dt}\right|_e$ 为角动量 H 的矢端 E 在地球上观察到的速度 V，大小为

$$V = H\omega_{ie}\sin\theta, H = |H|, \omega_{ie} = |\omega_{ie}|$$

2. 进动性

当 $M \neq 0$ 时，根据动量矩定理

$$\left.\frac{dH}{dt}\right|_i = M$$

式中：$\left.\frac{dH}{dt}\right|_i$ 为角动量 H 的矢端 E 的速度，即

$$V = M$$

上式说明角动量的矢端速度大小等于 $M = |M|$，方向平行于 M。由于有矢端速度存在，所以 H 绕支点 O 旋转，转子绕 O 点作旋转运动，即陀螺发生进动。

设陀螺的进动角速度为 ω，由图 2 可知

$$|\omega| = \frac{|V|}{|H|} = \frac{M}{H}$$

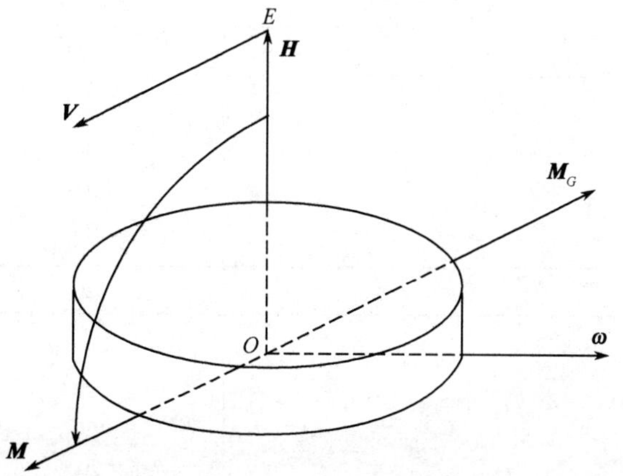

图 2　陀螺的进动

由于 ω 是由矢端以速度 V 运动引起的，ω 垂直 H 和 V 所在的平面，所以 ω 位于 $H \times M$ 的方向上，该方向上的单位矢量为

$$u = \frac{H \times M}{|H \times M|}$$

根据三重矢积公式：$(a \times b) \times c = (a \cdot c)b - (b \cdot c)a$ 有

$$\omega \times H = \frac{1}{H^2}[(H \cdot H)M - (M \cdot H)H] = M$$

上式即为陀螺的进动方程。该式说明，当双自由度陀螺在某一环架轴上有作用力矩 M 时，陀螺绕另一环架轴以 ω 做进动运动：角动量 H 以最短路径倒向外力矩 M，由此确定进动角速度的方向；进动角速度的大小由下式确定，即

$$|\omega| = \frac{M}{H}$$

同时，上式还说明，一旦存在外力矩，就马上出现进动角速度，所以陀螺进动是一种无惯性运动。

附录2 常见材料的光谱发射率

	材　料	温度/℃	发射率
金属及其氧化物	铝：磨光的薄板	100	0.05
	验收的薄板	100	0.09
	铬酸处理过的阳极化薄板	100	0.55
	真空沉积的	20	0.04
	黄铜：		
	高度磨光的	100	0.03
	用80号粗磨金刚砂研磨的	20	0.20
	氧化的	100	0.61
	铜：		
	磨光的	100	0.05
	深度氧化的	20	0.78
	金：高度磨光的	100	0.02
	铁：		
	磨光的铸铁	40	0.21
	氧化的铸铁	100	0.64
	严重锈蚀的薄板	20	0.69
	镁：磨光的	20	0.07
	镍：		
	电镀后磨光	20	0.05
	电镀后不磨光	20	0.11
	氧化的	200	0.37
	银：磨光的	100	0.03

（续）

材料		温度/℃	发射率
金属及其氧化物	不锈钢： 　　18－8型 软皮摩擦的 　　18－8型 经800℃氧化	20 60	0.16 0.85
	钢： 　　磨光的 　　氧化的	100 200	0.07 0.79
	锡：市售镀锡薄板	100	0.07
其他材料	砖：普通红砖	20	0.93
	碳： 　　蜡烛烟 　　表面锉光的石墨	20 20	0.95 0.98
	混凝土：	20	0.92
	玻璃：磨光的平板	20	0.94
	漆：白色 　　黑色无光	100 100	0.92 0.97
	颜料油质：16种颜色调和	100	0.94
	纸：白色	20	0.93
	涂墙泥： 　　粗糙涂层 　　沙 　　人的皮肤	20 20 32	0.91 0.90 0.98
	土壤：干燥的 　　　充满水的	20 20	0.92 0.95
	水： 　　蒸馏水 　　光滑的水 　　霜 　　雪	20 －10 －10 －10	0.96 0.96 0.98 0.85
	木头：橡木平板	20	0.90

附录3　海平面水平路程上的水蒸气光谱透过率

海平面水平路程上的水蒸气的光谱透过率

波长/nm	水蒸气含量(可降水分毫米数)												
	0.1	0.2	0.5	1	2	5	10	20	50	100	200	500	1000
0.3	0.98	0.972	0.955	0.937	0.911	0.860	0.802	0.723	0.574	0.428	0.263	0.076	0.012
0.4	0.98	0.972	0.955	0.937	0.911	0.860	0.802	0.723	0.574	0.428	0.263	0.076	0.012
0.5	0.986	0.980	0.968	0.956	0.937	0.901	0.861	0.804	0.695	0.579	0.433	0.215	0.079
0.6	0.990	0.986	0.977	0.968	0.955	0.929	0.900	0.860	0.779	0.692	0.575	0.375	0.210
0.7	0.991	0.987	0.980	0.972	0.960	0.937	0.910	0.873	0.800	0.722	0.615	0.425	0.260
0.8	0.989	0.984	0.975	0.965	0.950	0.922	0.891	0.845	0.758	0.633	0.539	0.330	0.168
0.9	0.965	0.951	0.922	0.890	0.844	0.757	0.661	0.535	0.326	0.165	0.050	0.002	0
1.0	0.990	0.986	0.977	0.968	0.955	0.929	0.900	0.860	0.779	0.692	0.575	0.375	0.210
1.1	0.970	0.958	0.932	0.905	0.866	0.790	0.707	0.595	0.406	0.235	0.093	0.008	0
1.2	0.980	0.972	0.955	0.937	0.911	0.860	0.802	0.723	0.574	0.428	0.263	0.076	0.012
1.3	0.726	0.611	0.432	0.268	0.116	0.013	0	0	0	0	0	0	0
1.4	0.930	0.902	0.844	0.782	0.695	0.536	0.381	0.216	0.064	0.005	0	0	0
1.5	0.997	0.994	0.991	0.988	0.982	0.972	0.960	0.944	0.911	0.874	0.823	0.724	0.616
1.6	0.998	0.997	0.996	0.994	0.991	0.986	0.980	0.972	0.956	0.937	0.911	0.860	0.802
1.7	0.998	0.997	0.996	0.994	0.991	0.986	0.980	0.972	0.956	0.937	0.911	0.860	0.802
1.8	0.792	0.707	0.555	0.406	0.239	0.062	0.008	0	0	0	0	0	0
1.9	0.960	0.943	0.911	0.874	0.822	0.723	0.617	0.478	0.262	0.113	0.024	0	0
2.0	0.985	0.979	0.966	0.953	0.933	0.894	0.851	0.790	0.674	0.552	0.401	0.184	0.006
2.1	0.997	0.994	0.991	0.988	0.982	0.972	0.960	0.944	0.911	0.874	0.823	0.724	0.616
2.2	0.998	0.997	0.996	0.994	0.991	0.986	0.980	0.972	0.956	0.937	0.911	0.860	0.802
2.3	0.997	0.994	0.991	0.988	0.982	0.972	0.960	0.944	0.911	0.874	0.823	0.724	0.616
2.4	0.980	0.972	0.955	0.937	0.911	0.860	0.802	0.723	0.574	0.428	0.263	0.076	0.012
2.5	0.930	0.902	0.844	0.782	0.695	0.536	0.381	0.216	0.064	0.005	0	0	0
2.6	0.617	0.479	0.261	0.110	0.002	0	0	0	0	0	0	0	0
2.7	0.361	0.196	0.040	0.004	0	0	0	0	0	0	0	0	0
2.8	0.453	0.289	0.092	0.017	0.001	0	0	0	0	0	0	0	0
2.9	0.689	0.571	0.369	0.205	0.073	0.005	0	0	0	0	0	0	0
3.0	0.851	0.790	0.673	0.552	0.401	0.184	0.060	0.008	0	0	0	0	0
3.1	0.900	0.860	0.779	0.692	0.574	0.375	0.210	0.076	0.005	0	0	0	0
3.2	0.925	0.894	0.833	0.766	0.674	0.506	0.347	0.184	0.035	0.003	0	0	0
3.3	0.950	0.930	0.888	0.843	0.779	0.658	0.531	0.377	0.161	0.048	0.005	0	0
3.4	0.973	0.962	0.939	0.914	0.880	0.811	0.735	0.633	0.448	0.285	0.130	0.017	0.001

(续)

波长/nm	水蒸气含量(可降水分毫米数)												
	0.1	0.2	0.5	1	2	5	10	20	50	100	200	500	1000
3.5	0.988	0.983	0.973	0.962	0.946	0.915	0.881	0.832	0.736	0.635	0.502	0.287	0.133
3.6	0.994	0.992	0.987	0.982	0.973	0.958	0.947	0.916	0.866	0.812	0.738	0.596	0.452
3.7	0.997	0.994	0.991	0.988	0.982	0.972	0.960	0.944	0.911	0.874	0.823	0.724	0.616
3.8	0.998	0.997	0.995	0.994	0.991	0.986	0.980	0.972	0.956	0.937	0.911	0.860	0.802
3.9	0.998	0.997	0.995	0.994	0.991	0.986	0.980	0.972	0.956	0.937	0.911	0.860	0.802
4.0	0.997	0.995	0.993	0.990	0.987	0.977	0.970	0.960	0.930	0.900	0.870	0.790	0.700
4.1	0.977	0.994	0.991	0.988	0.982	0.972	0.960	0.944	0.911	0.874	0.823	0.724	0.616
4.2	0.994	0.992	0.987	0.982	0.973	0.958	0.947	0.916	0.866	0.812	0.738	0.596	0.452
4.3	0.991	0.984	0.975	0.972	0.950	0.937	0.910	0.873	0.800	0.722	0.615	0.425	0.260
4.4	0.980	0.972	0.955	0.937	0.911	0.860	0.802	0.723	0.574	0.428	0.263	0.076	0.012
4.5	0.970	0.958	0.932	0.905	0.866	0.790	0.707	0.595	0.400	0.235	0.093	0.008	0
4.6	0.960	0.943	0.911	0.874	0.822	0.723	0.617	0.478	0.262	0.113	0.024	0	0
4.7	0.950	0.930	0.888	0.843	0.779	0.658	0.531	0.377	0.161	0.048	0.005	0	0
4.8	0.940	0.915	0.866	0.812	0.736	0.595	0.452	0.289	0.117	0.018	0.001	0	0
4.9	0.930	0.902	0.844	0.782	0.695	0.536	0.381	0.216	0.064	0.005	0	0	0
5.0	0.915	0.880	0.811	0.736	0.634	0.451	0.286	0.132	0.017	0	0	0	0
5.1	0.885	0.839	0.747	0.649	0.519	0.308	0.149	0.041	0.001	0	0	0	0
5.2	0.846	0.784	0.664	0.539	0.385	0.169	0.052	0.006	0	0	0	0	0
5.3	0.792	0.707	0.555	0.406	0.239	0.062	0.008	0	0	0	0	0	0
5.4	0.726	0.611	0.432	0.268	0.116	0.013	0	0	0	0	0	0	0
5.5	0.617	0.479	0.261	0.110	0.035	0	0	0	0	0	0	0	0
5.6	0.491	0.331	0.121	0.029	0.002	0	0	0	0	0	0	0	0
5.7	0.361	0.196	0.040	0.004	0	0	0	0	0	0	0	0	0
5.8	0.141	0.044	0.001	0	0	0	0	0	0	0	0	0	0
5.9	0.141	0.044	0.001	0	0	0	0	0	0	0	0	0	0
6.0	0.180	0.058	0.003	0	0	0	0	0	0	0	0	0	0
6.1	0.260	0.112	0.012	0	0	0	0	0	0	0	0	0	0
6.2	0.652	0.524	0.313	0.153	0.043	0.001	0	0	0	0	0	0	0
6.3	0.552	0.401	0.182	0.060	0.008	0	0	0	0	0	0	0	0
6.4	0.317	0.157	0.025	0.002	0	0	0	0	0	0	0	0	0
6.5	0.164	0.049	0.002	0	0	0	0	0	0	0	0	0	0
6.6	0.138	0.042	0.001	0	0	0	0	0	0	0	0	0	0
6.7	0.322	0.162	0.037	0.002	0	0	0	0	0	0	0	0	0
6.8	0.361	0.196	0.040	0.004	0	0	0	0	0	0	0	0	0
6.9	0.416	0.250	0.068	0.010	0	0	0	0	0	0	0	0	0

(续)

波长/nm	水蒸气含量(可降水分毫米数)									
	0.2	0.5	1	2	5	10	20	50	100	200
7.0	0.569	0.245	0.060	0.004	0	0	0	0	0	0
7.1	0.716	0.433	0.188	0.035	0	0	0	0	0	0
7.2	0.782	0.540	0.292	0.085	0.002	0	0	0	0	0
7.3	0.849	0.664	0.441	0.194	0.017	0	0	0	0	0
7.4	0.922	0.817	0.666	0.444	0.132	0.018	0	0	0	0
7.5	0.947	0.874	0.762	0.582	0.258	0.066	0	0	0	0
7.6	0.922	0.817	0.666	0.444	0.132	0.018	0	0	0	0
7.7	0.978	0.944	0.884	0.796	0.564	0.328	0.102	0.003	0	0
7.8	0.974	0.937	0.878	0.771	0.523	0.273	0.074	0.002	0	0
7.9	0.982	0.959	0.920	0.842	0.658	0.433	0.187	0.015	0	0
8.0	0.990	0.975	0.951	0.904	0.777	0.603	0.365	0.080	0.006	0
8.1	0.994	0.986	0.972	0.945	0.869	0.754	0.568	0.244	0.059	0.003
8.2	0.993	0.982	0.964	0.930	0.834	0.696	0.484	0.163	0.027	0
8.3	0.995	0.988	0.976	0.953	0.887	0.786	0.618	0.300	0.090	0.008
8.4	0.995	0.987	0.975	0.950	0.880	0.774	0.599	0.278	0.077	0.006
8.5	0.994	0.986	0.972	0.944	0.866	0.750	0.562	0.237	0.056	0.003
8.6	0.996	0.992	0.982	0.965	0.915	0.837	0.702	0.411	0.169	0.029
8.7	0.996	0.992	0.983	0.966	0.916	0.839	0.704	0.416	0.173	0.030
8.8	0.997	0.993	0.983	0.966	0.917	0.841	0.707	0.421	0.177	0.031
8.9	0.997	0.992	0.983	0.966	0.918	0.843	0.709	0.425	0.180	0.032
9.0	0.997	0.992	0.984	0.968	0.921	0.848	0.719	0.440	0.193	0.037
9.1	0.997	0.992	0.985	0.970	0.926	0.858	0.735	0.464	0.215	0.046
9.2	0.997	0.993	0.985	0.971	0.929	0.863	0.744	0.478	0.228	0.052
9.3	0.997	0.993	0.986	0.972	0.930	0.867	0.750	0.489	0.239	0.057
9.4	0.997	0.993	0.986	0.973	0.933	0.870	0.756	0.498	0.248	0.061
9.5	0.997	0.993	0.987	0.973	0.934	0.873	0.762	0.507	0.257	0.066
9.6	0.997	0.993	0.987	0.974	0.936	0.876	0.766	0.516	0.265	0.070
9.7	0.997	0.993	0.987	0.974	0.937	0.878	0.770	0.521	0.270	0.073
9.8	0.997	0.994	0.987	0.975	0.938	0.880	0.773	0.526	0.277	0.077
9.9	0.997	0.994	0.987	0.975	0.939	0.882	0.777	0.532	0.283	0.080
10.0	0.998	0.994	0.988	0.975	0.940	0.883	0.780	0.538	0.289	0.083
10.1	0.998	0.994	0.988	0.975	0.940	0.883	0.780	0.538	0.289	0.083
10.2	0.998	0.994	0.988	0.975	0.940	0.883	0.780	0.538	0.289	0.083
10.3	0.998	0.994	0.988	0.976	0.940	0.884	0.781	0.540	0.292	0.085
10.4	0.998	0.994	0.988	0.976	0.941	0.885	0.782	0.542	0.294	0.086
10.5	0.998	0.994	0.988	0.976	0.941	0.886	0.784	0.544	0.295	0.087

(续)

波长/nm	水蒸气含量(可降水分毫米数)									
	0.2	0.5	1	2	5	10	20	50	100	200
10.6	0.998	0.994	0.988	0.976	0.942	0.887	0.786	0.548	0.300	0.089
10.7	0.998	0.994	0.988	0.976	0.942	0.887	0.787	0.550	0.302	0.091
10.8	0.998	0.994	0.988	0.976	0.941	0.886	0.784	0.544	0.295	0.087
10.9	0.998	0.994	0.988	0.976	0.940	0.884	0.781	0.540	0.292	0.085
11.0	0.998	0.994	0.988	0.975	0.940	0.883	0.779	0.536	0.287	0.082
11.1	0.998	0.994	0.987	0.975	0.939	0.882	0.777	0.532	0.283	0.080
11.2	0.997	0.993	0.986	0.972	0.931	0.867	0.750	0.487	0.237	0.056
11.3	0.997	0.992	0.985	0.970	0.927	0.859	0.738	0.467	0.218	0.048
11.4	0.997	0.993	0.986	0.971	0.930	0.865	0.748	0.485	0.235	0.055
11.5	0.997	0.993	0.986	0.972	0.932	0.868	0.753	0.493	0.243	0.059
11.6	0.997	0.993	0.987	0.974	0.935	0.875	0.765	0.513	0.262	0.069
11.7	0.996	0.990	0.980	0.961	0.906	0.820	0.673	0.372	0.138	0.019
11.8	0.997	0.992	0.982	0.969	0.925	0.863	0.733	0.460	0.212	0.045
11.9	0.997	0.993	0.986	0.972	0.932	0.869	0.755	0.495	0.245	0.060
12.0	0.997	0.993	0.987	0.974	0.937	0.878	0.770	0.521	0.270	0.073
12.1	0.997	0.994	0.987	0.975	0.938	0.880	0.773	0.526	0.277	0.077
12.2	0.997	0.994	0.987	0.975	0.938	0.880	0.775	0.528	0.279	0.078
12.3	0.997	0.993	0.987	0.974	0.937	0.878	0.770	0.521	0.270	0.073
12.4	0.997	0.993	0.987	0.974	0.935	0.874	0.764	0.511	0.261	0.068
12.5	0.997	0.993	0.986	0.973	0.933	0.871	0.759	0.502	0.252	0.063
12.6	0.997	0.993	0.986	0.972	0.931	0.868	0.752	0.491	0.241	0.058
12.7	0.997	0.993	0.985	0.971	0.929	0.863	0.744	0.478	0.228	0.052
12.8	0.997	0.992	0.985	0.970	0.926	0.858	0.736	0.466	0.217	0.047
12.9	0.997	0.992	0.984	0.969	0.924	0.853	0.728	0.452	0.204	0.041
13.0	0.997	0.992	0.984	0.967	0.921	0.846	0.718	0.437	0.191	0.036
13.1	0.996	0.991	0.983	0.966	0.918	0.843	0.709	0.424	0.180	0.032
13.2	0.996	0.991	0.982	0.965	0.915	0.837	0.701	0.411	0.169	0.028
13.3	0.996	0.991	0.982	0.964	0.912	0.831	0.690	0.397	0.153	0.025
13.4	0.996	0.990	0.981	0.962	0.908	0.825	0.681	0.382	0.146	0.021
13.5	0.996	0.990	0.980	0.961	0.905	0.819	0.670	0.368	0.136	0.019
13.6	0.996	0.990	0.979	0.959	0.902	0.813	0.661	0.355	0.126	0.016
13.7	0.996	0.989	0.979	0.958	0898	0.807	0.651	0.342	0.117	0.014
13.8	0.996	0.989	0.978	0.956	0.894	0.800	0.640	0.328	0.107	0.011
13.9	0.995	0.988	0.977	0.955	0.891	0.793	0.629	0.313	0.098	0.010

附录4 常用红外光学材料的主要性能

材料	透过波段/μm	折射率（平均值）	密度/(g·cm^{-3})	软化温度/℃	克氏硬度/(kg·mm^{-2})	热膨胀系数/($10^{-6}×$℃$^{-1}$)
光学玻璃	0.3~2.7	1.48	2.52	700	200~600	4~10
熔融石英	0~4.5	1.43	2.20	1667	470	0.55
锗	1.8~25 35~55	(4.3μm处)4.02	5.33	940	800	6.10
硅	1.3~15 20~55	(4.3μm处)3.42	2.33	1420	1150	4.20
钛酸锶	0.4~7	2.21	5.12	2080	595	9.40
蓝宝石	0~6	1.67	3.98	2030	1370	5.0~6.7
金刚石	6~15	2.38	3.51	3500	8820	0.8(293K)
氧化镁	0.4~10	1.70	3.58	2800	640	13.9
氟化镁	0.45~9.5	1.34	3.18	1396	576	11.5
硫化锌	0.6~15	2.20	4.09	1020	354	7

附录5 增透膜材料的主要性能

材料	使用光谱范围/μm	平均折射率
冰晶石(AlF_3NaF)	0.2~10	1.34
氟化镁(MgF_2)	0.12~5	1.35
氟化钍(ThF_4)	0.2~10	1.45
氟化铈(CeF_3)	0.3~5	1.62
一氧化硅(SiO)	0.4~8	1.45~1.90(沉淀方式控制)
氧化锆(ZrO_2)	0.3~7	2.10
硫化锌(ZnS)	0.4~15	2.15
氧化铈(CeO_2)	0.4~5	2.20
氧化钛(TiO_2)	0.4~7	2.30~2.80(沉淀方式控制)

附录6 蒸发金属膜的反射率

波长/μm	反射率/%				
	铝	银	金	铜	铑
0.5	90.4	97.7	47.7	60.0	77.4
1.0	93.2	98.9	98.2	98.5	85.0
3.0	97.3	98.9	98.3	98.6	92.5
5.0	97.7	98.9	98.3	98.7	94.5
8.0	98.0	98.9	98.4	98.7	95.2
10.0	98.1	98.9	98.4	98.8	96.0

附录7 常见典型物体的反射面积与视角对应关系

随波长的变化关系	雷达截面积
圆盘（入射角 θ，半径 r，法线 n）	$\sigma = \dfrac{4\pi^3 r^4}{\lambda^2}\cos^2\theta \times \left[\dfrac{2J_1(2Kr\sin\theta)}{2Kr\sin\theta}\right]^2$ $K = \dfrac{2\pi}{\lambda}$
圆柱（长 l，入射角 θ）	$\sigma = \dfrac{2\pi l^4 r}{\lambda}\cos\theta \times \left[\dfrac{\sin(Kl\sin\theta)}{Kl\sin\theta}\right]^2$ $K = \dfrac{2\pi}{\lambda}$
椭球（半轴 a, b, c，角度 θ, φ）	$\sigma = \dfrac{\pi a^2 b^2 c^2}{(a^2\sin^2\theta\cos^2\varphi + b^2\sin^2\theta\sin^2\varphi + c^2\sin^2\theta)}$
截锥（高 l，半顶角 θ，位置 A, B, C）	情况 A：$\sigma = \dfrac{\pi r^4}{h^2}$ 情况 B：$\sigma = \dfrac{\lambda h^2}{2\pi r}$ 情况 C：$\sigma = \dfrac{8\pi r}{9\lambda h}(r^2 + h^2)^{\frac{3}{2}}$

(续)

随波长的变化关系	雷达截面积
无穷锥（2θ，入射，φ）	$\sigma = \dfrac{\lambda^2 \tan^4\theta}{16(\cos^2\varphi - \sin^2\varphi\sin^2\theta)^2}$ 当 $\varphi < \dfrac{\pi}{2} - \theta$ 时成立
直角反射器（a，a，a）	$\sigma_{\max} = 12\pi \dfrac{a^4}{\lambda^4}$ 在 15° 内大致不变
半圆角反射器（r，r，r）	$\sigma_{\max} = \dfrac{16\pi}{3} = \dfrac{r^4}{\lambda}$ 在 35° 内大致不变
三角形反射器（a，a，a）	$\sigma_{\max} = \dfrac{4\pi a^4}{3\lambda^2}$ 在 25° 内大致不变
龙伯透镜反射器（d）	$\sigma_{\max} = \dfrac{\pi^2}{4} \dfrac{d^4}{\lambda^2}$ 在 90°~180° 内大致不变

（续）

随波长的变化关系	雷达截面积
光滑尺寸物体的双方向散射（图示：角度 $\frac{\theta}{2}$，$\frac{\theta}{2}$）	计算图示的双向散射截面积时,取入射线与散射线的夹角的等分线,从等分线上入射时所得的后向散射截面积即为此时的两向散射截面积

附录8 四元数计算规则

1. 四元数的定义

四元数是由四个元构成的数：

$$Q(q_0, q_1, q_2, q_3) = q_0 + q_1 \boldsymbol{i} + q_2 \boldsymbol{j} + q_3 \boldsymbol{k}$$

式中：$q_0 \, , q_1 \, , q_2 \, , q_3$ 为实数；$\boldsymbol{i} \, , \boldsymbol{j} \, , \boldsymbol{k}$ 既为相互正交的单位向量，又为虚单位 $\sqrt{-1}$，具体规定体现在如下：

$$\boldsymbol{i} \otimes \boldsymbol{i} = -1, \quad \boldsymbol{j} \otimes \boldsymbol{j} = -1, \quad \boldsymbol{k} \otimes \boldsymbol{k} = -1$$

$$\boldsymbol{i} \otimes \boldsymbol{j} = \boldsymbol{k}, \quad \boldsymbol{j} \otimes \boldsymbol{k} = \boldsymbol{i}, \quad \boldsymbol{k} \otimes \boldsymbol{i} = \boldsymbol{j}$$

$$\boldsymbol{j} \otimes \boldsymbol{i} = -\boldsymbol{k}, \quad \boldsymbol{k} \otimes \boldsymbol{j} = -\boldsymbol{i}, \quad \boldsymbol{i} \otimes \boldsymbol{k} = -\boldsymbol{j}$$

式中：$\otimes$ 为四元数乘法。

上述关系可以表述为：相同单位向量作四元数乘时呈虚单位特性；相异单位向量作四元数乘时呈单位向量叉乘特性。

2. 四元数的表达方式

1）矢量式

$$\boldsymbol{Q} = q_0 + \boldsymbol{q}$$

式中：q_0 为四元数 $\boldsymbol{Q}$ 的标量部分；$\boldsymbol{q}$ 为四元数 $\boldsymbol{Q}$ 的矢量部分。

2）复数式

$$\boldsymbol{Q} = q_0 + q_1 \boldsymbol{i} + q_2 \boldsymbol{j} + q_3 \boldsymbol{k}$$

可视为一个超复数，$\boldsymbol{Q}$ 的共轭复数为

$$\boldsymbol{Q}^* = q_0 - q_1 \boldsymbol{i} - q_2 \boldsymbol{j} - q_3 \boldsymbol{k}$$

$\boldsymbol{Q}^*$ 称为 $\boldsymbol{Q}$ 的共轭四元数。

3）三角式

$$\boldsymbol{Q} = \cos\frac{\theta}{2} + \boldsymbol{u}\sin\frac{\theta}{2}$$

式中：θ 为实数；$\boldsymbol{u}$ 为单位向量。

4）指数式

$$\boldsymbol{Q} = e^{\boldsymbol{u}\frac{\theta}{2}}$$

θ、u 同上。

5）矩阵式

$$Q = \begin{bmatrix} q_0 \\ q_1 \\ q_2 \\ q_3 \end{bmatrix}$$

3. 四元素的范数

四元素的大小用范数来表示：

$$\|Q\| = q_0^2 + q_1^2 + q_2^2 + q_3^2$$

若 $\|Q\| = 1$，则 Q 称为规范化四元数。

4. 四元数的运算

1）加法和减法

设

$$Q = q_0 + q_1\boldsymbol{i} + q_2\boldsymbol{j} + q_3\boldsymbol{k}$$
$$P = p_0 + p_1\boldsymbol{i} + p_2\boldsymbol{j} + p_3\boldsymbol{k}$$

则

$$Q \pm P = (q_0 \pm p_0) + (q_1 \pm p_1)\boldsymbol{i} + (q_2 \pm p_2)\boldsymbol{j} + (q_3 \pm p_3)\boldsymbol{k}$$

2）乘法

$$a\boldsymbol{Q} = aq_0 + aq_1\boldsymbol{i} + aq_2\boldsymbol{j} + aq_3\boldsymbol{k}$$

式中：a 为标量。

$$\begin{aligned}
\boldsymbol{P} \otimes \boldsymbol{Q} &= (p_0 + p_1\boldsymbol{i} + p_2\boldsymbol{j} + p_3\boldsymbol{k}) \otimes (q_0 + q_1\boldsymbol{i} + q_2\boldsymbol{j} + q_3\boldsymbol{k}) \\
&= (p_0q_0 - p_1q_1 - p_2q_2 - p_3q_3) + (p_0q_1 + p_1q_0 + p_2q_3 - p_3q_2)\boldsymbol{i} + \\
&\quad (p_0q_2 + p_2q_0 + p_3q_1 - p_1q_3)\boldsymbol{j} + (p_0q_3 + p_3q_0 + p_1q_2 - p_2q_1)\boldsymbol{k} \\
&= r_0 + r_1\boldsymbol{i} + r_2\boldsymbol{j} + r_3\boldsymbol{k}
\end{aligned}$$

四元数乘法可以用矩阵表示为

$$\boldsymbol{P} \otimes \boldsymbol{Q} = \boldsymbol{M}(\boldsymbol{P})\boldsymbol{Q} = \boldsymbol{M}'(\boldsymbol{Q})\boldsymbol{P}$$

式中：

$$\boldsymbol{M}(\boldsymbol{P})\boldsymbol{Q} = \begin{bmatrix} p_0 & -p_1 & -p_2 & -p_3 \\ p_1 & p_0 & -p_3 & p_2 \\ p_2 & p_3 & p_0 & -p_1 \\ p_3 & -p_2 & p_1 & p_0 \end{bmatrix}$$

$$\boldsymbol{M}'(\boldsymbol{Q})\boldsymbol{P} = \begin{bmatrix} q_0 & -q_1 & -q_2 & -q_3 \\ q_1 & q_0 & q_3 & -q_2 \\ q_2 & -q_3 & q_0 & q_1 \\ q_3 & q_2 & -q_1 & q_0 \end{bmatrix}$$

四元数乘法满足分配律和结合律,但不满足交换律:

$$P\otimes(Q+R)=P\otimes Q+P\otimes R$$

$$P\otimes Q\otimes R=(P\otimes Q)\otimes R=P\otimes(Q\otimes R)$$

$$P\otimes Q\neq Q\otimes P$$

3）除法—求逆

如果 $R\otimes P=1$,则称 R 为 P 的逆,记作 $R=P^{-1}$,或称 P 为 R 的逆,记为 $P=R^{-1}$。

根据范数定义:

$$P\otimes P^*=p_0^2+p_1^2+p_2^2+p_3^2=\parallel P\parallel$$

所以,$P\otimes\dfrac{P^*}{\parallel P\parallel}=1$,根据上述关于逆的定义,$\dfrac{P^*}{\parallel P\parallel}$ 即为 P 的逆,即

$$P^{-1}=\dfrac{P^*}{\parallel P\parallel}$$

参 考 文 献

[1] 周凤岐.导弹制导系统原理[M].西安:西北工业大学出版社,2000.
[2] 杨宜禾,岳敏.红外系统[M].北京:国防工业出版社,1985.
[3] 丁鹭飞,耿富录,陈建春.雷达原理[M].北京:电子工业出版社,2014.
[4] 刘隆和.多模复合寻的制导技术[M].北京:国防工业出版社,1998.
[5] 何素娟,周凤岐,周军.越肩发射空空导弹复合制导仿真研究[J].计算机仿真,2011,28(4):82 – 86.
[6] 郭建国,周军.基于H∞控制的非线性末制导律设计[J].航空学报,2009,30(12):2423 – 2427.
[7] 水尊师,周军.基于高斯伪谱方法的再入飞行器预测校正制导方法研究[J].宇航学报,2011,32(6):1250 – 1255.
[8] 郭建国,周凤岐,周军.基于零脱靶量设计的变结构末制导律[J].宇航学报,2005,26(2):152 – 156.
[9] 黄长强,赵辉,杜海文,等.机载弹药精确制导原理[M].北京:国防工业出版社,2011.
[10] 夏克强,周凤岐,周军.红外/雷达复合制导数据融合技术中的时间校准方法研究[J].航天控制,2007,25(1):8 – 12.
[11] 王永仲.现代军用光学技术[M].北京:科学出版社,2004.
[12] 张鹏,周军红.精确制导原理[M].北京:电子工业出版社,2009.
[13] 毕开波,杨兴宝,陆永红,等.导弹武器及其制导技术[M].北京:国防工业出版社,2013.
[14] 高烽.雷达导引头概论[M].北京:电子工业出版社,2010.
[15] 刘兴唐,戴革林.精确制导武器与精确制导控制技术[M].西安:西北工业大学出版社,2009.
[16] 唐国富.飞航导弹雷达导引头(上)[M].北京:宇航出版社,1991.
[17] 秦忠宇,翁祖荫.防空导弹制导雷达跟踪系统与显示控制[M].北京:宇航出版社,1995.
[18] 熊辉丰.激光雷达[M].北京:宇航出版社,1994.
[19] 张义广,杨军,朱学平,等.非制冷红外成像导引头[M].西安:西北工业大学出版社,2009.
[20] 穆虹.防空导弹雷达导引头设计[M].北京:宇航出版社,1996.
[21] 徐根兴.目标和环境的光学特性[M].北京:宇航出版社,1995.
[22] 黄培康.雷达目标特征信号[M].北京:宇航出版社,1993.
[23] 王德纯,丁家会,程望东.精密跟踪测量雷达技术[M].北京:电子工业出版社,2006.
[24] 李俊,周凤岐,周军,等.机动目标跟踪的多模型多机动策略算法[J].系统仿真学报,2009,21(3):668 – 671.
[25] 张平,董小萌,付奎生,等.机载/弹载视觉导引稳定平台的建模与控制[M].北京:国防工业出版社,2011.
[26] 李新国,方群.有翼导弹飞行动力学[M].西安:西北工业大学出版社,2005.
[27] 黄槐,齐润东,文树梁.制导雷达技术[M].北京:电子工业出版社,2006.
[28] 符文星,杨东升.精确制导武器半实物仿真原理与仿真环境[M].西安:西北工业大学出版社,2009.
[29] 周瑞青,刘新华,史守峡,等.捷联导引头稳定与跟踪技术[M].北京:国防工业出版社,2010.
[30] 叶昌.弹载相控阵导引头捷联去耦技术研究[D].哈尔滨:哈尔滨工程大学,2013.
[31] 赵妍.捷联导引头解耦系统的研制[D].哈尔滨:哈尔滨工程大学,2007.
[32] 皮存宇.捷联式天线平台的稳定性研究[D].南京:南京理工大学,2008.
[33] 胡炳梁,刘学斌,杜云飞,等.飞机尾焰红外图像采集与分析[J].光子学报,2004,33(3):375 – 377.
[34] 李娜,高宏霞,刘胜文.地面景物红外可见光图像差异性研究[J].红外与激光工程,2010,39(增刊):

508 – 511.

[35] 卢晓东,周凤岐,周军.马尔可夫随机场中应用蚁群系统的红外图像分割[J].火力与指挥控制,2006,31(7):86 – 89.

[36] 卢晓东,周军,周凤岐.基于可能性FMRF的红外图像分割算法及其参数估计[J].红外与激光工程,2007,36(5):733 – 737.

[37] 将瑞民,周军,郭建国.导弹制导系统精度分析方法研究[J].计算机仿真,2011,28(5):76 – 80.

[38] Zhou J, Zhang T Y, Guo J G. Study on Guidance Precision of Missile with Alterable Sweep Wings[J]. Fire Control & Command Control, 2012, 37(8): 39 – 46.

[39] 钟都都.红外图像处理与仿真技术应用研究[D].西安:西北工业大学,2006.

[40] 周军,董鹏,卢晓东.基于Sigma点卡尔曼滤波的天基红外低轨卫星目标跟踪[J].红外与激光工程,2012,41(8),2206 – 2210.

[41] 殷德奎,张保民,柏连发.红外图像的二维灰度变换增强方法[J].红外技术,1999,21(3):25 – 29.

[42] 杨晓冬,刘俊,张倩倩.红外运动模糊图像复原技术[J].杭州电子科技大学学报,2012,32(4):145 – 147.

[43] 龚昌来,罗聪,杨东涛,等.基于正弦灰度变换的红外图像增强算法[J].激光与红外,2013,43(2):200 – 203.

[44] 张刚,刘兴堂,刘力.成像制导半实物仿真系统设计研究[J].现代防御技术,2006,34(6):111 – 114.

[45] 刘泽乾.电视制导导弹武器系统精确打击仿真研究及应用[D].长春:中国科学院长春光学精密机械与物理研究所,2006.

[46] 贡学平,费海伦.红外成像制导半实物仿真现状与发展[J].红外与激光工程,2000,29(2):51 – 56.

[47] 郝睿君.精确制导半实物仿真研究[D].南京:南京理工大学,2004.

[48] 虞红,雷杰.可见光成像制导半实物仿真中的图像生成技术[J].现代防御技术,2006,34(6):107 – 114.

[49] 谷峰.图像匹配技术及图像捕控指令制导半实物仿真系统研究[D].吉林:吉林大学,2006.

[50] 王狂飙.激光制导武器的现状、关键技术与发展[J].红外与激光工程,2007,36(5):651 – 655.

[51] 张翼飞,邓林芳.激光制导技术的应用及其发展趋势[J].中国航天,2004,(6):40 – 43.

[52] 牛燕雄,汪岳峰,刘新,等.激光制导武器的对抗系统研究[J].激光技术,1998,22(2):85 – 88.

[53] 邓宏伟.电视导引头图像处理系统研究[D].南京:南京理工大学,2006.

[54] 董传昌,刘仁水.电视导引头特性分析[J].电光与控制,2003,10(4):58 – 60.

[55] 李尊民.电视图像自动跟踪的基本原理[M].北京:国防工业出版社,1999.

[56] 唐仁圣.空中目标实时跟踪算法研究及系统设计[D].重庆:重庆大学,2004.

[57] 梁欢.地面背景的红外辐射特性计算及红外景象生成[D].南京:南京理工大学,2009.

[58] 廖猛蛟.飞机红外辐射图像生成、仿真与传输研究[D].西安:西北工业大学,2001.

[59] 张晓哲,李云霞,赵尚红,等.红外辐射大气传输效应模型的分析与实现[J].红外与激光工程,2008(S2):58 – 61.

[60] 赵善彪,张天孝,李晓钟.红外导引头综述[J].飞航导弹,2006,(8):42 – 45.

[61] 赵育善.导弹引论[M].西安:西北工业大学出版社,2000.

[62] 汪中贤,樊祥.红外制导导弹的发展及其关键技术[J].飞航导弹,2009,(10):14 – 19.

[63] 雷虎民.导弹制导与控制原理[M].北京:国防工业出版社,2006.

[64] 张中南,王富宾,李晓.发展中的红外成像制导技术[J].飞航导弹,2006,(1):40 – 42.

[65] 许波,时家明,汪家春,等.红外制导武器的干扰技术及发展趋势[J].航天电子对抗,2002,18(6):29 – 32.

[66] 李雪芹.半捷联式导引头关键技术研究与半实物实验验证[D].西安:西北工业大学,2014.

[67] 毛陕,张俊伟.半捷联导引头光轴稳定的研究[J].红外与激光工程,2007,36(1):9 – 12.

[68] 孙高.半捷联光电稳定平台控制系统研究[D].长春:中国科学院长春光学精密机械与物理研究所,2013.

[69] 卢晓东,周军,刘小军.基于导弹舵面信息的惯导姿态角速率滤波方法[J].中国惯性技术学报,2011,19

(3):281-285.

[70] 赵斌,周军,卢晓东. 激光驾束导弹制导控制辅助惯性器件滤波[J]. 系统工程与电子技术,2015,37(3):620-625.

[71] 卢晓东,周军,贺元军,等. 直接侧向力控制火箭弹的微机电系统速率陀螺滤波方法[J]. 兵工学报,2011,32(12):1456-1461.

[72] 贾宏光.《精确制导技术》专题文章导读[J]. 光学精密工程,2008,16(10):1942.

[73] 武文杰,李奇,杨海峰. 电视导引头伺服稳定平台数字控制器的研制[J]. 控制工程,2007,14(2):192-194.

[74] 周瑞青. 弹载捷联式天线平台的稳定技术研究及其角跟踪系统设计[D]. 北京:北京航空航天大学,2004.

[75] 王文清. 瞄准线捷联稳定原理及其应用[J]. 电脑开发与应用,1998,11(1):14-16.

[76] 吴金中. 电视导引系统的视轴稳定跟踪技术[J]. 战术导弹技术,2002,(1):34-38.

[77] 吴晔,朱晓峰,陈俊山. 导引头二轴稳定平台的轴角关系和简化[J]. 制导与引信,2012,33(1):1-5.

[78] 范大鹏,张智永. 光电稳定跟踪装置的稳定机理分析研究[J]. 光学精密工程,2006,14(4):673-680.

[79] 王志伟,祁载康,王江. 滚仰式导引头跟踪原理[J]. 红外与激光工程,2008,37(2):274-277.

[80] 孙娜娜. 两轴稳定平台直接控制与间接控制比较研究[D]. 西安:西安电子科技大学,2010.

[81] 苏身榜. 捷联寻的制导技术及其在国外的发展[J]. 航空兵器,1994,(2):45-50.

[82] 周瑞青,吕善伟,刘新华. 捷联式天线平台的角跟踪系统设计[J]. 系统工程与电子技术,2003,25(10):1200-1202.

[83] 姚郁,章国江. 捷联成像制导系统的若干问题探讨[J]. 红外与激光工程,2006,35(1):1-6.

[84] 邓自立. 信息融合滤波理论及其应用[M]. 哈尔滨:哈尔滨工业大学出版社,2007.

[85] 杨照金. 军用目标伪装隐身技术概论[M]. 北京:国防工业出版社,2014.

[86] 张崇军. 提高导引头稳定平台对弹体姿态去耦能力的方法研究[J]. 弹箭与制导学报,2008,28(4):19-24.

[87] 黄建伟. 精确制导技术[M]. 北京:西北工业大学出版社,2009.

[88] 王艳奎. 反辐射导引头技术发展分析[J]. 控制与制导,2009,(3):39-44.

[89] 向敬成,张明友. 毫米波雷达及其应用[M]. 北京:国防工业出版社,2005.

[90] 秦永元. 卡尔曼滤波与组合导航原理[M]. 西安:西北工业大学出版社,1998.

[91] 杨祖快,李红军. 多模复合寻的制导技术现状[J]. 飞航导弹,2002,(12):48-51.

[92] 贺一平. 基于信息融合的目标识别分类技术研究[D]. 西安:西北工业大学,2002.

[93] 杨祖快,吴立杰. 多模寻的复合制导方案与技术研究[J]. 现代防御技术,2003,31(5):37-42.

[94] 赵斌,周军,卢晓东. 基于xPC Target的飞行器半实物仿真系统研究[J]. 计算机测量与控制,2011,19(3):625-628.

[95] 施德恒,熊水英. 激光半主动寻的制导炸弹发展综述[J]. 红外技术,2002,(2):11-15.

[96] 侯振宁. 激光有源干扰原理及技术[J]. 光机电信息,2002,(2):22-26.

[97] 丁达理,刘子阳,黄长强. 某型主动雷达末制导导弹毁伤目标效能分析[J]. 弹箭与制导学报,2004,4(24):13-17.

[98] 阎吉祥. 激光武器与战争[M]. 北京:国防工业出版社,1997.

[99] 路军杰,周军,卢晓东,等. 基于交错卡尔曼滤波的MEMS陀螺测量修正[J]. 计算机测量与控制,2011,19(6):1331-1334.

[100] 周凤岐,孙东,周军. 基于非线性滤波技术的多航天器编队飞行相对导航[J]. 宇航学报,2005,26(2):212-215.

[101] 祁载康. 制导弹药技术[M]. 北京:北京理工大学出版社,2002.

[102] 赵斌,周军,卢晓东. 基于xPC的三轴仿真转台模型辨识方法研究[J]. 系统仿真学报,2011,23(2):284-287.